SCHÄFFER
POESCHEL

Falko von Ameln/Peter Heintel

Macht in Organisationen

Denkwerkzeuge für Führung, Beratung und Change Management

2016
Schäffer-Poeschel Verlag Stuttgart

Reihe Systemisches Management

Bibliografische Information der Deutschen Nationalbibliothek
Die Deutsche Nationalbibliothek verzeichnet diese Publikation in der Deutschen Nationalbibliografie; detaillierte bibliografische Daten sind im Internet über <http://dnb.d-nb.de> abrufbar.

Gedruckt auf chlorfrei gebleichtem,
säurefreiem und alterungsbeständigem Papier

Print: ISBN 978-3-7910-3472-0 Bestell-Nr. 20261-0001
ePDF: ISBN 978-3-7992-7012-0 Bestell-Nr. 20261-0150

www.schaeffer-poeschel.de
service@schaeffer-poeschel.de

Umschlagentwurf: Goldener Westen, Berlin
Umschlaggestaltung: Kienle gestaltet, Stuttgart
Lektorat: Elke Schindler, Spabrücken
Satz: Dörr + Schiller GmbH, Stuttgart

Oktober 2016

Schäffer-Poeschel Verlag Stuttgart
Ein Tochterunternehmen der Haufe Gruppe

Inhaltsverzeichnis

Vorwort

Macht ist aus Organisationen nicht wegzudenken. Jeder, der als Führungskraft, Mitarbeiter, interner oder externer Berater in Organisationen etwas bewegen möchte, kommt an Macht in ihren verschiedenen Formen nicht vorbei: »Zentrale Gegenstandsbereiche wie etwa Führung, die Durchsetzung von Zielvorstellungen oder der Erwerb und die Verteilung knapper Ressourcen *beruhen notwendigerweise auf einer Theorie der Macht*« (Sandner 1992, S. 2). Eine Organisation, deren innere Verfasstheit nicht (auch) auf Macht gründen würde, ist — unabhängig von konkreten Organisations- und Gesellschaftsentwürfen — schlichtweg nicht vorstellbar: »Macht ist ein allgengegenwärtiges Phänomen und ein dennoch unterschätzter, stiller Lenker von Unternehmensprozessen« (Oltmanns 2012, S. 68). Darum ist es entscheidend, Machtstrukturen und -dynamiken zu verstehen, um gestalten zu können. »Few ideas are more basic to the study of organizations than power«, so Fairholm (2009, S. 34). Jeder, der in einer Organisation etwas bewegen möchte — egal auf welcher Hierarchieebene, egal ob als Interner oder als externer Berater — steht vor der Frage, ob und wie er die Machtausstattung seiner Rolle nutzt und wie er mit der Gegenmacht der anderen beteiligten Akteure umgeht.

Wer mit Führungskräften oder Beratern über Macht spricht, stößt entsprechend auf großes Interesse, das sich auch in der zunehmenden Zahl von Vorträgen und Kongressen zu diesem Thema widerspiegelt. Vielleicht liegt es daran, dass Macht für uns so alltäglich ist, dass jeder zu wissen glaubt, worum es sich handelt und wie man mit Machtfragen am besten umgeht. Möglicherweise spielt auch eine Rolle, dass das Sprechen über Macht vielfach als Tabu empfunden wird — Macht bildete lange Zeit »das letzte schmutzige Geheimnis der Organisation«, wie Warren Bennis (1974, S. 62) es einmal ausdrückte. In diesem Sinne schreibt auch Friedberg (1992, S. 40f.):

> *»Will man Macht in Organisationen analysieren, so muss man zunächst einmal das Phänomen konkretisieren und enttabuisieren. [...] Ganz im Gegensatz zur legitimen Autorität verknüpft sich mit Macht und Machtausübung immer ein Beigeschmack*

von Machtmißbrauch, Gewalt und anrüchiger Einflussnahme. Kurzum, Macht ist böse, und über sie zu sprechen, mutet fast obszön an.«

Doch natürlich ist Macht nicht böse — es kommt darauf an, wie und wozu sie eingesetzt wird. Auch Moses, Jesus, Buddha, Gandhi hatten Macht. Macht ist nicht immer gleichbedeutend mit Aggression, Schädigung oder Manipulation und produziert nicht immer Gewinner, Verlierer oder Opfer.

In den letzten Jahren haben sich die Vorstellungen über die Rolle von Macht in Organisationen dramatisch gewandelt. Während die aus der Feudalzeit stammende selbstverständliche Vorstellung eines hierarchischen und durch die Machtausstattung der Führungskräfte abgesicherten Apparats über den Taylorismus und den Typus der bürokratischen Organisation bis in viele neuzeitliche Organisationen hineinwirkt, werden die Grenzen und Nebenwirkungen dieses Modells in zunehmendem Maße deutlich. Interessanterweise meinen selbst die meisten Führungskräfte, dass sich das bisherige hierarchische und vor allem auf Macht begründete Führungsmodell überholt hat: Laut einer 2014 im Auftrag des Bundesarbeitsministeriums erstellten Studie sind 78 % der befragten Führungskräfte überzeugt, dass sich die Führungspraxis in Zukunft grundsätzlich wandeln muss[1]. Immer mehr Unternehmen experimentieren mit neuen, hierarchieärmeren Organisationskonzepten, darunter nicht nur Google und Co., sondern auch Unternehmen aus traditionsreichen Branchen. Doch bedeutet ein Abbau hierarchischer Strukturen automatisch, dass Machtfragen in den betreffenden Organisationen eine geringere Rolle spielen würden? Oder manifestiert sich Macht hier lediglich in anderen Erscheinungsformen? Wie können Organisationen so gestaltet werden, dass sie in sich radikal wandelnden Umwelten adaptive Entscheidungen treffen können, ohne dabei von überkommenen Machtstrukturen behindert zu werden? Wie können klare Ausrichtung und partizipative Gestaltung in Veränderungsprozessen in Einklang gebracht werden? Wie kann man in Change-Prozessen einen konstruktiven Umgang mit mikropolitischen Auseinandersetzungen finden? Wie kann man als Berater oder Beraterin reagieren, wenn Machtdynamiken den Prozess negativ beeinflussen?

Angesichts der Komplexität des Themas können patentrezeptartige Antworten auf diese Fragen vielleicht Scheinsicherheiten, aber keine Lösungen bieten. Das vorliegende Buch will daher nicht in erster Linie ›Tools‹, sondern Denkwerkzeuge für Führungskräfte, interne Change-Verantwortliche und Beratende anbieten. Es bewegt sich im Spannungsfeld zwischen vertiefter

1 http://www.zeit.de/2014/41/manager-studie-hierarchie

Reflexion, Einblicken in die Machtdynamiken von Organisationen[2] und gezielten Hilfestellungen für die Praxis.

Eine Besonderheit dieses Buches sind die Gastbeiträge, die die Argumentationslinien der Hauptautoren ergänzen, kommentieren und Gegenpositionen aufmachen. 15 Expert/innen aus Management, Wissenschaft und Beratung weiten in ihren prägnanten und facettenreichen Stellungnahmen den Blick auf Macht in Organisationen und regen zum kritischen Weiterdenken an. Ihnen gilt unser besonderer Dank. Darüber hinaus möchten wir uns bei den vielen Gesprächspartner/innen in unseren Kundenorganisationen, bei Kolleginnen und Kollegen sowie Studierenden für die Diskussionen zum Thema Macht bedanken, die dieses Buch bereichert haben. Unser Dank geht auch an Herrn Martin Bergmann vom Schaeffer-Poeschel-Verlag für die Begleitung dieses Projekts sowie insbesondere an Frau Elke Schindler für ihr umsichtiges, gründliches und zuverlässiges Lektorat.

Wir wünschen unseren Lesern und Leserinnen eine anregende, lustvolle und erkenntnisreiche Lektüre.

Falko von Ameln
Norden

Peter Heintel
Klagenfurt

2 Alle Fallbeispiele wurden sinnerhaltend verändert, um die Anonymität der dargestellten Personen und Organisationen zu wahren.

1 Einführung: Was ist Macht?

»Nichts ist so praktisch wie eine gute Theorie« — so ähnlich formulierten es Immanuel Kant, Albert Einstein und Kurt Lewin. Diesem Anspruch muss auch ein Buch gerecht werden, das eine Brücke zwischen Theorie und Praxis schlagen will. Deshalb möchten wir in diesem Kapitel zunächst ein theoretisches Fundament für eine eingehendere Beschäftigung mit Machtphänomenen schaffen.

Der Machtbegriff ist sehr diffus und in der Literatur zu Organisationen in ganz unterschiedlichen Begriffsverständnissen verwendet worden — Max Weber (1922, 1988) hat ihn als »soziologisch amorph« bezeichnet. »Hinsichtlich des Machtbegriffs«, so auch der Philosoph Byung-Chul Han (2005, S. 7), »herrscht immer noch ein theoretisches Chaos. Der Selbstverständlichkeit des Phänomens steht eine totale Unklarheit des Begriffs gegenüber«.

Verschiedene Disziplinen, vor allem die Soziologie, die Psychologie, die Politikwissenschaften und die Philosophie haben sich intensiver mit dem Thema Macht beschäftigt. Jeder dieser Ansätze kann bestimmte Aspekte von Macht erklären, ist aber andererseits mit einem blinden Fleck behaftet, der seinen Erklärungswert beschränkt. Uns erscheint es daher spannend, die unterschiedlichen Theorieansätze zusammenzuführen, um in der Zusammenschau die verschiedenen Facetten der Macht zu erhellen.

So spielen für das Verständnis von Macht in Organisationen Phänomene in unterschiedlichen Dimensionen eine Rolle, die in Abb. 1 zusammengefasst sind und in den folgenden Abschnitten ausführlicher erläutert werden.

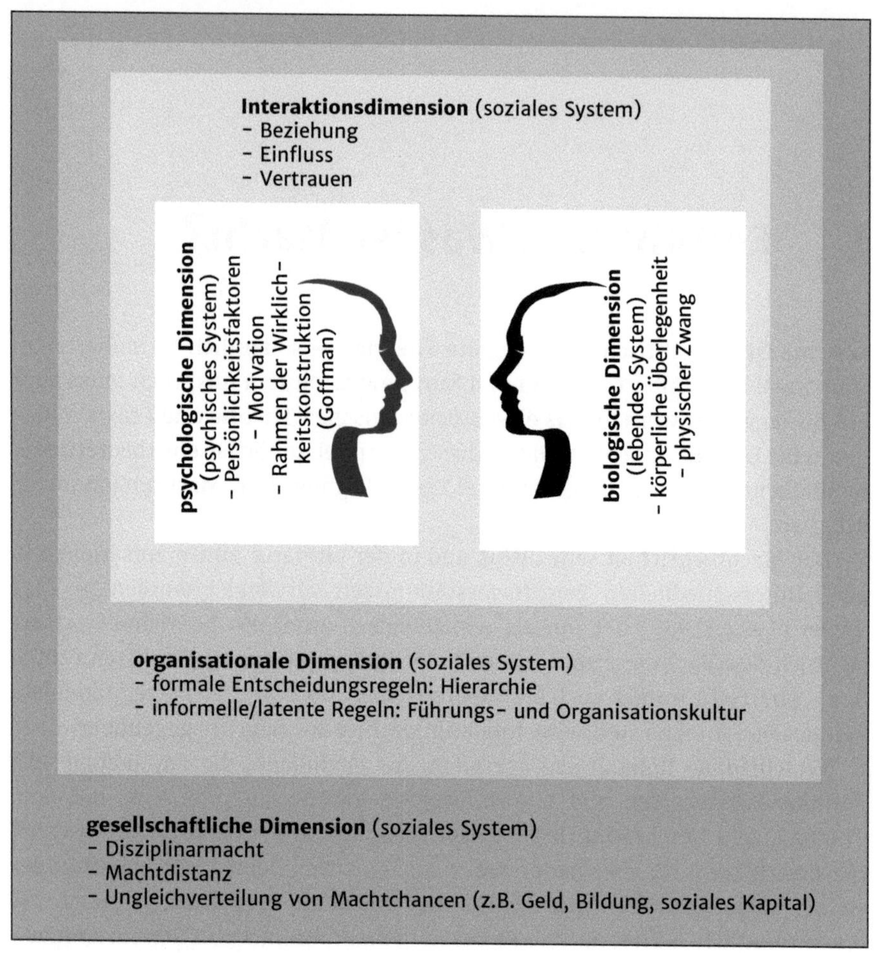

Abb. 1: Dimensionen der Macht

1.1 Die Ko-Konstruktion von Macht in Interaktionsprozessen

Macht, vom Nullpunkt der Evolution aus gesehen

Macht gab es schon, bevor es den Menschen gab. Bereits im Tierreich gibt es Statusunterschiede und unterschiedlich verteilte Chancen, sich gegenüber anderen durchzusetzen. Und schon hier kommt der erste für das Verständnis von Macht wichtige Aspekt ins Spiel: Körperliche Überlegenheit ist zwar die Grundlage für Machtverhältnisse in natürlichen Sozialsystemen, aber noch nicht Macht selbst. Die Rangordnung z. B. in einem Löwenrudel sorgt als

Machtstruktur dafür, dass Rangkämpfe nicht immer wieder neu ausgetragen werden müssen, weil das Rudel davon ausgeht, dass das dominante Männchen sich körperlich durchsetzen wird. Wenn doch um die Macht gestritten wird, sind diese Machtkämpfe bei vielen Tierarten so angelegt, dass der Status der Beteiligten geklärt werden kann, ohne dass dabei einer der Rivalen ernsthaft verletzt würde. Stattdessen wird Überlegenheit *symbolisch repräsentiert,* etwa durch Drohgebärden.

MERKE

Macht dient also schon in natürlichen Sozialsystemen als *Konfliktregulationsmechanismus,* der ein zu häufiges Aufbrechen von für das Bestehen der Gemeinschaft bedrohlichen Auseinandersetzungen vermeidet.

Körperliche Überlegenheit stellt in natürlichen Sozialsystemen wie einem Löwenrudel also die Grundlage der Macht des Machtinhabers dar. Die Macht des Rudelführers selbst, d. h. der Mechanismus, der ständige gewaltsame Auseinandersetzungen über die Dominanz verhindert, besteht aber in etwas anderem: nämlich der Erwartung der anderen Rudelmitglieder, dass sie in einer Auseinandersetzung unterliegen würden, und der aus dieser Erwartung folgenden Unterordnung.

MERKE

Macht ist also eine *Erwartungsstruktur,* die in den Köpfen der Beteiligten entsteht. Dabei ist das Drohpotenzial der Gewaltanwendung immer der Letztbezugspunkt der Machtausübung.

Die in einem gedachten Naturzustand ständig latent mitlaufende Gewaltandrohung stellt jedoch keine taugliche Grundlage für ein stabiles, höher entwickeltes Gemeinwesen dar, in dem sich Vertrauen als Basis für eine längerfristige Kooperation und Koordination von Verhalten etablieren muss. Im Laufe der Menschheitsgeschichte wird daher das Monopol zur Gewaltanwendung zentralisiert (bei Polizei, Justiz und Armee), Macht wird depersonalisiert und in Strukturen, Verfahren und Regeln gegossen. Die Machtinhaber haben die Macht im Rahmen eines solchen Gesellschaftsvertrages nur übertragen bekommen, sie treten nicht als Vertreter ihrer persönlichen Interessen in Erscheinung, sondern als Amtsinhaber, die Recht und Ordnung zur Geltung verhelfen. Somit wird Machtgebrauch begründungspflichtig, die Frage nach der Legitimation der Machtausübung durch einzelne Personen läuft immer mit.

EXKURS

Der Unterschied zwischen Macht und Zwang bzw. Gewalt

In Situationen, die frei von physischem Zwang sind, ist B grundsätzlich autonom in seinem Handeln und könnte auch anders, als dem Willen von A zu folgen — sein Handeln ist, systemtheoretisch formuliert, in Bezug auf A kontingent, d. h., B steht eine Palette von möglichen Handlungsoptionen offen. Der Machtbegriff beschreibt eine soziale Konstellation, in der B aus diesen Handlungsoptionen diejenige wählt, mit der er aus seiner Sicht den Erwartungen von A gerecht werden und negative Konsequenzen vermeiden kann. Das Ausüben von physischem Zwang ist, wie schon mehrfach angesprochen, kein Fall von Machtausübung in diesem Sinne, denn in Zwangssituationen (hier verstanden als Situationen, in denen A überlegene körperliche Gewalt einsetzt) bleibt B keine Alternative: »Zwang bedeutet [...] Verzicht darauf, die Selektivität des Partners zu steuern. In dem Maße, als Zwang ausgeübt wird - wir können für viele Fälle auch sagen: mangels Macht Zwang ausgeübt werden muß -, muß derjenige, der den Zwang ausübt, die Selektionslast selbst übernehmen; die Reduktion der Komplexität wird nicht verteilt, sondern geht auf ihn über« (Luhmann 1975, S. 9). Diese Differenz von Macht und Zwang bzw. Einsatz körperlicher Gewalt ist von verschiedenen (auch nicht systemtheoretischen) Autoren in diesem Sinne formuliert worden. So sieht beispielsweise auch Hannah Arendt (1970) Macht und Gewalt als Gegensätze — wo die eine absolut herrscht, ist die andere nicht vorhanden.

In Organisationen spielen körperliche Überlegenheit, Gewalt und Zwang als Mittel der Machtdurchsetzung gegenüber Mitarbeitenden und Kollegen vordergründig kaum noch eine Rolle. Allerdings wirken die stammesgeschichtlichen Muster, die sich über Jahrtausende hinweg entwickelt haben, nach wie vor auf unser Verhalten und Erleben ein: Gegenüber Menschen, die deutlich größer sind als wir selbst oder einen Habitus der Überlegenheit ausstrahlen, fühlen wir uns oft in der unterlegenen Rolle. Menschen, die in Organisationen Macht für sich in Anspruch nehmen, tun dies heute typischerweise nicht durch Zähnefletschen, Trommeln auf die Brust oder lautes Brüllen kund (wenngleich sich Letzteres als Machtdemonstration noch einer gewissen Beliebtheit erfreut), sondern nutzen eine andere, sehr viel subtilere Symbolik. Doch auch diese Symbolik sendet dieselbe Botschaft und bleibt an den Körper gekoppelt, indem sie ähnliche körperliche Reaktionen auslöst wie die Machtkämpfe unserer Vorfahren.

Zur Stammesgeschichte der Macht

Gerhard Schwarz

Macht in Organisationen wurde in der neolithischen Revolution ›heiliggesprochen‹. Im griechischen heißt Macht entweder arché oder dynamis. *Dynamis* ist die individuelle Potenz (lateinisch), *arché* dagegen ist die soziale Potenz. Sie wurde als heilig außer Streit gestellt. Heilig heißt auf Griechisch hieros, und die heilige Macht oder — wie ich es übersetze — die ›heilige Ordnung‹ heißt auf Griechisch *Hierarchie*.

Die Unantastbarkeit einer Alpha-Position in einem Sozialgebilde hat eine lange Tradition, ja man findet sie schon im Tierreich. Bei den Primaten können wir feststellen, dass in jeder Gruppe oder in jedem Stamm eine Rangordnung existiert. Die oberste Position wird nach dem griechischen Alphabet als Alpha bezeichnet, die nächste als Beta usw. bis zur Omega-Position, dem untersten Rang.

Wie Primatenforscher erkannt haben — und auch ich beobachte in Afrika seit 40 Jahren das Verhalten von Affen — funktioniert das ›Ranking‹ nach bestimmten Regeln, die wir zu analysieren versuchen. Da wir die Affen nicht befragen können, wissen wir vieles nur indirekt aus der Beobachtung.

Die Gesetzmäßigkeit eines Rankings hat sich vermutlich stammesgeschichtlich etabliert. Ein Beispiel: Bei Affen, die in der Nacht auf Bäumen schlafen, kommen diejenigen in die Alpha-Position, die das beste Gehör haben. Die Gefahr geht von Leoparden aus, die sich in der Nacht anschleichen, um sich der schlafenden Affen zu bemächtigen. Die Alpha-Position nimmt diese Gefahr rechtzeitig wahr, schlägt Alarm und die Affen flüchten. Ein ›Oberaffe‹, der nicht mehr gut genug hört (z. B. aus Altersgründen), wird durch ein anderes Individuum ersetzt. Aus diesem Beispiel, das ich selber beobachten konnte, habe ich viel gelernt über Macht in Gruppen und Organisationen.

Die Frage, die hier am meisten interessiert, lautet: Wer kommt wann und warum in die Alpha-Position?

Die Antwort darauf können wir nur zum Teil geben, denn sie geschieht immer mit einer Rückprojektion des modernen Menschen. Das ist unvermeidlich, denn wir können unsere Beobachtungen natürlich nur aus unserem Verständnis heraus interpretieren.

Einige Primatenforscher, mit denen ich diskutieren durfte, vertreten die extreme Meinung, dass sich das Verhalten der Menschen nur unwesentlich von dem der Affen unterscheide. Leider haben die Affen aber kein Feuer, keine Sprache, keinen aufrechten Gang, keine stammesübergreifende Kooperation usw. Trotzdem gibt es aber sicher Ähnlichkeiten.

Zunächst einmal hat dasjenige Individuum die ›Macht‹ in der Gruppe, das über die für die Gruppe notwendigen Überlebensfunktionen verfügt. Dies kann ganz Verschiedenes sein: etwa das beste Gehör wegen der Leoparden, oder das beste Droh- bzw. Imponiergehabe gegen Hyänen, wenn die Affen Afrikas in die Buschsteppe wandern oder andere, uns teils unbekannte Funktionen. Die Bevorzugung desjenigen, der etwas am besten kann, hat auch einen biologischen Selektionssinn. Denn die Alpha-Position erhält deutlich mehr von den Ressourcen der Gruppe als die anderen.

Dieses ›Muster‹ hat uns einmal sehr schockiert, als wir versuchten, einen Pavian, der sich deutlich in der Omega-Position befand, mit Überresten unserer Mahlzeit zu füttern. Er nahm dieses Geschenk von uns nicht an, sondern signalisierte den anderen Pavianen, dass er etwas Essbares gefunden habe, und zwar solange, bis das Alpha-Männchen zur Stelle war und ihm das Essen wegnahm. Meine Partnerin empörte sich und sagte damals: »Wie kann man nur so blöd sein«.

Ranking bedeutet also eine Staffelung im Zugang zu den Ressourcen einer Gruppe. Damit erhöht sich die Überlebenschance der Alpha-Position, was der Gruppe in zweierlei Hinsicht dient: Die wichtigsten Funktionen werden von ihr wahrgenommen und durch die damit bedingte höhere Reproduktionsrate wird das genetische Kapital der Gruppe verbessert. Denn die Alpha-Männchen sind in ihrer Machtfülle für die Weibchen sexuell attraktiv und damit in der Lage, ihre Eigenschaften überproportional oft an Nachkommen weitergeben zu können.

Kommt Ihnen dieses Muster vielleicht bekannt vor?

Man kann aus diesem oben zitierten Beispiel aber noch einige andere Muster erkennen. So etwa folgen die Mitglieder der Gruppe dem flüchtenden Oberaffen sofort. Ich nenne das eine ›*Top-down-Exekution*‹. Damit ist gemeint, dass den Handlungen des Alpha unmittelbar Gefolgschaft geleistet wird. Wenn der Alpha z. B. die Flucht ergreift, folgen ihm alle anderen ohne zu zögern.

Kommt Ihnen auch dieses Muster bekannt vor?

»Ein Direktor eines Unternehmens betritt das Foyer des Hauses. Dort hängt ein neues Bild. Erschreckt sagt er zum Portier: Wie kommt denn dieses hässliche Bild an die Wand? Der Portier sagt: Unser Vorstandsvorsitzender hat das heute aufhängen lassen. Der Direktor: Ach, dieses Bild ist doch recht originell!«

Ich habe leider schon sehr oft erlebt, dass etwa bei Vorstandssitzungen Direktoren ihre Meinung zurückhielten, um dem Vorsitzenden oder einem Vorstandsmitglied nicht zu widersprechen — dies oft sogar wider besseres Wissen.

Die Erklärung dafür kann man ebenfalls aus der Stammesgeschichte ableiten. Denn *Widerspruch* schwächt die Alpha-Position. Widerspruch hat nämlich nicht nur einen Sachsinn — der dann gerechtfertigt ist, wenn Mitglieder der Gruppe über bessere Informationen verfügen als die Alpha-Position, sondern auch einen sozialen Sinn. Sachsinn und Sozialsinn können einander leider sehr oft widersprechen. Im Allgemeinen setzt sich in Hierarchien der Sozialsinn gegen den Sachsinn durch. Die soziale Bedeutung des Rechthabens der Alpha-Position besteht im Wesentlichen darin, dass die Alpha-Position Sicherheit gibt, indem sie das Überleben der Gruppe garantiert. Bis heute nehmen daher Gruppenmitglieder einer Alpha-Position einen Sach-Irrtum weniger übel als eine Unsicherheit in ihren Entscheidungen.

Dies hängt vermutlich damit zusammen, dass die Alpha-Position auch die Einheit der Gruppe repräsentiert. Über lange Zeit hinweg waren Gruppen, die in sich einig waren, den Gruppen überlegen, die in sich Widersprüche hatten. Eine uneinige Gruppe ist nicht so rasch und nicht so effizient handlungsfähig wie eine einige Gruppe. Die Einheit der Gruppe wird aber durch die Macht der Alpha-Position gewährleistet. Denn das, was die sagt und tut, gilt.

Irgendwann in der Geschichte erreichten Gruppen einen solchen Komplexitätsgrad, dass einzelne Mitglieder der Gruppe über Informationen verfügten, die die Alpha-Position nicht hatte. Dies könnte z.B. bei einem rasch erfolgten Habitatwechsel gewesen sein. Neues Wissen und Erfahrung einzubringen, erwies sich als Vorteil für die Gruppe, bedeutet jedoch Widerspruch gegen Althergebrachtes und damit Relativierung der Macht der Alpha-Position. Der Preis dafür konnte hoch sein und musste mitunter mit dem Leben bezahlt werden.

In allen Mythologien gibt es eine Geschichte, die von einem Sündenfall erzählt, wodurch der Mensch Gott ähnlich wurde. Dies geschah, indem der Mensch gegen ein Gebot der Autorität verstieß. Ob es einmal das Essen vom »Baum der Erkenntnis« ist, oder dass Prometheus den Menschen das Feuer bringt, das er den Göttern raubt, oder dass Tche-e-un dem gelben Kaiser widerspricht usw. — immer erweist sich der Widerspruch gegen die Autorität als Fortschritt.

Mit dem Zulassen des Widerspruchs tritt die alte absolute Macht in ein neues Stadium — sie eignet sich nämlich die Macht des Widerspruchs an und verbessert damit die Qualität von Gruppenentscheidungen. So kann die Rolle des Teufels als der Geist, der stets verneint, als Hilfe zur Entwicklung der Macht verstanden werden. Nur Gott und Teufel zusammen — Spruch und Widerspruch — ergeben die ganze Wahrheit. Eine Seite allein wird als die halbe Wahrheit erkannt. Denn durch die Einbeziehung von Widersprüchen bildet man eine größere Vielfalt der Realität ab als es durch die lineare Betrachtung einer Alpha-Position und ihrer Top-down-Exekution möglich ist. Allerdings geht diese Weiterentwicklung auf Kosten der Alpha-Position, die deutlich an Macht verliert. In der Bibel heißt es: »Siehe, Adam ist worden wie unsereiner — erkennend was gut und böse ist.« Wer also der Alpha-Position widerspricht, wird Gott ähnlich und stellt sich damit auf die gleiche Stufe wie der »Gottsöberste«.

Macht verstehe ich hier aber immer noch als Macht innerhalb von Gruppen oder Stämmen. Beobachtungen des menschlichen Verhaltens, wie es in der Gruppendynamik z.B. möglich ist, liefern — angelehnt an die Stammesgeschichte — einige Antworten auf unsere wichtige Frage, wie nämlich einzelne Individuen in die Alpha-Position kommen. Mithilfe von soziometrischen Methoden können wir den Prozess eines Rankings in Gruppen verfolgen und natürlich auch, warum

und wie sich die Positionen der übrigen Gruppenmitglieder im Laufe des Geschehens verändern. Am deutlichsten zeigt sich die Alpha-Führungsposition eben darin, dass sie die für die Gruppe wichtigsten Funktionen erfüllt.
Mit der Neolithischen Revolution bekam Macht eine neue Dimension. Durch die Sesshaftigkeit der Menschen wurden neue Strukturen des Zusammenlebens gebildet. So waren zum Beispiel die Ansiedlungen der sesshaften Ackerbauern den feindlichen Angriffen der Jäger und Nomaden ausgesetzt. Dies erforderte die *Verteidigung* der Ansiedlungen.
Wie konnte das aber effektiv geschehen?
Verteidigung war erst erfolgreich, als mehrere Ansiedlungen von einem zentralen Ort aus koordiniert wurden, um eine gemeinsame Verteidigung zu entwickeln. Effektiv war die Koordination aber erst durch Militär und die damit mögliche Zwangskoordination von Stämmen. Das System der Hierarchie war geboren — es stellte Ordnung mithilfe von Über- und Unterordnung her.
Dazu war es notwendig, dass die erwirtschaftete Überproduktion an eine zentrale Stelle abgegeben wurde, die damit Infrastruktur (Militär, Rüstung, Wege, Schrifttum, Zahlensystem etc.) bereitstellte.
Sehr bald erkannten die Fürsten, dass sie mithilfe von Militär den Menschen Überschussprodukte auch gegen ihren Willen abnehmen konnten. So manche bäuerlichen Siedler hätten auf die Frage: Wollt ihr am Existenzminimum leben und alle Überschüsse an die zentrale Stelle abgeben, möglicherweise mit Nein geantwortet. Also durfte ihnen diese Frage nicht gestellt werden. Das heißt, es musste ein System entwickelt werden, in dem Menschen über andere Menschen entscheiden können, ohne deren Zustimmung einholen zu müssen.
Dies bedeutete eine neue Stufe der Macht. Es ist dies eine Macht nicht mehr innerhalb von Gruppen oder Stämmen, sondern eine solche von Organisationen (eben die ›Heilige Ordnung‹).
Die sich entwickelnden anonymen Kommunikationsstrukturen, in denen Menschen miteinander zu tun haben (über die *Hierarchie*), ohne direkt in primärer Kommunikation miteinander zu kooperieren, war nun das bestimmende Thema für die nächsten Jahrtausende.
Erst heute scheint dieses System in eine Krise zu kommen. Die industrielle Revolution hat an den grundsätzlichen Machtverhältnissen der Hierarchie nichts geändert. Man hatte bloß die technischen Möglichkeiten, die Strukturen eher noch deutlicher hervorkommen zu lassen.
Die vier Grundprinzipien der Hierarchie blieben erhalten:

1. Die wichtigsten Entscheidungen wurden im jeweiligen Zentrum bzw. bei Hierarchien an der Spitze getroffen *(Entscheidungzentralisierung).*
2. Im Zentrum bzw. an der Spitze kamen alle wichtigen Informationen zusammen *(Wahrheitszentralisierung).*
3. Bei Konflikten entscheidet jeweils die übergeordnete Instanz *(Weisheitszentralisierung).*

4. Die jeweiligen höheren Positionen entscheiden über die niedrigeren Positionen *(Machtzentralisierung).*

Die Abhängigkeit der Untertanen von den Obertanen blieb erhalten und wurde technologisch sogar noch verstärkt. Erst mit der heutigen *digitalen Revolution* beginnt sich dies zu ändern.

Durch das Wegfallen der Informationsmonopole am Zentrum können die Entscheidungen immer mehr dezentral getroffen werden. Die auftretenden Widersprüche, die mit der zunehmenden Komplexität der Systeme zusammenhängen, können auch nicht mehr — oder immer weniger — an eine zentrale Instanz delegiert werden. Es kommt durch die Spezialisierung in den Hierarchien zu einer *Kompetenzumkehr,* da sehr oft die niedrigeren Positionen über bessere und wichtigere Informationen verfügen als die höheren Positionen. Auf lange Sicht wird die Hierarchie diesem Widerspruch nicht standhalten können. Im Konfliktfall stehen das System und die Sache einander gegenüber: das System stützt die ›Machthaber‹, das Sachwissen ist oft die Angelegenheit der Mitarbeiter.

Durch die Umkehr der Abhängigkeitsverhältnisse bekommt die Macht in Organisationen einen neuen Sinn: Die Koordination erfolgt nicht mehr (nur) durch Top-down-Exekution, sondern immer mehr durch Vernetzung dezentraler Systeme — nämlich durch das Zusammenwirken der drei Megatrends: Globalisierung, Ökonomisierung und Digitalisierung. Dadurch werden neue Machtverhältnisse kreiert.

Diese neuen Trends sind noch nicht formalisiert oder systematisiert. Sie sind mit der Logik des hierarchischen Ordnungssystems mit seiner Über- und Unterordnung nicht kompatibel. (Es ist überhaupt noch nicht abzusehen, wie sich die neuen Systeme formalisieren lassen).

Einige Aspekte lassen sich jedoch schon feststellen:

- Die Schwarmintelligenz wird anstelle der hierarchischen Schwarm-Dummheit treten. Die Dummheit der Untertanen wurde in den hierarchischen Systemen durch Bildungsmonopole lange Zeit gestützt und genützt. Die neuen digitalen Ausbildungsmöglichkeiten haben ein größeres Potenzial, die individuellen Kapazitäten zu entwickeln. Die neuen, auch schon von der Gruppendynamik entwickelten Schulsysteme sind sehr viel effizienter als die klassischen hierarchischen.
- Die Position eines Menschen wird nicht mehr von seiner hierarchischen Einordnung definiert, sondern immer mehr durch die Vernetzung mit Freunden, die sich in unterschiedlichen Konstellationen dann jeweils gemeinsam weiterentwickeln.
- Kritik ist nicht mehr verboten, sondern ein wesentliches Element der Entwicklung von Gruppen und Systemen. Hier gibt es meines Erachtens noch keine konsensualen Vereinbarungen. Diese werden aber kommen müssen.
- Machtunterschiede wird es weiterhin geben müssen, weil dies meines Erachtens zu den anthropologischen Konstanten gehört. Unterschiede zwischen

Menschen werden nicht verschwinden können, aber es kann darüber Konsens geben. Dies wird eine immer differenziertere Arbeitsteilung und Koordinierung ermöglichen.

- Die Macht ist allerdings immer weniger — so wie im hierarchischen System — an eine bestimmte Person gebunden, sondern wird anonym kumuliert, z. B. in Form von Algorithmen, die unser Leben immer mehr bestimmen. Es werden Daten über unser Verhalten gesammelt und ausgewertet, die dann unsere Handlungen teilweise steuern und vorhersehbar machen. Macht ist damit intransparent, anonym und nicht mehr (an-) greifbar.

Diese neue ›Karrierestufe‹ der Macht ist in Zukunft noch genauer zu analysieren, um sie bewerten zu können.

Die körperliche Dimension der Macht

Wenn wir Macht ausüben oder uns als Opfer von Machteingriffen fühlen, finden in unserem Körper spezifische, stammesgeschichtlich verankerte physiologische Reaktionen statt. Auch im kulturell überformten und von den sozialen Regeln des 21. Jahrhunderts geprägten Organisationsleben wird unser Erleben auf einer elementaren Ebene daher von Verhaltens- und Reaktionsmustern geprägt, die vor Millionen Jahren angelegt wurden: Machtkämpfe werden in Organisationen nicht mehr — wie bei unseren frühzeitlichen Ahnen — in der körperlichen Auseinandersetzung ausgetragen, aber die evolutionär verankerten Reaktionsmuster im Verhalten (Flucht, Unterwerfung oder Kampf) und in den physiologischen Vorgängen (Adrenalinausschüttung, Blutdruckanstieg etc., → Exkurs *Das Erbe unserer Geschichte*) sind auch heute noch wirksam.

EXKURS

Das Erbe unserer Geschichte — neurowissenschaftliche und biopsychologische Aspekte der Macht

Die biologische Forschung hat gezeigt, dass sich in Machtsituationen spezifische physiologische Veränderungen einstellen. Dabei sind vor allem zwei Neurotransmitter (d. h. Botenstoffe im Blut) relevant: Testosteron und Serotonin.

Männer mit starkem Machtmotiv (→ Abschnitt 1.2) weisen in Studien höhere *Testosteronspiegel* auf als Männer mit geringerem Machtmotiv. Hohe Testosteronwerte führen bei Tieren zu Imponier- und Kampfverhalten. Bei Menschen gehen sie mit einer eingeschränkten Fähigkeit zur Regulation emotionaler und motivationaler Prozesse, mit geringerer sozialer Sensibilität, verringerter Empathie, der Neigung zum Treffen egozentrischer Entscheidungen sowie mit Dominanzverhalten und höherer Aggressivität einher[3]. Männer mit hohen Testosteronwerten bekleiden häufiger einflussreiche Positionen und neigen häufiger zur Anwendung von Gewalt: »High levels of testosterone prime individuals to pursue dominance and status in socially acceptable ways, but [...] in some cases they can also lead to aggression, antisocial behavior, and sometimes violent crime« (Stanton/ Schultheiss 2011, S. 662).

Ähnliche Zusammenhänge bestehen zwischen Macht und dem *Serotoninspiegel*. Dieser ist bei dominanten Tieren bis zu zweimal höher als bei ihren untergeordneten Artgenossen (Knecht 2012). Serotonin versetzt uns in eine Stimmung von Gelassenheit, innerer Ruhe und Zufriedenheit, dämpft Angst und Hungergefühl — depressive Verstimmungen gehen dagegen typischerweise mit einem Serotoninmangel einher[4].

Im Zusammenhang mit Macht ist vor allem der reziproke Zusammenhang zwischen Machtverhalten und Testosteron- bzw. Serotoninspiegel interessant: In Tierversuchen wurde festgestellt, dass das erfolgreiche Abschneiden in einem Machtkampf zu einer Erhöhung des Serotoninspiegels und zu einer Verdopplung des Testosteronspiegels beim übergeordneten Männchen führt, während es bei den Verlierern zu einem Testosteronabfall, zu Gewichtsverlust und zu einer Schwächung des Immunsystems kommt. Bei dominanten Tieren geht die durch den Kampf ausgelöste Erhöhung des Stresshormons Cortisol relativ schnell wieder zurück, wohingegen der Stresshormonspiegel bei den unterlegenen Tieren noch lange erhöht bleibt (Knecht 2012). Auseinandersetzungen um die Macht sind also für diejenigen, die die Macht über längere Zeit innehaben, weniger stressend als für die Unterlegenen.

Bemerkenswert ist auch, dass gar keine Auseinandersetzung stattfinden muss, um die für Machtkämpfe charakteristischen physiologischen Veränderungen bei den Beteiligten auszulösen: In einem Experiment mit Affen reichte schon das Wiedererkennen des Kontrahenten aus, um sowohl beim Sieger als auch beim Verlierer die für einen Kampf typischen physiologischen Veränderungen (d. h. Anstieg von Testosteron- und Serotoninspiegel beim Gewinner, Abfall beider Werte beim Verlierer) auszulösen. Hier zeigt sich: *Macht reproduziert sich selbst — auch auf der körperlichen Ebene, und sie wirkt, ohne dass es zu einer Auseinandersetzung kommen muss.* Diese Erkenntnis ist für das Verständnis von Machtphänomenen in Organisationen entscheidend, wie sich später zeigen wird (→ Abschnitt 1.8).

---

3 http://de.wikipedia.org/wiki/Testosteron

4 http://de.wikipedia.org/wiki/Serotonin

MERKE

Die Machtdynamik in heutigen Organisationen folgt außerordentlich vielschichtigen Regeln und Riten. Doch unter dieser Oberfläche wirken die stammesgeschichtlich angelegten körperlichen Reaktionsmuster aus der Frühzeit der Menschheit weiter: In den modernen Ritualen des Aushandelns und der Symbolisierung von Macht bleiben die Parallelen zu archaischen Formen des Kampfes um die Dominanz weiterhin spürbar.

Macht als Ausgangs- und Endpunkt sozialer Aushandlungsprozesse

Wie angesprochen, führt schon die Erwartung, dass der Gegner im Zweifel körperlich überlegen wäre, dazu, dass man diesem das Feld überlässt. Dieser Prozess ist in der menschlichen Interaktion natürlich sehr viel komplexer als am einfachen Beispiel aus dem Tierreich geschildert. Die Machtausübung von A setzt — abgesehen vom Grenzfall der Ausübung von Zwang durch körperliche Gewalt — voraus, dass B (aus welchen Gründen auch immer) darauf verzichtet, Widerstand zu leisten und A das Feld überlässt: »A besitzt [...] keine originäre Macht über B, er wird von B ermächtigt« (Knoblach/Fink 2012a, S. 254). Macht in diesem Sinne lässt sich insofern nicht auf die Eigenschaften einer Person zurückführen, sondern *wird innerhalb einer sozialen Beziehung konstruiert.*

Aufbau von und Unterwerfung gegenüber Macht können unter Umständen schon dann zu beobachten sein, wenn wir in der Warteschlange eine dominant auftretende Dränglerin vorlassen oder in der Besprechung einem ›Vielredner‹ die ›Lufthoheit‹ über die Sitzung überlassen. Simon (2004) bezeichnet diese Beziehungsform, bei der sich die Beteiligten in einem asymmetrischen ›Oben-unten-Verhältnis‹ zueinander befinden, als *komplementäre* (im Gegensatz zur symmetrischen) *Beziehung*. In dieser Begrifflichkeit entsteht Macht, indem ein Interaktionspartner eine (meist unausgesprochene) asymmetrische Beziehungsdefinition vorschlägt und diese Beziehungsdefinition von den übrigen Interaktionspartnern dadurch bestätigt wird, dass sie eine entsprechende unterlegene Komplementärrolle einnehmen. Das Hinnehmen dieser Beziehungsdefinition schafft eine im Rahmen eines interaktionsdynamischen Prozesses sozial konstruierte Ungleichheit. Es handelt sich also um einen Ko-Konstruktionsprozess, in den zahlreiche Faktoren einfließen, z. B.

- die gefühlte körperliche Über- oder Unterlegenheit der Akteure
- Persönlichkeitsfaktoren (Konfliktbereitschaft, Machtmotivation, → Abschnitt 1.2)
- das Auftreten der Beteiligten (vgl. auch die Ausführungen zum Habitus-Konzept in Abschnitt 1.9)

- soziale Benimmregeln (Wer sie verletzt, kann oft auf Vorteile gegenüber denjenigen hoffen, die sich an die Regeln halten.)
- gesellschaftliche Rollen- und Statuszuschreibungen
- die hierarchische Stellung der Beteiligten in einer Organisation

usw.

MERKE

Wenn A am Ende einer Interaktion die Oberhand gewinnt, ›hat‹ er diese Machtposition also nicht allein, weil er über Machtressourcen wie Geld, Status, Entscheidungsbefugnisse etc. verfügt, sondern, weil B ihm die Macht ›gibt‹, indem er keine konkurrierenden Machtansprüche geltend macht — die Macht von A ist Resultat eines gemeinsamen Aushandlungsprozesses.

1.2 Macht und Persönlichkeit

Macht wird häufig als Eigenschaft der Machtinhaber verstanden — eine, wie später zu sehen sein wird, stark verkürzende Sicht. Auch wenn ein großer Teil dessen, was als Machtausübung in Organisationen erscheint, weniger mit der Persönlichkeit der Beteiligten zusammenhängt als beispielsweise mit Rollenerwartungen, Organisationskultur oder situativen Dynamiken, gibt es dennoch individuelle Dispositionen, die dazu führen, dass Menschen Machtausübung als attraktiv empfinden, anderen als ›machthungrig‹ erscheinen oder besonders vulnerabel für die Versuchungen der Macht sind.

Menschen versuchen, wenn sie die Möglichkeit haben, in aller Regel Macht zu erlangen. Der amerikanische Psychologe David McClelland nimmt an, dass Macht in Form von zwei unterscheidbaren Eigenschaften in der Persönlichkeit verankert ist. Verfügt ein Mensch über ein starkes *p-Macht*-Motiv, wird er stark wettbewerbsorientiert sein und konsequent eigene Ziele verfolgen. Menschen mit hohem p-Macht-Motiv erscheinen uns als ›typische Machtmenschen‹. Die andere Ausprägung bezeichnet er als s-Macht. Im Gegensatz zu p-Machtmotivierten geht es Menschen mit hohem *s-Macht*-Motiv weniger um ihre individuellen Ziele als darum, die Ziele einer *Gruppe* (z. B. eines Teams) zu erreichen. Während sich Männer und Frauen allgemein im Ausmaß ihres Machtbedürfnisses nicht unterscheiden, ist bei Frauen oft das s-Macht-Motiv stärker ausgeprägt, während bei Männern das p-Macht-Motiv häufig eine größere Rolle spielt (Boeing/Stillich 2013). Menschen mit hohem Machtmotiv erleben Entscheidungssituationen (etwa im Management) als Chance im Sinne eines gestaltbaren Freiraums, weniger machtmotivierte Personen empfinden sie eher als Belastung (Wottawa 2012, S. 226).

Im Zusammenhang mit Macht ist oft die Rede von der *machiavellistischen Persönlichkeit*. Menschen mit einer solchen Persönlichkeitsstruktur verfolgen ihre Ziele sehr geradlinig (auch ohne gezielte kognitiv Steuerung), sind im zwischenmenschlichen Kontakt eher unemotional und setzen sich häufig über Konventionen und Moral hinweg.

Ein weiterer Persönlichkeitsfaktor, der mit Ge- und Missbrauch von Macht in Verbindung gebracht wird, ist der *Narzissmus*. Die Psychologie von Freud bis heute sieht im Narzissmus einen Persönlichkeitszug, den alle Menschen in unterschiedlich ausgeprägtem Maße haben — von einem ›gesunden Selbstwertgefühl‹ bis eben hin zum pathologischen Bild der narzisstischen Persönlichkeitsstörung. Menschen mit ausgeprägt narzisstischen Zügen neigen zur Selbstüberschätzung und Selbstverherrlichung, ihnen mangelt es an Empathie und Kritikfähigkeit. Narzissmus, so die psychologische Annahme, ist kein Ausdruck von übersteigertem, sondern dient eher der Kompensation eines mangelnden Selbstwertgefühls (Faust o. J. S. 8).

Psychopathische Persönlichkeiten sind selbstsüchtig und verstehen es, andere Menschen durch ihr extrovertiertes, oft durch Wortgewandtheit und oberflächlichen Charme beeindruckendes Verhalten zu fesseln und zu manipulieren. Hinter dieser Fassade sind sie jedoch gefühlskalt, unempathisch, impulsiv und verantwortungslos. Verschiedene Autoren haben darauf hingewiesen, dass das Bild des funktionalen (also nicht allzu devianten oder gar kriminellen) Psychopathen enge Bezüge zum Stereotyp der erfolgreichen Führungskraft aufweist. In der Tat haben verschiedene Studien enge Bezüge zwischen psychopathischer Persönlichkeit und der Übernahme von Management- und Führungsrollen nachgewiesen (z. B. Lilienfeld et al. 2014).

MERKE

Machiavellismus, Narzissmus und Psychopathie bei Führungskräften werden als ›*dunkle Triade*‹ (Paulhus/Williams 2002) für zahlreiche Probleme in Organisationen verantwortlich gemacht.

Auf der anderen Seite können bestimmte Persönlichkeitskonstellationen zu einer gewissen ›Macht-Ferne‹ beitragen. Menschen mit hohen *Neurotizismus*-Werten wirken unsicher, emotional instabil und wenig belastbar. Studien haben gezeigt, dass Neurotizismus negativ mit Führungserfolg korreliert. Menschen mit einer geringen Ausprägung des Persönlichkeitsfaktors *Extraver-*

sion nutzen soziale Situationen nicht — wie stärker Extrovertierte — als Bühne für Selbstpräsentation und Kontaktaufnahme, sondern neigen dazu, sich zurückzuziehen. Menschen mit nur schwach ausgeprägten machiavellistischen, narzisstischen und psychopathischen Zügen haben wenig Affinität zu p-Macht. Da ihnen Neigung und Fähigkeit fehlt, andere Menschen durch gekonnte Selbstdarstellung zu beeindrucken, können sie als blass und wenig durchsetzungsfähig erscheinen.

In der Diskussion um Macht und Persönlichkeit ist es sehr wichtig, auf einen weit verbreiteten Irrtum hinzuweisen: Wenn Menschen etwas tun, schreiben wir diesem Tun Ursachen, Motive und Absichten zu, ohne zu bedenken, dass diese Zuschreibung häufig nur auf unseren Vermutungen beruht. Ursachen, Motive und Absichten sind innere Zustände, die sich unserer Beobachtung entziehen, die Zuschreibung des Handelns einer Person z. B. auf dessen Machtgier ist unsere Eigenleistung. In der Psychologie nennt man diese Tendenz, Verhalten vorrangig auf persönliche Faktoren zurückzuführen, den *fundamentalen Attributionsfehler*. Diese Personalisierung verstellt oft den Blick dafür, dass die Personen sich häufig nur konform zu dem verhalten, was sie als (formale, informelle oder latente) Regeln der Organisation auffassen und dass sich andere Menschen in ihrer Rolle und Situation möglicherweise ganz ähnlich verhalten hätten.

MERKE

Die Persönlichkeit eines Menschen sowie seine Lern- und Sozialisationserfahrungen bestimmen seine Haltung gegenüber Macht und sein Handeln in Machtkonstellationen. Auf der anderen Seite spielen Kontextbedingungen für das Handeln eines Menschen oft eine sehr viel größere Rolle als seine Persönlichkeit. Schließlich verändern sich Menschen, wenn man ihnen Macht gibt, oft in einer typischen Art und Weise — diese Auswirkungen der Rollenmacht auf die Persönlichkeit werden in Abschnitt 5.2 näher beleuchtet.

1.3 Sanktionsmacht und die Bedeutung von Erwartungen

In Organisationen haben Führungskräfte — aber nicht nur sie — grundsätzlich die Möglichkeit, anderen zu schaden. Auch ›einfache Mitarbeiter‹ können ihren Vorgesetzten schaden, indem sie ihnen Informationen vorenthalten, sich an höherer Stelle über sie beschweren, Dienst nach Vorschrift machen etc.

Einem Machtpotenzial auf der einen Seite steht somit häufig die Gegenmacht der anderen Seite gegenüber. In diesem Sinne ist eine Person A einer

Person B machtmäßig überlegen, wenn A größere Möglichkeiten hat, B zu schädigen als dies umgekehrt der Fall ist. Machtkommunikation »verweist auf einen zweiten möglichen Kommunikationsverlauf, den weder der Machthaber noch der Machtunterworfene wünschen können, der aber für den Machthaber weniger nachteilig ist als für den Machtunterworfenen« (Brodocz 2012, S. 251 im Anschluss an Luhmann).

MERKE

Diese Möglichkeit, die andere Partei zu schädigen, wollen wir *Sanktionsmacht* nennen.

Sanktionsmacht als Produkt des Machtunterlegenen

Anders als in natürlichen Sozialsystemen liegt die Macht der Beteiligten heutzutage meist nicht in ihrer körperlichen Überlegenheit begründet, sondern darin, dass sie über knappe, von anderen benötigte Ressourcen verfügen.

Viele Versuche, Macht zu definieren, gehen vom Machthaber aus, z. B. auch die klassische Definition von Max Weber (1972, § 16, 28), der unter Macht »jede Chance, innerhalb einer sozialen Beziehung den eigenen Willen auch gegen Widerstreben durchzusetzen« versteht. Macht wäre jedoch ein sehr schwerfälliges Medium der Steuerung von Organisationen, wenn ein Vorgesetzter in jeder Situation seinen Willen explizit kundtun müsste oder die Mitarbeitenden ständig ihr Widerstreben zum Ausdruck bringen würden. Anders als beim Einsatz von Gewalt und anderen Zwangsmitteln zeichnen sich Machtverhältnisse dadurch aus, dass B (der Machtunterworfene) sich in einer Situation so verhält, wie A es seiner Vermutung nach von ihm erwartet — auch ohne dass A diese Erwartungen in der jeweiligen Situation explizit formulieren müsste. Das bedeutet: »*Die Macht von A entsteht im Kopf von B*« (Knoblach/Fink 2012b, S. 15). Hier spielt sich der eigentliche Machtkampf ab, sofern A nicht körperliche Gewalt anwendet. Das hat zur Folge,

> *»[...] dass eine Person niemals über objektive Macht verfügt. Ihre Machtressourcen und die positiven wie negativen Folgen, die von ihrem Einsatz ausgehen können, werden von der Gegenseite immer zunächst individuell interpretiert, bevor sie sich entschließt, Widerstand zu leisten oder sich zu fügen.« (ebd.).*

Die antizipatorische Reaktion von B ist das Ergebnis einer Abwägung, in die eigene Interessen und Handlungsmöglichkeiten, mit A gemachte Erfahrungen und dessen wahrscheinliche Reaktionen eingehen (Sandner 1992). Sanktionsmacht lässt sich also wie folgt definieren:

MERKE

A hat dann Sanktionsmacht über B, wenn B sein Handeln an A's wahrgenommenen *Erwartungen* ausrichtet, weil B für den Fall der Nichtbefolgung dieser Erwartungen Konsequenzen befürchtet, die für ihn selbst nachteiliger sind als die für A erwarteten Konsequenzen.

Allerdings ist diese Einschätzung kein ausschließlich rationaler Prozess; auch emotionale Anteile, lebensgeschichtlich angelegte Reaktionsmuster und kulturelle Faktoren spielen eine Rolle.

Macht als Tauschverhältnis

A hat immer nur so lange Macht über B wie B das Spiel mitspielt und ihm Macht einräumt. Die Sanktionsmacht von A wird durch die explizite oder unausgesprochene Androhung von Konsequenzen gestützt. Wenn allerdings B bereit ist, diese Konsequenzen in Kauf zu nehmen (beispielsweise die Zuweisung einer unattraktiven Arbeit oder den Verlust des Arbeitsplatzes, z. B. weil B die Option hat, eine attraktive Stelle bei einem anderen Unternehmen anzunehmen), ist A's Macht am Ende. Das Verhältnis zwischen dem ›mächtigen‹ A und dem ›machtunterlegenen‹ B lässt sich in diesem Sinne als Tauschhandel auffassen, bei dem B seine Folgebereitschaft eintauscht gegen eine Gegenleistung, über die A verfügt (z. B. Geld, Sicherheit, Zuwendung): Machtbeziehungen sind keine Einbahnstraßen, sondern Tauschbeziehungen, bei denen Handlungsmöglichkeiten getauscht werden (Ortmann 2012, S. 126).

Alternative Erklärungen

Wer an Macht in Organisationen denkt, meint damit in der Regel Sanktionsmacht. Es gibt aber eine Vielzahl anderer Faktoren, die B dazu bewegen können, sein Handeln an A auszurichten, ohne dass eine (ausgesprochene oder imaginierte) Sanktionsdrohung im Hintergrund stünde:

- B handelt in A's Sinne, weil er diesem ein höheres fachliches Wissen zuschreibt.
- Handlungsalternativen stehen B nicht zur Verfügung oder sind ihm nicht bewusst.
- B folgt A aus Gewohnheit usw.

In all diesen Fällen können Machtverhältnisse dennoch zwischen A und B eine Rolle spielen. Diese nicht auf Sanktionen gründenden und damit oft subtileren Erscheinungsformen von Macht und Einfluss sollen in den nachfolgenden Abschnitten näher beschrieben werden.

MERKE

In Organisationen entsteht Macht nicht aus der körperlichen Überlegenheit von A über B, sondern sie ist an A's Rolle und die damit verbundene Möglichkeit gebunden, über für B wichtige Ressourcen (z. B. Anstellung, Gehalt, Karrieremöglichkeiten) zu entscheiden. Macht in diesem Sinne beruht zwar letztlich auf der Möglichkeit des Rolleninhabers, den Machtunterworfenen durch den Entzug dieser Ressourcen zu schädigen (Sanktionsmacht), doch muss die Sanktionsandrohung nicht ständig mitgeführt werden. Vielmehr wirkt die Macht von A über B dadurch, dass B das tut, wovon er glaubt, dass es von ihm erwartet wird, und zwar ohne dass diese Erwartung immer wieder neu geäußert werden müsste: *Die Macht von A entsteht im Kopf von B.*

1.4 Macht und nicht-machtbasierter Einfluss

Wenn B sein Handeln an A ausrichtet, muss das natürlich nicht mit Widerstreben und Sanktionserwartungen verbunden sein. Menschen orientieren sich in ihrem Handeln an Vorbildern oder tun anderen etwas Gutes, weil sie ihnen gerne eine Freude machen möchten.

J. L. Moreno, bekannt als Begründer des Psychodramas und ein früher Vertreter des systemischen Denkens, hat angenommen, dass in jeder Begegnung zwischen zwei Menschen Kräfte der interpersonalen Anziehung oder Abstoßung wirken, die Moreno als »Tele« bezeichnet hat (vgl. Moreno 1959, S. 29 ff.). Diese Tendenzen der Anziehung und Abstoßung, Sympathie und Antipathie führen dazu, dass wir andere Menschen (meist ohne uns dies bewusst zu machen) ›wählen‹. Er entwickelte ein Verfahren zur Messung solcher interpersoneller Wahlen, die *Soziometrie*, die heute in Form von Kleingruppen- und Netzwerkforschung weitergeführt wird. In soziometrischen Tests werden diese in jeder Gruppe unterschwellig vorhandenen Präferenzstrukturen offengelegt: Die Befragten bekommen beispielsweise die Aufgabe, alle Gruppenmitglieder in Bezug auf ein bestimmtes Kriterium (z. B. »Mit wem würde ich einen Fachvortrag vorbereiten wollen?«) in eine Rangfolge zu bringen, von der Wunschperson bis hin zur Person, mit der man sich dies am wenigsten vorstellen könnte. Die Wahlen fallen je nach Kriterium unterschiedlich aus: Die Person, die bei dem Kriterium »Fachvortrag« die positivste Wahl erhält, muss nicht die gleiche sein, mit der man gerne ein Wochenende auf einer einsamen Berghütte verbringen wollte oder die man in einer persönlichen Krisensituation um Rat fragen würde.

Dass wir Menschen, die wir im Sinne der Soziometrie ›wählen‹, auch mehr Einfluss über uns einräumen, liegt auf der Hand:

- Auf der Sachebene, z. B. bei der Vorbereitung eines Fachvortrags, würden wir Personen wählen, denen wir überlegenes Wissen oder größere Erfahrung in Bezug auf diese Situation zuschreiben. Diese Einflussgrundlage kann man als fachliche Autorität oder Reputation bezeichnen — French und Raven (1959) sprechen in ihrer bekannten Klassifikation der Machtgrundlagen von »expert power«.
- Auf der Beziehungsebene ergibt sich A's Einfluss aus B's Identifikation mit A, seiner Attraktion gegenüber A oder seinem Respekt für A (French und Raven (1959) nennen diese Einflussquelle »referent power«).

MERKE

Von *nicht-machtbasiertem Einfluss*[5] sprechen wir, wenn B die (vermeintlichen) Entscheidungs- und Handlungsprämissen von A aufgrund von positiven Einstellungen und Gefühlen diesem gegenüber übernimmt, ohne sich aufgrund einer dahinter stehenden Sanktionsvermutung dazu genötigt zu sehen.

EXKURS

Macht und Einfluss als Beobachtungskonstrukte

Einfluss ist kein objektiver Tatbestand, sondern ein Erklärungsversuch für ein Interaktionsgeschehen. Dieser Erklärungsversuch wird immer von einem Beobachter vorgenommen, und unterschiedliche Beobachter können in ihrer Beobachtung zu unterschiedlichen Ergebnissen kommen. So kann eine Mitarbeiterin davon überzeugt sein, die Entscheidung ihrer Vorgesetzten beeinflusst zu haben, doch vielleicht sieht das die Vorgesetzte ganz anders. Wer hat Recht?

Die gleiche Problematik ist in der Literatur zum Thema Macht im Hinblick auf die in Abschnitt 1.3 zitierte Definition von Max Weber diskutiert worden. Wenn Macht sich darin zeigt, dass B dem Willen A's Folge leistet — wie kann man mit Sicherheit wissen, dass B nicht auch aus freien Stücken und ohne Machteingriff so gehandelt hätte? Dieses Problem stellt sich generell, wenn es darum geht, die ›wahren‹ Gründe für ein bestimmtes Handeln ausfindig zu machen. In der Psychologie wird die Zurechnung von Handeln auf bestimmte (angenommene) Ursachen als *Attribution* bezeichnet. Macht und

---

5 In Teilen der Literatur wird einer der beiden Begriffe (Macht oder Einfluss) als übergeordneter Begriff verstanden oder die Begriffe werden mehr oder weniger synonym verwendet — eine Synopse und Systematisierung der verschiedenen Theorien zu Macht und Einfluss findet sich bei Zimmerling (2010).

Einfluss sind also keine Realkategorien mit ontologischer Basis, sondern Attributionskategorien, die von einem Beobachter verwendet werden.
Die Erkenntnistheorie des Konstruktivismus weist darauf hin, dass für unser Erleben und Handeln nicht die objektive und für alle Menschen identische *Realität* maßgeblich ist, sondern unsere jeweils subjektive *Wirklichkeit*. Wenn wir davon sprechen, dass das, was wir als Macht (oder Einfluss) erleben, unsere eigene Konstruktion darstellt, soll das nicht bedeuten, dass Machtstrukturen bis hin zu von Zwang und Gewalt bestimmten Verhältnissen wie etwa in Diktaturen nur ein Wahrnehmungsproblem der Machtunterworfenen darstellten. Eine konstruktivistisch orientierte Sichtweise impliziert natürlich nicht, dass die Erfolgschancen für Versuche der Machtausübung über alle Mitglieder eines Systems gleich verteilt wären und dass es keine überdauernden Unterschiede in den Machtverhältnissen gäbe. Anders als im Fall von Zwang und Gewalt — darauf wurde schon weiter oben mehrfach hingewiesen — zeichnet sich aber Macht im in diesem Buch verwendeten Sinne dadurch aus, dass die von ihr Betroffenen immer auch anders handeln könnten. Eine Analyse von Machtphänomenen setzt aus konstruktivistischer Sicht an der Frage an, warum Menschen ihre Wirklichkeit so konstruieren, dass sie (zumindest in ihrem Erleben) so handeln und entscheiden, wie die Inhaber der Macht es aus ihrer Sicht erwarten.

Die Grenzen zwischen Macht und nicht-machtbasiertem Einfluss sind fließend. Wer kann entscheiden, ob wir für eine geliebte Person etwas aus Respekt oder Altruismus tun, weil wir uns Vorteile erhoffen oder um negative Sanktionen (Liebesentzug) zu vermeiden? Im ersten Fall würden wir von Einfluss sprechen, im dritten Fall davon, dass die Person Macht über uns besitzt und im Fall der Hoffnung auf Vorteile von einer Art Tauschverhältnis (Luhmann 2000a, S. 44). Je mehr B in einer Situation auf den Tausch mit A angewiesen ist, desto mehr wandelt sich das Verhältnis von einem Gleichgewicht der Einflussverhältnisse hin zu einer wachsenden Machtposition, die A von B eingeräumt wird.

MERKE

Wenn B sich in seinem Handeln an A orientiert, muss das nicht an der Macht von A über B liegen. Menschen können Einfluss über uns haben, weil wir ihnen fachliche Autorität zuschreiben, weil sie uns ähnlich sind, weil wir sie nett oder attraktiv finden. Die Grenzen zwischen diesen Formen nicht-machtbasierten Einflusses und von Macht im engeren Sinne sind fließend, denn ob jemand z. B. einem Kollegen aus reiner Sympathie einen Gefallen tut oder weil er anderenfalls Nachteile fürchtet, ist (bisweilen auch für die handelnden Personen selbst) schwer festzustellen.

1.5 Situationskontrolle

Macht besteht darin, einen Akteur in seinen Handlungs- und Entscheidungsalternativen zu beschränken. So kann A kann eine Option X durchsetzen, indem er die Situation so strukturiert, dass

- B's Handeln durch objektive Gestaltungsparameter der Situation vorgegeben ist,
- die A's Interessen entgegenstehende Option Y für B gar nicht zur Verfügung steht oder
- die von A angestrebte Option X für B sehr viel leichter realisierbar oder attraktiver erscheint.

In diesen Fällen sprechen wir von *Situationskontrolle* (z. B. Scholl 2007). Beispiele für Situationskontrolle sind:

- Sicherheitskontrolle am Flughafen: Die Möglichkeit, direkt vom Check-In zum Gate zu gehen, ohne die Sicherheitskontrolle zu passieren, gibt es nicht.
- Fließbandarbeit: Die einzelnen Arbeitsschritte sind vorgegeben, die Arbeiterinnen und Arbeiter können die Produktionsfolge nicht verändern.
- Die Sperrung bestimmter Internetseiten, wie sie u. a. von den Regierungen Chinas, Irans oder der Türkei praktiziert wird.

Eine weitere Form von Situationskontrolle nutzt die vorhandenen *Motiv- und Präferenzstrukturen* der Adressaten, wie z. B. die in vielen Supermärkten zu beobachtende Taktik, Süßigkeiten vor der Kasse in Greifhöhe von Kindern zu platzieren.

Situationskontrolle kann, muss aber nicht als Machteingriff erlebt werden: Aus der Sicht von A gelingt Situationskontrolle perfekt, wenn B gar nicht realisiert, dass die von A vorgegebene Option für ihn nachteilig ist und er auch anders handeln könnte. Ein Extrembeispiel für Manipulation durch Situationskontrolle in diesem Sinne ist die informationsmäßige Abschottung Nordkoreas durch die nordkoreanische Regierung, mit der diese dem Volk vorgaukelt, dass Nordkorea in Bezug auf Wohlstand, Entwicklung und Freiheit anderen Ländern haushoch überlegen sei.

In organisationalen Veränderungsprozessen, um ein weiteres Beispiel zu nennen, strukturieren (interne und externe) Berater das Vorgehen und üben damit Situationskontrolle aus.

1.6 Manipulationsmacht

Nach der klassischen Definition von Max Weber ist Macht das Vermögen, den eigenen Willen gegen Widerstände durchzusetzen. Es gibt aber Machtformen, die über die Neutralisierung des Willens hinausgehen. Die eigentliche Königsdisziplin der Macht arbeitet daher nicht mit Druck und Sanktionsandrohungen gegen Widerstände, sondern sorgt auf manipulativem Wege dafür, dass Widerstände gar nicht erst entstehen. Die vielleicht weitreichendste Form der Machtausübung würde darin bestehen, B's Sinnzuschreibungen so in A's Sinne zu beeinflussen, dass B dessen Handlungs- und Entscheidungsprämissen, seine Sichtweisen, Erklärungsmuster und Interessendefinitionen als seine eigene Überzeugung übernimmt:

> *»Es ist nämlich das Zeichen einer höheren Macht, daß der Machtunterworfene von sich aus gerade das, was der Machthaber will, ausdrücklich will, daß der Machtunterworfene dem Willen des Machthabers wie seinem eigenen Willen folgt oder sogar vorgreift. […] Nicht das innere »Nein«, sondern das emphatische »Ja« ist die Antwort auf eine höhere Macht.« (Han 2005, S. 10)*

Baumann (1993) benennt diese Form des Zugriffs eines Machthabers auf die Motivationsstrukturen der Machtunterworfenen als Motivationsmacht.

Manipulationsmacht lässt sich auf der Interaktionsebene mit dem in Verbindung bringen, was alltagssprachlich als ›Macht der Gefühle‹ bezeichnet wird (z. B. Bauer-Jelinek 2001). Gefühle können genutzt werden, um Menschen zu manipulieren, z. B. indem man an ihr Gewissen appelliert, ihren Ehrgeiz weckt oder ihnen Identifikationsangebote macht. Wie die Massenpsychologie gezeigt hat, lässt sich Manipulationsmacht nicht nur im Verhältnis von zwei Personen zueinander, sondern auch in weitaus größeren Kontexten nutzen — Psycho-Sekten, das Nazi-Regime oder der IS bilden dabei nur besonders extreme Beispiele für die Möglichkeiten der gezielten Beeinflussung.

Natürlich handelt es sich auch bei der Manipulationsmacht nicht um ein objektiv feststellbares Phänomen, sondern um die Konstruktion eines Beobachters. Manipulationsmacht zeichnet sich ja gerade dadurch aus, dass sich auf der Motivebene kein Unterschied zwischen Indoktrinierung und freiem Willen ausmachen lässt.

Der Manipulationsmacht auf individueller Ebene entspricht auf gesellschaftlicher Ebene die von Foucault beschriebene *Disziplinarmacht* (→ Exkurs *Die Analyse der Herrschaft bei Foucault und Bourdieu* in Abschnitt 1.9).

1.7 Deutungsmacht

Jegliches Handeln beruht auf einer Deutung der Situation, in der sich der Handelnde befindet, der auf dieser Deutung beruhenden Bewertung und der sich daraus ergebenden Handlungsoptionen. Eine objektive, perspektivenunabhängige Wahrheit gibt es nicht: »Alles, was gesagt wird, wird von einem Beobachter gesagt« (Maturana 1982, S. 34, → Exkurs *Macht und Einfluss als Beobachtungskonstrukte* in Abschnitt 1.4) und jede Beobachtung basiert auf einer Leitunterscheidung, die so, aber auch anders möglich wäre. Der Soziologie Erving Goffman (1980) hat herausgearbeitet, wie jeder Mensch auf der Basis solcher Ausgangsannahmen Deutungsrahmen (die er »primäre Rahmen« nennt) konstruiert, die der Situation überhaupt erst einen Sinn verleihen. Wenn man beispielsweise beobachtet, wie ein Mann einen anderen mit einer Pistole bedroht, ist es sehr angemessen, die Polizei zu rufen, sofern es sich nicht um eine Theateraufführung handelt, in der eine andere Rahmensetzung eine andere Interpretation und anderes Anschlusshandeln nahelegen.

Wenn die Macht von A darin besteht, B dazu zu bringen, etwas zu tun, was er sonst nicht getan hätte, kann die Grundlage dafür in der Möglichkeit bestehen, B körperliche Gewalt (→ Abschnitt 1.1) oder anderweitige Sanktionen (→ Abschnitt 1.5) anzudrohen. Sie kann auf der Möglichkeit beruhen, die Motive und Präferenzen von B so zu beeinflussen, dass er die von A präferierten Handlungsoptionen bevorzugt. Sie kann aber auch viel früher ansetzen, nämlich bei den Deutungsrahmen, auf deren Basis B seine Wirklichkeit konstruiert:

> *»Wem es gelingt, Weltbilder zu setzen und dadurch Einfluss auf die Wahrnehmungen anderer zu nehmen, auf ihre individuellen und kollektiven Interpretationen der Wirklichkeit, der kann das Handeln der anderen in gewisse Bahnen lenken. Und genau das ist es, was wir unter Macht verstehen [...].« (Knoblach/Oltmanns/Fink 2012, S. 49)*

Insofern ist auch *Sprache* ein Machtinstrument, da Begriffe niemals objektiv sind, sondern immer schon einen bestimmten Deutungsrahmen mitliefern und alternative Interpretationen unwahrscheinlicher machen.

MERKE

Wer seine Definition der Wirklichkeit gegenüber anderen Sichtweisen auf die Welt durchsetzen kann, verfügt über *Deutungsmacht.*

Von Deutungsmacht wird häufig im Zusammenhang mit kollektiven Akteuren gesprochen: So wird etwa den russischen Medien nachgesagt, dass sie in der Berichterstattung über die Ukraine-Krise eine pro-russische Deutung des Konfliktes propagierten, während in den westeuropäischen Medien eine eurozentrische Sichtweise vorherrschte. Die Deutungsmacht der jeweiligen Medien wird selbst bei kritischen Leserinnen und Lesern spürbar werden, die vorwiegend Medien der einen Seite rezipieren (obwohl ihnen der Zugang nicht, wie in den im Zusammenhang mit der Situationskontrolle diskutierten Fällen von Zensur, grundsätzlich verwehrt wäre). Das ist der Hintergrund für die aktuelle Diskussion um die Gleichschaltung von Medien in Ländern wie der Türkei oder China. Doch auch in Organisationen, bei der Führung von Mitarbeitern, in Veränderungsprozessen und Beratungsverhältnissen spielt das Thema Deutungsmacht eine wichtige Rolle, wie im weiteren Verlauf dieses Buches zu sehen sein wird. Die Beispiele zeigen bereits, dass die Chancen, auf die Deutungsmuster anderer Menschen Einfluss zu nehmen, ungleich verteilt sind: Jeder hat so viel Recht wie er Macht hat, um es mit Spinoza (1907, § 8) zu sagen. Allerdings ist die Annahme, dass die Inhaber formaler Machtpositionen per se größere Chancen hätten, Rahmendefinitionen durchzusetzen (Zwengel 2012, S. 295), zu kurz gegriffen[6], wie sich z. B. in der Flüchtlingspolitik zeigt.

Deutungsmacht lässt sich nicht allein über strukturell basierte Rollenmacht gewinnen, sondern basiert auf dem *Einfluss* von A über B. Ob B die von A eingebrachte Sicht der Dinge übernimmt, hängt davon ab, inwieweit A's Deutungsofferte für B anschlussfähig ist. Die Dimensionen des nicht Machtbasierten Einflusses haben wir bereits in Abschnitt 1.4 dargestellt: auf der Sachdimension die *Glaubwürdigkeit* des Deutungsangebots, auf der Sozialdimension die *Beziehungsqualität* zwischen den Beteiligten und auf der Zeitdimension die *Erfahrungen,* die B mit A gemacht hat. A's Deutungsangebote werden immer im Rahmen von B's bereits existierenden Deutungsmustern interpretiert und bewertet. Der prototypische Pegida-Anhänger wird schwer von den Chancen der Zuwanderung für unsere Gesellschaft zu überzeugen sein. In Organisationen bilden sich kulturelle Muster aus, die die Wahrnehmung leiten und bestimmen, welche Sichtweisen ›richtig‹ und welche ›falsch‹ sind, welche von den Mitarbeitenden eingebrachten Ideen z. B. ›vielversprechend‹ sind und welche man als ›Spinnerei‹ verwerfen sollte.

---

6 und auch in einer gewissen Weise tautologisch, denn ihre Macht (oder zumindest ein Teil davon) resultiert ja gerade aus der Möglichkeit, die Deutungsmuster anderer Akteure zu beeinflussen.

Deutungsmacht werden hier eher diejenigen Personen (Parteien, Medien...) gewinnen, die an bestehende Rahmensetzungen und die dahinter stehenden emotionalen Bewertungen ankoppeln können. Insofern liegt auf der kollektiven Ebene der Organisation und der Gesellschaft die Meinungsmacht immer vor allem bei denjenigen, die die etablierte Mehrheitsmeinung bestätigen. Wie andere Formen der Macht neigt somit auch Deutungsmacht zum Konservatismus. Abweichende Signale werden ignoriert oder umgedeutet. Zahlreiche Fälle, in denen strategisch relevante Hinweise aus der eigenen Belegschaft oder seitens der Kundinnen und Kunden durch deutungsmächtige Akteure im Unternehmen abgewehrt wurden, belegen diese These.

MERKE

Nach einer naiven Vorstellung besteht Macht darin, dass der Machthaber den Machtuntergebenen gewissermaßen seinen Willen ›einpflanzt‹. Wie die bisherigen Überlegungen deutlich gemacht haben, ist Macht (im Gegensatz zu Zwang durch Gewalt) tatsächlich eine Konstruktion der Machtuntergebenen — das bedeutet jedoch nicht, dass deren Willen oder Interessen zum Verschwinden gebracht würden. In bestimmten Fällen kann A aber die Situation so strukturieren, dass B keine Handlungsalternativen mehr hat (ein Beispiel für diese Form der Situationskontrolle ist Fließbandarbeit) oder dass B's Wahrnehmung in die von A gewünschte Richtung gelenkt wird (Deutungsmacht). Diese sehr viel subtileren Formen der Machtausübung spielen in Organisationen und anderen sozialen Zusammenhängen eine große Rolle.

1.8 Machtstrukturen in Organisationen

Bislang lag der Fokus darauf, ein auf die einzelne Interaktion bezogenes Verständnis von Macht zu entwickeln. Um die strukturelle, institutionelle Seite der Macht zu beschreiben, braucht es andere Erklärungsmodelle. Sie wird in den machttheoretischen Diskursen mit dem Begriff der *Herrschaft* gefasst. Unter Herrschaft versteht Max Weber (1972, § 28) »die Chance, für einen Befehl bestimmten Inhalts bei angebbaren Personen Gehorsam zu finden«, und zwar unabhängig von der Motivation desjenigen, der Gehorsam leistet: »Herrschaft [...] kann im Einzelfall auf den verschiedensten Motiven der Fügsamkeit: von dumpfer Gewöhnung angefangen bis zu rein zweckrationalen Erwägungen, beruhen« (ebd., § 122).

»Macht und Herrschaft«, so Imbusch (2012, S. 26f.). »[...] organisieren und strukturieren [...] Ungleichheit. Überall da, wo Menschen soziale Ordnung (als Macht- und Herrschaftsgefüge) stiften, muss eine solche Ordnung auch durchgesetzt und abgesichert werden.« Während sich diese Absicherung der bestehenden Machtverhältnisse in natürlichen Sozialsystemen aus körperlicher Überlegenheit (→ Abschnitt 1.1) oder persönlichem Einfluss (→ Abschnitt 1.4) speist, können höher entwickelte Systeme wie Organisationen ihr Bestehen nicht darüber sichern, dass die Größte, der Stärkste oder die Charismatischste das Sagen hat. Die Chance, in Max Webers Sinne eine Anweisung durchzusetzen, muss daher von den Eigenschaften der Machtausübenden und ihren natürlichen Machtressourcen unabhängig gemacht werden. Die formale Legitimität zur Machtausübung wird den Machtinhabern durch ihre *Rollen* und den *Status* zugewiesen, den ihnen ihre Rolle im Rahmen der Machtstrukturen verleiht. Im Gegensatz zu an die Person gebundenen Formen der Macht, wie wir sie in den Abschnitten 1.1 und 1.2 besprochen haben, kann man diese Form der Macht als *Rollenmacht* bezeichnen.

Strukturell verankerte Machtunterschiede reichen über die einzelne Situation hinaus und sind relativ zeitstabil (wenngleich nicht unveränderlich). Aus dieser strukturellen Sicht hat derjenige die größeren Machtchancen, dessen Rolle den höheren (formalen oder informellen) Status aufweist, der aus ihr heraus die (formalen, informellen oder latenten) Regeln mitgestalten oder ihre Einhaltung sanktionieren kann.

In den vorangegangenen Abschnitten haben wir gezeigt, dass Macht sich von Einfluss dadurch unterscheidet, dass sie (aus der Sicht der Machtunterworfenen) immer eine Sanktionsandrohung mitführt. Nun würden Organisationen sehr schwerfällig, konfliktbeladen und starr, wenn hinter jeder Kommunikation zwischen den Hierarchieebenen eine solche ausgesprochene oder unausgesprochene Drohung stehen würde. Machtausübung im Sinne einer Sanktionsandrohung bleibt in Organisationen daher ein Ausnahmefall.

MERKE

Im Regelfall wirken Machtstrukturen in Organisationen ›geräuschlos‹: Man kennt die Erwartungen und leistet ihnen Folge, ohne dass man immer wieder aufs Neue darauf hingewiesen werden müsste, welche Konsequenzen die Nichtbefolgung haben könnte.

Das geräuschlose Funktionieren der Macht basiert darauf, dass die Machtstrukturen von den Machtunterworfenen in einem gewissen Maße internalisiert werden: Sie sintern (im Extremfall) gewissermaßen so weit in Wahrnehmung, Denken und Handeln ein, dass sie selbstverständlich, unreflektiert und unhinterfragt befolgt werden. Dadurch, dass sich Machtstrukturen auf diese Weise dem Handeln der Systemmitglieder aufprägen, reproduzieren sie sich selbst. Diesen Zusammenhang haben Bourdieu und Foucault im Detail beschrieben (→ Exkurs *Die Analyse der Herrschaft bei Foucault und Bourdieu* im folgenden Abschnitt).

MERKE

Mit dem Entstehen von Organisationen als Mittel der Erreichung von Zielen, die die Koordination einer großen Anzahl von Menschen erforderte, stellte sich die Frage, wie sichergestellt werden kann, dass all diese Menschen auf das gemeinsame Ziel hinarbeiten, auch wenn sie keine intrinsische Motivation für die Zielerreichung aufweisen. Dieses Problem der Handlungssteuerung grundsätzlich autonomer Menschen führt zur Entstehung von Macht- bzw. Herrschaftsstrukturen, in denen die Machtmittel nicht mehr an die Personen, sondern an deren Rollen gebunden sind. Innerhalb dieser Strukturen kann die Macht auch auf Personen übertragen werden, denen die Macht- und Einflussressourcen natürlicher Sozialsysteme (körperliche Überlegenheit, Charisma etc.) fehlen.

Dass Wesen und Wirksamkeit der Macht in deren ›geräuschlosem‹ Funktionieren liegen, erklärt auch, warum *Symbole* in Machtverhältnissen eine so hohe Bedeutung haben. Symbole repräsentieren die herausgehobene Stellung mächtiger Ämter auf eine Art und Weise, die es verzichtbar macht, auf Machtverhältnisse aufwendig verbal hinzuweisen oder sie im Handeln immer wieder neu unter Beweis zu stellen. Das früher aus seltenen und teuren Schnecken gewonnene Purpur der Kardinalsroben, der teure Dienstwagen, das Vorstandsbüro im obersten Stock (ein symbolischer Hinweis auf Über- und Unterordnungsverhältnisse), opulentes Essen etc. weisen auf die Exklusivität des Amtes und der seiner Amtsinhaber hin. Der Begriff ›Exklusivität‹ bezeichnet ein Ausschlussverhältnis (lat. excludere = ausschließen), und genau das ist es, worum es bei Macht und ihrer Symbolisierung geht.

Dass die Verletzung der symbolischen Ordnung als ›Majestätsbeleidigung‹ geahndet wird, ist in vormodernen Gesellschaften ebenso wie in Organisationen zu beobachten[7].

7 Eine Mitarbeiterin einer öffentlichen Organisation berichtete, dass sie kurz nach ihrem Dienstantritt versehentlich auf dem nicht gekennzeichneten Parkplatz des Amtsleiters geparkt hätte und ihr daraufhin ein dienstrechtliches Verfahren angedroht worden sei. Eine ausführliche Beschäftigung mit den Symboliken der Macht in Organisationen findet sich bei Sandner (1992), S. 213ff.

1.9 Gesellschaftliche Machtstrukturen und ihre Relevanz für Organisationen

Machtmechanismen in Organisationen sind nicht abzulösen von gesellschaftlichen Machtstrukturen, in die sie eingebettet sind. Diese Machtstrukturen haben sich über Jahrhunderte entwickelt, durchwirken alle Lebensbereiche und wirken auch in Organisationen hinein. So spielt der Status, den verschiedene Berufsgruppen von der Gesellschaft zugeschrieben bekommen, für die innerorganisationale Machtbalance zwischen diesen Berufsgruppen eine Rolle. Augenfällig wird dies z. B. in Krankenhäusern, in denen Statusunterschiede zwischen Ärzten und Pflegepersonal Kommunikation und gemeinsame Entscheidungsfindung in Veränderungsprozessen schwierig machen.

Besonders Michel Foucault und Pierre Bourdieu haben sich mit gesellschaftlichen Machtverhältnissen auseinandergesetzt — ihre Analyse (→ Exkurs *Die Analyse der Herrschaft bei Foucault und Bourdieu*) liefert aber auch für das Verständnis der Machtstrukturen in Organisationen wichtige Einsichten.

EXKURS

Die Analyse der Herrschaft bei Foucault und Bourdieu

In der Moderne wird die Repression als Mittel der Durchsetzung von Herrschaft durch eine gänzlich andere Form der Machtausübung abgelöst. Der französische Philosoph und Soziologe Michel Foucault bezeichnet diesen neuen Machttypus als *Disziplinarmacht*. Sie wirkt nicht — wie noch in der Feudalzeit — durch die Verfügung der Machthaber über Leib und Leben der Machtunterworfenen, sondern durch deren ›Zurichtung‹ durch die Sozialisation in gesellschaftlichen Institutionen, die dazu führt, dass die Subjekte sich selbst disziplinieren. So wird in der Schule nicht nur Wissen vermittelt, sondern auch das Stillsitzen, das Befolgen der Anweisungen des Lehrers, das sich selbst Zurücknehmen bis man an der Reihe ist, gelernt. Disziplinierung im Berufsleben ist entsprechend der Lernprozess, der dazu führt, dass man pünktlich zur Arbeit erscheint, sich selbst für seine Tätigkeit motiviert, seine Aufgaben erledigt usw. Diese Umstellung von Fremdkontrolle auf Selbstdisziplinierung sieht Foucault als wichtige Grundlage für die Etablierung des Industriekapitalismus. Disziplinarmacht setzte in der frühen Industrialisierung zwar hierarchische Steuerungsmechanismen voraus — denn »ohne diese Arbeitsdisziplin, also ohne Hierarchie, ohne Überwachung, ohne Vorarbeiter, ohne zeitliche Kontrolle der Arbeitsvorgänge wäre es nicht möglich gewesen, eine solche Arbeitsteilung zu erreichen«

(Foucault 2013, S. 226) —, ihre Wirkung resultiert aber aus ihrer Verselbstständigung von diesen Mechanismen.
Die gesellschaftlichen Machtstrukturen wirken als *Biomacht* letztlich bis in körperliche Praktiken des Einzelnen hinein, wie Foucault am Beispiel der Sexualität entwickelt.
Hier schließt das *Habitus*-Konzept von Pierre Bourdieu (2001) an. Im Habitus kristallisiert der Prozess, mit dem ein Mensch sich in Beziehung zu sich selbst und seiner Welt setzt, in einem spezifischen zeitüberdauernden körperlich-psychisch-sozialen Dispositiv, das für andere Menschen als ›Ausstrahlung‹, Selbstbewusstsein, ›Standing‹ spürbar wird. Der Habitus bestimmt — rollentheoretisch gesprochen —, inwieweit es einer Person gelingt, eine soziale Rolle ›innerlich gedeckt‹ und den sozial normierten Ansprüchen an diese Rolle gemäß überzeugend einzunehmen.
Habitus prägt sich jedoch nicht in erster Linie individuell, sondern auch klassen- und milieuspezifisch aus, da er mit der Verfügung über kulturelles Kapital wie z. B. Bildung, akademische Titel sowie Codes und soziale Praktiken zusammenhängt, die für die Teilhabe an bestimmten Milieus Voraussetzung sind. Insofern ist der Habitus eines Menschen nicht von seinem Selbstverständnis, seinen Einstellungen, Kompetenzen und Kommunikationsstilen, seiner Körperhaltung usw. abzulösen (hier ergeben sich auch Querverbindungen zu der in Abschnitt 1.1 beschriebenen Körpersymbolik der Macht). So wie beispielsweise zum Habitus eines Adligen ein bestimmter Kleidungsstil, eine ›gehobene‹ Sprache, eine umfassende Bildung (bzw. was in den entsprechenden Kreisen als umfassende Bildung galt), Tischsitten usw. gehörten, gibt es auch Erwartungen an den Habitus eines Arbeiters, einer Führungskraft im mittleren Management oder eines Vorstandsvorsitzenden.
Der Habitus eines Menschen ist ein Spiegel der gesellschaftlichen Machtverhältnisse, denn Habitus entsteht

»[...] durch eine Verinnerlichung der Werte oder Wahrnehmungsformen, die auf eine bestimmte Herrschaftsordnung hin angelegt sind. Er ermöglicht eine gleichsam vorreflexive, auch somatische wirksame Anpassung an die bestehende Herrschaftsordnung, erzeugt eine Automatik der Gewohnheit, in der etwa die sozial Benachteiligten nach den Verhaltensmustern handeln, die gerade jene Herrschaftsordnung stabilisieren, die zu ihrer Benachteiligung geführt hat. Der Habitus bewirkt eine vorbewußte Bejahung und Anerkennung der herrschenden Ordnung, die sich auch im Somatischen wiederholt.« (Han 2005, S. 56)

Wie bei Foucault geht Macht auch bei Bourdieu nicht von einer Person aus. Sie ist keine Ressource, über die man verfügt, sondern untrennbar mit den

Personen und der sozialen Praxis verwoben. Macht ist »gleichzeitig in den sozialen Mechanismen zu suchen, die Strukturen herstellen, wie auch im Kopf der Individuen« (Bourdieu 2001, S. 166[8]). Aufgrund des Habitus sind wir »immer versucht, Komplizen der Zwänge zu sein, die auf uns wirken, mit unserer eigenen Beherrschung zu kollaborieren« (ebd.). Hier ergibt sich eine weitere Verbindung zur Strukturationstheorie von Giddens (1997): Danach stellen Menschen die sozialen Strukturen in ihrem Handeln selbst her, die anschließend wieder auf ihr Verhalten zurückwirken. Diese rekursive Verknüpfung von gesellschaftlichen Machtstrukturen und individuellem Handeln illustriert auch Günther Ortmann in seinem nachfolgenden Beitrag.

Macht und rekursive Schleifen[9]

Günther Ortmann

Was ist eine Rekursion? Die iterative Anwendung einer Operation oder Transformation auf ihr eigenes Resultat: Der Output einer Operation/Transformation, geht als neuer Input in eben diese Operation/Transformation wieder ein.
Ein Standardbeispiel bietet die Operation Wurzelziehen. Wenn sie auf ihr eigenes Ergebnis angewandt und dies oft genug — mathematisch streng genommen: unendlich oft — wiederholt wird, führt das zu einem ›Eigenwert‹, nämlich zu dem Wert 1, und zwar unabhängig davon, mit welchem Input-Wert man beginnt.
Machtausübung ist rekursiv gebaut, insofern ihre Ergebnisse in die nächste Runde eines mikropolitischen Spiels als neuer Input wieder eingehen. Wo Tauben sitzen, fliegen Tauben zu. Das kennt man aus der Ökonomie — der Teufel scheißt immer auf den größten Haufen, die erste Million ist die schwerste, und Armut kommt von Powerteh —, aber es können auch mikropolitische Positionen nach diesem Muster ausgebaut werden: Gestern hat sich Frau Merkel gegen Herrn Stoiber oder Herrn Merz durchgesetzt, heute kann sie ihre Kanzlerschaft um so unangefochtener führen und ausbauen. Gestern hat die EDV-Abteilung eine Richtlinienkompetenz in informationstechnischen Fragen errungen, heute kann sie *damit* ihre Machtposition weiter festigen und ausbauen. Rekursiv gebaut ist auch das Machtverhältnis zwischen Herrn und Knecht. Es ist Resultat

8 zitiert nach König/Berli 2012, S. 303.

9 gekürzter Wiederabdruck aus »Macht in Organisationen und die Bürde des Entscheidens. Zehn theoretische Einsichten für die Praxis.«, erschienen 2012 in Gruppendynamik und Organisationsberatung 43(2), S. 121-136.

eines rekursiven Konstitutionsprozesses *zwischen* Ego, der *sich* — passivisch — dem Alter unterwirft, und Alter, der sich — aktivisch — den Ego unterwirft. Rekursive Konstitution: Der Herr macht den Knecht zum Knecht, insofern dieser den Herrn zum Herrn macht, was der Knecht nur tut, insofern der Herr ihn zum Knecht macht.

Rekursiv sind, um ein weiteres hier relevantes Beispiel zu nennen, die Reproduktion von Vertrauen und daher auf Vertrauensverhältnisse gegründete Formen der Kooperation gebaut: *Trust beeds trust*. In Organisationen können sich daher solche Verhältnisse strukturell stabilisieren. Tatsächlich lässt sich argumentieren, dass sich Kooperativität oder Konkurrenzorientierung, *low* oder *high trust*, als *Eigenwerte* wiederholter Runden oder Schleifen organisatorischer Praxis ergeben und stabilisieren können.

Das rekursivste, was es gibt, ist der Erfolg: Nichts ist erfolgreicher als der Erfolg, *and the winner takes it all*. Nicht nur gewinnt der Gewinner heute diejenigen Ressourcen, die seinen Erfolg morgen sichern und ausbauen helfen (finanzielle Mittel, aber auch erfolgsgespeiste Zuversicht und Selbstsicherheit). Sondern er gewinnt oft genug auch die Macht, zu definieren, was als Erfolg *gilt*, daher auch die Macht, das Geschehene als Erfolg und als *seinen* Erfolg zu beschreiben und solche Normen und Standards durchzusetzen, an denen gemessen *seine* Leistungen gut abschneiden.

Gesellschafts- und organisationstheoretisch verallgemeinern lässt sich all dies, wenn man mit Anthony Giddens (1984; deutsch 1988) bedenkt, dass Handlung und Struktur in einem Verhältnis rekursiver Konstitution zueinander stehen: Handeln bringt Strukturen hervor, aber die Strukturen bringen sodann Handeln hervor (sie restringieren und ermöglichen nämlich dieses Handeln). Strukturen, so pflegt Giddens (1984) dies auszudrücken, sind *Medium und Resultat* des Handelns. Wir handeln im Medium (restringierender und ermöglichender) struktureller Bedingungen, und indem wir das tun, reproduzieren wir eben diese Bedingungen (und modifizieren sie dabei vielleicht). Man denke an so etwas Triviales wie Pünktlichkeitsregeln, die als strukturelle Bedingungen verfallen, wenn sie nicht durch pünktliches Handeln immer wieder reproduziert werden. Weniger trivial: Gratifikations-, Karriereregeln, Regeln der Arbeits- und Leistungsbewertung, der Zuständigkeit, der Kooperation.

Ein besonders hartnäckiges Beispiel für Machtdifferenziale in Organisationen sind die Verhältnisse in Sachen geschlechtsspezifische Arbeitsteilung, Entlohnung und Karrierechancen. Deren Hartnäckigkeit habe ich (in Ortmann 2005) damit zu erklären versucht, dass sie Resultat »tausend rekursiver Schleifen« organisationaler und darüber hinausreichender sozialer Praxis sind, einschließlich selbsttragender, zum Teil selbstverstärkender Prozesse, die also nicht in jedem Falle auf mikropolitische Intentionen böswilliger Akteure zurückgeführt werden müssen und können. Ich habe dort zum Auftakt eine Bemerkung von

Luhmann (1995, S. 318) angeführt, nach der Frauen nicht so recht in den Staatsdienst — oder überhaupt in Organisationen? — passen, denn: »Sie können nicht so leicht sich zu einem Kollegen setzen, die Pfeife anzünden und eine schwierige Sache zwanglos aus gemütlicher Distanz mit einem durchsprechen.« Diese Argumentation, so mein Kommentar,

»setzt die Organisation als Männerhaus [...] bereits voraus. Weit davon entfernt zu begründen, warum Frauen schlecht in den Staatsdienst oder andere formale Organisationen passen, begründet Luhmann allenfalls, warum Frauen nicht mehr passen, wenn sich erst einmal Männer dort breit gemacht haben. In Wirklichkeit begründet er natürlich nicht einmal das, sondern er *führt nur vor*, wie Männer begründen, warum Frauen nicht dazu passen.« (Ortmann 2005, S. 112)

Luhmanns ziemlich geschlossenen Kreis aus Pfeife schmauchenden Männern und störenden Frauen können wir als rekursive Schleife schreiben:

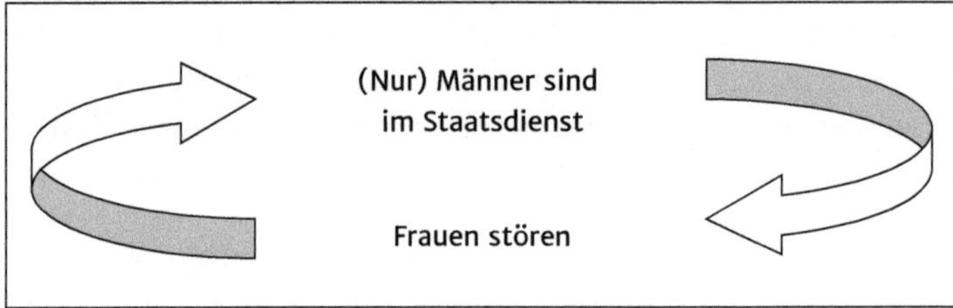

Das Ergebnis (der ›Output‹) der Männerdominanz ist, dass Frauen stören. Das geht als Input in die nächste Runde der Selektion (Rekrutierung) ein, mit dem Ergebnis: befestigte Männerdominanz, und so fort. Es lassen sich erstaunlich viele — »tausend« — solcher zu dogmatischer Festigkeit geronnener rekursiver Schleifen namhaft machen, die auf vielfältige Weise die Verhältnisse erstarren machen: Weil Frauen nicht mitarbeiten, gibt es keine kindgerechten Arbeitsplätze, aber weil es keine kindgerechten Arbeitsplätze gibt, arbeiten Frauen nicht mit. Weil Frauen schlechter verdienen, gilt ihre Arbeit als weniger wert, aber weil sie als weniger wert gilt, werden sie schlechter entlohnt. Weil Frauen die niederen Arbeiten bekommen, *gelten* Arbeiten, die von Frauen übernommen werden, als nieder, aber weil Arbeiten als nieder gelten, werden sie Frauen zugewiesen, und so fort (für mehr Beispiele s. Ortmann 2005, S. 114ff.).

Im Lichte der Denkfigur der Rekursivität lässt sich das, was in der Literatur als *Glass Ceiling* thematisiert wird, *als Prozess* auffassen, in dem es um ein Wieder-und-wieder geht, um iterative Reproduktion, die zwar in hartnäckig-dogmatischen Zirkeln sich dreht, die aber mit der Härteglas-Metapher nicht gut getroffen ist. Neues, anderes Handeln kann überall in solchen Schleifen ansetzen, und vor allem können auch positive Zirkel anstelle der beschriebenen negativen ans Drehen gebracht werden: Wenn Frauen in Teams eingesetzt werden, macht man

vielleicht die Erfahrung, dass »gender pairing« gut für die Teamarbeit ist (so Sutter et al. 2003), und das wiederum mag Politiken wider die Frauendiskriminierung stärken, was wieder...
Dieses Ergebnis ist verallgemeinerbar für das Verhältnis von Handlung und Struktur generell, auch für das Verhältnis von Handeln und Machtstruktur. Es geht da um einen rekursiven Prozess — in Giddens' Terminologie heißt er *Strukturation*. Strukturen sind auf ihre beständige Reproduktion im und durch das Handeln angewiesen, und da liegt die Chance zu Veränderung. Und es scheint mir der wichtigste praktische Nutzen zu sein, der sich aus der Figur rekursiver Schleifen ziehen lässt, dass sie den Blick auf die inhärente Zirkularität von Verursachungs- und Begründungsketten *und* auf Möglichkeiten lenkt, positive statt negativer Zirkel in Schwung zu bringen und in Schwung zu halten.

1.10 Was ist Macht? Eine erste Zusammenfassung

Macht ist ein ebenso allgegenwärtiges wie schwer zu greifendes Phänomen — das gilt nicht nur für Organisationen. Im Alltagssprachgebrauch ist — ähnlich wie in der klassischen Definition von Weber — meistens dann von Macht die Rede, wenn eine Person über die Möglichkeiten verfügt, einer anderen Person ihren Willen aufzuzwingen. Diese Möglichkeit kann, wie im Tierreich, in der körperlichen Überlegenheit der Person oder, wie im Fall der Rollenmacht in Organisationen, in der Machtausstattung der Rolle begründet liegen.

Macht ist aber viel subtiler und facettenreicher: Im Gegensatz zu Gewalt oder anderen Formen des Zwangs muss sie sich nicht immer wieder aufs Neue beweisen. Macht wirkt im Regelfall geräuschlos — die Machtunterlegenen wissen bereits, was von ihnen erwartet wird und verhalten sich dementsprechend, ohne dass die Machthaber ihre Erwartungen explizit formulieren oder Maßnahmen zu ihrer Durchsetzung ergreifen müssten. ›Wirkliche‹ Macht zeigt sich also gerade nicht — wie es bei Max Weber anklingt — in der Stärke, den eigenen Willen mit Zwangsmitteln durchzusetzen, sondern in der Stärke, dass dies nicht mehr notwendig ist, in der Neutralisierung des gegnerischen Willens. »Dass sich überhaupt ein gegenläufiger Wille bildet und dem Machthaber entgegenschlägt, zeugt gerade von der Schwäche seiner Macht. Je mächtiger die Macht ist, desto *stiller* wirkt sie. Wo sie eigens auf sich hinweisen muß, ist sie bereits geschwächt« (Han 2005, S. 9). Hier liegt auch ein wesentlicher Grund für die Tabuisierung von Macht. Über Macht spricht man nicht oder nur in geschützten Räumen. »Wo niemand über Macht spricht, ist sie fraglos da, in ihrer Fraglosigkeit zugleich sicher und groß. Wo Macht Thema wird, beginnt ihr Zerfall« (Beck 2002, o. S.[10]).

Insofern ist die Sanktionsmacht nur die gröbste der in Organisationen vorzufindenden Formen der Machtausübung — die Anwendung von Situationskontrolle oder Deutungsmacht reduziert den Raum der zur Verfügung stehenden Alternativen bereits, bevor sich die Machtunterworfenen dessen bewusst werden.

Zum ›geräuschlosen‹ Funktionieren der Macht trägt auch der Umstand bei, dass die Inanspruchnahme überlegener Macht häufig in symbolischer Form ausgedrückt wird, etwa durch die Lage, Größe und Möblierung des Vorstandszimmers, aber auch durch einen im Zuge der Sozialisation erworbenen Habitus machterprobter Personen. Symbolisierung und Habitus verweisen letztlich zurück auf die körperliche Dimension der Macht, die als Erbe unserer Stammesgeschichte trotz aller kulturellen Überformung in jeder Machtinteraktion präsent bleibt und unser Verhalten mit beeinflusst. Macht hat somit immer eine biologische, eine psychologische und eine soziologische Dimension.

10 zitiert nach Han (2005), S. 9, Fußnote 1

2 Was man über Organisationen wissen muss, um Machtphänomene zu verstehen

Was ist eigentlich eine Organisation, woraus besteht sie und wie funktioniert sie? Diese Frage scheint auf den ersten Blick trivial. Wir leben in einer ›Organisationsgesellschaft‹ (Jäger/Schimank 2005, Kühl 2000a), und jeder, der in einem Unternehmen arbeitet, hat vom Kindergarten über die Schule und Vereine eine lange Geschichte mit Organisationen. Dennoch liegt die Antwort nicht auf der Hand. Auf der einen Seite sind Organisationen menschengemachte, planvoll konstruierte Instrumente im Dienste der Erreichung der Zwecke ihrer Schöpfer. Auf der anderen Seite entwickeln Organisationen eine selbstorganisierende Dynamik und ein hochkomplexes Eigenleben, die mit den offiziellen Zielen — systemtheoretisch gesprochen — nur eine lose Kopplung aufweisen.

Will man Macht, ihre Funktionen und Erscheinungsformen in Organisationen näher ergründen, ist ein kleiner Ausflug in die Organisationstheorie hilfreich. Diese Grundlagen erleichtern nicht nur das Verständnis, sondern sind auch für die Frage des Umgangs mit dem Thema Macht aus der Rolle des Managements, der Führung oder der Beratung heraus bedeutsam[11].

2.1 Die Organisation als Maschine

Auch wenn es in der Geschichte Vorläufer wie agrarisch ausgerichtete Organisationen, Handwerksgilden, Klöster und Adelsverbände gibt, sind neuzeitliche Organisationen erst im Zeitalter der Industrialisierung auf den Plan getreten.

11 Natürlich können wir in diesem Kapitel nur einen kleinen Einblick in die Organisationstheorie geben — ausführlichere Einführungen und alternative Theorieansätze finden sich bei Kieser/Ebers (2014), Kühl (2011), Simon (2015) oder Zech (2013).

Die Ausdifferenzierung unserer Gesellschaft in der Neuzeit, die Explosion der Organisationen mit ihrer funktionsspezifischen Ausrichtung, die dadurch mögliche Konzentration auf spezialistische Weiterentwicklung, hat die alten Organisationen abgelöst, die nur grob spezialistisch ausgerichtet waren und in denen sozusagen das ganze Leben der in ihnen Versammelten Platz hatte. Die aufkommende Industrialisierung mit ihrer Art von Spezialisierung unterstützte die aus der technisch-angewandten Naturwissenschaft geborgte Vorstellung, man könne Organisationen ebenso mechanistisch konstruieren und steuern wie die Maschinen, die in ihnen entwickelt und zur Anwendung gebracht wurden. Eine zweck- und zielorientierte funktionale Ausrichtung sollte zum Richtmaß aller ›rational‹ begründeten Tätigkeiten gemacht werden. Teilfunktionen sollten wie Zahnräder ineinander greifen und den erwünschten Output garantieren.

Max Weber hat die Bürokratie als »lebende Maschine« (Weber 1972, S. 835) bezeichnet und ihre Maschinenartigkeit verschiedentlich betont:

> *»Ein voll entwickelter bürokratischer Mechanismus verhält sich [...] wie eine Maschine [...]. Präzision, Schnelligkeit, Eindeutigkeit, Aktenkundigkeit, Kontinuierlichkeit, Diskretion, Einheitlichkeit, straffe Unterordnung, Ersparnisse an Reibungen, sachlichen und persönlichen Kosten sind bei streng bürokratischer [...] Verwaltung [...] auf das Optimum gesteigert.« (ebd., S. 561f.)*

> *»[...] in allen modern organisierten Wirtschaftsbetrieben reicht die ›Rechenhaftigkeit‹, der rationale Kalkül, heute schon bis auf den Boden herunter. Es wird von ihm jeder Arbeiter zu einem Rädchen in dieser Maschine und innerlich zunehmend darauf abgestimmt, sich als ein solches zu fühlen und sich nur zu fragen, ob er nicht von diesem kleinen Rädchen zu einem größeren werden kann.« (Weber 1988, S. 413[12])*

Menschen müssen Maschinen ›bedienen‹, werden also zu ihren Dienern. Die doppelte funktionelle Reduktion, der die Arbeiter ausgesetzt sind, erzeugt einen raffiniert zu verwendenden Stellhebel für den übergeordneten Zweck. Maschinen sind Maschinen und, einmal fertiggestellt, funktionsunflexibel; man kann sie weiterentwickeln und optimieren, sich dabei Konkurrenzvorteile verschaffen, sie selbst verharren aber in einer sturen Stabilität (dies hat sich erst im Computerzeitalter radikal geändert). Mit Menschen verhält es sich anders: Ihre Ausrichtung auf den übergeordneten Zweck Profit kann flexibler gestaltet werden. Zunächst gibt es bewegliche Bandbreiten für Ausbeutung; von der sogenannten Manchesterliberalisierung mit ihren unmenschlichen

12 alle drei Zitate nach Kieser (2006), S. 76f.

Formen, mit der Not eines Proletariats umzugehen, bis zu heutigen Formen der Ausbeutung durch Zeitverdichtung von Arbeitsprozessen und Arbeitsmengenerweiterung, aber auch der Erfindung neuer Tugenden wie Flexibilität und Mobilität, gelingenden Versuchen, die äußeren Zwecksetzungen zu einer inneren Angelegenheit der Menschen zu machen; immer wieder kann an dieser Schraube gedreht werden.

Heinz von Foerster (1985) hat den Begriff der *Trivialmaschine* zur Beschreibung eines linearkausalen Organisationsverständnisses geprägt: Eine Trivialmaschine (z. B. ein Taschenrechner) errechnet aus einem gegebenen Input nach einem feststehenden Algorithmus auf immer gleiche Weise einen vorhersehbaren Output. Bei nicht-trivialen Maschinen (wie Menschen oder eben Organisationen) ist der Output nicht nur vom Input, sondern auch vom aktuellen Zustand der Maschine abhängig, für Beobachter (inkl. dem System selbst) ist daher nicht prognostizierbar, welchen Output die Maschine erzeugen wird.

Obwohl man lange verstanden hat, dass sich Organisationen nicht wie Trivialmaschinen verhalten, bleibt diese Erwartung und kontrafaktisch festgehaltene Hoffnung fest in unseren subjektiven Theorien der Organisation verankert.

2.2 Organisationen bestehen nicht aus ihren Mitgliedern

Nachdem man in der ersten Hälfte des 20. Jahrhunderts die Grenzen des mechanistischen Steuerungsmodells erkannt hatte, entdeckte die Human Relations-Bewegung den Menschen als relevanten Teil der Organisation. Natürlich sind Menschen aus Organisationen nicht wegzudenken, dennoch — darauf hat die neuere Organisationsforschung hingewiesen — ›bestehen‹ Organisationen nicht aus Menschen. In gewisser Weise verhalten sich Organisationen wie der Besen in Goethes ›Zauberlehrling‹: Einmal ins Leben gerufen, werden sie zu eigenständigen Rechtssubjekten, die sich gegenüber ihren Mitgliedern verselbstständigen. Wer sich beim Zugbegleiter über die Unpünktlichkeit der Bahn beschwert, sollte wissen, dass die Beschwerde an die Organisation gerichtet ist und nicht an die Person, die sie entgegennimmt (wobei diese Unterscheidung manchen Kunden nicht geläufig zu sein scheint). Eine Organisation, wie z. B. das Finanzamt, kann entscheiden und Briefe versenden — natürlich ist es letztlich Frau Walter, die die Entscheidung fällt und den Brief verfasst, sie tut dies aber nicht als Privatmensch, sondern im Namen der

Organisation: Der Brief kommt eben ›vom Finanzamt‹ und wenn Frau Walter in den Ruhestand geht, tut sie gut daran, keine Briefe im Namen des Finanzamtes mehr zu schreiben.

Organisationen entwickeln also eine Eigenständigkeit gegenüber ihren Mitarbeitern, ein Eigenleben und eine eigene Logik. Sie bestehen aus Zielen, die nicht die Ziele der Mitarbeitenden sein müssen, aus Entscheidungen, die natürlich von Menschen getroffen werden, sich dann aber verselbstständigen, aus Entscheidungsprogrammen, die nicht nur in Verwaltungen und Großkonzernen ein Abstraktionsniveau erreichen, das selbst für viele Mitarbeiter nicht mehr nachvollziehbar ist, und aus kulturellen Regeln, die zwar im gemeinsamen Handeln der Menschen entstanden sind, dann aber eine eigenständige Geltung entwickeln, die das Verhalten der Beteiligten ohne deren bewusstes Zutun prägen und die sich kaum intentional verändern lassen.

Die systemische Organisationstheorie (z. B. Luhmann 2000b) betrachtet Organisationen als *Kommunikationssysteme*. Menschen nehmen nur insofern am organisationalen Leben teil als sie am Netzwerk der organisationalen Kommunikation teilnehmen. Sie sind über die *Stelle*, die sie besetzen, und über ihre *Rolle* als Organisationsmitglied in dieses Netzwerk eingebunden.

Neben ihrer Berufsrolle bringen Menschen eine Vielzahl anderer Rollen mit — Mutter, ehrenamtlicher Fußballtrainer, Pazifist, Vorsitzende des Schulelternrats, Hobbymusiker. All diese Rollen sind auch während der Arbeit gewissermaßen im Hintergrund präsent, sie bilden aber keinen Teil der Organisation. Sie sind Privatsache und für die Organisation so lange irrelevant wie sich kein Konflikt mit der Berufsrolle ergibt. (Und wenn sich doch ein Konflikt abzeichnet — man spricht dann von einer gestörten Work-Life-Balance —, versucht die Organisation, beispielsweise über Coaching, den Konflikt in die private Sphäre der jeweiligen Mitarbeitenden zurück zu verlagern.)

Der Mensch ist in dieser Argumentation darüber hinaus auch deshalb nie in Gänze Teil der Organisation, weil seine ›Innenwelt‹, d. h. seine Emotionen, Einstellungen, Interessen und Motivationen, für die Organisation und ihre Mitglieder nicht beobachtbar sind, sondern erst dann relevant werden, wenn sie in Form von Kommunikation in die Organisation eingebracht werden. Luhmann geht so weit, diese Innenwelten, die er psychische Systeme nennt, einem anderen Systemtyp zuzuordnen, der von sozialen Systemen weitestgehend unabhängig ist und von diesen nicht beeinflusst werden kann — die Gedanken sind frei.

Für Niklas Luhmann treten Menschen in Organisationen daher nie in ihrer gesamten Individualität in Erscheinung, sondern nur in demjenigen Anteil, der von ihnen in der organisationalen Kommunikation sichtbar wird. Diesen Anteil nennt Luhmann (1995) *Person*. Der Begriff der Person in Luhmanns Sinne meint nicht das Individuum mit seinem gesamten Rollenrepertoire und seiner gesamten Persönlichkeit, sondern die ›kommunikative Adresse‹, an die man sich in der innerorganisationalen Kommunikation richtet.

Menschen sind also niemals vollständig in Organisationen inkludiert, sie werden niemals ›mit Haut und Haar‹ zur Marionette der Organisation. Ihre Interessen können mit denen der Organisation konform gehen, ihnen aber auch widersprechen.

Menschen bewahren somit immer in einem beträchtlichen Ausmaß die Autonomie, auch anders handeln zu können als es die Organisation von ihnen erwartet. Dieser Befund ist für eine Analyse des Machtgeschehens in Organisationen von großer Bedeutung.

MERKE

Organisationen sind Kommunikationssysteme, an denen Menschen immer nur über ihre rollenbezogene Kommunikation beteiligt sind.

2.3 Komplexität und Unsicherheit als organisationale Grundprobleme

Die Bewältigung von Komplexität und Unsicherheit stellt das bedeutendste Problem dar, vor dem Organisationen — im 21. Jahrhundert in zunehmendem Maße — stehen.

Auf *Komplexität* bezogene Probleme stellen sich Organisationen in zweierlei Hinsicht:

1. *Umweltkomplexität:* Als Gesamtheit aller anderen Systeme und ihrer Interdependenzen ist die Umwelt stets komplexer als das System selbst. Angesichts beschränkter Kapazitäten zur Informationsverarbeitung kann das System daher nicht für jedes mögliche Umweltereignis einen gesonderten Reaktionsmechanismus bereithalten.
2. *Interne Komplexität:* Ab einer bestimmten Größe ist es für das System nicht mehr möglich (oder zumindest nicht mehr funktional), jedes seiner Elemente mit jedem anderen zu verknüpfen.

Komplexe Systeme, so die häufig zu hörende Devise, müssen also sowohl die Umweltkomplexität als auch ihre eigene Komplexität auf ein handhabbares Maß reduzieren, um bestehen zu können. Diese Forderung ist in dieser absoluten Form nicht haltbar. Laut Ashbys *Gesetz der Requisite Variety* (Ashby 1985) muss die Binnenkomplexität eines Systems mit der Komplexität der relevanten Umwelten des Systems korrespondieren, d. h. Systeme mit zu geringer Eigenkomplexität sind für das Operieren in hochkomplexen Umwelten nicht angemessen ausgestattet. Die Frage des Aufbaus und der Reduzierung von Komplexität hängt immer auch mit der Machtthematik zusammen, denn die Binnenkomplexität der Organisation variiert mit der Gewährung und Beschneidung von Autonomie. Je höher die innerhalb einer Organisation zugelassene Autonomie, desto mehr steigt ihre interne Komplexität an, je mehr die Autonomie der Akteure oder Organisationseinheiten durch Machtstrukturen beschnitten wird, desto geringer die Komplexität (Mirow/Matzler 2012, S. 35).

EXKURS

Denkfehler im Umgang mit komplexen Systemen

Die berühmten Experimente von Dörner (2003) haben gezeigt, dass Menschen im Umgang mit komplexen Systemen typische Denkfehler begehen (nach Probst 1987, Wollnik 1994):

- Probleme werden als objektiv gegeben betrachtet, ihre Perspektivenabhängigkeit wird außer Acht gelassen.
- Probleme werden als direkte Konsequenz einer Ursache aufgefasst, kreiskausale Wechselbeziehungen der Problemfaktoren untereinander werden übersehen.
- Problemlagen werden als statisch erachtet, ihre Dynamik über die Zeit hinweg wird vernachlässigt.
- Problemsituationen werden als beherrschbar verstanden, Grenzen der Beherrschbarkeit werden ausgeblendet.
- Problemlösungen werden als ›machbar‹, d. h. steuerbar angesehen, Systeme entwickeln aber eine Eigendynamik, die sich Steuerungsversuchen widersetzt.
- Lösungen werden als dauerhaft erachtet, dabei wird übersehen, dass Probleme durch eine ›Lösung‹ oft nur verschoben werden und somit fortbestehen.

Man kann diese Denkfehler verstehen als Resultate der notwendigen Beschränktheit unseres kognitiven Apparates, aber auch aus einer systemischen Perspektive als Mechanismen der Komplexitätsreduktion »[...] in einem [...] Entscheidungsprozeß, der angewiesen ist auf Konfliktvermeidung, Geradlinigkeit, Tempo und Termintreue, hohe Wahrscheinlichkeiten, forsches Herangehen an Probleme, Durchsetzungsfähigkeit und sukzessive Problemabarbeitung« (Wollnik 1994, S. 140).

Ein zweites Grundproblem ist das der *Unsicherheit.* Organisationen müssen sich ihrer Umwelt ›anpassen‹, auch wenn ihnen diese Umwelt niemals objektiv zugänglich ist (vgl. die Erkenntnistheorie des Konstruktivismus in Abschnitt 1.4). Sie müssen ihre Umwelt (z. B. Kundenwünsche, technische Trends, Konkurrenzsituation) beobachten, wobei die Ergebnisse dieser Beobachtung immer mehrdeutig und damit hinsichtlich ihres Prognosewertes nicht verlässlich sind. Für die Zukunft gilt dies umso mehr, denn »die Zukunft bleibt, auch wenn verplant, unbekannt« (Luhmann 2000b, S. 231). Organisationen stellt sich also das Problem, wie sie trotz dieser Unsicherheit Sicherheit gewinnen. Mit den ›systemischen‹ Unsicherheiten korrelieren natürlich gefühlte Unsicherheiten auf der Seite der Entscheider.

Im 21. Jahrhundert sehen wir in vielen Bereichen eine enorme Zunahme an Komplexität und Unsicherheit der organisationalen Umwelten, die die Organisationen vor große Herausforderungen stellt — mehr hierzu in Kapitel 7.

2.4 In Organisationen bilden sich lokale Rationalitäten aus

Organisationen, das wurde bereits in der Einleitung deutlich, werden gegründet, um Ziele zu erreichen, die sich nur im Zusammenwirken mehrerer Personen erreichen lassen. Nach dem klassischen Organisationsmodell werden diese Ziele in ineinandergreifende Subziele und Teilaufgaben zerlegt. In dieser idealen Welt sind die Ziele einzelner Organisationseinheiten oder Stellen also ausschließlich aus dem übergeordneten Organisationsziel ableitbar und zahlen nur auf dieses ein. Nicht auf das Organisationsziel einzahlende Ziele und Partikularinteressen sind in diesem Modell der zweckrationalen Organisation nicht vorgesehen. Die Organisation und alle ihre Untereinheiten folgen also einer gemeinsamen, übergeordneten Rationalität.

Dass diese Vorstellung einer gemeinsamen, alle Organisationseinheiten und Mitarbeitenden integrierenden Rationalität eher das Idealbild einer zweckoptimierten Organisation widerspiegelt als die in Organisationen tatsächlich vorzufindende Realität, ist jedem Mitarbeiter einer größeren Organisation bekannt und auch von der Organisationsforschung (etwa von Cyert/March 1992, Organisationsentwicklung 2015b) hervorgehoben worden. Am Beispiel von Krankenhäusern lässt sich anschaulich herausarbeiten, was im Grundsatz für alle Arten von Organisationen gilt: Mit der arbeitsteiligen Ausdifferenzierung entwickeln sich an unterschiedlichen Stellen innerhalb der Organisation lokale Rationalitäten, die ihrer jeweils eigenen Logik folgen und nicht immer in einer übergreifenden Logik der Gesamtorganisation münden, mit Zielen, die innerhalb des jeweiligen Subsystems schlüssig, wenn nicht gar zwingend erscheinen, die aber quer zu dem Gesamtorganisationsziel stehen oder diesem gar widersprechen können. So gehört es zu den Aufgaben der kaufmännischen Leitung, auf eine möglichst hohe Auslastung des Krankenhauses und die Erbringung eines Maximums an Therapie hinzuwirken, während aus ärztlicher Sicht das vorrangige Ziel in der baldigen und nachhaltigen Genesung des Patienten liegt, auch wenn dies den wirtschaftlichen Interessen entgegensteht. Die Verwaltung mag an standardisierten Prozessen interessiert sein, während die einzelnen Abteilungen ihre Arbeit entsprechend der eingespielten und jeweils individuell sinnvoll erscheinenden Abläufe gestalten möchten. Orthopäden sagt man eine Vorliebe für operative Eingriffe nach, was sie bisweilen in Konflikt bringt mit Physiotherapeuten, die eine Heilung auch ohne Operation für möglich halten. In anderen organisationalen Kontexten findet man typische Konflikte zwischen Innen- und Außendienst, Zentrale und dezentralen Einheiten, Marketing und Vertrieb, Einkauf und Produktion, Meistern und Ingenieuren usw.

Diese lokalen Rationalitäten haben, sofern sie auf Unterschiede zwischen unterschiedlichen Berufsgruppen zurückgehen, mit unterschiedlichen Sozialisationen der Beteiligten zu tun: natürlich werden in einer pflegerischen Ausbildung andere Werte, andere Professionalitätskriterien und anderes Handwerkszeug im Umgang mit den Patienten vermittelt als in einem Medizinstudium. Sie resultieren aber auch daraus, dass Organisationen eben nicht — wie im klassischen Modell — nur ein Ziel, sondern mehrere, oft konkurrierende Ziele verfolgen: ein Krankenhaus muss eben nicht nur eine optimale medizinische Versorgung gewährleisten, sondern auch wirtschaftlich arbeiten. Organisationen lösen die aus dieser Zielpluralität entstehenden Paradoxien auf, indem sie die Verfolgung widersprüchlicher Ziele in unterschiedliche Teilsysteme auslagern, die dann eben genau das Teilziel verfolgen, das ihrer Aufgabe entspricht.

Eine weitere Dimension des Phänomens lokaler Rationalitäten besteht darin, dass Gruppen generell dazu tendieren, eine binnenorientierte Perspektive zu entwickeln, die ihre Sicht der Dinge prägt. Das, was in einem sozialen Kontext als Wirklichkeit erlebt wird, ist kein Spiegel der Realität, sondern eine gemeinsame Konstruktion, die so, aber auch anders möglich wäre. Unterschiedliche Berufsgruppen und Abteilungen neigen dazu, im Zuge dieses Ko-Konstruktionsprozesses eine spezifische Sicht auf die Welt — mit jeweils unterschiedlichen festen Überzeugungen und unbemerkten blinden Flecke — zu entwickeln, die im Laufe der Zeit eine unhinterfragte Selbstverständlichkeit gewinnt, die alternative Sichtweisen befremdlich und ›falsch‹ erscheinen lässt. Dass die Sicht (beispielsweise) der Ärzte genauso berechtigt ist wie die eigene Sicht, ist dann aus der Sicht des Pflegeteams oft nicht plausibel oder gar geradezu abwegig. Auf der positiven Seite führt diese Tendenz dazu, dass Gruppen über die Zeit hinweg Zusammenhalt, Gruppenkohäsion und Teamgeist ausbilden. Diesen positiven Qualitäten stehen jedoch Abgrenzungsbestrebungen entgegen, die für die Verfolgung eines gemeinsamen Ziels problematisch sein können: Gruppen neigen dazu, sich gegeneinander abzugrenzen und Fremdgruppen gegenüber der eigenen Gruppe abzuwerten (Ingroup-/Outgroup-Dynamik). Häufig konkurrieren unterschiedliche Organisationseinheiten um gemeinsame Ressourcen, was ebenfalls Abgrenzungstendenzen und Konflikte auslöst.

Dass mit den unterschiedlichen lokalen Rationalitäten, die sich innerhalb der Organisation bilden, auch unterschiedliche Handlungsprämissen, Prioritäten, Sichtweisen und Konflikte verbunden sind, liegt also nicht primär an den beteiligten Menschen. Die beim Aufeinandertreffen lokaler Rationalitäten entstehenden Reibungspunkte und Machtkämpfe erscheinen zwar häufig als persönliche Konflikte, ihre Ursachen liegen aber letztlich außerhalb der Personen.

Schnittstellen, an denen Organisationseinheiten zusammenarbeiten müssen, an denen diese Zusammenarbeit aber gleichzeitig durch lokale Rationalitäten erschwert wird, sind Kristallisationspunkte für das zuvor behandelte Problem der Unsicherheit. Crozier und Friedberg (1979) haben für dieses Phänomen den Begriff der *Unsicherheitszone* geprägt. An diesen Unsicherheitszonen müssen mehrere Probleme bewältigt werden: »Verständigung wird schwierig, weil die Akteure lokale Rationalitäten ausbilden [...]. Vertrauen wird heikel, weil man anderen die Kontrolle von Unsicherheitszonen überlassen muss, um die eigene Arbeit gut machen zu können« (Matthiesen/van Well 2012, S. 120). Macht kann für die Handlungskoordination in diesen Unsicherheitszonen eine wichtige Rolle spielen, wie in Abschnitt 3.1 zu sehen sein wird.

MERKE

Organisationen sind nicht von einer einheitlichen Rationalität geprägt. Stattdessen bilden sich an verschiedenen Stellen der Organisation Subsysteme aus, die ihre jeweils eigene Rationalität entwickeln. Infolgedessen verfügt jede Berufsgruppe, jede Tochtergesellschaft und jede Abteilung über eigene Interessen und Ziele, Denk- und Sichtweisen, Problemwahrnehmungen und Lösungswege, die aus ihrer Sicht selbstverständlich erscheinen.

2.5 Organisationen sind regelgeleitet und selbstorganisiert

Wie im Arbeitskontext kommuniziert und gehandelt wird, können Organisationen nicht dem Zufall überlassen. Daher gibt es in jeder Organisation *Regeln*, die einen Erwartungsrahmen für Kommunikation, Entscheiden und Handeln aufspannen, angefangen von Stellenbeschreibungen über Arbeitsanweisungen, Prozessdefinitionen und Organisationshandbücher bis hin zu Leitbildern, Führungsgrundsätzen usw. Da sich nicht für jede potenziell auftretende Situation eine passgenaue Regel formulieren lässt, sind Organisationen in aller Regel hierarchisch aufgebaut — Vorgesetzte können in unklaren Entscheidungssituationen Erwartungen formalisieren und den Erwartungen der Organisation durch Anweisung, Sanktionsandrohung oder (meistens) durch subtilere Formen der Kommunikation Geltung verschaffen.

Organisationen sind Kommunikationssysteme — trotzdem ist nicht alles, was in Büros, Fabriken oder Schulen kommuniziert wird, Teil der organisationalen Kommunikation. Sie sind Regelsysteme — dennoch folgt das Geschehen in Organisationen nur teilweise den vorgegebenen formalen Regeln.

Interaktion findet immer dann statt, »wenn Personen einander begegnen, das heißt wahrnehmen, daß sie einander wahrnehmen, und dadurch genötigt sind, ihr Handeln in Rücksicht aufeinander zu wählen« (Luhmann 1981, S. 81), d. h. an der Bushaltestelle, im Supermarkt, in Freundschaften, in der Kantine und in der Arbeit im Team. In länger überdauernden Interaktionszusammenhängen (wie Freundschaften oder Arbeitsbeziehungen) bilden sich selbstorganisiert eigene Regeln heraus. Natürlich bilden gesellschaftliche Normen, kultur- und milieuspezifische Regeln des Umgangs miteinander etc. einen Rahmen für diesen Systembildungsprozess, innerhalb dieses Rahmens ist dann aber relativ offen, welche Regeln sich ausbilden. Wie stark der Einfluss der einzelnen Beteiligten ist, wer seine Wünsche und Vorstellungen davon, wie das Miteinander gestaltet wird, durchsetzen kann, hängt wiederum von vielen Faktoren ab (Status, Habitus, Persönlichkeit, gegenseitige Abhängigkeiten), die im Zusammenhang mit Macht und Einfluss stehen und die wir in Kapitel 1 beschrieben haben. In jedem Sportverein, jedem Elternbeirat und jeder Flüchtlingsinitiative lässt sich dieser Prozess der Ausbildung von ungeschriebenen Regeln vor dem Hintergrund von Versuchen der Einflussnahme, der Inanspruchnahme von Deutungsmacht, Kämpfen um die Wortführerschaft und wechselnden Allianzen zwischen den Beteiligten beobachten (vgl. dazu das Thema Mikropolitik in Abschnitt 5.1).

Wie in Organisationen kommuniziert und interagiert wird, ist also, wie oben gezeigt, einerseits durch die offiziellen formalen Regeln bestimmt; andererseits finden in jeder Organisation permanent Interaktionen statt, die gewissermaßen jenseits dieses formal geregelten Horizontes ablaufen oder auch von formalen Regeln unberührt sind. Wie oben beschrieben, bilden *Stellen* und *Rollen* die Schnittstelle zwischen Organisation und Individuum — beides sind aber nur sehr allgemeine Formen der Festlegung von Erwartungen. Rollen (wie zum Beispiel die Führungsrolle) geben nur sehr grob vor, was die Rolleninhaber zu tun und was sie zu lassen haben. Sie können und müssen von den Rolleninhabern individuell ausgestaltet werden. Insofern lässt jede Rolle immer auch den Spielraum, eigene Akzente, Kompetenzen und Talente, Eigeninteressen und Pathologien einzubringen. So mag ein Unternehmen in seinen Führungsgrundsätzen festgelegt haben, welcher Führungsstil im Unternehmen erwünscht ist — doch selbst wenn alle Führungskräfte sich an diese Führungsgrundsätze gebunden fühlten, blieben bei der Auslegung dieser Führungsgrundsätze und bei der Umsetzung in konkretes Führungshandeln große Freiheiten.

Im Zusammenspiel dieser einzelnen Kommunikationsbeiträge und Handlungsweisen entsteht auf diese Weise trotz der Vielfalt des individuellen Verhaltens über die Zeit hinweg ein stabiles und von den Beteiligten weitgehend unabhängiges Muster, das wieder auf deren Handeln zurückwirkt.

FALLBEISPIEL

Fallbeispiel: Trampelpfade in der Organisation

Einer der Hauptautoren dieses Buches hat über viele Jahre hinweg Lehrveranstaltungen im zweiten Stock eines Universitätsgebäudes abgehalten. Aus dem Fenster schaut man auf eine große Rasenfläche im Innenhof des U-förmigen Gebäudes. Entlang der Schenkel dieses U's befindet sich ein plattierter Weg, der zu den verschiedenen Eingängen in das Gebäude führt. An einer der ›Spitzen‹ des U's liegt der Zugang zur S-Bahn-Station. Die Planer des Campus haben also offensichtlich vorgesehen, dass man, um einen der gegenüberliegenden Eingänge zu erreichen, einmal am Rand der Rasenfläche entlang durch das gesamte U geht. Den eiligen Studierenden war dieser Umweg jedoch offenkundig zu lang: Von oben war gut zu sehen, wie sich mit der Zeit ein Netzwerk von quer über die Rasenfläche verlaufenden Trampelpfaden gebildet hatte, die die Eingänge miteinander und mit der S-Bahn-Station auf direktem Weg verbanden.

Ähnlich wie im Fall der Trampelpfade aus dem Fallbeispiel bilden sich auch in Organisationen neben den offiziellen Wegen informelle Verfahrensweisen aus, die die formal geregelten Bereiche teils ergänzen, teils konterkarieren. Das bedeutet jedoch nicht, dass Informalität mit Beliebigkeit gleichzusetzen wäre: In der Interaktion entwickelt sich parallel zu den offiziellen Regeln ein informelles, ungeschriebenes Regelwerk, das den Organisationsmitgliedern bewusst sein kann (»Wenn man Daten aus dem Controlling braucht, spricht man am besten Frau Meier an, auch wenn sie eigentlich nicht zuständig ist«), teilweise aber auch wirkt, obwohl die entsprechenden Regeln den Beteiligten nicht bewusst sind. Diese *latenten Regeln* und ihre Relevanz in Organisationen haben wir in Ameln/Zech (2011) diskutiert. Anthony Giddens (1997) hat dieses Wechselspiel von Organisation und Handlung in seiner *Strukturationstheorie* beschrieben. Sie besagt, kurz gefasst, dass die Menschen durch ihr gemeinsames Handeln die organisationalen Strukturen (wie z. B. latente Regeln) hervorbringen und dass diese Strukturen wieder auf das Handeln der Menschen zurückwirken.

MERKE

Neben den offiziellen, an die formale Organisation gebundenen Machtstrukturen, die den mit entsprechenden Machtbefugnissen ausgestatteten Rolleninhabern die Verfügungsgewalt über Sanktionsmacht (→ Abschnitt 1.3) einräumt, bietet die Informalität Raum für Machtdynamiken ganz anderer Art, die die Möglichkeit eröffnen, quasi unterhalb des ›Radarschirms‹ der offiziellen Machtstrukturen eigene Interessen zu verfolgen, Entscheidungen zu beeinflussen und Widersacher auszubremsen.

Von diesen Machtspielen im Informellen wird in Abschnitt 5.1 ausführlicher die Rede sein.

2.6 Mitgliedschaft als Motivationsersatz?

Wenn Menschen, wie zuvor ausgeführt, nicht Teil der Organisation, sondern der Organisation gegenüber immer auch autonom sind — woher kommt dann ihre Motivation, Ziele zu verfolgen, die nicht von vornherein ihre eigenen sind? Die systemische Organisationstheorie (z. B. Luhmann 2000b) geht davon aus, dass die Zahlung eines Gehaltes quasi einen Motivationsersatz dafür darstellt,

Leistungen zu erbringen, für die die Mitarbeitenden nicht ohnehin eine intrinsische Eigenmotivation mitbringen.

> *»Um seine Mitgliedschaft zu erhalten, unterwirft der einzelne sich der im System organisierten Weisungsgewalt und wird in den Grenzen festgelegter Entscheidungskompetenzen indifferent dagegen, was im einzelnen von ihm verlangt wird: Er erfüllt dann um seiner Mitgliedschaft willen diejenigen Verhaltenserwartungen, die jeweils nach bestimmten Regeln als verbindlich definiert werden.« (Luhmann 2012, S. 70 f.)*

Nach dieser Vorstellung erfüllt der Arbeitnehmer die an ihn gerichteten Erwartungen im Regelfall in dem Maße, wie es für die Aufrechterhaltung des Arbeitsverhältnisses erforderlich scheint:

> *»Der typische Bedienstete sieht, was von ihm als Bedingung seiner Mitgliedschaft verlangt wird. Er kennt die Kontaktflächen, an denen seine Arbeit auf diese Anforderungen hin kontrolliert wird. Er weiß, wie wenig er tun muß, um seine Mitgliedschaft zu erhalten, was genügt, um nicht aufzufallen. [...] Wie weit er motiviert ist, darüber hinaus wirksam zu werden, ist eine andere Frage, die von Fall zu Fall verschieden beantwortet werden muß.« (Luhmann 1976, S. 105)*

Solange das ihm Abverlangte innerhalb der sogenannten Indifferenzzone des Arbeitnehmers liegt, wird er die Erwartungen erfüllen. Diese Annahme bedeutet, dass man »keine psychologischen Fragestellungen an den Anfang stellen muss, sondern nur [die Frage] mitlaufen lassen muss: Gibt es Leute, die bereit sind, das zu tun und zu welchem Preis?« (Simon o. J.).

Dies ist natürlich eine sehr skeptische Sicht, der ein recht pessimistisches Menschenbild zugrunde liegt, die aber gleichwohl für die Erklärung von Machtphänomenen in Organisationen von großer Bedeutung ist — wir kommen in Abschnitt 3.1 ausführlicher darauf zurück.

MERKE

Wie kann man Mitarbeiter dazu motivieren, Organisationsziele zu verfolgen, die nicht ihre eigenen sind? Jeder Mitarbeiter muss, wenn er nicht seine Anstellung aufs Spiel setzen möchte, den Erwartungen der Organisation gerecht werden, die im Fall der Nichterfüllung per Machteingriff durchgesetzt werden können. Die Erhaltungsbedingung für diese Mitgliedschaft ist die Koppelung der zu erbringenden Leistung mit den organisationalen Erwartungen. Diese strukturell abgesicherte Koppelung ist die Grundlage hierarchischer Rollenmacht: »Die Unterordnung unter die

Anordnungen des Vorgesetzten [...] ist keine Regelmäßigkeit, die einem naturwissenschaftlichen Kausalitätsbegriff entspricht, sondern das Ergebnis eines von Machtüberlegenen und Machtunterlegenen gemeinsam geteilten Regelsystems« (Sandner 1992, S. 53). Durch diese Form der extrinsischen Motivation kann aber allenfalls — arbeitsrechtlich gesprochen — eine Leistung mittlerer Art und Güte erzwungen werden.

2.7 Die Bedeutung von Motivation, Identifikation und Vertrauen

Geld ist aber natürlich nicht der einzige Faktor, der Menschen dazu motiviert, an der Erreichung der Ziele der Organisation mitzuwirken.

Die *Identifikation mit der Organisation und ihren Zielen* spielt eine große Rolle: Wenn Mitarbeiter sich mit ›ihrer‹ Organisation und ›ihrer‹ Arbeit identifizieren (z. B. weil die Organisationsziele in ihrem Wertesystem eine hohe Bedeutung haben), sind sie nicht nur zufriedener, kooperativer und weniger gestresst, sondern leisten auch mehr, weisen eine niedrigere Kündigungsabsicht auf und setzen sich auch über die an ihre Rolle gestellten Erwartungen hinaus im Sinne der Organisation ein (z. B. durch das Einbringen von Verbesserungsvorschlägen; für eine Übersicht über die empirischen Befunde vgl. beispielsweise Dick 2001). Gerade bei langer Beschäftigungsdauer wird die Organisationszugehörigkeit zum Bestandteil der eigenen Identität.

Auch aus der *Identifikation mit der Arbeitsgruppe* und der *Bindung an die Kollegen* kann Motivation erwachsen, sich für die Ziele der Organisation zu engagieren (wenn die Interessen des Teams in Konflikt mit denen der Organisation geraten, kann eine hohe Identifikation mit dem Team aber auch dazu führen, dass die Leistung nachlässt).

Nicht zuletzt wirkt eine *Tätigkeit* motivierend, die als interessant, befriedigend und im Rahmen der eigenen Fähigkeiten angemessen herausfordernd erlebt wird.

Ein bislang noch zu wenig erforschter Faktor, dessen hohe Bedeutung für das Funktionieren von Organisationen in Zukunft weiter zunehmen wird (→ Abschnitt 8.6) ist *Vertrauen.* Kooperation war in vororganisatorischen Gesellschaften überlebensnotwendig. Ihre Formen und die ihnen zugrunde liegenden Regeln waren Resultat direkter Kommunikation und wurden auch durch sie am Leben erhalten. Sie war damit auch der Ort beständiger Sozialkontrollen; nichts konnte der gegenseitigen Beobachtung entgehen. Kooperation war also notbestimmt und ihre Aufrechterhaltung ließ relativ wenige

Spielräume offen. Diese alten ›stammesbezogenen‹ Formen der Kooperation verlangten Eingrenzung, Abgrenzung und den Ausschluss Fremder, anderer (die härteste Sanktion dieser gruppenförmigen Konstellationen auch gegenüber eigenen Mitgliedern, die nicht passten, war Ausschluss, was so viel wie Tod bedeutete). Kooperation in Organisationen folgt dagegen anderen Bedingungen und setzt voraussetzungsreichere Formen verdichteten Vertrauens voraus; man muss sich aufeinander verlassen können, darf nicht davon ausgehen, dass der jeweils andere betrügt, ausschließlich den eigenen Vorteil im Auge hat. Wird er dennoch dabei ertappt, wird dies als Vertrauensbruch gewertet. Dieser ist aber kein singuläres Ereignis. Er erschüttert das gesamte Sozialgefüge, das Beziehungsnetz muss neu gewebt werden.

Das Ausmaß von Vertrauen in Teams und Organisationen wirkt sich auch auf die Leistung aus. Dirks (1999) kommt in seiner Studie zu dem Schluss, dass Vertrauen in den Arbeitsbeziehungen zwar nicht direkt die Leistung beeinflusst, aber entscheidend dafür ist, ob die Motivation der Mitarbeitenden (in vertrauensvollen Arbeitsgruppen) in gemeinsame Arbeitsleistungen oder (in Arbeitsgruppen, in denen wenig Vertrauen herrscht) in Einzelleistungen umgesetzt wird.

MERKE

Menschen gehen nicht nur zur Arbeit, um Geld zu verdienen. Identifikation mit der Organisation und dem Team oder eine befriedigende Tätigkeit sind wichtige Motivatoren. Inwieweit Motivation in Leistung übersetzt wird, hängt auch vom Vertrauen in die Kollegen und Kolleginnen und insbesondere die Führung ab.

2.8 Organisationen und ihr gesellschaftlicher Kontext

In dem auch in Wirtschaftskontexten recht bekannten Modell von Hofstede (2003) stellt *Machtdistanz* eine von sechs Dimensionen dar, in denen sich unterschiedliche Kulturen voneinander unterscheiden lassen. In Ländern mit niedriger Machtdistanz (wie etwa in Deutschland) herrscht ein eher informeller Umgang zwischen Machthabern und Machtunterworfenen, der z. B. auch ein gewisses Maß an Kritik an der Macht zulässt. Gleichberechtigung, Partizipation und demokratische Verfasstheit sind gesellschaftliche Werte, denen auch im Umgang mit Macht — etwa in Organisationen — Geltung zugesprochen wird. In Ländern mit hoher Machtdistanz (beispielsweise in Malaysia, Japan oder auch Frankreich) sind die Grenzen zwischen den machtvollen und weniger machtvollen Rollen (z. B. Vater-Kinder, Polizist/in-Bürger/in oder Führungskraft-Mitarbeiter/in) schärfer abgesteckt, die Kommunikation ist stärker formalisiert, die Thematisierungsschwelle für Kritik liegt sehr viel höher.

2.9 Zusammenfassung

Organisationen sind Kommunikationssysteme, die Entscheidungen produzieren und durch Erwartungen in Form von Regeln (Leitbilder, Prozessdefinitionen usw.) vorgeben, wie diese Entscheidungen zustande kommen sollen. Im Rahmen ihrer Mitgliedsrolle sind die Mitarbeiterinnen und Mitarbeiter mehr oder weniger daran gebunden, diese Erwartungen zu erfüllen. Doch dies ist nur die eine, offizielle Seite: Menschen sind nicht Teil der Organisation, sondern sie nehmen nur an der Organisation teil und besitzen immer die Freiheit, von den Erwartungen abzuweichen und eigene Interessen zu verfolgen. Macht nimmt an dieser Schnittstelle von Person und Organisation eine wichtige Funktion ein, die im folgenden Kapitel erörtert wird.

3 Funktionalität und Dysfunktionalität von Macht in Organisationen

Wenn von Macht die Rede ist, wird der Begriff meistens mit einer negativen Konnotation verwendet: Macht erscheint dann oft als etwas Illegitimes, zur Durchsetzung persönlicher Ziele Eingesetztes und Repressives. Selten kommt dagegen in den Blick, dass Macht wichtige Funktionen für die Organisation und zum Teil auch für ihre Mitglieder erfüllt.

Im ersten Abschnitt dieses Kapitels und im anschließenden Beitrag von Buer soll dieser Frage nach dem Nutzen der Macht für die Organisation nachgegangen werden, bevor dann im zweiten Abschnitt mögliche dysfunktionale Wirkungen beleuchtet werden. Im weiteren Verlauf des Buches wird dann zu prüfen sein, welche Folgewirkungen mit dem Einsatz von Macht verbunden sind. Diese Frage stellt sich insbesondere vor dem Hintergrund aktueller Entwicklungen in der Arbeitswelt, mit denen wir uns in Kapitel 7 ausführlicher auseinandersetzen.

3.1 Macht wirkt: die Funktionalität der Macht

Eine funktionalistische Betrachtungsweise setzt bei der Frage an, warum es für Organisationen sinnvoll war und ist, Machtstrukturen zu entwickeln. Organisationen sind nicht mit ihren Mitgliedern identisch (→ Abschnitt 2.2), infolgedessen fällt auch der Nutzen, den Macht für die Organisation hat, nicht notwendigerweise mit dem Nutzen für die Organisationsmitglieder zusammen. Im Gegenteil begründet Macht potenziell immer auch die Möglichkeit, die Interessen der Organisation gegenüber abweichenden Interessen der beteiligten Personen durchzusetzen.

Macht als organisationaler Integrationsmechanismus

Während sich ein kleines Team bei der Verfolgung seiner Ziele noch einigermaßen hierarchiefrei koordinieren kann, nehmen mit der Unternehmensgröße Komplexität und Arbeitsteilung und damit der Bedarf an Steuerung und Integration zu. Es muss festgelegt werden, wie Entscheidungen zustande kommen, ohne dass alle von ihren Folgen Betroffenen sich an der Entscheidungsfindung beteiligen könnten. Die Hierarchie vereinfacht diese Entscheidungsprozesse drastisch und ist damit »ein unabdingbares Gestaltungs- bzw. Strukturmerkmal komplexer Großorganisationen« (Mirow/Matzler 2012, S. 30).

Eine zentrale Herausforderung liegt dabei darin, dass die Interessen der Organisationsmitglieder nicht immer mit dem Organisationsinteresse zusammenfallen und dass sich in Organisationen Subsysteme mit unterschiedlichen Zielen und Prioritäten ausbilden (→ Abschnitt 2.4). Dies gilt besonders in den in Abschnitt 2.3 beschriebenen Unsicherheitszonen, in denen divergente lokale Rationalitäten aufeinandertreffen und um die Deutungsmacht konkurrieren. Auch können von der Geschäftsleitung ausgegebene Ziele von verschiedenen Mitarbeitern ganz unterschiedlich ausgelegt werden. Schließlich kann Dissens darüber bestehen, wie ein Ziel am besten zu erreichen ist und was dafür zu tun wäre. Gerade in einem kulturellen Umfeld, das Menschen im Zuge ihrer Sozialisation Individualität, divergentes Denken, Mut zur Abweichung und das Achten auf die eigenen Bedürfnisse als wichtige Werte vermittelt, schlägt sich die gesellschaftliche Pluralität auch als Pluralität innerhalb der Organisation nieder. Organisationen sind also pluralistische Gebilde und Macht ist ein Mittel, um sicherzustellen, dass sich alle Beteiligten trotz dieser Pluralität an den von der Organisationsspitze vorgegebenen Zielen orientieren.

MERKE

Eine Funktion von Macht in Organisationen besteht darin, organisationale Rationalitäten und Ziele gegenüber abweichenden Rationalitäten, Zielen und Interessen der Organisationsmitglieder durchzusetzen. So kann trotz dieser Pluralität der Interessen, Ziele und Sichtweisen *das Handeln der Beteiligten auf ein gemeinsames Ziel ausgerichtet werden.*

Sanktionsmacht ist die wohl schlichteste Möglichkeit, dies durchzusetzen. Sie setzt darauf, dass die Mitarbeitenden motiviert sind, ihre Mitgliedschaft zu erhalten (→ Abschnitt 2.6) und macht den Erhalt der Mitgliedschaft von der Erfüllung der organisationalen Erwartungen abhängig — bei groben Abweichungen drohen Zuweisung einer geringerwertigen Tätigkeit, Verlust von Privilegien (z. B. Heimarbeit), Versetzung, schlimmstenfalls die Kündigung. In diesem Sinne ist »Hierarchie [...] eine Rangdifferenzierung, die auf unterstellten Drohpotenzialen basiert« (Kühl 2015, S. 62). Die Bindung von erwartungskonformem Handeln an die Weiterführung der Mitgliedschaft macht es möglich, Regeleinhaltung und Kooperation auf der Handlungsebene zu erzwingen. Organisationen sind dann nicht mehr darauf angewiesen, die Mitarbeitenden mit hohem Aufwand und Zeiteinsatz dazu zu motivieren, etwas zu tun, das sie von sich aus nicht tun würden: »Hierarchien bewirken, dass Organisationen sich auf die spezifischen Anforderungen ihrer Umwelt einstellen können, ohne in jedem Fall Rücksicht auf Empfindlichkeiten ihrer Mitglieder nehmen zu müssen« (Kühl 2012, S. 169).

Der amerikanische Soziologe Talcott Parsons (1963, S. 237) definiert Macht als

> *»[...] generalized capacity to secure the performance of binding obligations by units in a system of collective organization when the obligations are legitimized with reference to their bearing on collective goals and where in case of recalcitrance there is a presumption of enforcement by negative sanctions [...].«*

Macht legitimiert sich also immer mit Bezug auf ein apersonal gedachtes, sich nicht aus Einzelinteressen der Systemmitglieder herleitendes Organisationsinteresse. Ob dieser Bezug glaubwürdig ist und die mit Macht durchgesetzte Erwartung sich tatsächlich auf ein kollektives Ziel bezieht und aus ihm legitimiert, liegt natürlich im Auge des Betrachters. Die Durchsetzung von Zielen mittels Sanktionsmacht ist zumindest *kurzfristig* nicht auf den Konsens der Machtunterworfenen angewiesen — für die Machtinhaber genügt es, ihre Erwartungen machtrhetorisch so einzukleiden, dass ihre sachliche Legitimation nicht offen infrage gestellt werden kann (siehe die Ausführungen zu Deutungsmacht in Abschnitt 1.7). Ob der Mitarbeiter den durch den Einsatz von Machtmitteln durchgesetzten Zielen innerlich zustimmt, kann die Organisation zunächst (!) als irrelevant betrachten, solange er die Ziele umsetzt und nicht allzu offensiv opponiert. Verliert Macht *längerfristig* aber den Bezug zu diesem übergeordneten Interesse, droht ihr der Verlust der Legitimation — und damit der Folgebereitschaft der Systemmitglieder. Eine Machtposition, deren Berufung auf das Gemeinwohl nicht glaubwürdig ist, wird sich somit dauerhaft desavouieren und Gegenmacht provozieren (→ Abschnitt 5.1).

MERKE

Sanktions- und Deutungsmacht benötigen den Rekurs auf kollektive Ziele, um sich zu legitimieren. Langfristig erodiert die Legitimation von Macht, wenn sie nicht als im Dienste eines übergeordneten Gesamtinteresses stehend wahrgenommen wird.

In *Veränderungsprozessen* gerät dieser Integrationsmechanismus ins Wanken: unterschiedliche Ziele und Interessen treten offen zutage, Konflikte brechen auf. Die Gestaltung der organisationalen Zukunft im Rahmen von Veränderungen beinhaltet auch eine Suche nach einer neuen Machtbalance. Dabei können bisweilen klare Vorgaben, bisweilen aber auch Räume der Kreativität und der Verständigung jenseits der bisherigen Machtstrukturen vonnöten sein (→ Abschnitt 7.3).

Macht als Mittel der Reduktion von Komplexität und Kontingenz

Macht ist in Sozialsystemen erforderlich, um Entscheidungen treffen zu können, die angesichts der Größe des Systems nicht mehr in der direkten Interaktion getroffen und für die Beteiligten plausibel gemacht werden können. Dort, wo die Grenze der direkten Kommunikationsmöglichkeiten überschritten wird, müssen immer Entscheidungen fallen, die einen zwar betreffen, bei deren Zustandekommen man aber nicht dabei war. Insofern bringen Gesellschaft und Organisation immer Fremdbestimmung durch organisierte Machtausübung mit sich (dies gilt auch und erst recht für Demokratie und Politik, auch wenn das Prinzip der Kontrolle in ihr verankert ist). Damit die einen von ihrer Entscheidungsfreiheit Gebrauch machen können, muss ihnen von den anderen dafür Macht eingeräumt werden; eigene Freiheit (Mitbestimmung etc.) muss delegiert bzw. aufgegeben werden. Dies ist dann leichter hinzunehmen, wenn eine strikte hierarchische Ordnung ein Entscheidungskontinuum stabil regelt und man in ihm einsehen kann oder zur Kenntnis nehmen muss, dass es darüber hinaus keine Spielräume gibt. Die Hierarchie entlastet somit Freiheitsintentionen, die über den zugewiesenen Raum hinausgehen wollen.

Aus systemtheoretischer Sicht erscheint diese Frage als zentrales Problem sozialer Systeme, nämlich in einer Situation Anschlussmöglichkeiten sicherzustellen, in denen die Mitglieder des Systems immer auch anders handeln können *(doppelte Kontingenz).* Macht reduziert diese Kontingenz, indem aus der Vielzahl der denkbaren Möglichkeiten eine herausgegriffen wird, deren Umsetzung mithilfe von Systemmacht gegen alternative Möglichkeiten durchgesetzt wird. Das Problem der *Kontingenzreduktion* stellt sich umso mehr, je weniger die ›richtige‹

Entscheidung auf der Hand liegt, d. h. »bei steigender Komplexität der Systeme muß [...] die Selektionsleistung der Entscheidungsprozesse verstärkt werden« (Luhmann 2012, S. 56f.), um in angemessener Zeit und mit angemessenem Aufwand zu Entscheidungen gelangen zu können. Die Organisationsform der Hierarchie soll gewährleisten, dass die Problematik nicht konsensfähiger Entscheidungen nur einmal in einem eingrenzbaren Rahmen bearbeitet wird. Entsprechende Mechanismen der Kommunikation müssen dann sicherstellen, dass die resultierende Entscheidung an ›untergeordneter‹ Stelle akzeptiert wird und der Entscheidungsprozess nicht noch einmal neu aufgerollt wird[13].

MERKE

Macht ist ein symbolisch generalisiertes Kommunikationsmedium, das Kontingenz und Komplexität reduziert, indem es die Akzeptanz der von der autorisierten Stelle vorab geleisteten Komplexitätsreduktion als Entscheidungsprämisse der ausführenden Ebene wahrscheinlicher macht.

Dabei muss der Umstand, dass eine Nichtbefolgung der ›oben‹ getroffenen Entscheidung ungünstige Konsequenzen haben könnte, nicht bei jeder Anweisung aufs Neue mitkommuniziert werden. Macht dient in diesem Sinne dazu, »den zeitraubenden, schwerfälligen, durch Sprache grobfühligen Kommunikationsprozeß zu entlasten« (Luhmann 1975, S. 36), explizite Kommunikation (»tue dies und das, sonst...«) wird »auf eine unvermeidbare Residualfunktion beschränkt« (ebd.). In der Regel ist eine explizite Anweisung gar nicht nötig, auch die ›unbefohlenen Befehle‹ des Machthabers werden befolgt. Organisationen werden (wie jedes soziale System) über Erwartungserwartungen gesteuert (→ Abschnitt 2.6), d.h., der Mitarbeiter weiß, was von ihm erwartet wird und kann auch ohne explizite Weisung im Einzelfall agieren. Macht, so Luhmann (ebd.), verlagert sogar die Initiative zum Befehl auf den Untergebenen — er fragt nach, wenn ihm unklar ist, was befohlen werden würde.

---

13 Eine überlegene Entscheidungskompetenz der Entscheider wird dabei aus systemtheoretischer Perspektive nicht vorausgesetzt — der von der klassischen Theorie vorausgesetzte Fall der wohlinformierten, rationalen Entscheidungen unter Kenntnis aller Alternativen etc. ist eher ein theoretischer Grenzfall als übliche Praxis. Organisationen können, wie schon die verhaltenswissenschaftliche Organisationstheorie (z. B. March/Simon 1958) gezeigt hat, mit diesen suboptimalen Entscheidungen leben — solange überhaupt entschieden wird. Wie in Kapitel 6 gezeigt wird, kann in den klassischen Hierarchien dieses Machtkontinuum auch durch die kollektive Fiktion angenommen werden, dass die ›Weisheit‹ der Führung den unteren Chargen gar nicht zugänglich ist, sich auf einer Abstraktionsebene bewegt, an deren Sinn man ›glauben‹ muss. Ein vorhandenes Machtkontinuum schützt vor leichtsinniger Selbstermächtigung, Freiheitsdelegation und Machtanerkennung haben ihre systemische Entsprechung.

Dass der systemische Nutzen der Macht als symbolisch generalisiertes Kommunikationsmedium gerade in diesem ›geräuschlosen‹ Funktionieren und dem dadurch erreichten Entlastungseffekt liegt, begründet auch, warum Macht gerade dann, wenn in der Kommunikation explizit auf sie hingewiesen werden muss, ihren Zweck verfehlt und sich selbst entwertet.

Macht als Mittel der Unsicherheitsreduktion

Wie in Abschnitt 2.3 gezeigt, besteht ein wesentliches Grundproblem von Organisationen im Umgang mit Unsicherheit, die erzeugt wird, wenn vor dem Hintergrund hoher interner und externer Komplexität Entscheidungen gefällt werden müssen. Eingriffe in vernetzte Systeme produzieren — wie in Abschnitt 2.3 gezeigt — eben in der Regel unerwartete Nebeneffekte (bis hin zum Gegenteil des Beabsichtigten). »Planung wandelt Unsicherheit in Risiko um«, lautet ein bekanntes Bonmot, und die in Organisationen jeglicher Couleur vielfach zu beobachtende Tendenz zur Vermeidung von Entscheidungen zeigt, dass es angesichts des Risikos von Fehlentscheidungen häufig leichter erscheint, nicht zu entscheiden. (Wobei natürlich dieses ›Nicht-Entscheiden‹ nur ein vermeintliches ist — damit hat man sich dann eben dafür entschieden, alles beim Alten zu lassen.)

Entscheidungsbedürftig, so Luhmann, ist dabei nur das Unentscheidbare, d. h., die Situation, in der das rational beste (oder gar einzig mögliche) Vorgehen nicht ohnehin von vornherein und für alle Beteiligten feststeht. Entschieden werden muss (und kann) nur in einer Situation konkurrierender Alternativen mit unsicherem Ausgang, die daher immer umstritten wären. Macht beantwortet die letztlich unbeantwortbare Frage nach der besten Alternative durch eine unter Risiko gestellte Entscheidung, um so den Zirkel der Kontingenz aufzulösen.

Macht, so die Organisationsforscher Crozier und Friedberg (1979), ist die Kontrolle relevanter Unsicherheitszonen. Dass Macht Unsicherheit reduziert, zeigt sich auch darin, dass bei vielen Arbeitsnehmern und Arbeitnehmerinnen — trotz des sich über die Zeit hinweg wandelnden Führungsideals — der Wunsch nach klarer Führung weit verbreitet ist. Vor allem in Veränderungsprozessen zeigt sich oft, dass viele Mitarbeitende eine vom Vorgesetzten vorgegebene ›klare Linie‹ einem partizipativen Vorgehen vorziehen, und zwar nicht nur des mit Partizipation verbundenen Aufwandes wegen, sondern auch weil sie fürchten, ohne diese klare Linie keine eindeutige Entscheidungs- und Handlungsgrundlage mehr zu haben. Entsprechend groß ist das Maß an Desorientierung und Unzufriedenheit im angesprochenen Fall der ›nicht-entscheidenden‹ Führungskraft, die ihre Macht nicht nutzt.

MERKE

Macht kann dazu beitragen, zwei der Kernprobleme von Organisationen — *Unsicherheit und Komplexität* — zu reduzieren.

Macht kann Entscheidungsvorgänge beschleunigen

Macht hat — aus der Sicht der Organisation — einen weiteren wichtigen funktionalen Nutzen: Die Organisation kann dadurch auf langwierige Aushandlungsprozesse oder Überzeugungsarbeit verzichten.

> *»Wo schnell kooperativ gehandelt werden muss, gibt es kaum Nützlicheres als hierarchische Anordnung und ihre Befolgung. Im Operationssaal ist daher, beispielsweise, die Kommunikation extrem verkürzt und sie erfolgt formelhaft: ›Tupfer‹, ›Klemme‹, ›Faden‹ usw. Ein egalitäre Entscheidungsfindung nach dem Motto: ›Was meinen Sie, Schwester Erika, sollten wir die sprudelnde Arterie abbinden oder nicht?‹ wäre verhängnisvoll.« (Simon in seinem Beitrag in Abschnitt 5.2)*

Der Machtinhaber kann auf diese Weise Entscheidungen treffen, die nicht konsensfähig sind oder zu denen sich ansonsten niemand durchringen kann. Ob sich die Entscheidung im Nachhinein als sinnvoll erweist und ob es auch weiterhin abweichende Meinungen gibt, ist dann eine andere Frage — die Entscheidung ist getroffen und kann durchgesetzt werden.

Gerade in Situationen, in denen eine Ad-hoc-Entscheidung getroffen werden muss (z. B. im Operationssaal, bei Polizeieinsätzen oder in Krisensituationen), kann dieser Tempovorteil entscheidend sein. Hier zeigt sich noch einmal, dass es kein ›One-size-fits-for-all‹-Konzept der Macht geben kann. Expertenorganisationen wie Universitäten brauchen ganz andere Steuerungskonzepte als ein Automobilhersteller oder eine Zeitungsredaktion, in denen Macht sich jeweils sehr unterschiedlich ausprägen muss, um den an die Organisation gestellten Anforderungen funktional gerecht zu werden.

MERKE

Macht kann Kommunikations- und Entscheidungsprozesse entlasten und dadurch Organisationen einen Tempovorteil verschaffen.

Auf der anderen Seite geht jedes Steuerungskonzept unausweichlich mit Folgeproblemen einher, die die Machtfrage immer wieder aufs Neue aufwerfen — sei es als widerständiges Sich-Abreiben an einem empfundenen Zuviel an Macht, in Form von eskalierender Mikropolitik zur Umschiffung der formalen

Machtstrukturen oder als Unzufriedenheit darüber, dass Entscheidungsmacht in Krisensituationen nicht wahrgenommen wird.

Die Containment-Funktion der Macht

In Konfliktsituationen (z. B. bei Uneinigkeit im Team) kann es für die Beteiligten entlastend wirken, wenn Vorgesetzte notwendige Entscheidungen kraft ihrer Entscheidungsbefugnis fällen. Zwar produzieren solche Machteingriffe in Entscheidungssituationen ›Verlierer‹, aber dadurch, dass der Vorgesetzte die Verantwortung für eine nicht konsensfähige Entscheidung übernimmt, kann der mögliche Unmut der Verlierer auf die Führung projiziert werden und belastet somit nicht die Arbeitsbeziehungen zwischen Befürwortern und Gegnern im Team. Die Führung dient in einer solchen Situation als Puffer, die das Konfliktpotenzial einhegt (engl.: to contain). Gerade in fortgeschrittenen Stadien der Konflikteskalation sind die Fronten typischerweise soweit verhärtet und ist die Kompromissbereitschaft so gering, dass Machteingriffe die einzige Möglichkeit sein können, die Situation zu befrieden: »Mit der Hierarchie steht der Organisation ein Mechanismus zur Verfügung, der in der sozialen Dimension den Konflikt zwischen allen Personen in der Organisation, wenn auch nicht auflösen, dann doch vorläufig entschärfen kann« (Kühl 2012, S. 178). Das gilt für Konflikte im privaten Bereich, die letztlich nur noch durch Mediatoren oder Scheidungsrichter aufgelöst werden können, ebenso wie für berufliche Konflikte (die Zusammenhänge zwischen Macht und Konflikt werden in Abschnitt 5.1 ausführlicher thematisiert).

MERKE

Hierarchische Macht kann in Konfliktsituationen also das destruktive Potenzial des Konfliktes einhegen *(Containment-Funktion).*

Lob der Macht

Ansichten eines pragmatischen Psychodramatikers

Ferdinand Buer

Professionelle BeraterInnen benötigen, um ihre KlientInnen auf ihren Wegen von A nach B trittsicher zu begleiten, drei Dinge: einen Kompass zur richtungsweisenden Orientierung, mehrere Brillen zum genauen Hinsehen und passende

Gehhilfen zur weiterführenden Beförderung. Um über dieses Wissen zu verfügen, müssen sie aus philosophischen, wissenschaftlichen und praxeologischen Angeboten auswählen, das Ergebnis integrieren und dann auch handhabbar machen (Buer 2014, S. 242f.). Auswahlkriterium kann nur sein: Was hat sich in der Praxis bewährt und wird sich wohl auch weiterhin bewähren?
Mein eigenes Wissen schöpft aus meiner Praxiserfahrung vor allem in den Beratungsformaten Supervision und Coaching mit Berufstätigen in Dienstleistungsorganisationen aus sozialen, pädagogischen, psychiatrischen, pastoralen, wissenschaftlichen und gewerkschaftlichen Arbeitsfeldern, aus den Erfahrungen in der Ausbildung von SupervisorInnen und Coaches und aus der Auseinandersetzung vor allem mit dem lebensphilosophischen, sozialwissenschaftlichen und praxeologischen Angebot von J.L. Moreno, weiteren kompatiblen Ansätzen und — jedenfalls in den letzten Jahren — der Denkweise des philosophischen Pragmatismus (Buer 2010).
Vor diesem Horizont betrachte ich auch ›Macht‹ und ›Organisation‹ als Handlungsphänomene. Daraus folgt: Da sie in Handlungsprozessen von Akteuren hergestellt werden, können sie auch von eben diesen Akteuren verändert werden. Darin liegt die Chance für Change Management durch Beratung.

Macht und Moral

Jeder Handlungsprozess ist mit Macht durchtränkt: Denn ohne Macht kommt jegliches Handeln zum Erliegen. *Macht* betrachte ich daher völlig entspannt als das Ver*mög*en eines Menschen, seine *Möglichkeiten* in seinem Interesse voll auszuleben. In Interaktionszusammenhängen können Machtmittel allerdings als Druckmittel eingesetzt werden, bestimmte Interessen des einen auf Kosten anderer durchzusetzen. Diese »Unterdrückung« nenne ich »Bemächtigung«. Sie ist illegitim. Diese Mittel können aber auch eingesetzt werden, um die Potenziale anderer zu fördern, sodass diese etwas umsetzen können, was sie gern umsetzen wollen, aber bisher nicht konnten. Dieses »Empowerment« nenne ich »Ermächtigung« (Buer 2012). Auch organisierte Handlungsprozesse bewegen sich immer zwischen den beiden Polen Bemächtigung und Ermächtigung.
Sicher können sanktionsbewehrte Direktiven unterschiedliche Interessen der Organisationsmitglieder auf die Erreichung der Organisationsziele ausrichten. Sie setzen damit aber lediglich auf eine extrinsische Motivation. Soll aber das gesamte Potenzial der Organisationsmitglieder zur Erreichung der Organisationsziele genutzt werden, dann muss deren intrinsische Motivation nicht nur zugelassen, sondern auch gefördert werden. Vor allem Führungskräfte haben dann die Aufgabe, ihre Positionsmacht dazu zu nutzen, dass jeder Mitarbeiter an der Stelle steht, an der ihm gute Arbeit gelingen kann, dass er in guten Kooperationsbeziehungen tätig ist und dass ihm die angemessenen Arbeitsmittel und Arbeitsumwelten zur Verfügung stehen. Führungskräfte, die die Aufgabe der

Ermächtigung vernachlässigen, handeln somit nicht nur gegenüber der Organisation fahrlässig. Sie beachten auch nicht, ja sie *ver*achten das intrinsische Interesse eines jeden Mitarbeiters an einer gelingenden, einer glückenden und dadurch glücklich machenden Arbeit (Buer/Schmidt-Lellek 2008, S. 103ff.). Auch das ist aus ethischen Gründen negativ zu bewerten.

Insofern kann es gar nicht darum gehen, Macht einzuschränken. Es geht vielmehr auch in organisationalen Prozessen darum, sie angemessen einzusetzen. Organisationales Handeln ist dann am effektivsten, wenn alle Akteure mächtig genug sind, kooperativ ihre vielfältigen Potenziale in ihrer jeweiligen Rolle und Position voll zur Erreichung der Organisationsziele einzusetzen. Ohnmacht bringt nichts. Machtvolles Handeln aller ist erwünscht. Somit: Ein Lob der Macht!

Organisation als machtvolle Inszenierung

Mit Moreno gehe ich davon aus, dass wir gar nicht anders können, als unser Leben spielerisch zu inszenieren. Das gilt gerade auch für das Handeln in Organisationen (Buer 2012, S. 156ff.).

Diese Spiele erfolgen manchmal nach abgesprochenen, also nach expliziten, meist jedoch nach impliziten informellen Spielregeln. Diese Regeln ermöglichen freie Improvisationen. Sie begrenzen sie aber auch. Und sie üben einen normierenden Einfluss aus. Darin liegt ihr Machtpotenzial. Sie bringen für bestimmte Spieler Vorteile, für andere Nachteile. Daher sind sie immer umkämpft. BeraterInnen sollten gerade diese Regeln gemeinsam mit ihren Klienten aufdecken können, um Spielbegrenzungen wie Spielräume auszuloten. Zu diesem Zweck habe ich zwei Typologien des Organisierens entwickelt, die sich in meiner Praxis bewährt, aber auch in Ausbildungsprozessen Anerkennung gefunden haben (Buer 2011). Ich unterscheide zwischen *vier Funktionslogiken*:

- *Professionslogik:* Von ihr geprägt ist das Handeln von Angehörigen professionalisierter Berufe. Sie müssen einmalige Lösungen für komplexe und gesellschaftsrelevante Aufgaben (er-)finden.
- *Bürokratielogik:* Hiernach handeln Verwaltungskräfte, um einen ordnungsgemäßen Arbeitsablauf zu gewährleisten.
- *Unternehmenslogik:* Dadurch soll Effizienz und Effektivität erreicht werden.
- *Politiklogik:* Hier geht es um die Durchsetzung von Interessen.

Während diese Funktionslogiken Spielregeln setzen, die Spielverläufe um ein bestimmtes Kernthema herum normieren, stellen die *drei Handlungsmuster* auf der empirischen Ebene typische Spielverläufe selbst dar, die sich durch unterschiedliche Spielweisen charakterisieren lassen:

- *Rationalität:* Danach wird die Organisation als Maschine inszeniert, die rationell der Gewinnerzielung dient. Der damit erzielte Rationalisierungsgewinn wird aber durch die kränkende Instrumentalisierung der beteiligten Menschen mit den damit verbundenen Rationalisierungsverlusten geschmälert.

- *Tradition:* Hier wird die Organisation als Organismus gesehen, mit dem alle Beteiligten nach alter Gewohnheit hierarchisch verwachsen sind. Die damit verbundene Geborgenheit erzeugt auf der anderen Seite Abhängigkeit.
- *Engagement:* Hier erscheint die Organisation als Netz, das je nach Situation auf- oder abgespannt wird. Es bietet für die Netzwerker Authentizität, führt aber häufig auch zu ihrer Überforderung.

Diese Muster sind in den Berufsbiografien wie in den prägenden Symbolsystemen und Denk- bzw. Handlungsweisen der Organisationskulturen verankert. Sie sind jedoch in jeder einzelnen Organisationswelt unterschiedlich gewichtet und unterschiedlich verwoben. Das macht deren Eigenart aus. Neben diesen Institutionalisierungstendenzen tauchen aber immer auch Flexibilisierungsbestrebungen auf, sodass Spiele auch ganz anders verlaufen können als üblich.

Die Macht der Kreativität

Moreno schreibt den Institutionalisierungsprozessen durchaus Macht zu: Sie können Stabilisierung des organisationalen Handelns bieten, Potenzialentfaltung ermöglichen und somit kreative Prozesse auslösen. Kreativität ist aber nicht nur wichtig, um die übliche Arbeit gut zu tun. Sie ist auch unverzichtbar, um Verbesserungen des Produkts bzw. der Dienstleistung hervorzubringen. Organisationales Handeln sollte daher kreatives Handeln ermöglichen. Denn nur so kann sich eine Organisation angemessen auf neue Erfordernisse der Organisationsumwelten einstellen (Buer 2010, S. 320ff.). Im organisationalen Handeln muss daher immer wieder eine Verbindung zwischen Konservierung und Flexibilisierung hergestellt werden.

Aus der dadurch erzeugten Spannung kann nach Moreno unter günstigen Umständen Kreativität entstehen, d. h. eine spontane Attraktion zum besseren Handeln (Buer 2010, S. 267ff.): Von diversen Kreativzentren ausgehend, kann plötzlich die gesamte Organisation in einen besonderen Zustand versetzt werden, in dem es nicht mehr einfach um Arbeit, sondern um Gestalten, Hervorbringen, Erfinden, Erschaffen geht. Am Ende können sich Ideen, Visionen, Gestalten herausbilden, die eine höherwertige Neuausrichtung der Organisationsprozesse ermöglichen. *Intendanten, Drehbuchautoren, Regisseure,* vor allem aber *Spielführer* organisationaler Inszenierungen müssen es daher schaffen, dass die *Akteure* Spiele spielen, die zum einen deren mitgebrachtes Spielvermögen abruft. Sie müssen aber zum anderen immer wieder ungewöhnliche Szenen anbieten, die kreative Spielverläufe anregen. Dann sind auch die bisher nur *Zuschauenden* motiviert, aktiv mitzuspielen.

Kreativität ist somit die entscheidende Macht, um die es bei der Ermächtigung geht. In den unübersichtlichen Arbeitswelten der heutigen Zeit ist diese Macht unverzichtbar, wenn eine Organisation überleben will. Sich darauf einzulassen, ist allerdings immer ein Wagnis.

Auf kreative Ideen kommen, die Risiken kreativen organisationalen Handelns einschätzen, Kreationsmacht potenzieren und Mut zum kreativen Handeln finden, aber auch sinnlose Spielwiederholungen beenden und Bemächtigungstendenzen unschädlich machen, darauf ist mein Psychodramatisches Beratungskonzept ausgerichtet. Dieses Wissen (altgr.: lógos) um die Kunst (altgr.: téchne) der Ermächtigung zum kreativen Handeln nenne ich daher »Ermächtigungstechnologie« (Buer 2012).

Wichtige Erkenntnisse

MERKE

Macht kann als *organisationaler Integrationsmechanismus* dienen und einen Konsens darüber, wie gedacht, kommuniziert und gehandelt werden sollte, erzeugen (z. B. durch Manipulationsmacht) oder ersetzen (z. B. durch Sanktionsmacht). Macht kann Unsicherheit reduzieren, die Kommunikation entlasten und Entscheidungsvorgänge beschleunigen — allerdings nur, wenn sie ›geräuschlos‹ wirkt (→ Abschnitt 1.8) und ihre Folgekosten geringer sind als ihr Nutzen.

Insofern sind Situationskontrolle und Manipulationsmacht aus der Sicht der Organisation deutlich effektivere Machtmittel als die schwerfällige und oft Widerstand auslösende Sanktionsmacht.

»Macht als organisationaler Integrationsmechanismus« — diese Beschreibung würde wohl nur ein distanzierter Beobachter wählen. Wenn man unter Macht — wie bei Max Weber oder im Alltagsverständnis — die Möglichkeit eines Akteurs versteht, seinen Willen unter Androhung von Sanktionen oder gar körperlicher Gewalt gegen den Willen der Machtunterworfenen durchzusetzen, ist diese Möglichkeit teuer erkauft. Wenn sich die Betroffenen unfair behandelt fühlen und die Legitimität der Macht infrage gestellt wird, kann dies Widerstand und den Aufbau von Gegenmacht auf den Plan rufen. Dann kann Machtausübung die Unsicherheit erhöhen statt sie zu senken, Widerstände zementieren, Interessengegensätze zusätzlich verschärfen, heftige Machtkämpfe auslösen und viel Zeit kosten — ein Problem, das gerade in Zeiten immer schnellerer Veränderungserfordernisse problematisch wird (→ Kapitel 7). Diese potenziell dysfunktionalen Wirkungen der Macht werden wir im folgenden Abschnitt näher thematisieren.

3.2 Zu Risiken und Nebenwirkungen...

Macht, das wurde schon mehrfach erwähnt, entsteht ›im Kopf‹ der Machtunterworfenen. Wie z. B. das Verhalten einer Führungskraft erlebt wird und ob darauf mit Folgebereitschaft oder Widerstand reagiert wird, hängt vor allem von der Interpretation des einzelnen Mitarbeiters ab (vgl. auch den folgenden Beitrag von Busse). Kommunikation wird beim Empfänger ›gemacht‹ — diese Grunderkenntnis der Kommunikationspsychologie gilt auch für die Machtkommunikation. Entsprechend kann es keine Patentrezepte für eine in machttaktischer Hinsicht ›richtige‹ Kommunikation geben, die unerwünschte dysfunktionale Wirkungen vermeidet. Respekt, Fairness und dialogische Orientierung schaffen aber eine Kultur, in der sich andere ›Empfangsfilter‹ für die Zuschreibung von Macht und Legitimität ausbilden als in einer formalistischen, hierarchiebezogenen Kultur, in der ›Top-down‹-Kommunikation vorherrscht.

Die Bedingungen für Funktionalität und Dysfunktionalität von Macht unterscheiden sich bei den in Kapitel 1 eingeführten Formen der Macht, weswegen wir sie in diesem Abschnitt getrennt voneinander behandeln.

Macht und Ohnmacht als Camouflage

Stefan Busse

Es ist ein vertrautes Bild, eine essenzielle Grunderfahrung und ein gängiges theoretisches Interpretament: In Organisationen geht es — vielleicht nicht ausschließlich — aber doch vor allem um Macht und Ohnmacht. Wenn Menschen sich ihre biografischen Grunderfahrungen in Organisationen vergegenwärtigen, etwa in Kita und Schule, im Krankenhaus, in Behörden, im Rahmen der eigenen Berufssozialisation etc. oder ihre aktuellen Arbeitserfahrungen als Organisationserfahrungen beschreiben, dann tun sie dies in der Regel in ›Negativgeschichten‹. Es sind Geschichten erfahrener Ohnmacht als Folge erlittener Machtausübung anderer mächtiger und überlegener Akteure, die ihre Macht in der Regel vertikal von oben nach unten ausgeübt haben oder ausüben.
Wenn indessen, was seltener der Fall ist, ›Positivgeschichten‹ von Macht erzählt werden, dann gehen diese entweder auf Erfahrungen gelungener ›Gegenmacht‹ oder Selbstermächtigung zurück, weil man sich der Macht teilweise entzogen, ihr ein Schnippchen geschlagen, ihr etwas abgerungen hat oder der vertikalen Machtdynamik von unten etwas entgegensetzen konnte. Oder sie sind Teil einer narzisstischen und machtvollen Selbstinszenierung, in der man sich als Gewinner, Gönner, Spieler bzw. Player geriert. Sie mögen sich aber auch bescheidener

an erfahrener Wirksamkeit, an Gestaltungsmöglichkeiten und Gestaltungslust festmachen oder als solche heruntergespielt werden.

Professionelle Beobachter organisationaler Szenerien, vor allem organisationsbezogene Berater und Organisationstheoretiker, deuten diese als Macht- und Ohnmachtsdynamiken und als Teil mikropolitischer Spiele zur Sicherung von Einfluss und Ressourcen. So werden ihnen im Dienst der Erledigung der Primäraufgabe einer Organisation konstruktive wie destruktive Kräfte zugeschrieben. Letzteres verweist auf ihr latent pathologisches und dysfunktionales Potenzial, was die Primäraufgabe gefährden kann und in relative und ausgeglichene Machtbalancen zwischen den Akteuren in Organisationen neutralisiert werden sollte. Oder, in ihrem Bezug zu Sekundäraufgaben einer Organisation werden ihr sogar organisationsstabilisierende Effekte unterstellt, weil sie sowohl Kontroll- als auch narzisstische Bedürfnisse befriedigen und energetisch sogar Kräfte mobilisieren. Hier liegen also konstruktive und destruktive Momente von Macht dicht beieinander.

All dem scheint ein Verständnis von Macht zugrunde zu liegen, das im Wesentlichen der klassischen Weber'schen Definition von Macht entspricht. Diese versteht Macht als »jede Chance, innerhalb einer sozialen Beziehung den eigenen Willen auch gegen Widerstreben durchzusetzen, gleichviel worauf diese Chance beruht« (Weber 1972, S. 27ff.). Dass die Durchsetzung und Ausübung von Macht in Organisationen dabei weniger auf deren brachialer Androhung und Durchsetzung beruht, sondern auch auf direkten und indirekten Formen von Zustimmung und Legitimation durch die Adressaten von Machtausübung, ist eine gängige und wichtige theoretische Unterstellung (Ortmann 2012). Hier werden auch feine Arrangements des Gebens und Nehmens, des Gewährens und Zugestehens von Macht, auch des Entschädigens für fehlende Macht etc. zwischen den Akteuren markiert.

Unbenommen sind Macht- und Ohnmachtsdynamiken erfahr- und beobachtbare Phänomene in Organisationen. Zum Gutteil handelt es sich dabei aber eben auch nur um *Phänomene*, die anderes überdecken können. Sie sind auch Camouflage, die über andere Widersprüche, Paradoxien und Handlungsdilemmata in Organisationen hinwegtäuschen kann. So werden sie nicht selten zu wohlfeilen und damit machtvollen Deutungen organisationaler Wirklichkeit, in denen man sich entlastend interpretativ einrichten kann: »Es geht immer um Macht!« sagen die einen, die sich diese dienstbar machen, und befürchten die anderen, die sich dieser in fröhlicher Resignation ergeben.

An drei Beobachtungen sei demonstriert, wie sich hinter Macht-Ohnmachts-Dynamiken umfassendere Dynamiken verbergen.

Machtdemonstration als kaschierte Hilflosigkeit

Zunehmend sind Organisationen, vor allem aus der Perspektive derer, die Management- und Führungsverantwortung tragen, zu Zonen der Ungewissheit und Unbestimmtheit geworden. Wenn Entscheidungen getroffen werden, wird nicht selten sozusagen auf Sicht gefahren, weil man sich in einem Dauerzustand eines ›determinierenden Indeterminismus‹ zu befinden scheint. Prognosen sind vage oder taugen nur so lange, bis sie von Verhältnissen überholt worden sind, eintretende Zustände sind nur lose eigenem Handeln zuzurechnen Das hat vor allem mit den ökonomischen und insgesamt gesellschaftlichen Umweltbedingungen von Organisationen zu tun, die allgemein auf Globalisierungseffekte und/oder instabile lokale Rahmenbedingungen zurückgehen. Das reicht von der aktuellen Flüchtlingspolitik, über eklatante Fehlplanungen in der Bildungs- (insbesondere Schul- und Hochschul-) Politik, über Fehlentscheidungen in der industriellen Struktur- und Förderpolitik bis hin zu Fehlkalkulationen im öffentlichen Bauen (Elbphilharmonie, Berliner Flughafen etc.), die auf Fehleinschätzungen und falschen Prognosen beruhen. In die Organisationen streut dies als Diffusität und Aktivismus. Um unter äußerem und innerem Legitimationsdruck die eigene Machtlosigkeit oder besser Hilflosigkeit zu kaschieren, wird nicht selten Macht in kernigen, schnellen, waghalsigen Entscheidungen und pragmatischen Selbstfestlegungen demonstriert. Die Unerträglichkeit von Offenheit und Unbestimmtheit wird nicht kommunikativ ertragen und abgebaut, sondern mit inszenierter Handlungsmacht überdeckt. Derweil ist es mehr Machtdemonstration als reale Macht, die bewirkt und durchsetzt — es wird entschieden, damit entschieden wird. Den Mitarbeitenden einer Organisation mag sich das zunächst als ein relativer Abbau von Diffusität vermitteln, es geht aber zulasten der rationalen Nachvollziehbarkeit von Entscheidungen. Die Entscheidungen des Managements erscheinen als eine Art Wetter, dessen Wendungen man sich stoisch und resigniert hingibt, was wiederum die Wirksamkeit und Durchsetzbarkeit von Macht radikal einschränkt bis neutralisiert.

Zuschreibung von Ohn-Macht als Selbstentmächtigung und Entverantwortung

Ein probates Mittel, mit Komplexität, Unbestimmtheit und als deren Folge mit eingeschränkter Nachvollziehbarkeit und Veränderungszumutungen in Organisationen umzugehen, ist, die wahrgenommenen Dynamiken in der Dichotomie von Macht und Ohmacht zu deuten. Dabei wird den anderen, vertikal dem Management, nicht allein Macht unterstellt, sondern vor allem, aus Machtmotivation heraus zu handeln. Das stellt freilich tendenziell die Rationalität von Führungs- und Leitungsentscheidungen infrage und damit eine latente Form der Entmächtigung dar, weil man sie zumindest in der Sache eigentlich gar nicht ernst nehmen muss oder kann. Gleichzeitig ist man diesen aber ausgesetzt, von ihnen betroffen und fühlt sich in seinen Handlungsmöglichkeiten eingeschränkt. So liegt es nahe, sich kognitiv und emotional in einem Zustand der Machtlosigkeit einzurichten, in dem die realen oder verbliebenen eigenen Handlungsmöglichkeiten unter- oder die Handlungseinschränkungen strategisch überschätzt werden, nicht um die Macht der anderen, sondern die eigene Ohnmacht zu legitimieren. Im Modus des Ertragens, Erleidens und Räsonierens wird sich der Verantwortung für die eigene Situation entzogen. Statt zu fragen, wie man Entscheidungen (von oben), die nicht an die eigenen Handlungsmöglichkeiten (Ressourcen) anschlussfähig sind, konstruktiv zurückweist und relativiert, wie man die eigene Handlungsverantwortung deutlich macht und selbst ernst nimmt, scheint es mitunter leichter zu sein, sich je nachdem lethargisch selber ruhigzustellen, sich fintenreich der Macht zu entziehen oder paradoxerweise auf ein Machtwort zu hoffen, damit man vor allem eines nicht muss: selbstverantwortlich handeln (Busse 2009).

Abwertung und Empathieverlust als Fermente einer Machtbalance

In Organisationen, in denen es vordergründig um Macht und Ohn- respektive Gegenmacht geht, trifft man sich am besten in der Mitte, wobei freilich immer die Frage ist, wo diese eigentlich ist. Denn der Kampf um die Mitte wird nicht selten als eine Frage der Machtbalance gedeutet bzw. wer diese zu seinen Gunsten definieren und erreichen kann. Das wird uns etwa immer wieder als zähes Ringen im Rahmen von Tarifverhandlungen in Betrieben vor Augen geführt, in denen Arenen des Drohens, Schmollens und Unterstellens errichtet werden. Auch wenn hier in einem Rest politischer Correctness deklaratorisch vom Erreichen einer Win-Win-Situation gesprochen wird, regt sich unter deren Firnis nicht selten das heimliche Pathos, als Sieger und nicht als Besiegter aus der Situation hervorgegangen zu sein. Dass es im Suchen solcher Machtbalancen nicht allein um einen diskursiv ausgehandelten Interessenausgleich geht, zeigt sich daran, dass es sich nicht wirklich um die dabei notwendige Anerkennung von Handlungsgründen und auch Handlungseinschränkungen auf beiden Seiten handelt. Sich etwa empathisch und dezentriert die Handlungssituation des ›Gegners‹ zu vergegenwärtigen, würde eher die eigene Position schwächen und den eigenen Terraingewinn gefährden — Empathie als Schwäche und nicht als Ressource: »Ich will meine Mitarbeiter nicht verstehen, ich will sie verwalten«, war das für mich eindrücklichste Selbstzeugnis eines habitualisierten Empathieverlustes einer Führungsperson. Mitarbeitende bzw. Teams fühlen sich so nicht selten vom Management bzw. von der Führungsebene nicht gesehen, kaum wertgeschätzt und unterversorgt mit Anerkennung und Feedback. Im Gegenzug kann das dann zur Habitualisierung einer kindlich-regressiven Unersättlichkeit in Teams führen, die auf eine Kompensation nicht allein für die Machtzumutungen durch die Führung, sondern für das selbst geräumte oder freigegebene Terrain in einer schiefen Machtbalance hoffen. Auch hier kann man einen eher egozentrisch-trotzigen Rückzug auf die eigene Interessenperspektive beobachten, die notwendig mit Empathieverlust für andere Handlungsperspektiven, auch die des Managements, einhergeht.

Betrachtet man diese drei Facetten möglicher und beobachtbarer Kommunikationspraxis in Organisationen, mag man sich zunächst in ihrer Deutung als typische Phänomene von Macht-Ohmacht-Dynamiken bestätigt sehen. Das ist nicht falsch, aber auch nicht hinreichend und zu kurz gegriffen, weil damit zugleich übergreifende oder dahinter liegende Dynamiken ausgeblendet werden. In Organisationen als kommunikative Praxen und als Ensembles kultureller Sinn- und Bedeutungsproduktion geht es vor allem darum, wie in ihnen das *Grundparadox* zwischen Struktur gebender und produzierender Gebundenheit sowie Handlungsfreiheit ermöglichender Autonomie ›gelöst‹ ist oder besser reguliert wird. Mit Blick auf die agierenden Subjekte bedeutet dies, zu fragen, inwiefern Organisationen Orte der Einlösung und Befriedigung von Bedürfnissen nach Zugehörigkeit, Bindung, Struktur, Transparenz, Teilhabe, Verfügbarkeit, Relevanz für sich und andere, Halt, Handlungskontrolle, Entfaltung etc. sind. Das ist freilich keine Aneinanderreihung von Wünschen, die eine Organisation einfach ›erfüllt‹ oder erfüllen kann und sollte, sondern polarisiert sich eher als eine paradoxe Spannung zwischen Polen von *Autonomie* und *Gebundenheit*. Autonomes und kreatives Handeln braucht verlässliche Rück- und Anbindung an die Organisation, Loyalität und freiwillige Selbstbindung bedürfen Handlungsfreiheit und Kontrollverzicht (Vertrauen). Bindungstheoretisch würde man sagen, es bedarf Bedingungen und Erfahrungen *positiver Gegenseitigkeit* zwischen den Akteuren, damit sich Formen Bindung erhaltender statt Bindung zerstörender Autonomie entwickeln (Zimmermann/Iwanski 2013).
Das ist in Organisationen nicht einfach gegeben, sondern gerade unter Bedingungen zunehmender Unbestimmtheit und Ungewissheit immer wieder aufgegeben, weil die Balance zwischen diesen Polen stör- und irritierbar ist. Dazu bedarf es einer grundsätzlich diskursiven und verständigungsorientierten Kultur, die auf die Rationalität und Begründbarkeit von Entscheidungen und Handlungen setzt. Das ist keine idealisierte Konsenskultur, sondern eine, die auch das Benennen und Austragen von Dissens und Konflikt erträgt und aushält. Das heißt nicht, dass von allen alles debattiert und nachvollzogen werden kann und muss, das würde die Handlungsfähigkeit einer Organisation radikal einschränken.
Haben vor diesem Hintergrund Macht-/Ohnmacht- respektive Macht-/Gegenmacht-Szenarien und -Dynamiken Platz? Ja, für den Fall des Gefährdens oder Misslingens einer solchen Kultur. Man könnte in leichter Abwandlung der von Clausewitz'schen Definition von Krieg sagen, dass sie die Fortsetzung oder Aussetzung einer verständigungsorientierten Balance von Autonomie und Gebundenheit in Organisationen sind, in Richtung rein strategischer Kommunikation und machtorientierter Beziehungsregulation. Da diese in Organisationen aber unzweifelhaft Realität sind, bilden sowohl machtorientierte Selbst- und Fremddeutungen als auch machttheoretisch fundierte Bebachtungen (von Beratern) dies selbstredend auch ein Stück weit ab. Nur: Eine machttheoretische (Selbst-)

Deutung von Machtphänomen in Organisationen allein perpetuiert und naturalisiert diese. Wer sich praktisch und mental nur in den Korridoren der Macht bewegt, verarmt seinen Blick und schränkt seine Möglichkeiten ein.

Macht erzeugt Gegenmacht

Menschen nehmen Einschränkungen ihrer Freiheit als unangenehm wahr und werden in der Regel fast reflexartig Gegenmaßnahmen ergreifen, um diese Freiheit wiederherzustellen. Dieses allgemein menschliche Phänomen wird in der Sozialpsychologie als *Reaktanz* bezeichnet. Reaktanz kann dazu führen, dass die Machtunterworfenen sich aktiv gegen den Machteingriff wehren, indem sie *Gegenmacht* aufbauen. Wo aktive Auflehnung gegen die Macht nicht aussichtsreich erscheint, setzen die Betroffenen verdeckte Taktiken zur Unterminierung der Macht ein oder leisten zumindest inneren Widerstand. Mehr dazu in Abschnitt 5.1.

Macht zerstört Motivation

Das tradierte System der Hierarchie wurde errichtet, um die Leistung zu sichern. Die Dysbalancen, die es produziert, können aber leicht zum gegenteiligen Effekt führen: Wenn Mitarbeiter den Eindruck haben, dass sie fair behandelt werden, sind sie engagierter und leisten mehr (Collins/Mossholder/Taylor 2012).

Günther Ortmann (2012) hat in einem interessanten Artikel auf Jon Elsters Konzept der »nicht-intendierbaren Zustände« (Elster 1987, S. 141ff.) und seine Bedeutung für das Verständnis von Macht in Organisationen hingewiesen. Mit diesem Begriff bezeichnet Elster Zustände, die nicht willentlich hervorgerufen werden können bzw. die gerade durch den Versuch, sie herbeizuführen notwendig verfehlt werden. Ein Beispiel für einen solchen nicht-intendierbaren Zustand ist Spontaneität. Die Aufforderung »sei doch mal spontan!« macht mit an Sicherheit grenzender Wahrscheinlichkeit jede Spontaneität schon im Ansatz zunichte und bewirkt allenfalls das Gegenteil des Intendierten. Weitere Beispiele sind Liebe, Vertrauen (getreu dem Leitsatz: »Du kannst allen Menschen vertrauen, außer denen, die dir sagen, dass du ihnen vertrauen kannst«) oder, im organisationalen Kontext, Motivation, Identifikation, Kreativität, Innovativität usw.

Arbeitsvertragliche Haupt- und Nebenleistungen (wie die Erbringung einer durchschnittlichen Arbeitsleistung, pünktliches Erscheinen usw.) sind im Zweifel auf arbeitsrechtlichem Wege einklagbar, nicht-intendierbare Leistungen, wie die zuvor genannten, sind es nicht. Mit den Druckmitteln der Personalführung sind also nur die Leistungen ›erzwingbar‹, die in der Indifferenzzone (→ Abschnitt 2.6) der Mitarbeitenden liegen. Allerdings geben sich im

Zuge einer verschärften Konkurrenzsituation Unternehmen heute kaum noch mit dem arbeitsrechtlich Vereinbarten zufrieden, sondern bemühen sich, ihre Mitarbeitenden darüber hinaus zur Erbringung nicht-intendierbarer Leistungen zu bewegen. In der heutigen Arbeitswelt muss

> *»[...] das Management [...] allerlei Zustände intendieren, die wesentlich Nebenprodukt sind. Es muss dann wollen, was nicht gewollt werden kann. Aus dieser Klemme kann es nur kommen, indem es ernstlich um Legitimität bemüht ist [...], so, dass sich Legitimitätsglaube — und sodann Zustände wie Freiwilligkeit, Initiative, Loyalität und Vertrauen — indirekt, nämlich als Nebenprodukt jenes ernsthaften Bemühens (oder einer erfolgreichen Fiktion) einstellen.« (Ortmann 2012, S. 124f.)*

Tenbrunsel und Messick (1999) zeigten in einer Studie, dass ein auf Sanktionen beruhendes System der Leistungskontrolle die motivationale Grundlage der Mitarbeiter verändert: Während Menschen ohne ein solches Sanktionsregime eigenmotiviert kooperieren, kooperieren sie innerhalb eines solchen Kontrollsystems nur dann, wenn sie sich einen Vorteil davon erwarten. Die Teilnehmer der Studie kooperierten nur dann, wenn ihnen häufige Kontrollen und harte Sanktionen im Fall der Nichtbefolgung angekündigt worden waren. Bei nur gelegentlichen Kontrollen und milderen Sanktionen war die Kooperation sogar noch geringer als in der Versuchsbedingung, in der keine Kontrolle stattfand. Das zeigt, dass Sanktionsmacht nur dann zu höheren Leistungen und kooperativem Verhalten führt, wenn die Einhaltung der Vorgaben sehr engmaschig kontrolliert werden kann.

MERKE

Mit (Sanktions-) Macht ist die Motivation, die viel beschworene ›Extrameile‹ zu gehen, nicht zu erreichen, dafür aber sehr leicht zu zerstören.

Dieser Umstand ist bei der Abwägung zwischen Nutzen und Kosten der Machtausübung (im Sinne von zu erwartendem Widerstand, Motivations- und Vertrauensverlust) genau in Rechnung zu stellen.

Macht zerstört Vertrauen

Vertrauen ist ein Grundpfeiler der Zusammenarbeit in Organisationen — das gilt umso mehr für moderne Organisationen, die auf nicht-intendierbare Leistungen der Mitarbeitenden angewiesen sind. Vertrauen gegenüber einer Person erwächst aus der wahrgenommenen Integrität dieser Person sowie der Erfahrung, dass man sich auf diese Person verlassen kann. Dirks und

Ferrin (2002) wiesen in einer Meta-Analyse von über 100 Studien nach, dass das Vertrauen in die eigene Führungskraft in hohem Maße davon abhängt, inwieweit man sich von dieser Führungskraft gerecht behandelt fühlt. Zwar ist die unmittelbare leistungssteigernde Wirkung einer vertrauensvollen Beziehung zum Vorgesetzten demzufolge nur moderat, dafür gibt es aber deutliche positive Zusammenhänge mit Arbeitszufriedenheit und dem Gefühl des Verpflichtetseins gegenüber der Organisation (Organizational Commitment) sowie einen negativen Zusammenhang mit der Kündigungsabsicht.

In einer weiteren Studie zeigte Dirks (1999), wie sich Vertrauen in einer Arbeitsgruppe auf die Motivation auswirkt. In Gruppen, in denen ein hohes Maß an Vertrauen zwischen den Mitgliedern herrschte, wurde Motivation in gemeinsame Anstrengungen und damit höhere Leistungen umgesetzt, in Gruppen mit geringerem Vertrauen verfolgten die Mitglieder dagegen eher individuelle Ziele und vermieden die Zusammenarbeit.

Diese Erkenntnisse belegen:

MERKE

Eine auf Sanktionsmacht beruhende Organisationskultur, in der Machteingriffe als ungerecht und illegitim empfunden werden, kann Vertrauen zerstören, die Arbeitszufriedenheit beeinträchtigen, die Bindung an die Organisation schwächen sowie zur Zersplitterung und zur Ausbildung einer ›Einzelkämpfermentalität‹ führen.

Macht erschwert die Problemlösung

Machteinsatz stört die Zusammenarbeit und beeinträchtigt die Motivation — natürlich wirkt sich dies auch auf die Arbeitsergebnisse aus. Buschmeier (1995) führte in 13 Einzelstudien eine schriftliche Befragung von 502 berufstätigen Personen in privaten und öffentlichen Organisationen durch. Dabei wurden die Befragten gebeten, eine Situation aus ihrem beruflichen Alltag zu schildern, in der sie selbst Macht/nicht-machtbasierten Einfluss (z. B. durch Vorbringen von Argumenten) ausgeübt haben bzw. in denen andere Macht/Einfluss auf sie ausgeübt haben. Ihre Ergebnisse bestätigten die Alltagserfahrung: Die Befragten berichteten, dass sie bei Machtausübung häufiger reaktantes Verhalten in Form von Widerstand und passivem Verhalten gezeigt haben als bei Einflussnahme. Die Antworten der Befragten zeigen, dass Machtausübung nicht nur bei den Machtunterworfenen persönlich unangenehme Gefühle und Widerstand auslöst, sondern auch Folgen hat, die aus der Sicht der Organisation problematisch sind (vgl. Abb. 2; alle Unterschiede zwischen den beiden Kategorien sind signifikant).

Frage	Macht	nicht-macht-basierter Einfluss
»Inwieweit haben Sie Ihrer Meinung nach im Verlauf der Situation neue Erfahrungen und Kenntnisse gewonnen?« (als Machtausübende)	2,19 (auf einer Skala von 0 = keine bis 5 = sehr viele neue Erfahrungen und Kenntnisse)	2,44
»Hat die andere Person von Ihnen Informationen, Ideen und/oder Anregungen über die Sache, um die es ging, erhalten?« (als Machtunterworfene)	3,64 (auf einer Skala von 0 = keine bis 6 = sehr viele)	4,27
»Inwieweit ist das Problem insgesamt gelöst worden?«	Als Machtausübende 3,75 Als Machtunterworfene 2,94 (auf einer Skala von 0 = gar nicht bis 5 = in vollem Umfang)	Als Machtausübende 4,24 Als Machtunterworfene 4,14
»Hat die Entscheidung zur Verwirklichung der Ziele und Aufgaben der betrieblichen Änderung beigetragen?«	3,26 (auf einer Skala von 0 = gar nicht bis 6 = sehr viel)	4,06

Abb. 2: Auswirkungen von Macht vs. nicht-machtbasiertem Einfluss (nach Buschmeier 1995, Scholl 2012, S. 215)

Buschmeier (ebd., S. 240) kommt zu dem Schluss:

> *»Einflußnahme [z. B. durch sachliche Argumentation; d. Verf.] fördert die kognitive Übereinstimmung und führt zu einer höheren inneren Akzeptanz bei den Betroffenen. Einflußnahme impliziert einen höheren Meinungsaustausch, der wiederum wichtig für den Wissenszuwachs ist. Einflußnahme trägt außerdem zu einem wesentlich besseren emotionalen Klima bei, denn nicht nur die Reaktionen des Betroffenen sind bei Einflußnahme wesentlich positiver, auch die affektive Übereinstimmung i. S. gegenseitiger Sympathie ist wesentlich höher.«*

In eine ähnliche Richtung weisen die Ergebnisse einer Studie von Scholl (2004). Bei den von ihm analysierten misslungenen Produkt-und Prozessinnovationen waren fast doppelt so häufig machtbedingte Probleme im Umgang mit Informationen zu verzeichnen wie bei erfolgreichen Innovationen.

Die Geister, die ich rief ...
Wie zahlreiche Beispiele aus Politik und Geschichte zeigen, tendiert Macht zur Verselbstständigung. Diese Tendenz lässt sich nicht nur bei Personen beobachten, die — einmal im Besitz der Macht — häufig danach streben, ihre Machtposition zu sichern und auszubauen, sondern auch auf der strukturellen Ebene: Machtstrukturen reproduzieren sich selbst (→ Abschnitt 1.9). Aufgrund dieser Eigendynamik können sich auch ursprünglich sinnvolle Machtstrukturen verselbstständigen oder ihre eigene Veränderungsresistenz entwickeln: »Power tends to take on institutionalized forms that enable it to endure well beyond its usefulness to an organization« (Salancik/Pfeffer 1982, S. 235). Plakatives Anschauungsmaterial zu dieser Problematik findet sich beispielsweise, wenn eine Führungsebene in ihrer Macht beschnitten oder sogar ganz abgeschafft werden soll. Die Mechanismen, die dieser Eigendynamik der Macht zugrunde liegen, werden in Kapitel 5.1 näher erläutert.

Macht kann Veränderungen blockieren
Ebenso wie Veränderungen mit Macht durchgesetzt werden können, kann Macht sinnvolle Entscheidungen blockieren und wichtige Veränderungen verhindern. Wie das Beharrungsvermögen von Machtstrukturen Veränderungen ausbremst, lässt sich beispielsweise an dem nach wie vor niedrigen Frauenanteil in Vorständen ablesen. Auf der anderen Seite setzen Betroffene in Veränderungsprozessen dem Machteingriff ›von oben‹ informelle Gegenmacht von unten entgegen (→ Abschnitt 5.1).

Machtanwendung zwischen Legitimität und Missbrauch
Schon im Einleitungskapitel haben wir darauf hingewiesen, dass Macht (im Unterschied zum Zwang) immer darauf angewiesen ist, dass die ihr Unterworfenen das Spiel mitspielen. Macht ist letztlich ein Tauschverhältnis (z. B. Arbeitsleistung gegen Geld oder Unterordnung gegen Sicherheit), bei dem letztlich alle Mitspieler entscheiden, ob sie weiterhin mitspielen. Das bedeutet für die Machtinhaber, dass sie (wiederum den Einsatz von Zwang wie etwa im Fall von Gefängnissen ausgeschlossen) das Spiel nicht beliebig weit treiben können, sondern immer auch sicherstellen müssen, dass die andere Seite nicht aussteigt.

Dies ist die Frage nach der *Legitimität* von Macht: »Die Macht kann sich zwar in gewisser Hinsicht an der Spitze oder in einer Person konzentrieren. Aber sie läßt sich nicht auf diese Spitze *gründen*. Sie bedarf, um Macht zu sein, eines *Raumes*, der sie trägt, bejaht, legitimiert« (Han 2005, S. 99). Doch woraus speist sich Legitimität? Der Begriff Legitimität trägt seine Herkunft von lat. lex = Gesetz in sich. Legitime Macht im wörtlichen Sinne ist also Macht, die sich auf Regularien begründet, die auf formal korrektem Wege zustande gekommen sind (Max Weber spricht in diesem Zusammenhang von ›rationaler Herrschaft‹). Nun ist es immer von der Attribution von B abhängig, was dieser als Machteingriff von A erlebt (→ Abschnitt 1.4). Das Amt allein ist daher noch keine Garantie dafür, dass das Handeln des Amtsinhabers auch als legitim wahrgenommen wird. Dies zeigt sich in der öffentlichen Diskussion beispielsweise an der in jüngerer Zeit immer wieder geführten Debatte um Amtsmissbrauch bei der Polizei. Auch das Bemühen des Amtsinhabers, sein Handeln als Mittel zur Erreichung eines höheren Zwecks zu begründen, muss noch nicht bedeuten, dass dieses als legitim erlebt wird — häufig ist eher das Gegenteil der Fall: Beschwörungsformeln, die Nachteile für die Beteiligten als notwendiges Opfer für das Gemeinwohl begründen, geraten leicht in den Verdacht, andere und weniger gemeinwohlorientierte Motivationen kaschieren zu wollen. Was also als legitimer Machteinsatz erscheint und was als legitimatorisch verkappte Durchsetzung illegitimen Eigeninteresses, hängt von der Wahrnehmung der Machtuntergebenen ab, und diese ist wiederum durch die bisherigen Erfahrungen zum Umgang mit Macht in der eigenen Organisation, von der Organisationskultur etc. beeinflusst.

Letztlich ist adäquater Machtgebrauch nicht aus sich selbst zu rechtfertigen, sondern nur aus einer Rückmeldung, die jeweils auf seine praktische Ausübung erfolgen muss. Die von ihm Betroffenen müssen gleichsam zur Gegenmacht aufgebaut werden. Im traditionellen Machtgefüge von Organisationen ist allein der Gedanke daran schon tabu, wird als ›revolutionär‹, demnach als organisationsgefährdend verstanden, auch wenn man ständig appellativ von der Notwendigkeit der Einrichtung einer Kritik-, Fehler- und Konfliktkultur spricht; diese kann aber nur gedeihen, wenn in den beschriebenen Kulturfacetten einer bestehenden Macht eine Gegenmacht gegenübertreten kann bzw. als ›symmetrischer‹ Partner akzeptiert wird. So mögen zwar Letztentscheidungen weiterhin in ›hierarchischer‹ Verantwortung bleiben, eine Kritik, ein Feedback, das keine (Eigen-) Mächtigkeit besitzt, ist ein ›zahnloser Tiger‹ und wird nicht nur beiseitegeschoben, sondern findet trotz guten Willens allmählich nicht mehr statt. Diese Abwehr gehört zur hierarchischen Struktur und Kultur, durch ein an ihr Festhalten wird die gegenwärtige Hierarchiekrise nicht gelöst, sondern verschärft.

Wie die Gesamtorganisation — über das Verhalten einzelner Vorgesetzter hinaus — mit Macht umgeht, wird heute immer genauer beobachtet. Organisationen haben per se eine gewisse Macht über ihre Mitarbeitenden und das Image der Organisation hängt in starkem Maße davon ab, wie sie diese Macht einsetzen. Unternehmen, die in den Ruf geraten, ihre Mitarbeiter auszubeuten, zu entrechten oder unter Druck zu setzen, haben ein Imageproblem, das gegenüber Kunden, aber auch gegenüber Bewerbern fatal wirken kann. Die gesellschaftliche Akzeptanz von Unternehmen (›licence to operate‹) ist somit eng mit deren Verhältnis zur Macht verknüpft.

MERKE

Machtmissbrauch kann nicht nur einzelne Personen, sondern ganze Unternehmen delegitimieren. In Zeiten, in denen eine neue Führungskultur immer stärker eingeklagt wird und Kriterien der sozialen Nachhaltigkeit innerhalb der Organisation an Bedeutung gewinnen, spielt die Legitimität im Umgang mit Macht eine immer größere Rolle.

Funktionalität und Dysfunktionalität von Manipulationsmacht

Bei dem Phänomen, das wir in Abschnitt 1.6 als *Manipulationsmacht* bezeichnet haben, zeigt sich ein ganz anderes Bild als in den zuvor beschriebenen Konstellationen: Hier tritt gar kein Interessenkonflikt auf, da die Machtunterworfenen im Sinne der Ideologie der Mächtigen sozialisiert wurden und deren Ziele nun aus eigenem Antrieb verfolgen. Natürlich verursacht eine solche Machtausübung, einmal etabliert, so gut wie keinen Kontrollaufwand. Die im vorangegangenen Abschnitt ausgeführten Nebenwirkungen entfallen. Doch auch diese Form der Macht ist nicht ohne Nebenwirkungen. Ganz abgesehen von ethischen Erwägungen stößt Manipulationsmacht naturgemäß schnell an ihre Grenzen, wenn es um reflexive Weiterentwicklung geht: Von ›auf Linie‹ getrimmten Menschen ist keine Systemkritik zu erwarten. Dies mag ein attraktives Modell für Gruppierungen sein, die sich durch eine weitestgehende Abkoppelung von ihrer Umwelt stabilisieren können, aber kaum für Organisationen, deren Zukunftsfähigkeit gerade in ihrer Fähigkeit zur Weiterentwicklung liegt und die ihre Stärke auch aus einem produktiven Umgang mit Meinungsvielfalt und Dissens ziehen.

3.3 Zusammenfassung

Macht in all ihren Formen dient dazu, die Organisation trotz unterschiedlicher lokaler Rationalitäten und divergierender Interessen auf die gemeinsame Verfolgung der Organisationsziele hin auszurichten. Insofern ist Macht nicht per se negativ, sondern sie kann im Gegenteil ausgesprochen produktiv sein. Schon im Tierreich erfüllt Macht die evolutionäre Funktion, Konflikte zu regulieren. In einem Unternehmen mit 100.000 Beschäftigten ließe sich angesichts der zahlreichen Einzelinteressen und unterschiedlichen Sichtweisen der Beschäftigten ein gemeinsames Ziel schwerlich erreichen, wenn die auf dieses Ziel bezogenen Erwartungen nicht notfalls durchgesetzt werden könnten.

Schon sehr früh hat die Menschheit einen Mechanismus zur zielorientierten Steuerung kollektiven Verhaltens entwickelt, der in der Industrialisierung perfektioniert wurde: die Hierarchie. Sie baut auf Prinzipen wie Arbeitsteilung, Zentralisation (alle Entscheidungen laufen an einer Stelle zusammen), Rangordnung, Autorität (Befehlen, Belohnung und Bestrafung), Disziplin (Befolgung der Regeln), Einheit der Leitung (es darf es nur einen Leiter und einen Plan geben) und Unterordnung von Sonderinteressen unter das Gesamtinteresse auf[14]. Macht stellt in diesem Konzept ein unverzichtbares Steuerungsmedium dar, das sich aus den Prinzipien der Rangordnung, der Führung durch Autorität (im oben genannten Sinne) ableitet. Macht wirkt in diesem Sinne als organisationaler Integrationsmechanismus, der die Autonomie der Mitarbeitenden begrenzt und trotz Pluralismus der Ziele und Interessen (zumindest im Rahmen der Indifferenzzone der Mitarbeitenden) eine Ausrichtung auf organisationale Ziele gewährleistet. Sie trägt dazu bei, organisationale Komplexität und Kontingenz im Handeln zu reduzieren. Eine entscheidende Strategie der Komplexitätsreduktion besteht dabei in der ›stillschweigenden‹ Steuerung von Kommunikations- und Entscheidungsprozessen durch die Machtstrukturen der Organisation — im Normalfall wirkt die Bindung der organisationalen Erwartungen an die Fortführung der Mitgliedschaft als Führungssubstitut ohne aufwendige Kommunikationserfordernisse; explizite ›Dienstanweisungen‹ bleiben für den Ausnahmefall vorbehalten und markieren bereits eine Schwundstufe der Macht.

Auf der anderen Seite kann Machtausübung mit gravierenden ›Nebenwirkungen‹ verbunden sein, wenn die Mitarbeitenden sie als ungerecht und illegitim empfinden. In diesem Fall kann sie Motivation und Vertrauen zerstören und damit die Zielerreichung nicht unterstützen, sondern behindern. Mit hierarchischer Macht kann man das arbeitsvertraglich vereinbarte Minimum erzwingen — aber gerade ›nicht-intendierbare‹ Leistungen wie Innovativität oder Organizational Citizenship, auf die heutige Organisationen in zunehmendem Maße angewiesen sind, werden in einer machtdominierten Kultur erstickt.

Trotz der Unverzichtbarkeit von Macht und aller Argumente für die Funktionalität von Macht in Organisationen, ist Macht als Medium der organisationalen Steuerung in der Krise. Die schon seit etwa 50 Jahren saliente Hierarchiekrise hat derzeit einen neuen Scheitelpunkt erreicht. Gerade in der Arbeitswelt des 21. Jahrhunderts drohen die systemimmanenten Dysfunktionalitäten der Hierarchie ihre Vorteile zu überwiegen. In einer sich rapide ver-

14 hier nach den 1929 formulierten Managementprinzipien von Henri Fayol.

ändernden Umwelt, die qualitativ neue Funktionsanforderungen an Organisationen mit sich bringt, scheinen hierarchiebasierte Organisationskonzepte immer weniger zukunftsfähig. Eine wachsende Zahl von Unternehmen setzt daher auf demokratischere, weniger auf zentralisierter Macht basierende Strukturen (→ Kapitel 7). Doch in solchen Strukturen werden Macht und Machtfragen nicht zum Verschwinden gebracht, sondern lediglich transformiert und tauchen in anderer Form wieder auf. Die Suche nach neuen Organisationskonzepten, die eine Lösung für die Dilemmata der Macht verheißen, hat nicht erst gestern begonnen und wird noch lange nicht abgeschlossen sein.

4 Machtquellen

Macht ist ein relationales Konzept — A hat immer nur insoweit Macht über B als B bereit ist, A Folge zu leisten. Wenn A über eine für B wichtige Ressource verfügt, resultiert daraus nur dann eine Machtposition, wenn B bereit ist, zur Erlangung dieser Ressourcen A's Bedingungen zu akzeptieren. Wenn man Macht als Erwartungskonstrukt der Machtuntergebenen versteht (→ Abschnitt 1.4), ist für die zugeschriebene Macht eines Machthabers A zudem nicht die reale Ressourcenausstattung von A entscheidend, sondern die Ressourcenausstattung, die B bei A vermutet.

Rein ressourcentheoretische Machtkonzeptionen können daher die Komplexität des Geschehens (beispielsweise erfolglose Machtausübungsversuche trotz entsprechender Ressourcenausstattung) nicht hinreichend erklären[15]. Darüber hinaus lassen sich Machtprozesse selten auf nur eine Machtgrundlage zurückführen. Jede Führungskraft verfügt neben ihrer Rollenmacht und den damit verbundenen Entscheidungskompetenzen über ein Netzwerk, Zugang zu privilegierten Informationen usw. Welche Machtgrundlage am meisten zählt, hängt u. a. von den Zielen der Organisation sowie von Branchen- und Organisationskultur ab (Gerlacher/Stumpf 2002). Dennoch sind Auflistungen der Machtressourcen — insbesondere das Modell von French und Raven (1959) — in der Literatur weit verbreitet. Diese Popularität, so Sandner (1992, S. 24), mag darauf zurückzuführen sein, dass ihre Botschaft einfach und plakativ ist: Wer über die Werkzeuge aus dem überschaubaren Baukasten der Machtgrundlagen verfügt, hat Macht.

Die Frage nach den Machtquellen und ihrer Bedeutung soll in diesem Abschnitt näher betrachtet werden. Dabei fließen Überlegungen aus den Modellen von Bauer-Jelinek (2001), French/Raven (1959), MacMillan/Jones (1986) und Salancik/Pfeffer (1982) ein.

---

15 zu einer ausführlichen Kritik vgl. Sandner (1992), S. 15

4.1 Verfügung über knappe Ressourcen

Auch wenn sich die Komplexität der Machtdynamiken in Organisationen nicht auf so schlichte Weise erklären lässt, gehört die Frage, welche Ressourcen in Organisationen zum Aufbau und Erhalt von Macht eine Rolle spielen, zu ihrem Verständnis dazu. Wie hoch das Machtpotenzial der mit einer Position verbundenen Ressource tatsächlich ist, hängt von verschiedenen Faktoren ab (nach MacMillan/Jones 1986, S. 15):

1. Es muss einen *Bedarf* für die Ressource geben — so ist z. B. ein Drogenboss machtlos, wenn es keine Drogensüchtigen gibt.
2. Es muss sich um eine *knappe Ressource* handeln — wenn B freien Zugang zu einer im Überfluss vorhandenen Ressource hat, eignet sie sich für A nicht als ›Tauschobjekt‹ gegen B's Folgebereitschaft.
3. A hat nur dann Macht über B, wenn er *Kontrolle über B's Alternativen* hat — so sind Machtverhältnisse, in denen lediglich ein qualifizierter Mitarbeiter nur einer Organisation gegenübersteht, die ihn verwenden kann, symmetrisch. Wenn derselben Organisation dagegen zwei Mitarbeiter zur Verfügung stehen, sieht die Machtkonstellation anders aus. Ressourcen sind daher nur dann als Machtquelle einsetzbar, wenn sie nicht substituierbar sind.

Arbeitskraft wird angesichts von demografischem Wandel und Fachkräftemangel immer stärker zu einer Machtressource. Arbeitnehmer verfügen über umso mehr Macht gegenüber ihren Arbeitgebern, je weniger Arbeitskräfte auf dem Markt verfügbar sind. »Wissen ist Macht« — das gilt umso mehr in der viel beschworenen Wissensgesellschaft, in der *Expertenwissen und Informationen* an vielen Arbeitsplätzen zunehmende Bedeutung erlangen. Wer über Wissen verfügt, das für den Erfolg der Organisation wichtig ist, wird unverzichtbar und erlangt damit Macht (→ Abschnitt 5.1).

Der nachfolgende Beitrag von Erhard Juritsch zeigt die unterschiedlichen Machtgrundlagen in einem Wirtschaftsförderungsfonds sowie die Machtdilemmata, die daraus entstehen, dass derartige Organisationen zwischen den inkompatiblen Logiken von Verwaltung, Wirtschaft und Politik vermitteln müssen.

Die Basis der Macht im Förderwesen hat sich verändert

Erhard Juritsch

Investitionen müssen aufgrund des technischen Fortschritt und der Überalterung der Betriebsanlagen immer wieder getätigt werden. Dass ein Vorsprung am

Markt und in der Technik gehalten und gesichert werden muss, ergibt sich schon aus dem Verhalten der Mitbewerber, auch dann, wenn die Betriebsanlagen technisch in Ordnung sind.
Es gibt aber neben dieser systemimmanenten Investitionslogik in der Wirtschaft weitere Argumente, die für oder gegen Investitionen sprechen. Für Investitionen sprechen Arbeitsplätze, gegen sie Umweltargumente. Das führt dazu, dass private Investitionen auf der einen Seite unter bestimmten Bedingungen durch Förderungen unterstützt werden und auf der anderen Seite Ressentiments und Proteste in der Form von Bürgerinitiativen auslösen. Die Politik steht dazwischen und weiß nicht, ob sie mächtig oder ohnmächtig ist. Wirtschaftliche Machbarkeit und Akzeptanz in der Bevölkerung sind auszubalancieren. Die ›alte‹ Macht lag ausschließlich im Ermessen von Politikern und Politikerinnen. Die heutige Macht liegt zumindest in Österreich überwiegend in den ausgelagerten Förderungseinrichtungen, zwar mit unterschiedlicher Autonomie ausgestattet, aber was die Einzelentscheidung betrifft, außerhalb der Politik.
In meiner Arbeit im KWF[16] ist sowohl dem individualistischen, unternehmerischen Zugang als auch dem Ermessensspielraum der öffentlichen Institution breiter Raum gegeben. Das stellt sich so dar: Die Regeln von monetären Beihilfen und auch von Rahmenbedingungen leiten sich einerseits aus der Existenz und dem Funktionieren der Marktwirtschaft ab, zeigen aber gleichzeitig ihr Versagen auf. Sie geben auch den Ermessensspielraum bekannt, der bei Zutreffen der »Versagensindikatoren« für ein bestimmtes Projekt in einer bestimmten Region gilt. In der Praxis zwar eingeschränkt durch die budgetäre Situation der Wirtschaftsförderungsorganisation — so eröffnen doch Hinweise auf kaum vorhandenes Budget in Bezug auf ein Projekt (so es nicht sehr groß ist) die Möglichkeit, zusätzliche Auflagen, wie Wünsche der Bürger, Banksicherheiten, Arbeitsplätze usw. einzufordern. Das bedeutet, dass zwischen den Rahmenbedingungen und der individuellen Situation immer etwas auszuhandeln ist, wenn die Förderorganisation das will bzw. es von den Gremien Vorgaben gibt. In Bezug auf dieses Aushandeln treten eher Gefühle der Ohnmacht als der Macht auf — und zwar auf beiden Seiten: auf der Seite des Unternehmens und auf der Seite der die Investition fördernden Institution. Mächtig ist immer der jeweils andere. Wenn die Entscheider für Investitionen wissen, dass ihr Projekt dringend gebraucht wird, steigt der Preis (die Förderhöhe) bis zum Höchstmöglichen bei geringen Verpflichtungen. Der Hauptwiderspruch ist jener zwischen den marktwirtschaftlichen Prinzipien und regionsspezifischen Nachteilen. Daher haben wir es in der Realität oft mit dem Mitnahmeeffekt beim Unternehmen zu tun, jedoch braucht die Region die Arbeitsplätze. In diesen Spielräumen ist zusätzlich der Widerspruch verpackt, mit öffentlichen Mitteln sparsam umzugehen, also

16 KWF Kärntner Wirtschaftsförderungsfonds ist die Wirtschaftsförderungseinrichtung des Landes Kärnten. Der Vorstand entscheidet unabhängig und weisungsfrei.

möglichst wenig Geld für möglichst viel Investitionsvolumen und möglichst viele Arbeitsplätze auszugeben.
Die Machtverschiebung von der Politik in die ausgelagerten Institutionen ist nur eine Verschiebung auf halbem Weg. Denn es wird dem Förderwesen von radikalen Verfechtern der Marktwirtschaft vorgeschrieben, keine Mitnahmeeffekte bei den Förderungen zuzulassen. Des Weiteren sollen Förderungen nicht prozyklisch wirken, d. h. in Phasen der Hochkonjunktur stark zurückgenommen werden. Der Gießkanne wird eine Absage erteilt. Politische Interventionen bzw. willkürlich gefasste Beschlüsse sollen ausbleiben. Es soll unbürokratisch gehen aber die Kontrolle muss gewahrt bleiben usw. usf. Es droht also die Abschaffung. Im Folgenden jene Begriffe aus der Volkswirtschaftslehre, welche über die Machtverschiebung hin zur Wirtschaft den totalen Machverlust der Wirtschaftspolitik im Feld der Förderung bedeuten und welche — zynisch formuliert — mittels der Förderinstitutionen analytisch begründet exekutiert werden könnten:

Mitnahmeeffekte
Ein Gedankenexperiment: Wenn man der markt- und betriebswirtschaftlichen Analyse folgt, gibt es streng genommen kein einziges Unternehmen, das Wirtschaftsförderungen erhalten soll. Dafür gibt es zwei Gründe: Es gibt zum einen jene Unternehmen, die sie nicht brauchen, weil sie in Bezug auf ihre finanzielle Leistungsfähigkeit gut ausgestattet sind — man spricht in diesen Fällen vom Mitnahmeeffekt[17]. Zum anderen gibt es jene Gruppe, die sie nicht erhält, weil sie ein zu schwaches Leistungsprogramm haben und zu kapitalschwach sind. Das ›Messer‹ der Betriebswirtschaftslehre schneidet die Antragsteller also in zwei, zwar ungleich große Gruppen, die Konsequenz davon wäre, dass kein Euro zur Auszahlung kommt. Das Urteil der Förderinstitution ist lediglich die Prüfung der Ablehnungsgründe.
In der Praxis geht es heute noch um Entscheidungen, wie breit — metaphorisch gesprochen — des ›Messers Schneide‹ ist. Die Ausschaltung von Mitnahmeeffekten kann das aber noch nicht garantieren. Man müsste in eine sehr detaillierte Unternehmensanalyse einsteigen — die Instrumente in Richtung Chancen- und Risikosplitting verändern, ein professionelles Beteiligungsmanagement aufbauen und sich bei Direktförderungen ausschließlich auf KMU spezialisieren. Das wäre eine Veränderung in Richtung Förderbank. Diese wird derzeit von den Kommerzbanken nicht gutgeheißen. Wenn man jedoch bei den Kapitalkosten teurer wäre als die privaten Kreditinstitute und dafür ein höheres

17 »Ein Mitnahmeeffekt […] liegt vor, wenn Gesetze bestimmte finanzielle Anreize (Steuervergünstigungen, Fördermittel, Subventionen) beinhalten und dabei eine konkrete Gruppe von Berechtigten vorsehen, aber darüber hinaus auch andere diese Begünstigung in Anspruch nehmen können, obwohl sie auch ohne diese gesetzliche Maßnahme ein bestimmtes Verhalten gezeigt hätten.« (Wikipedia 12.02.2016; https://de.wikipedia.org/wiki/Mitnahmeeffekt)

Risiko eingehen würde, ohne dass die Förderinstitution KWF Unternehmer wird, wäre die Entscheidung, eine öffentliche Finanzierung bzw. Beteiligung einzugehen, ausschließlich dem privaten Sektor zugeordnet. Die Kosten des öffentlichen Kapitals könnten sich ebenfalls an den privaten Ratings orientieren. Mit diesem Vorgehen wäre auch die Förderungsmacht von der Politik direkt an die Marktteilnehmer (Antragsteller) übergegangen.

Prozyklizität

Auch mit dem Argument, nur antizyklisch, das bedeutet nur bei Rezession bzw. schwacher Konjunktur zu fördern, besteht die Gefahr, dass öffentliche Gestaltungsmacht verloren geht. Prozyklisches Förderverhalten ist jedoch in der Praxis die einzige Chance, gute Projekte im Windschatten von guten Konjunkturdaten zu fördern. Und zwar bei Leitprojekten und Betriebsansiedlungen und sogar bei spektakulären Betriebserweiterungen — wenn beispielsweise das Investitionsprojekt höher ist als der Jahresumsatz. In der Krise wird niemand an einem neuen Standort investieren, den Betrieb erweitern oder ein Forschungsprojekt aufsetzen. In der Hochkonjunktur kann man Betriebe aus anderen Regionen ansprechen und zwar solche, die in die Wertschöpfungsketten passen, man muss aber ein fixes Förderpaket in der Tasche haben. Die Dauerkrise seit 2007 hat dieses Argument derzeit in den Hintergrund gedrängt.

Politische Interventionen

Unabhängigkeit ist eine Haltung. Die politischen Entscheidungsträger wollen in Gesprächen, in denen Unternehmer und Unternehmerinnen ihr Anliegen vorbringen, eine rasche Entscheidung signalisieren und Entscheidungskompetenz vermitteln. Die vorherrschende Meinung der Öffentlichkeit ist, dass die ›Arbeitsteilung‹ in Wirtschaft und Gesellschaft entlang einer Bruchlinie angesiedelt ist, welche Entscheidungen nur verzögert. Die Wirtschaft hat die Kompetenz für Investitionen, Markt und Management, die Politik hat dieses Wissen nicht bzw. nicht ausreichend verfügbar. Ihre Interessen liegen in den Bereichen Beschäftigung, Forschung und Entwicklung, Umwelt und soziale Themen. Die beiden Interessenslagen sind ganz unterschiedlich und damit kommt kein substanzieller Dialog zustande. Das führt dazu, dass politische Entscheidungsträger, die nicht ohnmächtig wirken wollen, in die Verwaltungsorganisationen mit Weisungen und Interventionen hinein regieren, um gegenüber den Unternehmen ihre Gestaltungsmacht dazustellen. Dies führt zu den bekannten Konflikten mit den verantwortlichen Organen. Macht im traditionellen Sinn wird jedoch noch immer nur durch Macht in einer positiven Einzelentscheidung (wenn diese in der Politik getroffen werden kann) wahrgenommen. Die Arbeitsteilung sollte ganz anders erfolgen: Kontrolle der Verwaltung bzw. der Organisationen, die im öffentlichen Eigentum stehen, mittels Leitlinien und Budgethoheit durch die Politik. Die operative Arbeit muss in den dafür zuständigen Organisationseinheiten abgewickelt werden.

Unbürokratisch, aber strenge Kontrolle
Unbürokratisch — dieses Unwort kommt in beinahe allen Broschüren, die Dienstleistungen der Verwaltung beschreiben vor. Klare Prozesse und Entscheidungsabläufe bleiben, wenn sie im öffentlichen Bereich angesiedelt sind, definitionsgemäß bürokratisch. Mein Zugang ist folgender: Der Kunde (Antragstellende) muss durch ein klar definiertes Aufgabenpaket von sich aus in der Lage sein, wenn er alle Auflagen erfüllt, eine positive Entscheidung durch die Behörde herbeizuführen. Der Prozess ist so zu gestalten, dass statusverändernde Vorgänge (beispielsweise: von »Antrag eingelangt« zu »Antrag genehmigt«) durch Beibringung entsprechender Unterlagen im überwiegenden Einflussbereich des Antragstellenden sind und nur noch auf ihre Korrektheit und Einhaltung überprüft werden müssen. Damit ist die Kontrolle in den Prozess integriert. Es sollte so weit gehen, dass der Antragstellende in das System (auf seinen Antrag bezogen) Einsicht nehmen kann, um sich jederzeit über den Stand informieren zu können. Das berühmte ›hin und her Spielen des Balls‹ sollte dann nicht mehr vorkommen. Die Verhandlung der Bedingungen muss am Start des Projektes erfolgen und fixiert werden.

Was daraus folgt…
Als Resümee dieser kurzen Ausführungen kann man festhalten: Eine moderne Arbeitsteilung zwischen Politik und Förderungseinrichtung soll nicht zu Interventionen in Einzelfällen werden, weil sonst über kurz oder lang die Gefahr besteht, durch marktwirtschaftliche Argumente den ganzen wirtschaftspolitischen Gestaltungsspielraum zu verlieren. Die Erschwernis in den Investitionsförderungsprogrammen bei Unternehmen mit über 250 Mitarbeitenden zeigt diese Tendenz auf und wird durch die Budgetknappheit im öffentlichen Bereich auch noch untermauert — also Applaus von der falschen Seite. Wie sollen schwache Regionen mit führenden Regionen mithalten, wenn ihre Leitbetriebe nicht mehr unterstützt werden dürfen?
Die Machtverschiebung hat ihren Ursprung in der Politik. Die Schwäche der Politik, welche als Repräsentantin der Gesellschaft die Interessen der Gesellschaft ausbalancieren muss, führt zu überwiegend marktwirtschaftlich intendiertem Verhalten. Denn wenn auf Stärken gesetzt werden soll, verletzt das Verhalten die Grundsätze des europäischen Binnenmarktes und für die Abfederung von Schwächen fehlen die Budgets. Diese Einseitigkeit erfährt in den Institutionen der Wirtschaftsförderung ihre Verstärkung, weil die Spielregeln in den politischen Vereinbarungen vorgegeben sind. Institutionen sind aufgrund der Nähe zu den Unternehmen viel eher in der Lage, marktwirtschaftlichen Argumenten zu folgen und haben als Folge politischer Entscheidungen Prüfmechanismen aufzubauen, welche gerade für kleine Unternehmen nicht mehr zu bewältigen sind. Und die geringer werdenden Budgets verstärken die schwindende Attraktivität der Förderungen. Dennoch wäre es für schwache Regionen fatal, nur mehr auf die Marktkräfte zu setzen.

4.2 Entscheidungsbefugnisse

Die Macht von Vorgesetzten in der klassisch hierarchisch strukturierten Organisation beruht auf den mit ihrer Rolle verbundenen Entscheidungsbefugnissen und ihrer Möglichkeit, an anderer Stelle getroffene Entscheidungen zu beeinflussen. Sie besitzen nicht Geld, Karrieremöglichkeiten oder andere begehrte Güter, können aber über deren Verteilung mitbestimmen. Daher sind Stellen mit Personal- oder Budgetverantwortung immer auch Machtpositionen (oder werden zumindest als solche wahrgenommen) — was nicht bedeutet, dass die Inhaber dieser Stellen ihre Rollenmacht dann auch tatsächlich immer ausüben können und wollen.

Wie in Abschnitt 2.5 gesehen, ist das Geschehen in Organisationen durch Regeln und Erwartungen bestimmt. Die vorrangige Macht des Managements besteht in der Möglichkeit, diese Regeln zu definieren, die Macht der Führungskräfte darin, dass sie diesen Regeln und Erwartungen Geltung verschaffen können. Neben dieser eigentlichen Machtausstattung der Rolle mit Entscheidungsbefugnissen verbinden sich mit hochrangigen Führungspositionen oft auch Fantasien der Machtfülle und Skrupellosigkeit, die viele Mitarbeiter zu einem geradezu devoten Verhalten veranlassen.

Wenn Menschen mit der Neigung, Macht zu persönlichen Zwecken festzuhalten (hohe p-Macht, → Abschnitt 1.2), in Positionen gelangen, die verbunden sind mit dem institutionell verbrieften Recht, Regeln und Entscheidungsprämissen festlegen zu können, hat dies oft zur Folge, dass die Regeln im Dienste des Machterhalts ausgelegt und gedehnt werden: »While in power, a dominant coalition has the ability to institute constitutions, rules, procedures, and information systems that limit the potential power of others while continuing their own« (Salancik/Pfeffer 1982, S. 236). So können Personen oder Koalitionen in Organisationen die strukturellen Prämissen der Macht zu ihren Gunsten beeinflussen, indem sie Hierarchieebenen einziehen oder abschaffen, Abteilungen aufspalten, Zuständigkeiten verändern, Berichtslinien ändern usw.

4.3 Kenntnis der Präferenzstrukturen und Werte anderer Akteure

Um Manipulationsmacht im Sinne von Abschnitt 1.6 auszuüben, müssen die Präferenzstrukturen und Werte des Gegenübers bekannt sein. Erst wenn man weiß, was für den anderen ein erstrebenswertes Ziel ist, was ihn bewegt, wofür er sich einsetzen und wofür er Kompromisse eingehen würde, kann man mit eigenen Manipulationsversuchen an diesen Punkten ansetzen. Manche Mitarbeiterinnen oder Mitarbeiter werden bereit sein, für ein interessantes Projekt besondere Leistungen zu erbringen, andere werden über ihren Ehrgeiz oder ihren Stolz manipulierbar sein. Diejenigen, die andere erfolgreich manipulieren können, zeichnen sich oft durch gute Menschenkenntnis und ein intuitives Verständnis der menschlichen Psyche aus. An denen, die für sich selbst in dieser Hinsicht noch Nachholbedarf sehen, verdienen die Seminaranbieter, die ›psychologische Tricks‹ versprechen, um andere zu manipulieren.

4.4 Kontrolle von Informationskanälen und Kommunikationswegen

Wenn Informationen eine kritische Ressource darstellen, verfügen nicht nur diejenigen über Macht, die diese Informationen ›besitzen‹, sondern auch diejenigen, die die Kommunikationswege kontrollieren, über die diese Informationen transportiert werden. Besonders augenfällig ist diese *Informationsmacht* im Fall von der Regierung kontrollierter Medien, die auf diesem Wege die öffentliche Meinung beeinflussen und unliebsame Berichterstattung verhindern können. In Unternehmen sind Mitarbeitende mit Kontakt zu Kunden ›Gatekeeper‹ der Information und damit wichtige Relaisstationen der Macht. Insbesondere in Organisationen mit starren hierarchischen Strukturen schreibt die Hierarchie die Kommunikationswege vor. Hier kommt dem Vorgesetzten eine ›Flaschenhalsfunktion‹ zu:

> *»Ein Vorgesetzter gehört [...] (mindestens) zwei engeren Kommunikationsnetzen an, die ganz verschiedene Anforderungen an ihn stellen. Er muß Informationen aus dem einen Netz in das andere übersetzen können; andere Informationen muß er in einem Netze zurückhalten können, so daß die Trennung der Netze erhalten bleibt.« (Luhmann 1976, S. 210)*

Auf der einen Seite, so Luhmanns Argument, wird damit eine wichtige Entlastungsfunktion für beide Organisationsebenen erfüllt, da sich nicht jede Information von oben zur Weitergabe nach unten eignet und umgekehrt. Auf der anderen Seite kann diese Flaschenhalsfunktion aber auch dazu führen, dass Unmut und Kritik über den Vorgesetzten in vielen Fällen nicht nach oben dringt, sofern man nicht den aufwendigen und riskanten Eskalationsweg über die nächsthöhere Führungsebene oder den Betriebs- bzw. Personalrat wählt.

4.5 Körperliche Überlegenheit

Wie schon in Abschnitt 1.1 gezeigt, ist körperliche Überlegenheit ein Zwangsmittel, das eine Machtressource darstellt, solange es nicht zur Anwendung kommt: Macht übt man nicht aus, wenn man seine Überlegenheit immer wieder aufs Neue beweisen muss, sondern wenn diese Überlegenheit nicht mehr infrage gestellt wird. Das gleiche gilt für weitere Zwangsmittel wie z. B. Waffen. Während physischer Zwang gegenüber den Mitarbeitenden in modernen Organisationen keine Rolle spielt, kann die körperliche Erscheinung zumindest auf einer unterschwelligen, symbolischen Ebene das Erleben der Machtuntergebenen beeinflussen.

4.6 Beziehungen und soziales Kapital als Machtquelle

Wer den entsprechenden Status im informellen Beziehungsnetzwerk innerhalb einer Organisation besitzt, kann auf die Meinungsbildung der Kolleginnen und Kollegen Einfluss nehmen. Kühl (2012, S. 174) formuliert es wie folgt: »Wer Gerüchte, Geschwätz und Klatsch in der Organisation kontrolliert, kontrolliert wichtige Informationswege.« In Kurzform könnte man von *Beziehungsmacht* sprechen. Der Einfluss auf die Meinungsbildung und die informellen Regeln kann so zur Machtressource werden — so können informelle Meinungsführer in Veränderungsprozessen die Stimmung leicht ins Negative kippen lassen und dadurch Gegenmacht aufbauen.

Bauer-Jelinek (2001) spricht in diesem Zusammenhang von der *Macht der Mehrheit.* Eine Mehrheit im machtpolitischen Sinne bildet sich erst dann, wenn es der (zahlenmäßigen) Mehrheit gelingt, Gegenmacht wirksam zu formieren und zu organisieren, um Macht zu erlangen. Macht mittels Einfluss auf die Meinungsbildung kann aber auch aus einer Minderheitenposition heraus ausgeübt werden. Kontakte können »eine Anleihe bei der Macht, die andere haben« (ebd., S. 12) darstellen, z. B. im Fall des Beraters, von dem man weiß, dass er mit dem Vorstand spricht.

FALLBEISPIEL

Fallbeispiel: Skiclub vs. Demokratie

Herr Huber ist Bürgermeister in der oberbayerischen Kleinstadt X-hausen. Bei der letzten Kommunalwahl ist er als Vertreter der ›Demokratischen Liste‹ von 57 % der Bürgerinnen und Bürger gewählt worden. Zu den Mitarbeitenden der Verwaltung hat er ein überwiegend gutes Verhältnis. Schwierig gestaltet sich die Zusammenarbeit dagegen mit Herrn Keil, dem Leiter des Personalamts, der den Weisungen des Bürgermeisters nicht immer Folge leistet, unter der Hand dessen Arbeit unterläuft, Informationen zurückhält und insgesamt seine eigene Agenda betreibt. Herr Keil ist in der alteingesessenen Bayerischen Bürgerpartei (BBP), dem bedeutendsten politischen Gegner von Herrn Hubers Partei, aktiv und hat in den 25 Jahren, die er in der Verwaltung von X-hausen tätig ist, innerhalb der Organisation ein Netzwerk von Verbündeten aufgebaut, die eher seiner Linie folgen als den Vorgaben von Herrn Huber.

Zu einem schwierigen Führungsfall wird Herr Keil für den Bürgermeister nicht nur, weil sein quertreiberisches Agieren unterhalb der Schwelle des dienstrechtlich Fassbaren bleibt, sondern weil er in den informellen Machtstrukturen der Gemeinde eine zentrale Stellung einnimmt: Er ist zweiter Vorsitzender des örtlichen Skiclubs, der in X-hausen seit jeher die wichtigste Institution des öffentlichen Lebens ist. Wer in X-hausen etwas auf sich hält, ist selbstverständlich Mitglied im Skiclub, und wer in der Gemeinde etwas zu sagen hat, sowieso. Bei jeder Feier des Skiclubs ist die BBP nicht nur mit dem örtlichen Vorstand, sondern auch mit einem Stand vertreten.

Je mehr Herr Huber seinen Amtsleiter wegen seines illoyalen Verhaltens konfrontiert, das ist Herrn Huber bewusst, desto heftiger macht dieser im Skiclub gegen ihn Stimmung. In den letzten Wochen nimmt sich Herr Keil noch mehr heraus als zuvor. Herr Huber hat diese Eskalation erwartet, schluckt seinen Ärger aber weitestgehend herunter: In drei Monaten stehen die Kommunalwahlen an.

Das Machtpotenzial von Beziehungsnetzwerken zeigt sich auch daran, dass bei Reorganisationsprozessen häufig die erste Maßnahme in der Zerschlagung der bisherigen Netzwerke besteht (anschaulich zum Beispiel in Ministerien nach einem Regierungswechsel). Nicht nur zu Zeiten der Adelsherrschaft bestimmte die Zugehörigkeit zu einer bestimmten sozialen Schicht über den Zugang zu Ressourcen wie Bildung oder für das eigene Fortkommen nutzbaren Kontakten — Bauer-Jelinek (2001) spricht von der *Macht der Herkunft*. Aus den Berichten der OECD geht immer wieder hervor, dass in Deutschland die soziale Herkunft (z. B. das Herkunftsmilieu oder ein möglicher Migrationshintergrund) die Chancen weiterhin stark beeinflusst. Dies ist natürlich auch für die Reproduktion von Macht- bzw. Herrschaftsstrukturen in Organisationen bedeutsam. Die Chancen, die einem Individuum oder einer Gruppe durch die Zugehörigkeit zu einem Beziehungsnetzwerk zukommen, bezeichnet Bourdieu als *soziales Kapital*. Im Gegensatz zum Humankapital, d. h. den individuellen und beispielsweise durch Bildung erworbenen Chancen zur Teilhabe an der Gesellschaft, ist das soziale Kapital nicht im ›Besitz‹ einer Person, sondern eine Ressource, die in den Beziehungen *zwischen* den Menschen liegt. Was negativ als ›Vitamin B‹, ›Klüngel‹ oder ›Seilschaften‹ beschrieben wird, ist — soziologisch formuliert — Ausdruck des Vorhandenseins und der Nutzung sozialen Kapitals. Gute Beziehungen zu Mächtigen steigern eigene Macht und Einflussmöglichkeiten.

Soziales Kapital nutzt beispielsweise, wer seine Beziehungen zur Marketingabteilung nutzt, um der eigenen Tochter einen Praktikumsplatz zu sichern, wer als Berater oder Beraterin Neukunden über Mund-zu-Mund-Propaganda gewinnt, wer den Bürgermeister des Wohnortes kennt und so eine bevorzugte Bearbeitung des Bauantrags erwirken kann oder wer durch seinen guten Kontakt zur Geschäftsführung Entscheidungen zugunsten des eigenen Projekts beeinflussen kann. Auf gesellschaftlicher Ebene bilden sich Netzwerke vorrangig innerhalb der eigenen sozialen Schicht, sodass sich gesellschaftliche Unterschiede in der Machtverteilung auf diesem Wege reproduzieren: die Zirkel der Macht sind ›Closed Shops‹ oder doch zumindest restriktiven Zugangsbeschränkungen unterworfen. Die Zugehörigkeit zu einem bestimmten Milieu und die Sozialisation in sozialen Kontexten mit entsprechender Ausstattung an sozialem Kapital tragen auch zur Ausbildung eines bestimmten Habitus (→ Abschnitt 1.9) bei, der eine Voraussetzung für die überzeugende Ausübung einer Machtposition darstellt.

Soziales Kapital und ein von Selbstbewusstsein und Durchsetzungsfähigkeit geprägter Habitus sind auch in der Organisationswelt wichtige Ressourcen. Dass soziales Kapital gerade in der heutigen Arbeitswelt eine immer größere Relevanz erhält, zeigt sich auch am Bedeutungszuwachs digitaler sozialer Netzwerke.

4.7 Zusammenfassung

Informationen und die Kontrolle von Informationswegen, Beziehungen und das Wissen um die Präferenzen anderer Menschen sind wichtige Machtquellen. In Organisationen ebenso wie in der Politik verfügt über Macht, wer Entscheidungen und Entscheidungsregeln zugunsten oder zuungunsten anderer beeinflussen kann. Dies ist eine wichtige, zugleich aber sehr abstrakte Machtgrundlage. Daher sind Symbole auch so wichtig, um die abstrakte Macht zu konkretisieren und wahrnehmbar zu machen (→ Abschnitt 1.8).

5 Psycho- und Soziodynamik der Macht

Der Wunsch, die eigenen Handlungsspielräume zu vergrößern und sich vor der Einflussnahme anderer zu schützen, gehört zu den Grundmotiven des Menschen. Wo die durch die Hierarchie vorgegebene Ungleichverteilung der Entscheidungsgewalt auf die Ambitionen der Beteiligten (Machtinhaber und Machtuntergebene) trifft, entstehen Auseinandersetzungen um die Macht. Da Macht, solange sie wirkt, nicht offen infrage gestellt wird, spielen sich diese Auseinandersetzungen oft im Verborgenen ab — bisweilen kommt es auch zu offen ausgetragenen Machtkämpfen (wie etwa im Fall des Konfliktes zwischen Ferdinand Piëch und Martin Winterkorn um den VW-Vorstandsvorsitz).

Konstellationen, in denen Macht eine Rolle spielt, lösen sowohl auf einer psychologischen als auch auf einer sozialen Ebene typische Dynamiken aus, die in diesem Kapitel beschrieben werden sollen.

5.1 Die Soziodynamik der Macht

Entgegen der Alltagserfahrung ist unser Bild von Organisationen vielfach noch von der naiven Annahme geprägt, Organisationen seien wohlgeordnete Gebilde, in denen weitestgehend von Eigeninteressen freie Mitarbeiter an der Verwirklichung des übergeordneten Gesamtziels arbeiten (→ Abschnitt 2.1). Natürlich gibt es in Organisationen eine solche Ordnung, eine solche Bindung der Mitarbeitenden an gemeinsame Ziele und Abläufe. Wie aber jeder weiß, der Organisationen von innen heraus kennt, gibt es auch noch eine zweite Wirklichkeit. In dieser zweiten Wirklichkeit sind die Mitarbeitenden autonome Akteure, die neben den Organisationsinteressen auch ihre eigenen, von der Organisation unabhängigen oder ihr sogar entgegenlaufenden Interessen verfolgen (→ Abschnitt 2.2). Dabei wenden sie verschiedene Taktiken an, z. B., indem sie Informationen zurückhalten, sich mit Koalitionspartnern verbünden, die

Erfolge anderer für sich in Anspruch nehmen usw. Unter der Oberfläche der vermeintlichen Rationalität werden in Organisationen also Spiele gespielt, die die Forschung mit dem Begriff *Mikropolitik* bezeichnet. Mikropolitisch handelt, »wer *durch die Nutzung Anderer in organisationalen Unsicherheitszonen eigene Interessen verfolgt*« (Neuberger 2006, S. 18[18]). Die Folge: »In Organisationen tobt das Leben« (Ortmann et al. 1990, S. 3[19]): Statt — wie es das Modell der rationalen Organisation nahelegt — an einem Strang zu ziehen, zieht jeder Akteur an seinem eigenen Strang, oder es bilden sich verschiedene gegeneinander operierende Koalitionen und Allianzen.

Neuberger (2007) weist zu Recht darauf hin, dass mikropolitisches Handeln nicht unbedingt Ausdruck persönlich motivierter ›Hidden Agendas‹ sein muss, sondern den notwendigen und durchaus funktionalen Gegenpol zur gesatzten organisationalen Ordnung darstellt: Wie in Abschnitt 2.5 angesprochen, eröffnet die Möglichkeit der Abweichung von den Regeln wichtige Spielräume für eine flexible Verfolgung organisationaler Ziele. Ordnung, so Neubergers dialektische Argumentation, ruft notwendig

> *»[...] ihre mühsam beherrschten Gegenpole (ihren Schatten, ihr Unterdrücktes) auf den Plan, nämlich Freiheit, Willkür, Chaos, Durcheinander, Überraschung, Diversität, ›Fremdes‹, Verwirrung, Zufall, Unvorhergesehenes [...]. Mikropolitik ist somit nicht dem Machiavellismus oder der subversiven Selbstsucht der Akteure geschuldet, sondern hervorgerufen durch die unerfüllbaren Diktate der Ordnung.« (ebd., S. IV)*

Dennoch setzt sich Mikropolitik, wenn sie offenbar wird, gemessen an den formalen Regeln der Organisation selbst ins Unrecht und findet daher im Verborgenen statt.

Natürlich beschreibt der mikropolitische Ansatz nur einen Aspekt von Organisationen, der aber für das Verständnis von Machtdynamiken sehr wichtig ist. Nach diesem Modell bestehen Organisationen aus einem Geflecht ineinander verzahnter Spiele (Crozier/Friedberg 1979), d.h. koordinierter Handlungen der verschiedenen Akteure, die aber nicht den offiziellen Regeln der Organisation (→ Abschnitt 2.5), sondern ihren eigenen Spielregeln folgen.

In verschiedenartigen Organisationstypen und -kulturen tritt Mikropolitik in unterschiedlichem Maße und in verschiedenen Erscheinungsformen auf: So werden in Großkonzernen andere mikropolitische Spiele gespielt als in Par-

18 Das Konzept der organisationalen Unsicherheitszonen ist in Abschnitt 2.3 näher erläutert.
19 zitiert nach Iding (2001, S. 71).

teien, sozialen Organisationen oder Verbänden. Unser Ziel besteht nicht darin, Führungskräfte und Beratende mikropolitisch ›aufzurüsten‹, sondern in erster Linie darin, ihnen ein Instrumentarium an die Hand zu geben, mit dem sie mikropolitische Auseinandersetzungen besser verstehen können.

Mikropolitische Taktiken

Wer nicht auf offiziellem Wege zum Ziel kommt, versucht seine Interessen ›durch die Hintertür‹ durchzusetzen. Je nach Kontext kommen dabei verschiedene ›Tricks‹ zum Einsatz, von der Anbiederung über Koalitionsbildung bis hin zur Manipulation durch gezielte Falschinformationen. Mikropolitische Taktiken werden nicht nur im Berufsleben, sondern auch im privaten Bereich eingesetzt. Schon Kinder lernen früh, wie sie durch Einschmeicheln, Versprechungen, Trotzreaktionen oder Weinen an der richtigen Stelle weiterkommen — und wenn bei Mama alle Versuche erfolglos bleiben, kann man es ja bei Papa oder Oma versuchen. Mikropolitisches Handeln dient dazu, eigene Macht aufzubauen oder den erlebten Machteingriff anderer abzuwehren. Im folgenden Exkurs sind einige mikropolitische Taktiken ohne Anspruch auf Vollständigkeit aufgelistet[20].

EXKURS

Mikropolitische Taktiken

- Anweisungen geben
- Sanktionen aussprechen
- auf die eigene Legitimation verweisen
- fordern
- insistieren
- drohen
- Koalitionen bilden, Gruppendruck aufbauen
- mögliche Koalitionen durch Spaltung verhindern
- Zuständige übergehen
- höhere Instanzen einschalten
- blockieren
- das Gegenüber in positive Stimmung versetzen
- einschmeicheln
- erbitten, flehen, sich klein machen
- an Loyalität oder Moral appellieren
- an zu erwidernde Gefallen erinnern

20 nach Blickle (2004), Buschmeier (1995, S. 36ff.), Forsyth (1999, S. 219), Neuberger (2006)

- Belohnungen versprechen
- verhandeln, Tauschangebote machen
- eigene Wünsche verdeutlichen
- rational argumentieren, überzeugen
- inspirierende Appelle senden
- Vorschläge erbitten
- an Interessen des Gegenübers anknüpfen
- andere in Planungsprozesse einbinden, Verantwortung zuweisen
- sich selbst in ein positives Licht stellen
- die Regeln dehnen
- mit falschen Informationen irreführen, lügen
- Ausflüchte suchen
- Engagement zurückziehen
- Fakten schaffen

Diese Taktiken werden abhängig vom Rollenverhältnis der Beteiligten und von der Situation eingesetzt. Wer in der überlegenen Rolle ist, kann Anweisungen geben oder Sanktionen aussprechen, wem diese Möglichkeiten nicht zur Verfügung stehen, der wird versuchen, die andere Seite mit rationaler Argumentation zu überzeugen. Wo auch dies nicht verfängt, wird man auf Appelle und Verhandlungsangebote ausweichen, es möglicherweise mit Manipulationen und Falschdarstellungen versuchen und schließlich, soweit möglich, Gegenmacht aufbauen (Koalitionen bilden, blockieren, höhere Instanzen einschalten). Das stufenweise Umschalten von Kooperation über Manipulation zu Konfrontation ist typisch für eskalierende Konflikte.
Neuberger (2007, S. 100f.) bringt den Gedanken ein, dass die beschriebenen Taktiken an den gegensätzlichen Polen eines Kontinuums angesiedelt sind, die beide in mikropolitischer Absicht genutzt werden können, z. B. Bestimmtheit, Härte, Durchsetzung vs. Nachgiebigkeit, Weichheit, Unterwürfigkeit oder Rationalität vs. Emotionalität.

In der Ratgeberliteratur für Manager finden sich zahlreiche Vorschläge, wie man andere Menschen am besten manipulieren kann, um seine Ziele zu erreichen. Solche Kataloge sind nicht nur in ethischer Hinsicht problematisch, sondern auch keine guten Ratgeber für erfolgreiches Führungshandeln in Organisationen. Sie simplifizieren die komplexen gegenseitigen Abhängigkeitsverhältnisse zwischen Führungskräften und Mitarbeitenden und suggerieren, dass vermeintlich clevere Machttaktik unbemerkt oder zumindest unbeantwortet bliebe. Als Beispiel seien die recht bekannten *48 Gesetze der Macht* von R. Greene (2001) genannt, die sich in folgenden Maximen zusammenfassen lassen:

- Buckle nach oben, tritt nach unten.
- Gebe dich möglichst undurchschaubar und unberechenbar.
- Vermeide authentische Beziehungen und Emotionen.
- Mache andere von dir abhängig, vermeide eigene Abhängigkeit.
- Errichte einen Kult um deine Person.

Diese Gesetze lassen sich mit einer durchschnittlichen Ausprägung psychopathischer, narzisstischer und machiavellistischer Persönlichkeitszüge (→ Abschnitt 1.2) nicht konsequent umsetzen, sondern setzen eine deutlich pathologische Persönlichkeitsstruktur voraus. Dennoch wurde Greenes Buch zum Bestseller — das zeigt die Attraktivität der Vorstellung, man könne mithilfe solcher Manipulationstechniken Macht über Menschen gewinnen (oder sich andererseits mit ihrer Hilfe gegen ›Machtmenschen‹ zur Wehr setzen).

EXKURS

R. Greene: »The 48 Laws of Power«[21]

- Gesetz 1: Stelle nie den Meister in den Schatten.
- Gesetz 2: Vertraue deinen Freunden nie zu sehr — bediene dich deiner Feinde.
- Gesetz 3: Halte deine Absichten stets geheim.
- Gesetz 4: Sage immer weniger als nötig.
- Gesetz 5: Ohne einen guten Ruf geht nichts — schütze ihn mit allen Mitteln.
- Gesetz 6: Mache um jeden Preis auf dich aufmerksam.
- Gesetz 7: Lass andere für dich arbeiten, doch streiche immer die Anerkennung dafür ein.
- Gesetz 8: Lass die anderen zu dir kommen — ködere sie, wenn es nötig ist.
- Gesetz 9: Taten zählen, nicht Argumente.
- Gesetz 10: Ansteckungsgefahr: Meide Unglückliche und Glücklose.
- Gesetz 11: Mache Menschen von dir abhängig.
- Gesetz 12: Entwaffne dein Opfer mit gezielter Ehrlichkeit und Großzügigkeit.
- Gesetz 13: Brauchst Du Hilfe, appelliere an den Eigennutz.
- Gesetz 14: Gib dich wie ein Freund, aber handle wie ein Spion.
- Gesetz 15: Vernichte deine Feinde vollständig.

21 Wikipedia (2015): Die 48 Gesetze der Macht. https://de.wikipedia.org/wiki/Die_48_Gesetze_der_Macht (08.06.2016).

- Gesetz 16: Glänze durch Abwesenheit, um Respekt und Ansehen zu erhöhen.
- Gesetz 17: Versetze andere in ständige Angst: Kultiviere die Aura der Unberechenbarkeit.
- Gesetz 18: Baue zu deinem Schutz keine Festung — Isolation ist gefährlich.
- Gesetz 19: Mache dir klar, mit wem Du es zu tun hast: Kränke nicht die Falschen.
- Gesetz 20: Scheue Bindungen, wo immer es geht.
- Gesetz 21: Spiele den Deppen, um Deppen zu überlisten: Gib dich dümmer als dein Opfer.
- Gesetz 22: Ergib dich zum Schein: Verwandle Schwäche in Stärke.
- Gesetz 23: Konzentriere deine Kräfte.
- Gesetz 24: Spiele den perfekten Höfling.
- Gesetz 25: Erschaffe dich neu.
- Gesetz 26: Mache dir nicht die Finger schmutzig.
- Gesetz 27: Befriedige das menschliche Bedürfnis, an etwas zu glauben, und fördere einen Kult um deine Person.
- Gesetz 28: Packe Aufgaben mutig an.
- Gesetz 29: Plane alles bis zum Ende.
- Gesetz 30: Alles muss ganz leicht aussehen.
- Gesetz 31: Lass andere mit den Karten spielen, die Du austeilst.
- Gesetz 32: Spiele mit den Träumen der Menschen.
- Gesetz 33: Für jeden gibt es die passende Daumenschraube.
- Gesetz 34: Handle wie ein König, um wie ein König behandelt zu werden.
- Gesetz 35: Meistere die Kunst des Timings.
- Gesetz 36: Vergiss, was Du nicht haben kannst: Es zu ignorieren ist die beste Rache.
- Gesetz 37: Inszeniere packende Schauspiele.
- Gesetz 38: Denke, was Du willst, aber verhalte dich wie die anderen.
- Gesetz 39: Schlage Wellen, um Fische zu fangen.
- Gesetz 40: Verschmähe das Gratisangebot.
- Gesetz 41: Tritt nicht in die Fußstapfen eines großen Mannes.
- Gesetz 42: Erschlage den Hirten, und die Schafe zerstreuen sich.
- Gesetz 43: Arbeite mit Herz und Geist der anderen.
- Gesetz 44: Halte anderen einen Spiegel vor.
- Gesetz 45: Predige notwendigen Wandel, aber ändere nie zuviel auf einmal.
- Gesetz 46: Sei nie zu perfekt.
- Gesetz 47: Schieße nie über das Ziel hinaus: Der Sieg ist der beste Zeitpunkt zum Aufhören.
- Gesetz 48: Strebe nach Formlosigkeit.

Das folgende Beispiel aus der Praxis zeigt eindrücklich den Einsatz mikropolitischer Taktiken.

FALLBEISPIEL

Fallbeispiel: Wer ist hier der Chef?[22]
Frau C. ist vor einigen Monaten zur Bürgermeisterin der Stadt F. gewählt worden. Ihre Wahl war in der Kleinstadt ein unerhörter Vorgang — noch nie ist ein Auswärtiger auf diesen Posten gewählt worden, und jetzt auch noch eine Frau! Ihr Stellvertreter, Herr V., ein seit langem in der Stadtverwaltung tätiger Beamter, lässt sie deutlich spüren, dass sie in der verfilzten Vetternwirtschaft nicht willkommen ist, zumal er selbst für den Bürgermeisterposten kandidiert hatte. Im Coaching beschreibt Frau C. die Begegnung mit Herrn V. an ihrem ersten Tag im Amt: Frau C. kommt in ihr neues Büro und findet dort Herrn V. in ihrem Stuhl lümmelnd vor, die Füße auf den Schreibtisch gelegt. Herr V. sagt lächelnd: »Frau C., Sie sind zwar gewählt, aber ich war vor Ihnen in dieser Verwaltung, und ich werde auch noch nach Ihnen da sein. Ich wünsche Ihnen alles Gute für Ihre Amtszeit, aber meinen Sie nicht, dass Sie hier irgendjemand unterstützen wird!« Natürlich wird Herr V. diesen Vorfall, für den es keine Zeugen gibt, später dementieren, aber seine einschüchternde ›Duftmarke‹ überschattet von Beginn an die schwierige Zusammenarbeit.

Mikropolitische Spiele

Die beschriebenen Taktiken werden in Organisationen auch in mikropolitischen Spielen zum Ausbau der eigenen Macht und zur Abwehr fremder Machteingriffe genutzt. Während die beschriebenen Taktiken quasi die einzelnen Spielzüge darstellen, beschreiben die nachfolgend übersichtsweise dargestellten Spiele[23] größere Interaktionszusammenhänge, in denen sich das Handeln der Beteiligten auf jeweils spezifische Weise aufeinander bezieht.

Spiele zum Aufbau von Macht

Ein häufig zu beobachtendes Spiel zum Ausbau des eigenen Einflussbereiches ist der Aufbau von ›Fürstentümern‹, in denen man sich gegen Einflussnahme von außen abschottet sowie weitestgehende Entscheidungsautonomie zu wahren versucht und in denen eigene Identität und eigene Regeln gepflegt werden.

---

22 Dieses Fallbeispiel und einen darauf beruhenden Coachingprozess haben wir in Ameln/Kramer (2016) dargestellt.

23 ausführlich beschrieben in Mintzberg (1983) sowie bei Küpper/Felsch (2000).

Das Spiel kann von einzelnen Linienmanagern, Experten in Stabshierarchien oder ganzen Organisationseinheiten, aber auch von einzelnen Mitarbeitenden oder Mitarbeitergruppen gespielt werden. Dabei können unterschiedliche Machtquellen zum Einsatz gebracht werden, z. B. auch Expertentum, wie im nachfolgend dargestellten Fallbeispiel. Förderlich ist dabei immer, wenn sich — z. B. durch räumliche Distanz oder Überlastung der nächsthöheren Führungskraft — der Machtaufbau in schlecht kontrollierbaren Nischen, gewissermaßen ›unter dem Radar‹ der Zentralmacht betreiben lässt. Spiele zum Aufbau von Fürstentümern verstärken die vorhandenen Abschottungs- und Verkrustungstendenzen innerhalb der Organisation.

FALLBEISPIEL

Fallbeispiel: Mit dem Alter lässt das Gedächtnis nach

Die Agronaut GmbH ist ein mittelständisches Unternehmen, das Landmaschinen herstellt. Zu den Traktoren, Erntemaschinen usw. können die Kunden Serviceverträge abschließen, um die Fahrzeuge über einen gewissen Zeitraum hinweg zum Pauschalpreis warten lassen zu können. Die Kalkulation und Administration dieser Serviceverträge obliegt Herrn Zwiesel und Herrn Olbricht, zwei Mitarbeitern, die in einigen Jahren pensioniert werden. Zwei Versuche, in diesem Bereich jüngere Kollegen einzuarbeiten, sind fehlgeschlagen, weil Herr Zwiesel und Herr Olbricht nicht mit ihren Leistungen zufrieden waren und die Zusammenarbeit verweigerten. Nun soll in einem Workshop mit den beiden Transparenz über die bislang völlig undurchsichtige und komplexe Materie hergestellt werden. Der Workshop verläuft ergebnislos, weil es Herrn Olbricht und Herrn Zwiesel schwerfällt, die Berechnungsgrundlagen der Serviceverträge zu erklären — bei konkreten Nachfragen scheint sich bei ihnen eine Art altersbedingter Amnesie einzustellen. Der Verdacht liegt nahe, dass die beiden ihr Wissen unter Verschluss halten, um Zahlungen in die Rentenkasse nicht zu gefährden und für die Zeit nach ihrer Pensionierung möglicherweise auf lukrative Beraterverträge spekulieren.

Ein weiteres Spiel zum Aufbau von Macht ist das Sponsor-Protégé-Spiel: Höherstehende erkaufen sich die Unterstützung untergeordneter Mitarbeiter durch außerordentliche Bevorzugung (z. B. bei Beförderungen). Dafür wird Loyalität erwartet — im Hintergrund steht immer die unausgesprochene Drohung, dem Protégé die Gunst wieder zu entziehen.

Spiele zur Bekämpfung von Rivalen
Gerade angesichts der häufig disparaten lokalen Rationalitäten in Organisationen können sich leicht rivalisierende Lager entwickeln, z. B. zwischen Innendienst und Außendienst, verschiedenen ›Fürstentümern‹ oder zwischen Linienorganisation und Stäben. Aber auch persönlich motivierte Rivalitäten tendieren dazu, sich durch Koalitionsbildung der Beteiligten auszuweiten (vgl. das Fallbeispiel *Wer ist hier der Chef?*).

Widerstandsspiele
Widerstandsspiele entwickeln sich, wenn Interessen bedroht sind, Statusverlust droht, das soziale Beziehungsnetz innerhalb der Organisation gefährdet ist, gegen tradierte Werte und organisationskulturelle Grundsätze verstoßen wird oder sich Ärger aufgestaut hat. Die typischen Widerstandsspiele in Veränderungsprozessen verlaufen zwischen der Basis und dem Management, oft auch zwischen mittlerem Management und Topmanagement. Es können aber auch Experten gegen die formale Autorität oder dezentrale Bereiche gegen die Zentrale Widerstand leisten.

Widerstand ist ein klassisches Konzept im Change Management. Dabei sollte bedacht werden, dass Verhaltensweisen, die von außen betrachtet irrational, angstgetrieben oder machtpolitisch motiviert erscheinen mögen, aus der Binnenperspektive der Betroffenen oft hochgradig rationale Strategien zur Sicherung ihrer Interessen darstellen.

Spiele gegen die Widerstandsspiele
Um Widerstandsbestrebungen von der Basis entgegenzuwirken, kann das Management seinerseits Konterrevolutions-Spiele spielen. So können Abteilungszuschnitte verändert, Kontrollen verschärft oder Delegation zurückgenommen werden. Diese Spiele müssen aber nicht notwendigerweise allein auf formale Autorität zurückgreifen, sondern können auch mit anderen Machtquellen und mikropolitischen Taktiken arbeiten, wie z. B. Spaltung, Appellen oder Kontrolle über Informationswege. Im nachfolgenden Fallbeispiel ist zu sehen, wie ein Geschäftsführer seine Macht durch eine Kombination von verdeckten Drohungen, Spaltung und der selektiven Gewährung von Privilegien aufrechterhält.

FALLBEISPIEL

Fallbeispiel: Divide et impera[24]

Der Geschäftsführer einer großen Einrichtung im Bereich Altenpflege praktiziert einen sehr schroffen Führungsstil. Er versorgt die Ärzte sehr selektiv mit wichtigen Informationen und fertigt die nicht informierten und verunsicherten Mitarbeitenden anderer Berufsgruppen mit der Bemerkung ab, er würde nicht mit ihnen, sondern nur mit den Ärzten sprechen. Kolleginnen und Kollegen einer Abteilung wiegelt er gegeneinander auf. Kritik lässt er an sich abprallen. Wer bei ihm in Ungnade gefallen ist, muss damit rechnen, dass der Geschäftsführer sich wochenlang weigert, mit ihm zu sprechen — das ist selbst bei engen Mitarbeitenden der Fall. Auf der anderen Seite legt er großen Wert auf die Sicherung der Arbeitsplätze und stellt dies auch immer wieder deutlich heraus. Auf diese Weise sichert er sich Dankbarkeit und Duldsamkeit gegenüber seinem verunsichernden Führungsstil. Er schürt Unsicherheit und geriert sich gleichzeitig als Retter vor der Unsicherheit der Umwelt. Die Mitarbeitenden pendeln somit zwischen Dankbarkeit und Glorifizierung auf der einen Seite und Wut, Angst, Frustration und Aggression auf der anderen Seite hin und her. Es formiert sich aber nie offene Kritik.

Spiele zur Organisierung organisationalen Wandels

Entscheidungen über die Weiterentwicklung der Gesamtorganisation sind mikropolitisch häufig stark umkämpft. Wem es gelingt, auf die Formulierung der Strategie Einfluss zu nehmen, der kann dadurch Ressourcen und Handlungsoptionen gewinnen oder ungewollte Mehrarbeit abwenden. Der Versuch, die legitime Macht zu stürzen, wird meist von einer kleinen Gruppe unterhalb der Unternehmensführung unternommen. Der Widerstand, der sich zunächst im Untergrund formiert, kann in offene Rebellion übergehen und wird eventuell mit Absorptionsstrategien, z. B. der Gewährung partieller Autonomie, beantwortet.

Das Thema ›Macht in Veränderungsprozessen‹ wird in Kapitel 8 ausführlich behandelt.

Mikropolitik — was tun?

In mikropolitischen Auseinandersetzungen legen die Beteiligten — positiv formuliert — oft eine bemerkenswerte Energie und Kreativität an den Tag. Macht und Mikropolitik binden damit aber ein hohes Maß an Aufmerksamkeit

24 aus Ameln/Kramer/Stark 2009, S. 51.

und erschweren das gemeinsame Fortkommen, wenn die Beteiligten zwar an einem Strang, aber in gegensätzliche Richtungen ziehen.

Es gibt eine Reihe von Bedingungen, die destruktive Formen von Mikropolitik begünstigen, z. B. unscharf formulierte oder in sich widersprüchliche Unternehmensziele, konfligierende Entscheidungslogiken (z. B. ist das Risikomanagement einer Kreditabteilung typischerweise an möglichst hohen, der Vertrieb an möglichst niedrigen Hürden für die Kreditvergabe interessiert), Verdrängung formaler durch soziale Kontrolle (Gruppendruck), ein starker Einfluss externer Stakeholder oder das Fehlen einer integrierenden Instanz (Mintzberg 1983). Daraus ergeben sich auch die Empfehlungen für eine Organisationsgestaltung, die mikropolitische Verwerfungen so wenig wie möglich fördert: klare und gut kommunizierte Ziele, eine Arbeitsgestaltung, die es den Mitarbeitenden ermöglicht, ihre Arbeit als sinnhaft zu erleben, ein periodischer Abgleich von individuellen und organisationalen Zielen (etwa im Mitarbeitergespräch oder durch die Einbindung von Mitarbeitenden in den Strategieprozess), eine dialogische Führungskultur, Übernahme einer nicht nur formal verstandenen Führungsverantwortung, Einigkeit im Führungskreis. Diese Empfehlungen sind nicht sonderlich überraschend und vielfach bereits Praxis. Dennoch kommt Mikropolitik nicht zum Verschwinden.

Hier ist mit Neuberger (2006) noch einmal darauf hinzuweisen, dass mikropolitisches Handeln in einem gewissen Maße unvermeidlicher Bestandteil jeder Organisation und keineswegs immer problematisch ist. Mikropolitik ist der Transmissionsriemen, der einen Ausgleich zwischen den unvereinbaren Dualitäten der Organisation (z. B. Formalisierung vs. Improvisation) ermöglicht: Eine überformalisierte Organisation beraubt sich jeder Flexibilität, ein Mangel an sinnvollen Regelungen führt dagegen ins Chaos. Eine Organisation, in der alle dieselben ›Mindsets‹ haben, ist arm an Konflikten, aber auch arm an produktiver Abweichung.

Es kann also nicht darum gehen, Mikropolitik durch Auflösung dieser Gegensätze zum Verschwinden zu bringen. Die beste Möglichkeit, Pathologien durch Mikropolitik einzudämmen, ist ein gelassener und reflektierter Umgang mit den Paradoxien der Organisation, indem die Widersprüche zwischen konfligierenden Zielen und Interessenlagen immer wieder neu ausbalanciert werden.

MERKE

Mikropolitische Spiele sind ein unvermeidlicher Bestandteil der Realität in Organisationen. Da Organisationen und ihre Mitglieder niemals in einer einheitlichen Rationalität verschmelzen und immer Autonomiespielräume bestehen, um eigene (und vielleicht auch der Organisation dienliche, aber nicht offiziell zugelassene) Ziele und Interessen zu verfolgen, lassen sich Machtspiele nicht vollständig verhindern. Dennoch kann man das Risiko, dass sich die Organisation in machtpolitischen Auseinandersetzungen aufreibt und es zu mikropolitischen Desintegrationstendenzen kommt, durch gute Unternehmensführung reduzieren.

Die Wirkung der Macht auf die Mitarbeitenden

Macht erstickt Motivation — diese Alltagserfahrung bestätigt sich auch in einem Experiment von Tost, Gino und Larrick (2013). Die Probanden sollten gemeinsam eine Teamaufgabe lösen, wobei jeweils ein Teilnehmer die Rolle der Teamleitung übernahm. Durch eine experimentelle Manipulation wurde ein Teil der Versuchsteilnehmer in ihrem Machterleben stimuliert, ein anderer nicht. Die Teamleiter in der Gruppe ›Machterleben‹ hatten höhere Redeanteile als die Teamleiter in der Kontrollgruppe, sie dominierten die Gesprächsrunden und gaben den anderen Beteiligten zu wenig Raum. Wie sich zeigte, entsteht so eine Teufelskreis-Dynamik: Je beherrschender die ›Machthaber‹ auftreten, desto mehr erlangen die Übrigen den Eindruck, dass ihre Ansichten unerwünscht sind, dass ihr Wissen nicht gefragt ist und dass es sich nicht lohnt, sich zu engagieren. Infolgedessen ziehen sie sich zurück, was die Machthaber wiederum in der Deutung bestätigt, dass von den anderen ›nichts kommt‹ und dass sie diejenigen sind, die das Team voranbringen müssen. Entsprechend zeigten ihre Teams in dem beschriebenen Experiment geringere Leistungen[25]. Übertragen auf den Organisationskontext schließt Schmitz (2012, S. 264) aus den Befunden des zitierten Experiments, dass in vielen Unternehmen, die von ihren Mitarbeitenden offiziell proaktives Verhalten fordern, die Führungskräfte genau das durch ihr dominantes Verhalten verhindern.

Macht kann, wie Scholl (2007, S. 37) in einer Studie belegt, zu erlernter Hilflosigkeit bis hin zu Zynismus und völliger Lethargie führen, wie sie in manchen Organisationseinheiten anzutreffen sind.

Macht und Gegenmacht

Wenn in von sozialer Ungleichheit geprägten und durch Herrschaftsstrukturen aufrechterhaltenen Systemen — von der mittelalterlichen Feudalherrschaft über autoritäre Regimes in Afrika oder dem Nahen Osten bis hin zu ausbeuterischen Produktionsverhältnissen (nicht nur in Bangladesh, sondern teilweise auch in Mitteleuropa) — systematisch gegen die Rechte und Interessen der

---

25 Dieser Self-fulfilling-prophecy-Effekt ist in der Führungspsychologie als »Theorie X/Y« (McGregor 1960) bekannt.

Machtunterlegenen verstoßen wird, kann man sich fragen, warum diese sich nicht häufiger gegen diese Systeme auflehnen. Tilly (1991)[26], der sich mit dieser Frage befasst hat, kommt zu folgenden Antworten:

1. Die Machtunterlegenen bekommen für ihre Unterordnung etwas zurück, das ausreicht, um sie (die meiste Zeit und in einem gewissen Ausmaß) gefügig zu machen. Durch weitreichende staatliche Wohltaten gestützte Diktaturen auf der arabischen Halbinsel sind hier ein gutes Beispiel.
2. Die Machtunterlegenen machen sich ihre Interessen aufgrund von Mystifizierung oder Repression nicht bewusst, vielleicht ist ihnen durch eine gezielt einseitige Informationspolitik (wie in Nordkorea) auch nicht klar, dass es überhaupt Alternativen gegen könnte.
3. Gewalt und Beharrungstendenzen (Trägheit, Resignation) halten die Untergebenen an ihrem Platz.
4. Widerstand und Rebellion sind kostspielig, daher fehlen oft die nötigen Mittel für einen Erfolg versprechenden Einsatz für die eigenen Interessen.
5. Die Annahme, die Machtunterlegenen wehrten sich nicht, ist falsch: Sie rebellieren durchaus, aber auf versteckte Art und Weise.

Menschen, die sich in ihrer Freiheit eingeschränkt fühlen, haben das Bedürfnis, diese Freiheit wiederherzustellen, indem sie sich — soweit möglich — gegen den Machteingriff wehren und Gegenmaßnahmen ergreifen. Dieses von der Sozialpsychologie gut erforschte Phänomen bezeichnet man als *Reaktanz*. Reaktanz ist ein allgemein menschliches Phänomen — so geben in einer Studie von Penny und Spector (2005) nur ein Prozent der Befragten an, sich selbst noch niemals gerächt zu haben, indem sie versucht haben, die Macht ausübende Person zu schädigen. Die Folge: »In Organisationen *erzeugt Macht Gegenmacht*« (Luhmann 1975, S. 108). Diese Gegenmacht wird nur selten in Form von offener Auflehnung ausgeübt, sondern häufiger durch verdeckte Gegenmaßnahmen, Dienst nach Vorschrift oder Vorenthalten wichtiger Informationen.

FALLBEISPIEL

Fallbeispiel: »Mir egal, wer unter mir Führungskraft ist«

In einem metallverarbeitenden Unternehmen kommt den Meistern traditionell eine Machtstellung zu — sie kennen die Maschinen genau, wissen, wo Theorie und Praxis im Produktionsprozess auseinanderklaffen und verfügen über das Erfahrungswissen, um Probleme schnell zu beheben. Sie fühlen sich in ihrer Fachlichkeit als die eigentlichen Experten des Unterneh-

26 zitiert nach Lukes (2005), S. 10, leicht gekürzt.

mens und gegenüber den ihnen vorgesetzten studierten Betriebsleitern, die eher als Theoretiker wahrgenommen werden, besteht eine kritische Distanz. Die Betriebsleiter erleben die Meister dagegen als besserwisserisch und veränderungsunwillig. Im Zuge der meist langen Betriebszugehörigkeit aller Beteiligten hat sich zwischen Meistern und Betriebsleitern aber eine Art gegenseitige respektvolle Duldung entwickelt.
Nun beschließt das bislang recht traditionell geführte Unternehmen, im Zuge der Einführung neuer Managementmodelle die Führungskräfte alle drei Jahre rotieren zu lassen. Da sich die Betriebsleiter an ihren neuen Arbeitsplätzen fachlich jeweils neu einarbeiten müssen, verschärfen sich die gegenseitigen Zuschreibungen. Sobald ein Betriebsleiter eine Veränderung der Arbeitsprozesse einfordert, erklärt man sich vordergründig bereit, die neuen Ideen umzusetzen, untereinander ist man sich jedoch einig, dass diese praxisfremd sind. Die Neuerungen werden dann umgesetzt, obwohl man zu wissen glaubt, dass die z. T. mit hohen Kosten verbundenen Umbauten in der Praxis nicht funktionieren werden. Sie funktionieren dann oft tatsächlich nicht, sei es aufgrund des mangelnden Erfahrungswissens der Betriebsleiter, sei es, weil die Meister die Ideen ausbremsen. Typische Sätze, die in den Werkshallen zu hören sind, lauten »Den lass' ich vor die Wand laufen« oder »Mir ist egal, wer unter mir Betriebsleiter ist«. Die von den Betriebsleitern eingebrachten Veränderungen werden als fachfremder Machteingriff in den eigenen Zuständigkeitsbereich gewertet, was mit dem Aufbau von Gegenmacht beantwortet wird. So soll die neue Unternehmenspolitik diskreditiert, die eigene Machtposition gestärkt und die Eigenwahrnehmung als derjenige, der es schon immer besser wusste, gestärkt werden.

Eine Errungenschaft der sozialen Marktwirtschaft besteht darin, den strukturellen Konflikt zwischen Arbeitgebern und Arbeitnehmern durch Einrichtung kollektiver Interessenvertretungen zu institutionalisieren. Mitbestimmung setzt der Macht des Arbeitgebers eine Gegenmacht entgegen, die nicht nur die Interessen der Arbeitnehmer bündelt, sondern auch Verfahren für den Umgang mit Interessenkonflikten vorsieht. In der Vergangenheit haben sowohl Arbeitnehmer wie Unternehmen davon profitiert, dass strukturelle Konflikte auf diese Weise vergleichsweise rational thematisiert und dadurch Eskalationen oder Grabenbildungen weitestgehend verhindert werden konnten. In jüngerer Zeit droht dieses System zunehmend ins Wanken zu geraten:

- Einige Unternehmen des sogenannten ›Turbo-Kapitalismus‹ tun alles, um die Bildung und die Arbeit von Gewerkschaften zu verhindern.
- Im Zuge der Diskussion um die Demokratisierung von Unternehmen wird ein Bedeutungsverlust von Gewerkschaften beklagt, da diese in partizipa-

tiven Organisationsformen oft für verzichtbar gehalten werden. Bislang ist dies eine Randerscheinung, die sich im Zuge der neuen Entwicklungen in der Arbeitswelt (→ Kapitel 7) aber zumindest in der Tendenz auf größere Teile der Organisationslandschaft auswirken könnte.

- Manche Gewerkschaften greifen zu immer drastischeren Mitteln (zum Teil auch als Maßnahme gegen den fortschreitenden Mitgliederschwund) und setzen so ihre gesellschaftliche Akzeptanz aufs Spiel.

Es wird sich zeigen, wie sich hier ein neues institutionelles Gleichgewicht von Macht und Gegenmacht konstelliert. Henriette Mark, Mitglied des Gesamt- und Konzernbetriebsrats der Deutschen Bank, schildert in ihrem folgenden Bericht aus der Praxis den hohen Wert dieses Gleichgewichts zwischen Arbeitgeber- und Arbeitnehmerinteressen.

Eine ausführliche Analyse der Dynamik von Macht und Gegenmacht findet sich bei Weber (2012).

Macht in Organisationen — Die Perspektive der Arbeitnehmervertretung

Henriette Mark

»Alle Räder stehen still, wenn mein starker Arm es will«, so heißt es im Bundeslied für den Allgemeinen Deutschen Arbeiterverein, das nach einem Gedicht von Georg Herwegh von 1863 komponiert wurde. Das darin unbeugsam klingende Selbstbewusstsein des Proletariats hat Gott sei Dank in Deutschland in den letzten hundert Jahren zu wenig Stillstand geführt. Der Streik, auf den hier Bezug genommen wird, ist das schärfste Mittel, das den Gewerkschaften zur Verfügung steht, und das nur selten und noch seltener in übertriebenem Maße eingesetzt wird.

Betriebsrat und Gewerkschaft

Ich möchte den normalen Alltag der Arbeitnehmervertretung betrachten und die Mittel, die in den Betriebsräten zur Verfügung stehen. Dabei gehe ich in erster Linie auf den Finanzsektor ein, in dem ich seit 23 Jahren als Arbeitnehmervertreterin in verschiedenen Gremien und Funktionen tätig bin. Das produzierende Gewerbe ist im Gegensatz zum Finanzsektor stark gewerkschaftlich organisiert und die Betriebsräte entsprechend gewerkschaftlich gesteuert. Eine Ausnahme im Bankensektor bildet die Postbank, die einen weit überdurchschnittlich hohen Organisationsgrad aufweist.

Die Grundlage der Arbeitnehmervertretung in Deutschland bilden die Arbeitsgesetze[27]. Am häufigsten greifen die Betriebsräte wohl zum Betriebsverfassungsgesetz (BetrVG), dessen Bedeutung gar nicht hoch genug einzuschätzen ist. Es gibt in der Tat Kollegen und Kolleginnen, die ständig ›mit dem BetrVG unterm Arm‹ ihre Arbeit verrichten (müssen). Das ist speziell dann der Fall, wenn die vom Gesetzgeber vorgesehene »konstruktive Zusammenarbeit« zwischen Arbeitgeber und Arbeitnehmervertretung gestört ist. Gleich im ersten Paragraphen ist festgeschrieben, dass bereits in einem Betrieb mit »fünf ständigen wahlberechtigten Mitarbeitern« ein Betriebsrat zu wählen ist. Im BetrVG sind Mitbestimmungs-, Anhörungs- und Erörterungsrecht[28] sowie ein Beschwerderecht festgelegt.
Meinen Erfahrungsschatz ziehe ich aus meiner betriebsrätlichen Tätigkeit in der Deutschen Bank, einem internationalen Finanzdienstleistungskonzern, der in den letzten 20 Jahren mehrere Umstrukturierungen durchlaufen hat und dabei insbesondere ein gutes Beispiel von Einflüssen unterschiedlicher Arbeitsgesetzgebungen in verschiedenen Ländern ist. Nur in einem einzigen Land, nämlich Italien, sind Betriebsräte zwingend Gewerkschafter. Das deutsche BetrVG schreibt hingegen vor, dass Betriebsräte Betriebsangehörige sein müssen[29]. Von Mitgliedschaft in einer Gewerkschaft ist dort nicht die Rede[30]. Sie ist möglich, aber nicht nötig. Den Gewerkschaften bleiben tarifliche Regelungen und der Arbeitskampf vorbehalten.[31]
Die gesetzlichen Grundlagen sind in unserem Haus bekannt und tief verwurzelt und somit in allem Folgenden vorausgesetzt. Allein diese Voraussetzung sagt aber noch wenig über die Macht von Betriebsräten aus. Betrachtet man nämlich die gesetzliche Gegebenheit genau, fällt auf, dass die tatsächliche Mitbestimmung[32] auf ganz konkrete Fälle begrenzt ist. Juristische Einzelheiten erspare ich Ihnen. Wieso also gelingt es trotzdem, mit der Arbeitgeberseite — bei uns in fast allen Fällen ohne Mitwirkung der Gewerkschaften — trotz mehrfach durchlaufener großer Abbauwellen gedeihliche Regelungen zu erzielen, die im Allgemeinen relativ ruhig umgesetzt werden? Wir haben einen der besten (stehenden) Sozialpläne der Branche!

Die schärfste Waffe der Betriebsräte in Verhandlungen ist Zeit

Umstrukturierungen, speziell solche, die internationale Auswirkung besitzen, sind aus Sicht des Arbeitgebers immer zeitkritisch. Eines vorweg: Ich bin der

27 Um nur einige zu nennen: BetrVG, Allg. Gleichstellungsgesetz, Arbeitszeitgesetz, Mutterschutzgesetz, Jugendschutzgesetz, Kündigungsschutzgesetz, Entgeldfortzahlungsgesetz, Bundesurlaubsgesetz

28 § 82 BetrVG

29 § 8 BetrVG

30 § 2 BetrVG, § 74 BetrVG

31 § 74 BetrVG

32 beispielsweise § 87, § 99, § 102

festen Überzeugung, dass durch unsere Nachfragen und die Pflicht des Arbeitgebers, solche zu beantworten, schon vieles, was nicht zu Ende gedacht war, noch einmal einer Revision unterzogen und zum Wohle des Hauses und seiner Angestellten verbessert wurde. Insofern ist nicht einmal die harte Mitbestimmung das wirkungsvollste Mittel, sondern meist das Unterrichtungs- und Erörterungsrecht.

Ein gesetzlich festgeschriebenes Instrument ist der Wirtschaftsausschuss[33]. Nach Betriebsverfassungsgesetz hat »der Unternehmer den Wirtschaftsausschuss rechtzeitig und umfassend über die wirtschaftlichen Angelegenheiten des Unternehmens unter Vorlage der erforderlichen Unterlagen zu unterrichten, soweit dadurch nicht die Betriebs- und Geschäftsgeheimnisse des Unternehmens gefährdet werden, sowie die sich daraus ergebenden Auswirkungen auf die Personalplanung darzustellen.«[34] Der Wirtschaftsausschuss hat seinerseits »die Aufgabe, wirtschaftliche Angelegenheiten mit dem Unternehmer zu beraten und den Betriebsrat zu unterrichten.«[35] Dabei bleibt es aber meist nicht. Die Themen werden je nach Zuständigkeit dem Gesamtbetriebsrat (GBR)[36] oder Konzernbetriebsrat (KBR)[37] vorgelegt. Aus diesen werden dann Ausschüsse bzw. Verhandlungsgruppen gebildet und beauftragt.

Struktur ermöglicht Macht

Die Struktur der Betriebsratsgremien als solche trägt zur Wirksamkeit der Interessenvertretung der Arbeitnehmer bei. Jedes KBR-Mitglied ist aus einem GBR, jedes GBR-Mitglied aus einem örtlichen Betriebsrat entsandt. Diese Verwurzelung im Betrieb ermöglicht in Verhandlungen ein sicheres Argumentieren durch gute Kenntnis der Sachlage und der Situation der Beschäftigten in den einzelnen Geschäftsbereichen/Abteilungen des Betriebes. Im Gegensatz zu Vorstand und Planungsstäben begleiten die Betriebsräte die gesamten Maßnahmen intensiv, vom Planungszustand bis zur Umsetzung. Bei uns bekommt die Auswirkung einer Entscheidung gleichsam ein Gesicht. So verwundert es auch nicht, dass es häufig ›kleine‹ Vorgesetzte draußen in der Fläche sind, die den Betriebsräten entscheidende Hinweise geben, worauf in Verhandlungen wesentliches Augenmerk gerichtet werden muss. Gerade in einem international aufgestellten Konzern entstehen Umstrukturierungs- oder Einsparungsideen oft am Reißbrett, ohne die Kenntnis von Gegebenheiten vor Ort. Was in Asien oder Amerika rich-

33 § 106 BetrVG

34 § 106 (2) BetrVG

35 § 106 (1) BetrVG

36 § 47 (1) BetrVG: »Bestehen in einem Unternehmen mehrere Betriebsräte, so ist ein Gesamtbetriebsrat zu errichten.«

37 Im KBR sind die Mutter und die Tochtergesellschaften eines Konzerns in Deutschland vertreten. § 54 (1) BetrVg: Für einen Konzern (§ 18 Abs. 1 des Aktiengesetzes) kann durch Beschlüsse der einzelnen Gesamtbetriebsräte ein Konzernbetriebsrat errichtet werden.

tig ist, muss nicht für Europa passen. Die meisten Zusammenhänge sind nicht aus Kennzahlen und oberflächlicher Prozesskenntnis abzuleiten. Häufig werden Bedenken der mittleren oder gar unteren Führungsschicht nicht gehört. In vielen Fällen werden diese Ebenen überhaupt nicht eingebunden. Da nimmt es nicht wunder, dass erst bei Verhandlungen mit den Betriebsräten ein Halt eingebaut ist, wo nochmal Schlüssigkeit, Machbarkeit und Rentabilität unter Berücksichtigung *aller* Komponenten und Kostenfaktoren überprüft werden. Es gelingt uns nicht immer, das aus unserer Sicht Vernünftige durchzusetzen, aber ich denke, wir haben schon viel Unsinn verhindern können. Die letzte Entscheidung über eine Maßnahme obliegt natürlich dem Arbeitgeber.

Zurück zur Zeit. Die Bereitschaft des Arbeitgebers, den Betriebsräten die gewünschte Information rasch und umfassend zu liefern und ihren Forderungen entgegenzukommen, steigt meist mit dem Zeitdruck, den die gewünschte Umsetzung eines Projektes hervorbringt. Weigert sich der Arbeitgeber oder wird man sich nicht einig, steht den Gremien die Anrufung einer Einigungsstelle oder der Gang vor Gericht zur Verfügung. Das kostet sehr viel Zeit! Natürlich sieht das Gesetz nicht nur beispielsweise unter vielem anderen die Erzwingbarkeit eines Interessenausgleichs/Sozialplans vor, sondern auch einen Einigungszwang[38].

Ich habe meine Ausführungen entlang des *Worst Case* — nämlich Interessenausgleich und Sozialplan und damit drohendem oder eintretendem Arbeitsplatzverlust gemacht. All dies gilt natürlich in gleicher Weise für Betriebsvereinbarungen und Regelungsabsprachen aller Art. Glücklicherweise machen die den größeren Teil unserer Arbeit aus.

Macht durch Nähe und Vertrauen

Ein weiterhin nicht zu unterschätzendes Machtmittel ist die Nähe der Betriebsräte und Betriebsrätinnen zur Belegschaft und damit zur Betriebsöffentlichkeit. Als ich vor 20 Jahren zum ersten Mal zur Vorsitzenden des Betriebsrats gewählt wurde, war dieser für viele Kolleginnen und Kollegen eine Einrichtung, die es halt gab, die aber zum Teil nur als der Ort wahrgenommen wurde, wo man Einkaufsausweise abholen (eine Vergünstigung, die die meisten örtlichen Betriebsratsgremien zur Verfügung stellen) oder sich für die Grippeschutzimpfung anmelden konnte. Wenn's gar nicht mehr anders ging, holte man ihn bei Auseinandersetzungen mit dem Chef oder einem Kollegen zu Hilfe. Der Durchschnitts-Banker schritt mit hoch erhobener Nase an der Tür des Betriebsratsbüros vorbei. Bei Betriebsversammlungen war die Beteiligung mäßig, das Interesse lau. Das hat sich deutlich geändert. Nach mehreren Umstrukturierungen sind kein Geschäftsbereich und keine einzige Abteilung von Stellenstreichungen

38 »Sie haben über strittige Fragen mit dem ernsten Willen zur Einigung zu verhandeln und Vorschläge für die Beilegung von Meinungsverschiedenheiten zu machen.« § 75 (1) BetrVG

verschont geblieben. Gerade im Vergleich mit der Vorgehensweise in anderen Ländern, wo eine E-Mail mit der Verkündung einer Maßnahme mit dem Hinweis, Betroffene mögen sich bezüglich der Aufhebungsbedingungen an ihre Personalabteilung wenden, für die Beendigung eines Arbeitsverhältnisses reicht, haben die Angestellten in Ländern mit gesetzlich verankerter Arbeitnehmervertretung, insbesondere Deutschland und Österreich, den hohen Wert von betriebsrätlicher Interessenvertretung wohl begriffen. Entsprechend hoch sind heute die Aufmerksamkeit für von Betriebsräten herausgegebene Informationen und auch der Respekt gegenüber den Gremien. Die Betriebsräte bedienen sich unterschiedlicher Informationskanäle, wobei sie natürlich uneingeschränkt ihrer Verschwiegenheitspflicht gerecht werden müssen[39]. Neben den gesetzlich verankerten Möglichkeiten der Betriebs- oder Abteilungsversammlungen gibt es Informationsmedien (E-Mails, Rundschreiben, Webseiten etc.) oder mancherorts auch Betriebsratszeitungen. Diese Kommunikationen werden durchaus auch von der Geschäftsleitung mit Aufmerksamkeit gelesen! Auch die Gewerkschaften fühlen sich meist berufen, Flugblätter zu verteilen, die in unserem Hause aber mit eher mildem Interesse wahrgenommen werden.
Bleiben als Einflussmöglichkeit noch die ArbeitnehmervertreterInnen im Aufsichtsrat. Nach deutschem Recht sind Aufsichtsräte paritätisch mit Anteilseigner- und ArbeitnehmervertreterInnen zu besetzen[40]. Deren Aufgabe dort ist allerdings in keiner Weise mit der Vorgehensweise von betriebsrätlicher Tätigkeit zu vergleichen. Die Aufgabenstellung und die Pflichten sind vollkommen andere. Dennoch ist das Einbringen unserer Erfahrung und intime Kenntnis des Hauses ein wertvoller Beitrag zur Kontrollfunktion des Aufsichtsrates.

Machtgehabe und Verhandlungsfähigkeit

In der Überschrift zu meinen Aufsatz steht »Macht«. Ich habe mich in meinen Formulierungen ein bisschen um dieses Wort herumgemogelt. Ich habe Begriffe wie Einfluss, Druck oder Wirksamkeit vorgezogen. Das mag an mir liegen, die mit den Ergebnissen genau dieser Varianten mehr zu erreichen glaubt als mit blanken Machtdemonstrationen. Verhandlungssituationen bedürfen eines Vertrauensverhältnisses, klarer Einschätzung des Gegenübers, guter Vorbereitung, persönlicher Durchsetzungskraft, Zähigkeit und Teamworks, nicht lautstarker Parolen und Machtgehabes. Dabei müssen Standpunkte klar definiert und die ›Wehrhaftigkeit‹ des Betriebsrats außer Frage stehen. Dies vorausgesetzt sind die Auseinandersetzungen im besten Fall zielgerichtet, sachorientiert und ohne rituell-kämpferische Präliminarien und Eitelkeiten anzugehen. Das schließt nicht aus, dass man gelegentlich mal ordentlich auf den Tisch haut, wenn es denn gar nicht weitergeht. Das hohe Ziel ist aber immer, das Wohl der Arbeit-

39 § 79 BetrVG
40 Beteiligungsgesetz

nehmerschaft mit dem Wohl des Gesamtunternehmens unter einen Hut zu bringen. Ich bin ja nicht nur Vertreterin der Arbeitnehmerinnen und Arbeitnehmer, die im schlimmsten Fall die Bank verlassen müssen, sondern ich vertrete auch diejenigen, die im Haus verbleiben.
Ohnehin halte ich die gegenseitige Bezwingbarkeit für eine Illusion, eine schädliche noch dazu. In einem funktionierenden Betrieb, je größer desto mehr, steht und fällt der dauerhafte Erfolg auch mit einer Ausgewogenheit von Arbeitnehmer- und Arbeitgeberinteressen. Je nach Konjunkturlage scheint einmal eher die eine, dann die andere Seite im Vorteil. Tatsache ist, beide Seiten sind und bleiben aufeinander angewiesen.

Macht und organisationales Facekeeping

Machtausübung (bzw. genauer: ein Handeln, das als Machtausübung erlebt wird) provoziert immer eine Gegenreaktion. Diese Reaktion kann sich als offene Verweigerung oder Aufbau von Gegenmacht manifestieren, in vielen Fällen greifen Mitarbeitende aber zu unauffälligeren und weniger konfliktträchtigen Strategien. Erving Goffman hat diese Techniken des Impression Managements unter dem deutschen Titel *Wir alle spielen Theater* (2011) beschrieben. So reagieren Machtunterworfene auf erlebte Sanktionsmacht typischerweise mit Verschleierungsstrategien: Fehler werden kaschiert, offene Kommunikation kommt zum Erliegen; während gegenüber den Machthabern eine Fassade der Folgsamkeit aufgebaut wird, wird hinter der Fassade häufig der Versuch unternommen, die Ziele der Machthaber zu unterlaufen. So entsteht eine Kultur der Anpassung, in der für die Selbsterneuerung des Systems wichtige Impulse systematisch zurückgehalten werden.

MERKE

Wenn Menschen sich in ihrer Freiheit eingeschränkt fühlen, werden sie Gegenmaßnahmen ergreifen, um die verloren gegangene Freiheit wiederherzustellen. Dieser psychologische Mechanismus der Reaktanz ist für das Verständnis von Machtdynamiken zentral: Wenn Macht im Sinne von Max Weber Durchsetzung von Fremdinteressen ist und auch so erlebt wird, muss jeder Machteingriff Reaktanz auslösen. Je nach Umfeld kann sich Reaktanz dann offen oder versteckt zeigen — auf die eine oder andere Weise provoziert Macht aber immer den Aufbau von Gegenmacht.

5.2 Die Psychodynamik der Macht

Macht und Konflikt

Macht und Konflikt sind nicht voneinander zu trennen, da beiden Phänomenen eine gemeinsame psychologische Dynamik zugrunde liegt: Sie schaffen eine Situation der gefühlten Unterlegenheit für zumindest eine der beteiligten Parteien. Simon (2004) sieht in dieser Lage den Ausgangspunkt für die Entstehung und Dynamik von Konflikten bis hin zu Kriegen. Zugrunde liegen dabei Überlegungen von Goffman, der davon ausgeht, dass für Menschen die *Aufrechterhaltung ihres Images* einen zentralen Wert darstellt. An dieses Bild, das andere von einer Person gewinnen, sind auch das Ansehen und der soziale Status dieser Person gekoppelt. Insofern ist das Image auch von großer Bedeutung für den Selbstwert und das Identitätsgefühl einer Person. In jedem sozialen Kontext gibt es eine — wie Goffman es nennt — *expressive Ordnung*, die eine rituelle Qualität hat und bestimmte Regeln des Anstands, des Respekts und der Ehrerbietung vorschreibt. Wenn gegen diese expressive Ordnung verstoßen wird, bedeutet das für die betroffene Person eine Verletzung ihres Stolzes, ihrer Ehre und ihrer sozialen Einbettung in die Gesellschaft. Die ursprüngliche *Symmetrie* der Beziehung (d. h. die Beteiligten begegnen sich ›auf Augenhöhe‹) ist durchbrochen, es stellt sich eine *Komplementarität* ein (ebd. mit Bezug auf Bateson). Die in ihrer Ehre verletzte Person wird dann versuchen, die expressive Ordnung wiederherzustellen. Ein archaisches rituelles Muster für die Wiederherstellung der Ehre ist die Rache — typisch ist jedoch, dass die durch die Verletzung der expressiven Ordnung in die unterlegene Position geratene Person ihrerseits eine komplementäre Beziehung einzunehmen sucht.

Konfligierende Interessen, mikropolitische Auseinandersetzungen und rivalisierende Machtkonstellationen gehören zur Normalität in Organisationen. Die Erkenntnis, wie leicht aus diesen Ingredienzien Konflikte entstehen können, lässt besondere Vorsicht geboten erscheinen, wenn eigene Interessenlagen per Machteingriff durchgesetzt werden sollen.

Glasl (2012) zeigt anhand seines bekannten Modells (2013), wie eng die typische Eskalationsdynamik von Konflikten mit Machtaspekten verflochten ist. Unserer Erfahrung nach eskalieren in vielen Organisationen (gerade im öffentlichen Bereich) aus machtpolitischen Pattsituationen entzündete Konflikte bis zu einem gewissen Grad (Stufe 4 in Glasls Modell), bevor sie zu kalten Konflikten erstarren, die Leistung und Zusammenarbeit dauerhaft beeinträchtigen. Die materiellen und immateriellen Kosten, die aus solchen verhärteten Konfliktlagen entstehen, sind ein weiteres Argument für einen reflektierten Umgang mit Auseinandersetzungen um die Nutzung von Macht zur Durchsetzung von Interessen.

MERKE

In Konflikten erlebt man sich als ohnmächtig. Der Versuch der Beteiligten, in Konflikten die eigenen Interessen durchzusetzen, wird von den Konfliktgegnern immer auch als ein Ringen um die Macht erlebt. Die Bestrebungen, eine überlegene oder zumindest gleichwertige Machtposition zu erlangen, tragen maßgeblich zur Eskalation von Konflikten bei. Unterschwellige Auseinandersetzungen um die Macht tendieren daher dazu, kalte Konflikte zu produzieren.

Die Wirkung der Macht auf die Machthaber

»Kein Mensch besitzt so viel Festigkeit, dass man ihm die absolute Macht zubilligen könnte« — dieses Bonmot von Albert Camus weist auf die verbreitete Annahme hin, dass Macht den Charakter eines Menschen korrumpiert. Durch psychologische Experimente ist gut belegt, dass sich Denken, Fühlen und Handeln, letztlich sogar die gesamte Persönlichkeit des Menschen durch die Zuweisung von Macht verändern[41].

Personen in einer Machtposition haben eine hohe Fähigkeit, ihre Ziele im Blick zu behalten und irrelevante Informationen auszufiltern (Slabu/Guinote 2010). Sie sind bestrebt, Kontrolle über die Situation zu erlangen. Entsprechend beinhaltet Rollenmacht die Möglichkeit und die Verlockung, die Mühen des Verständigungsprozesses zu umgehen und die Machtuntergebenen zu eigenen Zwecken zu funktionalisieren und sie dem eigenen Kalkül zu unterwerfen. Gruenfeld, Magee, Inesi und Galinsky (2008) wiesen in einer Reihe von Experimenten nach, dass Menschen, die man in eine Machtrolle bringt, dazu neigen, andere Menschen zum Zwecke der eigenen Zielerreichung zu instrumentalisieren (»objectification«).

Die Probanden im Experiment von Kipnis (1972) sollten als ›Führungskräfte‹ die Leistungserbringung ihrer ›Mitarbeiter‹ kontrollieren und verbessern. Eine Versuchsgruppe bekam umfangreiche Machtbefugnisse (z. B. Aufstockung bzw. Kürzung der Bezahlung, Zuweisung eines anderen Arbeitsplatzes, Entlassung), die andere Versuchsgruppe verfügte nicht über diese Befugnisse und musste die Mitarbeitenden überzeugen. Die Ergebnisse zeigten zusammenfassend (ebd., S. 39f.):

- In der Machtbedingung versuchen die Probanden häufiger, ihre Mitarbeitenden zu beeinflussen und zu manipulieren.
- Je stärker die Machthaber versuchen, ihre Mitarbeitenden zu beeinflussen, desto größer wird die psychologische Distanz zwischen ihnen und umso

41 Viele Hinweise auf empirische Studien in diesen Abschnitt verdanken wir der ausführlichen Zusammenstellung von Schmitz (2012).

weniger sind sie an einem persönlichen Kontakt zu ihren Mitarbeitenden interessiert.

- Die Zuweisung von Sanktionsmacht fördert ein System des Denkens und Wahrnehmens, mit dem die Machtinhaber ihr Tun legitimieren.

Dass Mächtige die Welt stärker aus ihrer eigenen Perspektive sehen, geht auch aus dem einfachen Versuch von Galinsky, Magee, Inesi und Gruenfeld (2006) hervor. Die Forscher suggerierten den Versuchspersonen, mehr oder weniger Macht zu haben und baten sie anschließend, so schnell wie möglich ein E auf ihre eigene Stirn zu schreiben. Die ›Mächtigeren‹ zeichneten das E häufiger aus ihrer Sicht als die Probanden, denen suggeriert worden war, weniger mächtig zu sein (diese schrieben das E dreimal häufiger spiegelverkehrt, d. h. aus der Perspektive eines Gegenübers).

Mächtige nehmen sich Sonderrechte heraus und nehmen für sich in Anspruch, dass für sie andere Regeln gelten als für andere — dafür spricht ein Experiment, über das Keltner, Gruenfeld und Anderson (2003) berichten: Die Probanden sollten die Diskussionsbeiträge zweier weiterer Teilnehmer an dem Experiment bewerten. Auf dem Tisch stand ein Teller mit fünf Keksen, sodass nicht für jede Person die gleiche Anzahl zur Verfügung stand. Die Versuchsteilnehmer in der Machtposition griffen öfter zu, außerdem neigten sie dazu, mit offenem Mund zu essen und den Tisch vollzukrümeln.

Weist man einer Person eine mit Macht ausgestattete Rolle zu, verbessert sich ihre Fähigkeit zu lügen. Carney, Yap, Lucas und Mehta (2010) wiesen nach, dass Mächtige beim Lügen keinen Stress empfinden (was sich auch darin zeigt, dass ihr Spiegel des Stresshormons Cortisol beim Lügen — im Gegensatz zu Menschen, die keine Machtposition innehaben — nicht ansteigt). Sie denken klarer, wenn sie die Unwahrheit erzählen und geben in ihrem nonverbalen Verhalten weniger Hinweise darauf, dass ihre Behauptungen nicht stimmen.

Dass Macht die Machthaber verändert, ist durch eine Vielzahl weiterer Experimente belegt: Mächtige verstehen andere häufiger falsch und halten sie für weniger wichtig, sie weisen weniger Empathie auf, beurteilen andere nach eigenen Wertekategorien usw. In Abschnitt 1.2 haben wir auf die Zusammenhänge zwischen Macht und Persönlichkeit hingewiesen. Die dargestellten Experimente sprechen dafür, dass das, was wir als typisches Machtgebaren erleben (also selbstsicheres, zielstrebiges Verhalten unter Missachtung der Gefühle und Interessen anderer Menschen), nicht nur Ausdruck relativ unveränderlicher Persönlichkeitsmerkmale ist und bei der Übernahme einer Machtrolle sozusagen ›mitgebracht‹ wird, sondern dass eine mit Macht ausgestattete Rolle einen prägenden Einfluss auf die Rolleninhaber ausübt — dabei stellen sich typische Veränderungen ein, bei denen die jeweilige Persönlichkeitsstruktur nur als

Katalysator wirkt. Die angepasste Reaktion der übrigen Beteiligten wird von den Machthabern allerdings als Bestätigung ihrer Macht erlebt — Macht entwickelt somit eine selbstbestätigende, sich selbst verstärkende Dynamik.

EXKURS

Macht korrumpiert: Das Stanford-Gefängnisexperiment

Das berühmte Gefängnisexperiment, das 1971 unter der Leitung des Psychologen Philip Zimbardo an der Stanford-Universität durchgeführt wurde, zeigt auf erschreckende Weise, welche Wirkung eine mit Macht ausgestatteten Rolle auf ›ganz normale Menschen‹ (also Menschen ohne besonders ausgeprägte psychopathische oder machiavellistische Züge im Sinne von Abschnitt 1.2) haben kann.

Zimbardo teilte 24 freiwillige Studenten per Zufallsprinzip in zwei Gruppen (›Gefangene‹ und ›Gefängniswärter‹) ein. Die Gefangenen wurden wenig später verhaftet und mit verbundenen Augen in das im Untergeschoss des Psychologischen Instituts eingerichtete Gefängnis gebracht. Dort erhielten sie Nummern, mussten Sträflingskleidung anziehen und ihre Fingerabdrücke abgeben, bevor sie jeweils zu dritt in eine Zelle gesperrt wurden. Die mit Uniformen, Gummiknüppeln und verspiegelten Sonnenbrillen ausgestatteten Wärter wurden vom Leiter des Experiments angewiesen, für Recht und Ordnung zu sorgen, ohne dabei physische Gewalt anzuwenden. In diesem Rahmen konnten sie eigene Regeln für den Umgang mit den Gefangenen beschließen. In der ersten Nacht mussten die Gefangenen zu einem Zählappell antreten und Liegestützen machen.

Schon am Morgen des zweiten Tages rebellierten einige Gefangene. Die Wärter sprühten mit einem Feuerlöscher eiskaltes CO_2 in die Zellen, nahmen den Gefangenen Kleidung und Betten weg, beschimpften sie und sperrten den Rädelsführer in eine abgedunkelte Einzelzelle. Sie beschlossen, psychologische Taktiken anzuwenden, um den Widerstand der Gefangenen zu brechen: Einige Gefangene erhielten Kleidung und Betten zurück und durften etwas essen — in Gegenwart der übrigen hungernden Gefangenen. Als die Trennung zwischen den ›guten‹ und den ›bösen‹ Gefangenen wieder aufgehoben wurde, führte dies dazu, dass die privilegierten Gefangenen für Spitzel gehalten wurden und die Gefangenen sich gegeneinander wendeten. Nach kurzer Zeit war die Solidarität zwischen den Gefangenen zerstört und die Insassen versuchten, mit unterwürfigem Verhalten der Willkür der Wärter zu entgehen. Schon am dritten Tag musste einer der Gefangenen mit extremen Stressreaktionen entlassen werden.

Das Experiment zeigt, wie die zufällig in die Wärterrolle gebrachten Teilnehmer schon nach kurzer Zeit sadistische Verhaltensweisen entwickelten

und ihre Machtstellung ganz offenkundig genossen und auskosteten. Teilnehmer, die dieses Verhalten nicht guthießen, konnten sich gegenüber ihren dominanter auftretenden ›Kollegen‹ nicht durchsetzen. Das Faszinierendste an diesem Experiment ist aber, dass der Versuchsleiter seine Objektivität verlor, sich mit den Wärtern solidarisierte, gemeinsam mit ihnen Pläne schmiedete, um die Gefangenen zu unterdrücken und so ganz und gar in die Rolle des ›Gefängnisleiters‹ abrutschte. Er inszenierte einen Besuchstag für die Eltern der Versuchsteilnehmer, an dem die Gefangenen gewaschen und gekämmt wurden, Musik wurde in die Zellen eingespielt und die Besucher wurden von einer attraktiven Assistentin herumgeführt. Als das Gerücht aufkam, dass die Gefangenen einen Ausbruch planten, bat er sogar die Polizei von Stanford um Amtshilfe und Verlegung der Gefangenen in das städtische Gefängnis. Das Experiment wurde erst durch die Intervention eines durch die Eltern eingeschalteten Anwalts beendet.
Die Parallelen zu den Geschehnissen, die aus Guantanamo oder Abu Ghraib berichtet wurden, sind offensichtlich. Zimbardo selbst zieht auch Parallelen zur Dynamik in Konzentrationslagern[42].

Das Stanford-Gefängnisexperiment ist sicherlich ein extremes Beispiel dafür, was passieren kann, wenn man Menschen Macht gibt. Doch bei allen Einwänden, die gegen das Experiment erhoben wurden und allen interindividuellen Unterschieden (sicherlich sind manche Menschen ›anfälliger‹ oder weniger anfällig für die Verlockungen der Macht), zeigen die beschriebenen Experimente, wie die Rolle den Menschen, sein Denken, Fühlen und Handeln formen kann. Rolleninhaber orientieren sich an den mit der jeweiligen Rolle verbundenen *Erwartungen* bzw. an dem, wovon sie glauben, dass es von ihnen in der betreffenden Rolle erwartet wird (Luhmanns ›Erwartungserwartungen‹, die die Dynamik in sozialen Systeme steuern und die Rückwirkungen auf die Psyche der Beteiligten haben). Insofern können die Veränderungen, die Menschen nach der Übernahme einer Führungsrolle durchlaufen, auch Ausdruck einer für Person und Organisation funktionalen Anpassung an die Rolle sein. Wer in einer machtvollen Rolle ist, muss überzeugend auftreten und (in einem gewissen Maße) ein dickes Fell entwickeln, um mit den Dilemmata der Rolle und den oft unvermeidlichen Machtkämpfen umzugehen.

Ein wertebewusster Umgang mit Macht, der die beschriebenen negativen Effekte auf Arbeitszufriedenheit, Vertrauen und Kooperationsbereitschaft der Mitarbeitenden weitestgehend vermeidet, setzt aber ein hohes Maß an *Selbstre-*

42 Zimbardos ausführlicher und sehr lesenswerter Originalbericht findet sich auf http://web.stanford.edu/dept/spec_coll/uarch/exhibits/Narration.pdf. Das Experiment ist verschiedentlich verfilmt worden, in jüngster Zeit von Kyle Patrick Alvarez.

flexion und an Feedback voraus. Nur wer das eigene Denken und Handeln immer wieder einer kritischen Überprüfung unterzieht und sich vor der gefährlichen Selbstreferentialität der Macht schützt, indem er sich Widerspruch organisiert (vgl. den Beitrag von Simon in diesem Kapitel), kann verhindern, dass die Macht unbemerkt von ihm Besitz ergreift.

Schließlich ist darauf hinzuweisen, dass individuelles Fehlverhalten in Organisationen immer vor dem Hintergrund einer Kultur zu sehen ist, die dieses Fehlverhalten ermöglicht, indem sie es toleriert:

> *»Zimbardo sieht daher primär diejenigen in der Verantwortung, die eine solche Machtkultur in einer Organisation etabliert, gefördert und sanktioniert haben. Das sind vor allem die Führungskräfte. Wenn also in einer Organisation illegitime bzw. kriminelle Praktiken im zwischenmenschlichen Umgang vorkommen, dann kann die Schuld nicht einfach ausschließlich den Tätern zugeschrieben werden. Wichtiger ist es, diejenigen zu belangen, die diese Machtkultur nicht verhindert haben, obwohl sie es als zuständige Führungskräfte hätten tun können […].«* (Buer 2012, S. 153)

MERKE

Schon Abraham Lincoln nahm an, dass die Möglichkeit zur Ausübung von Macht bestimmte Persönlichkeitszüge freilegt, die sonst verborgen geblieben wären: »Wenn du den Charakter eines Menschen erkennen willst, so gib ihm Macht.« Macht, die sich ihrer Abhängigkeiten und Legitimitätsgrundlagen glaubt entledigt zu haben, degeneriert in richtungslose Willkür, dem Gegenbegriff zu einem verantwortlichen Freiheitsgebrauch.

Aspekte der Psychopathologie der Macht[43]

Fritz B. Simon

Psyche und Macht

Um die Attraktivität von Macht für manche Menschen zu erklären (vielleicht auch zu verstehen) sind neben der Systemtheorie der Familie und der Organisa-

43 Dieser Beitrag nimmt inhaltlich Bezug auf den Vortrag von Fritz B. Simon »Aspekte der Psychopathologie der Macht«, der 2013 im Rahmen des »17. Berliner Kolloquiums« der Daimler und Benz Stiftung gehalten wurde.

tion (Luhmann 2000; Simon 2007) vor allem die psychoanalytische Narzissmustheorie und entwicklungspsychologische Konzepte von Nutzen (Kohut 1971; Mahler et al. 1968; Jacobson 1964; Ornstein 1989).

Beginnen wir am Anfang, d. h. mit den ersten sozialen Erfahrungen des Neugeborenen, die sich folgendermaßen skizzieren lassen:

Ein Säugling, der an Hunger oder Durst leidet, schreit, und eine versorgende Person ›stillt‹ ihn. Diese *Befriedigung* der Bedürfnisse kann im Weltbild des Kindes als Wirkung eigener Aktionen dem *Selbst* kausal zugeschrieben werden oder aber der Umwelt, d. h. dem *Objekt*, wobei uncharmanterweise in der psychoanalytischen Theorie mit *Objekten* andere Personen gemeint sind (Jacobson 1964).

Im ersten Fall wirkt die Interaktion als Wunschmaschine und das Kind erlebt sich als *mächtig*. Es entwickelt ein sogenanntes »Größenselbst« (Kohut 1976). Damit ist gemeint, dass die versorgende Person vom Kind als Teil des eigenen Selbst konzeptualisiert wird (in psychoanalytischer Terminologie: als ›Selbst-Objekt‹). Es unterscheidet nicht zwischen Selbst und Objekt, sondern es entwickelt eine Art ›Größenwahn‹ (wobei zugegebenermaßen alle Begriffe problematisch sind, die Säuglingen analoge psychische Prozesse unterstellen wie Erwachsenen).

Doch das Gegenteil geschieht auch. Die Bedürfnisse des Kindes werden nicht im Sinne der Wunschmaschine befriedigt, und es erlebt seine *Abhängigkeit* und seine *Ohnmacht*. Das geschieht vor allem dann, wenn die Befriedigung seiner Bedürfnisse willkürlich und unberechenbar bleibt. Es kann dann kein »Urvertrauen« (Erikson 1957) in die Zuverlässigkeit der Objekte und der Objektbeziehungen entwickelt werden. Dies führt dann zu depressiven Reaktionen, ›Kleinheitswahn‹ oder mörderischer Wut.

Diese früh erlernten Beziehungsschemata — so die These — bilden die *unbewussten* Grundlagen für den späteren Umgang des Erwachsenen mit Machtbeziehungen.

Sie verlieren für die meisten Menschen ihre Radikalität: Man erlebt sich als westlicher Durchschnittsbürger meist *weder* allmächtig *noch* vollkommen ohnmächtig, sondern situationsabhängig mal mehr das eine, mal mehr das andere.

Das Autonomie-Paradox und die Psychopathologie der Macht

Die Frage, wie er zur Macht steht, muss sich heute wohl jeder mehr als in früheren Zeiten stellen. Denn in unserer westlichen Gegenwartsgesellschaft ist das Ideal des *autonomen Individuums* vorherrschend. Und wo immer der Einzelne sich als abgegrenzte *Überlebenseinheit* definiert und sich in irgendwelche Beziehungen begibt, stellt sich implizit oder explizit die Machtfrage.

Wer sich einerseits am Selbst-Ideal der autarken, sich keiner fremden Macht unterwerfenden Persönlichkeit orientiert, und andererseits soziale Bedürfnisse nach Kontakt, Gesellschaft, Kommunikation, Kooperation, Fürsorge, Sex — was immer — erlebt, der steckt in einer *pragmatischen Paradoxie*, in einer *Doppelbin-*

*dung*ssituation (Watzlawick/Beavin/Jackson1967, S. 178ff.): Er bekommt nicht beides gleichzeitig, und wenn er sich dem einen Ziel nähert, entfernt er sich vom anderen. Er gerät zwangsläufig in Ambivalenzkonflikte.
Es gibt eine ›Lösung‹ für diese pragmatische Paradoxie: den Rückgriff auf das Größenselbst — die Regression auf eine frühkindliche Entwicklungsstufe des Selbst. Wer seinen Partner als Teil des eigenen Selbst (als Selbst-Objekt) definiert, kann die Sicherheit und Berechenbarkeit einer stabilen Beziehung erfahren, ohne das Gefühl der eigenen Autonomie aufzugeben. Allerdings funktioniert das nur, wenn es gelingt, den Partner zu beherrschen und zu kontrollieren. Die Beziehung muss *asymmetrisch* sein: Einer übernimmt die Rolle des Machthabers, der andere unterwirft sich (= freiwillig). Die potenzielle narzisstische Kränkung durch das Erleben emotionaler Abhängigkeit von Anderen kann auf diese Weise vermieden werden. Allerdings schränkt solch ein Modell von Zweierbeziehung die Optionen der Partnerwahl ein. Infrage kommt nur jemand, der akzeptiert, dass für ihn entschieden wird, und bereit ist, die Verantwortung abzugeben.
Solch ein asymmetrisches Beziehungsmodell zwischen dem Herrn im Hause und der unterwürfigen Frau bestimmte bis vor gar nicht so langer Zeit auch bei uns die Mann-Frau-Rollen in der gutbürgerlichen Ehe. Westliche Frauen lassen sich heute freiwillig nur noch selten auf solch asymmetrische Herrschafts-Unterwerfungs-Beziehungen ein. Reziprozität, Symmetrie der Macht, ist heute das vorherrschende Ideal der Beziehung.

Die Organisation als Selbst-Objekt
Ganz andere Chancen sein Größenselbst zu leben, bieten sich im Rahmen von Organisationen, denn die Macht, die eine Organisation dem jeweiligen Inhaber einer Machtposition zur Verfügung stellt, kann auch zu individuellen psychischen Zwecken gebraucht werden. Die Wirkung der Macht auf die Psyche des Machthabers ist im Kontext von Organisationen so ähnlich wie für die Zweierbeziehung skizziert: Nur dass jetzt die Organisation als Selbst-Objekt, als Erweiterung des individuellen Selbst im Sinne des Größenselbst, funktionalisiert werden kann: »L' état, c'est moi!«
Das Problem ist, dass die organisationale Kommunikation für denjenigen, der eine Machtposition inne hat, derartige Größenideen als *realistisch* zu bestätigen scheint. Denn er erhält in der Regel keinen Widerspruch. Hierarchie gewinnt ja ihre Funktionalität daraus, dass sie Kommunikationsnotwendigkeiten reduziert. Wo schnell kooperativ gehandelt werden muss, gibt es kaum Nützlicheres als hierarchische Anordnung und ihre Befolgung. Im Operationssaal ist daher, beispielsweise, die Kommunikation extrem verkürzt und sie erfolgt formelhaft: »Tupfer«, »Klemme«, »Faden« usw. Ein egalitäre Entscheidungsfindung nach dem Motto: »Was meinen Sie, Schwester Erika, sollten wir die sprudelnde Arterie abbinden oder nicht?« wäre verhängnisvoll.

Dass Hierarchie Kommunikation verkürzt, ist aber auch riskant. Denn, wer erst einmal in eine Machtposition gelangt ist, erhält keinen spontanen Widerspruch mehr. Wenn er ihn sich nicht mühsam, d. h. gegen Widerstand und Misstrauen, organisiert, läuft er Gefahr als einziger nicht mitzubekommen, worüber sonst alle in der Organisation reden. Die Mitglieder des Zentralkomitees der SED haben wahrscheinlich als letzte gemerkt, dass es die DDR nicht mehr gibt.

Der Grund dafür, dass die Weltsicht der Führungsspitze von Organisationen oft kein angemessenes Selbstbild und kein realistisches Bild von der Lage der Organisation erhält, liegt darin, dass die Mitglieder einer Organisation mit dem Unterschreiben des Arbeitsvertrags bestimmte *Prämissen* für ihre *Entscheidungen* akzeptieren. Sie respektieren die vorgegebenen *Kommunikationswege* und *Strukturen*, und sie stellen sich auf die *Personen* ein, mit denen sie zu tun haben, speziell natürlich die Hierarchen. Man beobachtet sie auf ihre Vorlieben und Macken hin, passt sich vorauseilend den ihnen unterstellten Wünschen an und erzählt ihnen, was man meint, das sie hören wollen (Luhmann 2000; Simon 2007).

All dies kann als Bestätigung eines narzisstischen Größenselbst wirken, falls der Betreffende sich nicht gezielt auch mit Menschen und Kritikern umgibt, die sagen, was sie wirklich denken... Folge ist dann das, was man gern als ›Ego-Trip‹ bezeichnet: ein Abheben, ein Verlust der Bodenhaftung, der für die jeweilige Organisation höchst riskant ist.

Die Furcht vor der Macht

Aber der Ego-Trip ist nur die eine Version der Psychopathologie der Macht, wenn man darunter den dysfunktionellen Umgang mit der Rolle des Machthabers versteht.

Die zweite Form der Dysfunktionalität besteht darin, Macht prinzipiell negativ zu bewerten und ihre Funktionalität zu verkennen. Meist sind es Tendenzbetriebe und Non-Profit-Organisationen, die sich Werten wie Gleichheit, Solidarität und Brüderlichkeit verschreiben, in denen die Nutzung von Macht Schuldgefühle auslöst. Die Inhaber von Rollen, die mit formaler Macht verbunden sind, nutzen sie dann nicht und sorgen so für große Unsicherheit und Konflikte bei denen, die sich an ihnen bzw. ihren Entscheidungen orientieren (wollen).

Der gemeinsame Nenner der beiden hier idealtypisch dargestellten Formen der Pathologie ist, dass nicht gesehen wird, welch unverzichtbare Funktion Macht für die Steuerung größerer sozialer Systeme hat. Sie können ihre Alltagsentscheidungen nicht basisdemokratisch treffen, sondern brauchen organisierte Prozesse, die schnelles und koordiniertes Handeln einer unüberschaubaren Menge von Menschen ermöglichen.

Domestizierter Narzissmus

Am funktionellsten können wahrscheinlich diejenigen Menschen in einer Machtposition agieren, deren Narzissmus gebändigt, aber trotzdem lebendig ist.

Ihre Entscheidungen werden nicht von einem Größenselbst im skizzierten Sinne bestimmt, sondern sie orientieren sich an einer Art ›Wir-Selbst‹, d. h., der Einzelne identifiziert sich mit einer größeren sozialen Einheit, die in der Kommunikation von separierten und autonomen Individuen gebildet wird. Er weiß dann, dass er Kooperation nicht erzwingen kann, sondern dass sie auf Freiwilligkeit beruht — auch innerhalb formaler Machtbeziehungen. Sie zu gewinnen ist dann eine Frage der Führung, nicht der Macht.

Die psychologische Voraussetzung, um beides zu können — befehlen und gehorchen —, lässt sich wohl am besten als ›domestizierter Narzissmus‹ bezeichnen. Im einzelnen heißt dies, dass man (1) an die Stelle des Größenselbst das soziale System als *Überlebenseinheit* setzt, d. h. sich mit ihm identifiziert, ohne zu denken, man könne es ›in den Griff‹ oder ›unter Kontrolle‹ bekommen. Und (2) muss man die Einsicht haben, dass Macht und Machtstrukturen funktionell für das soziale System sind. Denn anders wäre es nicht möglich, eine große Zahl von Individuen in ihrem Handeln zu koordinieren. Wer eine Machtposition innehat und die Macht nicht nutzt, schafft Unsicherheit, Konflikte und Handlungsunfähigkeit. Und, last not least, muss man sich Widerspruch organisieren, um nicht zu verblöden oder den Boden der Realität unter den Füßen zu verlieren...

Anders formuliert: Die Funktionalität von Machtbeziehungen hängt davon ab, dass sie *paradoxiert* werden, dass ›Strange Loops‹ konstruiert werden, d. h., *dass der Machtunterworfene über die Macht des Machthabers entscheiden kann*. Ein Prinzip, aus dem die Rationalität der Demokratie, von Checks and Balances, der Mitbestimmung resultiert.

Wo dies nicht gesichert ist, besteht stets die Gefahr, dass Macht für individuell-narzisstische, für das jeweilige soziale System dysfunktionelle und daher als pathologisch zu bewertende Zwecke missbraucht wird...

5.3 Zusammenfassung

Macht wird häufig personalisiert — doch auch wenn Persönlichkeitsfaktoren eine Rolle spielen, zeigen Studien wie das berühmte Stanford-Gefängnisexperiment deutlich, dass Machtdynamiken rollengebunden und weitestgehend personenunabhängig sind. Die Übernahme einer mit Macht ausgestatteten Rolle kann leicht auf die Rolleninhaber ›abfärben‹: Macht führt typischerweise zu Empathieverlust, Selbstbezogenheit und egoistischem Verhalten. Auf der Seite der Machtunterlegenen löst dies korrespondierende Gefühle der Hilflosigkeit, aber auch Reaktanz und den Aufbau von Gegenmacht aus. Machtausübung ruft Konflikte hervor, die offensiv ausgetragen werden oder zu verschleierten Gegenmaßnahmen führen. Dabei geht es nicht nur um die offene oder heimliche Schädigung des Gegners, die Einhegung seiner Machtansprüche und die Erhaltung der eigenen Freiheitsgrade, sondern auch um die Wiederherstellung des Selbstwertgefühls — zumindest vor sich selbst.

Die Rolle des Machthabers kann man — dies wurde schon in Kapitel 1 deutlich — nur dann spielen, wenn andere die entsprechende Komplementärrolle einnehmen und durch ihr Verhalten die Rollenverteilung in der Interaktion bestätigen. Das Machtspiel bricht zusammen, wenn die Machtunterworfenen das Spiel nicht mehr mitspielen, indem sie die Einnahme der Komplementärrolle verweigern.

6 Macht und Führung

In einer komplexer werdenden Arbeitswelt (→ Kapitel 7) ist heute in vielen Bereichen mit dem klassisch-hierarchischen Führungsverständnis kein Staat mehr zu machen. Von Führungskräften wird heute daher ein mitarbeiterorientierter, dialogischer und unterstützender, wenn nicht gar ›dienender‹ Führungsstil erwartet. Führungskräfte sollen weniger als hierarchische Vorgesetzte, sondern eher als Coaches ihrer Mitarbeitenden fungieren. In dieser neuen Welt hat Macht als Grundlage von Führung keinen Platz mehr (vgl. den folgenden Beitrag von Wimmer). Doch trotz dieses Wandels in den normativen Rollenbildern der Führung haben sich zwei wesentliche Aspekte im Spannungsfeld von Macht und Führung kaum verändert:

- Führung wird von den Mitarbeitenden nach wie vor als Rolle beobachtet, die mit Macht ausgestattet ist und die insofern immer im Verdacht des Machtmissbrauchs steht. Dies allein wirkt sich in der Dynamik der Beziehung zwischen Führungskräften und Mitarbeitenden aus. Wie in Abschnitt 1.4 gezeigt, ist Macht auch das, was die Machtunterworfenen als Macht erleben, und solange Macht eine für die Organisationsmitglieder relevante Beobachtungskategorie darstellt, wird Macht als Ergebnis dieses Zuschreibungsprozesses eine (gemeinsam konstruierte) Realität in Organisationen bleiben, auch wenn die Funktionalität von Macht vielfach im Abnehmen begriffen ist.
- Jenseits der jeweiligen dyadischen Beziehung von Führungskraft zu Mitarbeiter oder Mitarbeiterin ist das Machtthema tief in die kulturellen Prämissen von Organisationen eingeschrieben. Macht ist in vielen Organisationen und in der Gesamtgesellschaft ein über Jahrhunderte hinweg gewachsener bedeutsamer Modus der Steuerung. Da kulturelle Regeln sich nicht über Nacht verändern, werden sich diese Muster auch weiterhin reproduzieren, trotz aller Bemühungen um einen Kulturwandel. Dies spricht auch dafür, dass sich etablierte Unternehmen nicht per Federstrich ›demokratisieren‹ lassen (vgl. auch den Beitrag von Sattelberger in Kapitel 7).

Die klassische betriebswirtschaftliche Führungstheorie hat Führung häufig in einem rein instrumentellen Sinne gefasst. Organisationen wurden als Trivialmaschinen (→Abschnitt 2.1) konzipiert und die Steuerung der in ihnen erbrachten Leistungen im Sinne einer weitestgehend voluntaristisch gestaltbaren Input-Output-Relation betrachtet. Diese mechanistische Vorstellung von Führung hat Jahrhunderte lang das Führungsdenken dominiert. Führung hieß, im Wissen um die notwendigen Funktionen der ›großen Maschine‹ für deren bestmögliches Funktionieren, für Wartung und Reparatur Vorsorge zu treffen; dafür stehen der Führungskraft Werkzeuge (Tools) zur Verfügung, mit deren Hilfe sie von außen eingreifen kann. Der Vorgesetzte ist sozusagen Funktionsspezialist, und da eine einmal hergestellte Maschine eigentlich von selbst laufen sollte, ist Führung kein besonderes Kapitel. Natürlich wird in diesem Verständnis die komplexe Relation von Organisationsstrukturen, Führungsverständnis und Macht als Ko-Kreation von Führungskräften und Mitarbeitenden nicht ausreichend berücksichtigt: »Critical analysis of the relationship between leadership and power appears to have been considered unnecessary or, more to the point, overlooked« (Gordon 2002, S. 155).

Dieses Kapitel beschreibt das Spannungsverhältnis von Führung und Macht, die damit verbundenen Dilemmata für Führungskräfte und die aktuellen Diskurse um ein Führungsverständnis, das sich von tradierten Formen der Machtausübung immer weiter entfernt und doch nicht von der Macht lassen kann.

Der Abschied vom Machtbegriff im Kontext von Organisationen. Ist Führung ohne Macht überhaupt denkbar?

Rudolf Wimmer

Warum hat Macht als Steuerungsmechanismus in Organisationen dramatisch an Bedeutung verloren?

Spätestens seit der zweiten Hälfte der achtziger Jahre des vorigen Jahrhunderts haben Organisationen begonnen, ihre Binnenstrukturen drastisch umzubauen, zunächst beginnend bei größeren Unternehmen, gefolgt dann von Organisationen auch in anderen gesellschaftlichen Bereichen. Die strenge funktionale Gliederung, ausschließlich koordiniert durch das Prinzip der Hierarchie, gehört inzwischen der Geschichte an. Alternative Organisationsdesigns, wie die Geschäftsfeldgliederung, die prozessorientierte Organisation, die Projektförmigkeit und verschiedene Mischformen derselben, haben sich durchgesetzt. Das Ringen um die Aufrechterhaltung der Antwortfähigkeit angesichts sich rapide verändernder Umweltgegebenheiten, angesichts volatiler, vielfach disruptiver Brüche in den entscheidenden Rahmenbedingungen erfolgreichen Agierens als Organisation, zwingt diese heute in periodischen Abständen zu radikalen Transformationen ihrer Basisstrukturen. Der sich beschleunigende Prozess der Internationalisierung und die enormen Folgen des Digitalisierungsgeschehens verleihen diesen Veränderungsdynamiken noch eine weitere, bislang überhaupt nicht gekannte Dimension. Alles in allem haben Organisationen in der Zwischenzeit ihre Eigenkomplexität in einer Weise erhöht, die ihre tradierten Steuerungs- und Koordinationsmechanismen restlos überfordern. Luhmann (2012, S. 120) hat schon Mitte der 1970er-Jahre vermutet, »dass jede Zunahme von Komplexität das Machtverhältnis zu Gunsten der Untergebenen verschiebt mit der Folge, dass ein Organisationssystem umso weniger leitbar ist, je komplexer es ist« (ebd.). Zu dieser Einschätzung muss man kommen, wenn man in der machtbasierten Hierarchie den einzig relevanten Steuerungsmechanismen sieht. Die jüngste Organisationsgeschichte zeigt allerdings, dass eine Vielzahl alternativer Steuerungsmodi bereits längst in Erprobung ist.

Inzwischen hat man Hierarchien radikal abgeflacht, teamförmige Arbeitsformen sind im Vormarsch, netzwerkartige Kooperationsmuster koordinieren bereichsübergreifend die erforderlichen Abstimmungsprozesse. Das alltägliche Führungsgeschehen spielt sich heute sehr viel mehr in lateralen Kooperationsbeziehungen ab, als dies je für möglich gehalten wurde. Der hierarchische Unterschied zwischen den Ebenen ist zwar nicht verschwunden, seine Funktion hat sich allerdings grundlegend gewandelt.

Diese Veränderungen wesentlicher Koordinations- und Kooperationsmuster in Organisationen haben den in die Mitgliedschaftsrolle eingebauten Verhaltenserwartungen ein neues Profil verliehen. Auf einem wesentlichen Teil der Positionen in Organisationen genügt es heute nicht mehr, wenn Beschäftigte einfach ihre vordefinierte Arbeit erledigen. Es wird inzwischen durchweg erwartet, dass Mitarbeitende proaktiv mitdenken, unaufgefordert erkannte Probleme anpacken, ihr Wissen und ihre Erfahrungen frühzeitig in Entscheidungen einbringen, d. h., dass sie engagiert mit in die Verantwortung für die Leistungsfähigkeit ihres Aufgabengebietes gehen. Ohne dieses breite Befasstsein einer Vielzahl der Mitarbeitenden mit den Belangen einer Organisation ist die heute geforderte Agilität und Flexibilität überhaupt nicht denkbar. Die enorm gesteigerte Binnenkomplexität von Organisation hat diese in ihrer Performance in einem historisch noch nie dagewesenen Ausmaß davon abhängig gemacht, dass ihre Mitglieder aus einem inneren Engagement für den Erfolg der Organisation heraus ihr gesamtes Leistungsvermögen ziemlich ungebremst in das alltägliche Arbeitsgeschehen einbringen. Diese neue Art des Angewiesenseins auf die umfassende Bereitschaft der Beschäftigten, mitzuwirken und Verantwortung zu übernehmen, hat die organisationsinternen Einflussverhältnisse in einem erheblichen Maße verschoben. Verstärkt wird diese höhere Reziprozität im Verhältnis von Person und Organisation auch durch veränderte Erwartungen und Ansprüche, die vor allem gut ausgebildete jüngere Beschäftigte heutzutage an ihre Arbeit stellen (Stichwort Generation Y). Diese Leute gewinnen ihre persönliche Identität dadurch, dass ihnen ihre Arbeit laufend Chancen zur Selbstoptimierung (inklusive Selbstüberforderung) bietet (dazu auch Ameln/Wimmer 2016).

Unterm Strich kann man zweierlei feststellen. Zum einen sind die entscheidenden Machtquellen der Vergangenheit weitgehend versiegt, auf die sich eine machtbasierte Kommunikation mit Erfolgsaussicht heutzutage noch stützen könnte. Zum anderen benötigen die heutigen Anforderungen an die Qualität und Treffsicherheit von Entscheidungen ein anderes Verständnis von Autorität, als es früher gelebt wurde. Die klassische hierarchiebetonte Kompetenzvermutung ist nicht mehr realitätsangemessen, weil es heute gerade darauf ankommt, die breit verteilte Intelligenz zur besseren Risikobewältigung von Entscheidungen gekonnt zu mobilisieren. Dies bedeutet nicht, dass damit das soziale Phänomen Macht aus unseren Organisationen verschwindet. Natürlich gibt es vielerorts nach wie vor eine Fülle an machtbasierten Auseinandersetzungen und wechselseitigen Beeinflussungsversuchen. Gerade die enorm zunehmenden, komplexitätsbedingten Interdependenzen in den heutigen Organisationen vermehren an vielen Stellen derselben hierarchisch nicht kontrollierbare Machtquellen, die für Machtkonflikte, wechselseitige Blockaden und ähnliche mikropolitische Manöver trefflich genutzt werden können. Je mehr sich allerdings solche Dynamiken organisationsintern verfestigen, umso mehr gehen sie zulasten der Leistungsfähigkeit des Gesamtsystems. Das Paradoxe daran ist, dass solche Verhältnisse mit Macht nicht zu verändern sind, sondern durch ihren Einsatz nur weiter angeheizt werden. Deshalb kann man mit Blick auf die heutigen Komplexitätsbedingungen vor einer anhaltenden Überfrachtung des Machtbegriffes im Kontext von Organisationen nur warnen, so sehr auch die zunehmende Machtempfindlichkeit in unseren Breiten zu so einer (häufig egalitätspolitisch motivierten) Überfrachtung einlädt.

Macht es Sinn, den Machtbegriff durch ein systembezogenes Führungsverständnis zu ersetzen?

Es ist kein Zufall, dass sich in den letzten Jahren die öffentliche wie auch die wissenschaftliche Diskussion rund um die Frage nach einem geeigneten Führungs- und Managementverständnis stark intensiviert hat. Der Bedarf, in die ›Führbarkeit‹ unserer Organisationen zu investieren, ist evident und allgemein anerkannt. Die diesbezügliche Ratgeberliteratur explodiert geradezu. Die wissenschaftliche Auseinandersetzung mit diesem Themenfeld kreist um einige paradigmatisch zum Teil total gegensätzliche Ansätze, die bislang recht unverbunden nebeneinander stehen (Wimmer 2016). Ohne hier im Detail auf diesen Diskurs eingehen zu können, spricht aus meiner Sicht viel dafür, unter Steuerungsgesichtspunkten den Machtbegriff durch ein systembezogenes Führungsverständnis zu ersetzen (Genaueres zu diesem Verständnis vgl. Wimmer 2012 und Rüegg-Stürm/Grand 2015).

Nutzt man das systemtheoretische Theorierepertoire — so die hier vertretene These —, so lässt sich ein Führungsverständnis rekonstruieren, das für das Komplexitätsniveau heutiger Organisationen antwortfähig ist. Eine der wesentlichen Prämissen dieses Verständnisses ist die Annahme, dass Organisationen in irgendeiner Form in sich selbst stets ein Potenzial ausdifferenzieren, das sie dazu befähigt, sich selbst mit Blick auf die relevanten Umwelten unter dem Gesichtspunkt der eigenen Leistungsfähigkeit und Funktionstüchtigkeit zu beobachten und daraus Impulse für die eigene Weiterentwicklung zu generieren. Diese ›Organizational Capability‹ nennen wir Führung. Es handelt sich dabei also um ein organisationales Phänomen, das von Organisation zu Organisation sehr, sehr unterschiedlich entwickelt sein kann. Führung ist in diesem Sinne keine Eigenschaft von Personen (wie das gerne verkürzt gesehen wird), die diese dazu befähigt, den Rest der Organisation nach ihren Vorstellungen zu formen. Selbstverständlich braucht es geeignete Persönlichkeiten, die auf den verschiedenen Positionen in die mit diesen verbundene Verantwortung eintreten können. Diese Funktionsträger stellen sich aber gemeinsam mit anderen der zentralen Herausforderung, ihren Verantwortungsbereich — gemessen an seinem Aufgabenprofil — erfolgreich zu machen. Führung in diesem Sinne ist also eine spezialisierte ›Dienstleistung‹, die im Unterschied zu den unterschiedlichsten fachlich geprägten, operativen Aufgabenfeldern darauf ausgerichtet ist, die Überlebens- und Zukunftsfähigkeit der Organisation als Ganzes immer wieder aufs Neue zu sichern.

Es ist dies eine Leistung, die keinem Einzelnen als Ergebnis zuzurechnen ist (auch nicht der Organisationsspitze), sondern nur in einem äußerst störanfälligen Zusammenspiel vieler Akteure erzielbar ist. Ein wesentlicher Teilaspekt dieser Leistung ist die sorgfältige Gestaltung und Steuerung führungsspezifischer Kommunikationsprozesse, mit deren Hilfe das breitgefächerte Wissenspotenzial (im Sinne auch von gegenteiligen Meinungen, Zweifeln, offenen Fragen) für die je anstehenden Entscheidungen mobilisiert und möglichst zu einem tragfähigen Konsens zusammengeführt wird. Diese zentrale Führungsleistung (die erfolgreiche Bearbeitung der jeweils anstehenden Entscheidungsmaterien) kann sich auf teamförmige Prozesse stützen (als Teil der Arbeit unterschiedlicher Managementteams, Projektteams etc.), sie muss in vielen Fällen aber auch auf asymmetrische Konstellationen zurückgreifen, um die anstehenden Entscheidungen zeitgerecht zustande zu bringen. Für die Akzeptanz und Glaubwürdigkeit solch asymmetrischer Kooperationssituationen zu sorgen, ist selbst eine Kernaufgabe von Führung. Hier hilft heute die schlichte Berufung auf hierarchische Vorgaben nur sehr bedingt weiter. Sich mit großer Achtsamkeit um die Führbarkeit der eigenen Organisation angesichts des ständigen Wandels organisatorischer und personeller Natur zu kümmern, ist selbst also die vornehmste Aufgabe von Führung. Dies verlangt einen sorgfältigen, unverstellten Blick auf sich selbst, eine begleitende Reflexion und Auswertung der Leistungsfähigkeit des gesamten Führungssystems. Eine zweifelsohne immer wichtiger werdende Dimension ist in diesem Zusammenhang sicherlich das, was heute mit Personalführung zu tun hat. Das wechselseitige Erwartungsmanagement, die immer wieder erforderlichen Aushandlungsprozesse, die die vielfältigen Aspekte des Verhältnisses von Person und Organisation zum Gegenstand haben, benötigen eine stabile Vertrauenskultur, die davon ausgeht, dass sich alle Beteiligten im Interesse der Leistungsfähigkeit des Ganzen einbringen und stets ein fairer Ausgleich der involvierten persönlichen Interessen gesucht wird. In diesem Sinne ist Führung dafür verantwortlich, dass der Aufgabenaspekt gerade nicht in den Dienst verdeckter Machtauseinandersetzungen rutscht, sondern dass sich eine Kultur des Miteinanders festigt, die auf dem Vertrauen basiert, dass keiner der Beteiligten (verdeckt oder offen) auf sein Machtpotenzial zurückgreifen muss, um — mit welchen Anliegen auch immer — zur Geltung zu kommen. Es ist zu hoffen, dass die noch ausstehenden theoretischen Vertiefungen der Phänomene Macht und Führung im Kontext von Organisation eine wesentlich genauere Differenzierung dieser Steuerungsmodi zutage fördern, als dies in diesem kurzen Beitrag möglich war.

6.1 Führung als Machtausübung und der Mythos des mächtigen Führers

Klassische Definitionen von Führung (siehe Exkurs weiter unten) sind sich darin einig, dass Führung vor allem in einer durch die Rollenmacht des Vorgesetzten gestützten Beeinflussung des Verhaltens der Mitarbeiterinnen und Mitarbeiter besteht. Dieses Verständnis von Führung als linear-kausaler Beeinflussung des Mitarbeiterverhaltens findet sich nicht nur in weiten Teilen der Ratgeberliteratur zum Thema Führung wieder, sondern auch in den subjektiven Führungstheorien vieler Führungskräfte. So impliziert die häufig zu hörende Frage »Wie kann ich meine Mitarbeiter motivieren?« die Annahme, dass der Bewegungsimpuls (Motivation kommt von lat. movere = bewegen) letztlich von der Führungskraft ausgehen muss (Heintel/van der Zouwen 2013). Damit ist klar:

- Mangelnde Leistungsbereitschaft des Mitarbeiters geht auf in seiner Person begründete Defizite zurück (und nicht z. B. auf demotivierende Faktoren in der Organisation, im Team oder seitens der Führung).
- Führung ist die Anwendung einer Sozialtechnik, um Motivation von außen — gewissermaßen gegen das der Persönlichkeit des Mitarbeiters inhärente Trägheitsmoment — zu induzieren.
- Der Mitarbeiter muss sich verändern, nicht die Führungskraft.

Es fällt auf, wie nahe dieses tradierte Verständnis von Führung inhaltlich bei der Weber'schen Machtdefinition (→ Abschnitt 1.3) liegt.

EXKURS

Klassische Definitionen von Führung[44]

- »zielbezogene, interpersonelle Verhaltensbeeinflussung« (Baumgarten)
- »richtungsweisendes und steuerndes Einwirken auf das Verhalten anderer Menschen, um eine Zielvorstellung zu verwirklichen« (Heeres-Dienstvorschrift 100/200, Nr. 101)
- »Fremd-Willensdurchsetzung i. S. einer intendierten, direkten, asymmetrischen Fremdbestimmung« (Seidel 1978, S. 81)
- »eine Beziehung und eine Interaktion zwischen mehreren Individuen innerhalb der Organisation [...], in der Einfluss und Macht ungleich verteilt sind« (Weinert 1998, S. 419)
- »die Durchsetzung von Herrschaft auf dem Wege der Motivierung« (Stöber/Bindig/Derschka 1974, S. 9)

Dieses Grundverständnis von Führung als linearkausaler Beeinflussung befördert den Mythos des mächtigen, durchsetzungsstarken und erfolgreichen Führers[45], der seine Untergebenen mitreißt, notfalls aber auch klare Kante zeigen kann. Die Great-Man-Theorie der Führung, nach der man zum Führer geboren sein muss, gehört zwar zum alten Eisen der Führungstheorie, doch auch das Modell der charismatischen Führung und seine neuzeitlichen Varianten fußen letztlich auf einem persönlichkeitstheoretischen Kern. Neuberger (2002) hat auf der Basis der Analyse von Rigotti (1994) die Idealtypen des (mächtigen) Leaders und des (einflussreichen) Managers herausgearbeitet (Abb. 3).

In Anbetracht der an Götzenverehrung grenzenden Dynamik bei öffentlichen Auftritten von Unternehmensführern wie Steve Jobs können einem Zweifel an der vielfach geäußerten Diagnose kommen, die Zeit der heroischen Führer gehe ihrem Ende entgegen und die Zukunft gehöre den postheroischen Führungskräften. Das heroische Führungsideal ist dabei eng mit dem Stereotyp der virilen Männlichkeit, mit Männlichkeitsriten und der entsprechenden Körpersymbolik verbunden, wie sich nicht nur an Hollywood-Projektionsfiguren der Macht (von John Wayne bis Arnold Schwarzenegger), sondern auch in den

44 alle entnommen aus Neuberger (2002), S. 12f.

45 Wenn in diesem Abschnitt nur die männliche Form verwendet wird, spiegelt dies die stereotype männliche Besetzung des ›Great-Man‹-Mythos wieder.

Leader	Manager
dux (Heer-)Führer anführen, vorausgehen	rex König, Regent, Herrscher leiten, gestalten, beherrschen
Archetyp: Romulus (1. König Roms)	Archetyp: Numa (2. König Roms)
indoeuropäische Gottheit: Varuna (Attribute: angreifend, dunkel, begeistert, gewaltsam, kriegerisch, unberechenbar, frenetisch, magisch, fordernd)	indoeuropäische Gottheit: Mithra (Attribute: rational, klar, ruhig, wohlwollend, kontrolliert, liberal, gerecht)
Leitmaxime: Kampf	Leitmaxime: Harmonie
Leitmetapher: Krieg	Leitmetapher: Staatsschiff, Staatsgebäude
Ziele: Machtgewinn Umsturz, Wandel, Dynamik, Konflikt	Ziele: Machterhalt, -sicherung Bestand, Statik, Ordnung, Sicherheit
Politikkonzept: Machiavelli	Politikkonzept: Aristoteles
politische Theorie: Konservatismus, Marxismus, Imperialismus, Romantizismus, ‚Realismus‘	politische Theorie: Humanismus, Liberalismus, Utilitarismus
der Andere: (potentieller) Feind	der Andere: (potentieller) Freund

Abb. 3: Die Leader-Manager-Differenzierung aus der Perspektive der Politiktheorie (aus Neuberger 2002, S. 50, nach Rigotti 1994, S. 58ff.)

männerbündischen Ritualen mancher Führungszirkel ablesen lässt. Auch die Selbstüberhöhung der letzten verbliebenen Heroen der kapitalistischen Wirtschaft wirkt aus heutiger Betrachtungsperspektive anachronistisch und unglaubwürdig, dennoch werden sie dem Publikum in aufwendig inszenierten Aktionärsversammlungen und Roadshows als mächtige Heldenfiguren präsentiert. Beim Wechsel der Vorstandsvorsitzenden von DAX-Konzernen kann der Börsenwert des Unternehmens (wie 2015 im Fall der Deutschen Bank) leicht einmal um mehrere Milliarden steigen. Dahinter steht letztlich die Vorstellung, der neue Held könne allein durch seine machtvolle und charismatische Präsenz die Geschicke einer ansonsten nur schwer steuerbaren Großorganisation auf geradezu magische Weise zum Besseren lenken. Der Mythos des mächtigen Führers dient nach wie vor als Projektionsfläche für Hoffnungen und Heilsfantasien aller Art.

Trotz aller Säkularisierung und Desillusionierung, die die postmoderne Organisationswelt in Bezug auf Führung mit sich gebracht hat, ist Führung nach wie vor mit einem gewissen Nimbus versehen. Zu ihrer Systemfunktionalität hinzu tritt eine ›Aura‹, mit der Autorität und Macht umgeben wird.

Nun mag es zwar sein, dass es sich bei Führungskräften um ›besondere‹ Personen handelt, nämlich solche, die imstande und begabt sind, ihre Rolle einer Systemverantwortung bestmöglich auszuüben und alle ihnen aufbereiteten Informationen in geglückten Entscheidungen zusammenzubinden — bloß an ihnen, ihrer Individualität liegt es nicht. Jede Karrierestufe im Top-Führungsbereich verpflichtet sie zu neuem Lernen, wie sie ihre Aufgabe erfüllen wollen. Lernfähig allerdings müssen sie sein, um System*repräsentanten* zu werden. Der Ursprung der Aura liegt also einerseits im Glauben-Müssen an eine nicht näher bestimmte Überlegenheit von Führung, andererseits in der Hoffnung auf gelingende Lernprozesse, schließlich aber auch im Thema oder der Bedeutung von Repräsentation. Führung ist daher immer auch Systemrepräsentation und ihr verleiht man auch die Aura der Macht, der man sich ›freiwillig‹ unterwirft. Dass Personen aber imstande sein können, ganze Systeme zu repräsentieren, sich sozusagen im ›Geiste des Abstrakten‹ bei der gleichzeitig vorliegenden Komplexität aller Unterschiede und Details entscheidungstüchtig bewegen können, kann als ›Wunder‹ angesehen werden, das sie mit einer Aura auszeichnet.

Zum Glauben gehört auch sein Zwillingsbruder, das *Vertrauen*. Es ist an dieser Stelle sinnvoll, zumindest zweierlei Arten von Vertrauen zu unterscheiden: Das Vertrauen, das man zu Freunden, Partnern, ›Vertrauten‹ hat — meist ein Ergebnis geglückter direkter Kommunikation — und ein ›*Beschwörungsvertrauen*‹, das man zu Mächtigen (Vorgesetzten, Systemen) entwickelt. Letzteres ist uralten Ursprungs und hängt mit einer besonderen Kontaktnahme zu unbeeinflussbarer Macht zusammen. Natur, Schicksal, Götter, Gott etc. versetzten Menschen in ein Gefühl einer Dauerabhängigkeit. Ein Mittel, die Mächte gnädig zu stimmen, war, ihnen Vertrauen entgegenzubringen. Vertrauen schafft eine Brücke, auf der man das Entgegenkommen des Unbeeinflussbaren erwarten kann. Unterwerfungs- und Vertrauensgesten sollen ›Beißhemmung‹ nach sich ziehen. Dieses Beschwörungsvertrauen äußert sich auch als Systemvertrauen. Es aktiviert zusätzliche Gefühle. Es ist aber ein Unterschied, ob sich diese auf Systeme richten, deren Sinn durchaus auch rational eingesehen wird — wie beispielsweise jenes der Rechtsstaatlichkeit oder eines funktionierenden Gesundheitssystems — oder auf Systeme, wo gerade umgekehrt rational nachvollziehbarer Sinn nicht gegeben ist. Die Österreicher haben ihren Kaiser ›geliebt‹ und bei seinem Begräbnis im Spalier geweint, wie auch die Nordkoreaner beim Tod des vorletzten Diktators. Auch der Führer A. Hitler wurde

›geliebt‹, zumindest wurde das von ›seinem‹ Volk behauptet. ›Reine‹, abstrakte Macht ist dem Menschen unerträglich. Liebe, Eros macht sie menschlicher. Deshalb hat sich der alte Rächergott allmählich zu einem Gott der Liebe und Gnade verwandelt. In diesem Gefühlsgemenge befindet sich auch jede Autorität und damit Führung. Auffallend bei Geburtstagsfeiern ist immer wieder die Geschenkbereitschaft Untergebener. Opfergaben sind eben Distanzüberwindungsmittel, Vermenschlichungsversuche, gerichtet an die abstrakte Macht.

MERKE

»Power is the essence of leadership« (Fairholm 2009, S. 33) — diesen Mythos des durchsetzungsstarken, durch seine maskuline Aura dominierenden Führers hat die Führungsforschung zwar längst ad acta gelegt, er geistert aber dennoch in Form von Reminiszenzen an die ›charismatische‹ Führung nach wie vor durch die Führungsdiskurse. Gerade im oberen Management sind ein bestimmter, nur durch lebensgeschichtliche Erfahrung zu erwerbender Habitus und eine Souveränität im Umgang mit den Verhaltensrepertoires und Symboliken der Macht Voraussetzung, um in der Führungsrolle bestehen zu können. Heute sind allerdings deutlich subtilere Formen des Signalisierens eigener Macht gefragt als früher.

Die Idee der Bemächtigung — Eine kulturanthropologische Skizze

Ewald E. Krainz

Auch die Antipoden haben ihr Recht des Daseins! Es gibt noch eine andere Welt zu entdecken — und mehr als eine! Auf die Schiffe, ihr Philosophen!
F. Nietzsche, Die Fröhliche Wissenschaft, Viertes Buch: Sanctus Januarius 289

Wir leben in einer Organisationsgesellschaft. Organisationen, wohin man blickt. Kaum ein Lebensbereich, der davon nicht betroffen wäre. Die Organisation als soziales Gebilde ist die dominante Form, wie sich Macht inszeniert — sowohl nach außen hin, in den gesellschaftlichen Raum, als auch nach innen hin, in den Binnenbereich der jeweiligen Organisationen. Bei aller Konzentration auf Macht als Movens des Fortkommens in Organisationen einschließlich der Bemühungen (sofern vorhanden), ihren Einsatz in demokratischen Gesellschaften auf ein erträgliches Minimum zu reduzieren, erfasst man die Quelle allen Bemächtigungsstrebens jedoch nicht, wenn man sie als gegebenes Phänomen hinnimmt.

Im Versuch, den Dingen in ihrem Wesen näher zu kommen, braucht man eine Perspektive von außen. Wo aber ist dieses ›Außerhalb‹, gewissermaßen der archimedische Punkt, von dem aus man die Eingeschränktheit eines immanenten Blicks erkennt? Das populärste Narrativ der aktuellen Beschreibungsform dieser unserer Organisationsgesellschaft ist (zumindest in der Branche der Organisationsberatung) die Systemtheorie. Sie liefert eine zweifach verkürzte Weltsicht. Zum einen ist die Vorstellung einer durchgängig funktional differenzierten Segmentierung, innerhalb welcher die Systeme nur eigendynamisch vor sich hin rotieren und nur hin und wieder in Form von ›strukturellen Koppelungen‹ quasi physikalisch aufeinander reagieren, nur unter Absehung von komplexen Wechselwirkungen, Widersprüchen und Dialektiken aufrechtzuerhalten. Zum anderen aber, und das ist der gravierendere Einwand, ist sie maximal eine ›Theorie des Westens‹.

›Der Westen‹ umfasst einen kulturellen Großraum, der von einigen historischen Gegebenheiten charakterisiert ist, die ein spezifisches Gemisch bilden — aus Christentum, Aufklärung, Naturwissenschaft, Industrialisierung, Kapitalismus und Demokratie (vgl. Ferguson 2011, ›Civilisation. The West and the Rest‹). Geografisch besteht der Westen aus Europa und seinen ›Spin-offs‹, also USA, Kanada, Australien sowie einigen Enklaven an den Küsten ehemaliger Kolonien. Die ganze andere Welt dagegen funktioniert nur sehr beschränkt in vergleichbarer Weise. So verdeckt der Begriff der ›Globalisierung‹ nicht nur, dass ohnehin nur die konkurrenzkapitalistisch ernst zu nehmenden Weltgegenden gemeint sind, sondern auch, dass jegliche Art von Missionierung, ob religiöser, politischer oder kultureller, unterm Strich mindestens so viel Schaden wie Nutzen gestiftet hat.

Verlegt man seine Perspektive aus dem so beschriebenen kulturellen Großraum hinaus, geraten ganz andere Dinge in den Blick. Die empirische Basis dafür erfordert ein vergleichendes Eintauchen in Gesellschaften, die bei weitem nicht so hochorganisiert sind wie die unsrige. Ethnologische Zugänge (vgl. z. B. Geertz 1987) sind dabei ebenso nützlich wie Abhandlungen, die kulturanthropologisch Grundsätzliches im Sinn haben (vgl. z. B. Oesterdiekhoff 2012) oder das universale Phänomen Religion erörtern (vgl. z. B. Eliade 1949). Noch beeindruckender allerdings ist der Lokalaugenschein. Was mich betrifft, hat das zu einem umfangreichen Reiseprogramm geführt, in die anderen Welten (vgl. dazu den eingangs genannten Zuruf Nietzsches), hinaus aus dem Westen. Sucht man einen vergleichenden Zugang zu Kulturen, ermöglicht dies Unterscheidungen ebenso wie Verallgemeinerungen, man oszilliert zwischen Relativismus und Universalismus. Der Erstere ist einfach zu haben, der Letztere ist ehrgeiziger, wenn auch fehleranfälliger.

Ist die so gewonnene empirische Basis allerdings genügend breit, geraten ›Basic Patterns‹ in den Blick, die in Varianten in räumlicher und in zeitlicher Hinsicht transkulturell auftreten. Sie alle haben mit Macht zu tun, besser gesagt mit mehr oder weniger gelungenen Versuchen, Macht zu gewinnen. Alle diese Versuche wurzeln in einer existenziellen Ausgangslage, welche die Conditio humana fundamental kennzeichnet und im Gegenteil von Macht besteht. Wenn es überhaupt einen als Ausgangslage ansprechbaren Zustand gibt, dann ist dieser durch Ohnmacht, Ausgesetztheit, Abhängigkeit und Ausgeliefertsein charakterisiert, zunächst vor allem gegenüber der Natur. Unsere Organisationen sind uns so weitgehend zur sekundären ›Kunstnatur‹ geworden, dass jedes Mal große Aufregung entsteht, wenn sich einmal die ›echte‹ Natur (z. B. in Form von Naturkatastrophen) bemerkbar macht.

Dass sich das ›Leitgefühl‹ der Ohnmacht in einen ›Bemächtigungstrieb‹ umbaut, ist sowohl individualpsychologisch wie kulturanthropologisch gesetzmäßig. Nun sind ›wir Menschen‹ gewissermaßen umgeben von Angstquellen, auf die wir reagieren, erschreckt zunächst, aber im zweiten Schritt auch in Form von Bemächtigungsversuchen. Letztlich äußert sich hierin ein Überlebenstrieb, immer begleitet von Existenzangst, aber immer auch mit einem wenigstens latenten schlechten Gewissen, einer sekundären Angst (Hybrisangst) als Reaktion auf die Bemächtigungsversuche. Deshalb braucht es auch eigene Funktionsträger als Exekutoren der Machtausübung. Denn diese entlasten das Kollektiv, indem sie in ihrer Exponiertheit als erste Objekte infrage kommen, sollten die Dinge, derer man sich zu bemächtigen sucht, irgendwie ›zurückschlagen‹.

Von diesem Grundgedanken ausgehend kommt man zu einer Taxonomie der Objektwelten, denen die Bemächtigungsversuche gelten. Drei Sphären lassen sich unterscheiden,

- die Welt der Natur (der belebten wie der unbelebten, der Welt der Dinge),
- die Welt der Geister, des Immateriellen, der unsichtbaren Wirkkräfte, und schließlich
- die Welt der (anderen) Menschen, also auch die Welt der Organisationen.

Wie die Natur den ›Frühmenschen‹ erschienen ist, lässt sich durch die dürftige Quellenlage nur spekulativ ermessen. Teils lässt sich dies durch die Beobachtung heutiger ›Naturvölker‹ bewerkstelligen, allesamt nicht sehr hochorganisierte Stammesgesellschaften, die ihre Binnenverhältnisse durch stabile Sitten und Gebräuche hochritualisiert regeln; teils kann man sich aber auch mit einigem Vorstellungsvermögen Situationen ausmalen, wie es ist, wenn alle möglichen für uns selbstverständlich gewordenen Errungenschaften der technischen Zivilisation wegfallen. Die Natur ist in diesem Sinn ein permanent bedrohliches Gegenüber.

Es ist eine ›Leistung‹ moderner Gesellschaften, dass verschiedene belastende Lebensphänomene durch die Tätigkeit von Organisationen versuchsweise erleichtert werden oder sich diese vor das unmittelbare, inneren Aufruhr erzeugende Erleben schieben. Das deutlichste Beispiel dafür liefert der Umgang mit dem Tod. Der Tod, weniger der eigene als der von Mitgliedern der eigenen Bezugsgruppe, ist der Skandal des Lebens schlechthin. Und nirgends wird deutlicher, wie hilflos, wenn auch ideenreich die Reaktionen der Hinterbliebenen sind. Gehlen (1975) nannte die Unmöglichkeit der Nichtreaktion auf einen so starken Stimulus ›unbestimmte Herausforderung‹. Man kann nicht nicht reagieren — und ›erfindet‹ bei dieser Gelegenheit Religion. Das Erleben des Todes von Mitmenschen in Erinnerung zu rufen, ist deshalb interessant, weil sich daran zeigen lässt, dass alles, was man Frühmenschen, Naturvölkern, dem psychologischen oder historischen Archaikum zuordnet, auch für den modernen Menschen gilt. Dessen religiöser Habitus wurde von Lukács (1920) als ›transzendentale Obdachlosigkeit‹ bezeichnet. Angesichts des Todes werden aber erfahrungsgemäß auch vermeintlich hartgesottene Agnostiker auf die Probe gestellt.

Dennoch gibt es Unterschiede zwischen Moderne und Vormoderne. So etwa haben den kollektiven Annahmen zufolge die Verstorbenen, die Ahnen, in vielen Stammesgesellschaften eine überragende Bedeutung für die Lebenden. Vielfach wird ihnen sogar mehr Aufmerksamkeit zuteil, mehr Wichtigkeit zugeschrieben als diesen. In der Ahnenverehrung lässt sich der Nukleus der Religionsbildung beobachten. Verstirbt eine prominente Person einer Gruppe, macht sie im Jenseits quasi Karriere. Sie verschwindet nicht etwa in der Erinnerung und wird durch spätere Verstorbene in den Hintergrund gedrängt, sondern eher in die Höhe gehoben, bis sie nach einigen Generationen zu einer obersten Stammesgottheit geworden ist. Als diese wird sie immer wieder — etwa in Pflanzergesellschaften nach der Ernte als z. B. ›Mountain Spirit‹ bei rituellen Feiern, die von Opfern begleitet werden, angerufen. Sie möge ihren Segen spenden, d. h. ein Versprechen abgeben, dass der nächste Zyklus von Aussaat, Wachstum und Ernte von Erfolg begleitet sein wird. Die Macht, die ihr zugeschrieben wird, ist so groß, dass sie über Wohl und Wehe des Kollektivs entscheidet.

Das Prinzip gilt nicht nur für Dorfgemeinschaften, sondern auch für ganze Reiche. Der Kaiser von China trug von frühen Zeiten an bereits den Beinamen ›Himmelssohn‹ (Granet 1934), weil genau dies seine Aufgabe war. Durch seine Kontaktfähigkeit mit den höheren Mächten sollte er für das labile Gefüge einer ernteabhängigen Bevölkerung sicherstellen, was nicht sichergestellt werden kann, nämlich die Abwehr von Hungersnöten, die es infolge misslicher Wetterbedingungen (zu trocken, zu nass, zu heiß, zu kalt, zu windig) oft genug gab. Diese Funktion kulminierte in einem Ritual zum Zeitpunkt der Wintersonnenwende, durchzuführen im ›Himmelstempel‹, den es in allen Hauptstädten der verschiedenen Dynastien gab. In vergleichbarer Zuständigkeit wurde im alten Ägypten der Pharao gesehen. Hier war das Bedrohungsszenario das Ausbleiben der Nilschwemme, was verbürgtermaßen immer wieder aufgrund geringer Niederschläge im äthiopischen Hochland vorkommen konnte. Misserfolg bei solchen kultischen Tätigkeiten hatte Konsequenzen. Sowohl in China wie auch im alten Ägypten gab es deshalb wiederholt ›innenpolitische‹ Krisen, sogar Amtsenthebungen, was jedoch weniger politisch zu verstehen ist als kultisch.

Auch wir in der Moderne kennen Überreste solcher Denkvorstellungen, zumindest in Gestalt von Folklore. Ob diese Denkvorstellungen ›auf dem Land‹ oder in bestimmten kulturellen Nischen noch richtig ernst genommen werden, kann man dahingestellt lassen. Aber selbst in den säkularsten und musealisiertesten Formen ist der Referenzpunkt der Bemühungen im Jenseitigen, dem Reich der Verstorbenen.

Sich in kultisch-rituellen Belangen mit den Verstorbenen einzulassen, ist in vielen Fällen riskant, weil sie häufig als launisch und keineswegs als nur gütig vorgestellt werden. Das gilt umso mehr dann, wenn sie keines natürlichen Todes gestorben, sondern durch Krankheit, Unfall oder ein Verbrechen umgekommen sind. So als wären sie erzürnt über ihr Schicksal, sind sie gleichsam ›untot‹ und bevölkern eine immaterielle Halbwelt zwischen den Lebenden und den Toten, von wo aus sie eine vor allem destruktive Wirkung gegenüber den Lebenden entfalten. Das ist jedenfalls die Glaubensannahme der Mongolen und sibirischer Völker wie z. B. der Burjaten. Gegen die schädigende Wirkung dieser ›Untoten‹ hat sich bei ihnen die Institution des Schamanismus herausgebildet, die sich über den ganzen zentral- und ostasiatischen Raum ausgebreitet hat und mit den Einwanderungswellen nach Amerika auch dorthin gelangte.

Es entspricht nun einem animistischen Weltbild, dass die Natur nicht nur belebt, sondern auch beseelt ist. Die Grenze zwischen Wissen und Glauben als eine Errungenschaft der aufgeklärten Geistesentwicklung ist auch bei uns noch nicht überall hingelangt. In den religiösen Überzeugungen der meisten Kulturen jedoch ist die Nichtabgegrenztheit zwischen dem Heiligen und dem Profanen nahezu kulturkonstitutiv. Die ›Hierophanie‹ (Eliade 1949), das In-Erscheinung-Treten des Heiligen im Profanen, ist ein völlig normales und ständig vorkommendes Ereignis. In allem kann sich das Heilige zeigen.

Man kann die drei Sphären — Natur, Immaterielles, Gesellschaft — analytisch zwar trennen, zugleich aber ist festzustellen, dass es Phänomene des Übergreifens von einer Sphäre auf die andere gibt, insbesondere lässt sich sowohl Naturhaftes wie auch Gesellschaftliches leicht sakralisieren, genau das meint ›Hierophanie‹, so als handelte es sich um etwas Religiöses: Ihm ist in jedem Fall mit Ehrfurcht zu begegnen ist, anderenfalls drohen üble Konsequenzen. Kristeva (2015) beschrieb dies als ›das unglaubliche Bedürfnis zu glauben‹ und nannte diese anthropologische Konstante der menschlichen Konstitution ›präreligiös‹. Religion ist in diesem Sinn eine Erscheinungsform des Präreligiösen. Aber auch im Nichtreligiösen zeigt sich das Präreligiöse und gestaltet die Weltverhältnisse; so säkularisiert kann eine Gesellschaft gar nicht sein.

Alle Zivilisationen haben in Bezug auf die drei Sphären eigene ›Agenten‹ als zivilisatorische Typen hervorgebracht, Spezialisten allesamt, die sich von den Gewöhnlichen unterscheiden. In Bezug auf die Bemächtigung der Natur entstanden Techniker und Ingenieure, in den frühen Formen z. B. Schmiede und Trickster. In Bezug auf das Immaterielle entstanden Priester, Zauberer, Schamanen usw. In Bezug auf die Gesellschaft entstanden die Hierarchiespitzen, Häuptlinge, Könige usw. und in den Organisationen Führungskräfte und Manager. Spezialisiert hinsichtlich ihrer Metiers, ihrer Zuständigkeiten, stehen alle drei zivilisatorischen Typen im Machtkampf gegenüber den Dingen auf einer Ebene. Das Verhältnis zwischen diesen Spezialisten und den gewöhnlichen Menschen kann man durchaus für problematisch halten. Denn es wird hier ein Mechanismus des Delegierens deutlich, der mit einem sich Verabschieden des Kollektivs aus eben diesen Zuständigkeiten einhergeht, den darin enthaltenen Gestaltungsmöglichkeiten bzw. -notwendigkeiten, aber auch der darin enthaltenen Verantwortungsübernahme. Das alles ist keineswegs bloß Kulturkunde aus fremden Ländern. Der Mechanismus der Sakralisierung der Hierarchiespitzen ist auch bei uns durchaus in Kraft, man denke z. B. an das Gerede von der ›Vision‹. Im Prinzip ist so etwas ›unaufgeklärt‹, im Kant'schen Sinn »selbstverschuldete Unmündigkeit«.

6.2 Führung im Spannungsfeld von Macht, fachlicher Autorität und Vertrauen

Wer andere Menschen dazu bringen will, kontingente Ziele zu verfolgen und etwas zu tun, das man auch anders oder gar nicht tun könnte, muss zunächst *Folgebereitschaft* herstellen. Dieses Grundproblem der Macht wurde in natürlichen Sozialsystemen mittels körperlicher Überlegenheit (→ Abschnitt 1.1), über Vertrauen und den Nachweis besonderer Fähigkeiten gelöst: Man folgt dem Stärksten, dem Besten oder dem, mit dem man gute Erfahrungen gemacht hat.

Organisationen können sich auf diese voraussetzungsvollen Grundlagen der natürlichen Führung nicht verlassen. Sie greifen daher auf funktionale Äquivalente zurück, indem sie die Folgebereitschaft durch die Ausbildung einer Hierarchie, die Zuweisung von Weisungsbefugnissen zu Führungsrollen und zur Bindung der Mitgliedschaft an die Befolgung der organisationalen Erwartungen sicherstellen. Durch diese Bindung der Mitgliedschaft an die Akzeptanz der Hierarchie werden Charisma, besondere Fähigkeit etc. als Führungsgrundlage — zumindest formal — verzichtbar:

> *»Der Vorgesetzte kann bei Entscheidungen in letzter Konsequenz auf die persönliche Achtung seiner Untergebenen als Einflussbasis verzichten [...]. Dadurch hat die Organisation die Möglichkeit, Personen auf eine Position zu setzen, wenn diese zwar*

fachlich geeignet, sie aber nicht zum Charismatiker geboren sind.« (Kühl 2012, S. 167)

Diese These ist, wie unschwer erkennbar ist, ganz aus der funktionalen Perspektive der Organisation heraus formuliert. Wie in Abschnitt 1.3 gezeigt, leitet sich Macht aber nicht allein aus der formalen Rolle ab, sondern ist immer in einem gewissen Maße von der Akzeptanz der Geführten abhängig.

Schon in der zweiten Hälfte des 20. Jahrhunderts gelangte man zur Einsicht, dass die hierarchische Machtausübung den erwünschten Zweck nicht mehr erreichte. Die Hierarchien wurden nicht bloß ideologisch infrage gestellt — das hätte sie wahrscheinlich wenig erschüttert —, sondern man konnte eine innere Selbstrelativierung beobachten: Sie verloren ihren traditionellen strukturellen Vorteil, die Informations- und Kommunikationsmonopole befanden sich in allmählicher Auflösung. Die Positionsmacht verlor einen entscheidenden Rückhalt; ebenso geriet dadurch das Entscheidungsgefüge selbst in Bewegung. Grund für diese Entwicklung war sowohl die steigende Komplexität der inneren Organisationslandschaft, wie die sie auch verursachende Notwendigkeit, Spezialisten bis in die untersten Ebenen der Hierarchie einzustellen. Damit fand eine teilweise *Machtumkehr* statt. Experten wissen um ihre Unverzichtbarkeit, ihr Wissen ist ihre Macht und dauernder Quell von Selbstermächtigung[46]. Die hierarchische Positionsmacht bleibt aber bestehen, zumal rasch klar wird, dass Spezialisten nicht unbedingt gute Führungskräfte sind — ja es manchmal sogar bedauern, eine solche geworden zu sein (Relativierung der Aufstiegsattraktion; die alte Kompromissformel, die das Miteinanderbestehen von Gleichheit und hierarchischer Ungleichheit gewährleistete, wird erschüttert). Andererseits kann die Positionsmacht immer weniger ›sachlich‹, inhaltlich begründet werden, sie kann die ›zugearbeiteten‹ Informationen nicht mehr verarbeiten; damit steigt die Entscheidungsunsicherheit bei gleichbleibender Verantwortungszuordnung. Macht, durch Führungskräfte repräsentiert, sollte aber gerade das Gegenteil sein, nämlich Unsicherheit in Sicherheit zu übersetzen; das wird erwartet und dient der Rechtfertigung von Macht. Was aber, wenn diese Übersetzung nicht mehr gelingt?

Die strategische Antwort der Hierarchie lautete ›Scheinwahrung‹, oder es wurden strukturelle organisatorische Maßnahmen ergriffen, um die bis dato konzentrierte Macht stärker im System zu verteilen.

Eine Kernfrage, die über Funktionalität und Dysfunktionalität, Gelingen und Scheitern hierarchischer Macht entscheidet, ist die Frage nach der *Legitimation von Führung*. Während sich die formale Legitimität der Führungsmacht

46 vgl. das Fallbeispiel *Mit dem Alter lässt das Gedächtnis nach* in Abschnitt 5.1.

in der hierarchischen Stellung der Führungskraft begründet, erwächst auf der Interaktionsebene die Legitimität von Führung aus denselben Einflussgrundlagen, die in natürlichen Sozialsystemen wirken.

Fachliche Autorität. Führungskräfte sollen mit ihren Entscheidungen dazu beitragen, die Grundprobleme zu bearbeiten, die sich jeder Organisation in Bezug auf ihre Zukunft stellen, nämlich die Bewältigung von Unsicherheit und die Reduktion von Komplexität. Hier werden Führungskräfte an ihrer fachlichen Autorität gemessen, auch wenn sie längst nicht mehr die fachlich besten Experten in ihrem Bereich sind und es den ›one best way‹ angesichts der Komplexitätszunahme in den organisationalen Umwelten längst nicht mehr gibt. Je mehr die dem Vorgesetzten zugeschriebene fachliche Autorität für die Aufgabenbewältigung relevant ist, desto mehr tritt diese gegenüber der formalen Weisungsbefugnis in den Vordergrund. Dies zeigt auch ein Beispiel, das einem der Autoren dieses Buches von einem Seminarteilnehmer zugetragen wurde: Bei der Feuerwehr kann es sein, dass einer Führungskraft, die im Büro als Vorgesetzter unhinterfragt akzeptiert ist, im Einsatz nicht mehr Folge geleistet wird, wenn ihr die fachliche Autorität fehlt.

Vertrauen. Mitarbeiter-Vorgesetzten-Verhältnisse sind auf der formalen Ebene immer von Asymmetrie geprägt. Der Vorgesetzte kann in seiner Machtausübung den Mitarbeitenden schaden. Dieses jeder hierarchischen Beziehung immanente Drohpotenzial muss abgemildert werden, um über die Befolgung von Weisungen hinausgehende, anspruchsvollere Formen der Kooperation zu ermöglichen. Insofern ist Vertrauen (Luhmann 2000c) in hierarchischen Verhältnissen eine elementare Währung. Dirks und Ferrin (2002) weisen in einer Meta-Analyse auf der Basis von 106 Einzelstudien mit insgesamt über 27.000 Versuchspersonen nach, dass sich Vertrauen zwischen Führungskraft und Geführten signifikant positiv auf Leistung, Retention, Arbeitszufriedenheit und Bindung an die Organisation (Organizational Commitment) auswirkt.

MERKE

In natürlichen Sozialsystemen wie z. B. Freundschaften entscheiden Vertrauen und zugeschriebene fachliche Autorität über die Einflusschancen einer Person (→ Abschnitt 1.4). Die Weisungsbefugnis des Vorgesetzten in einer Organisation macht diese Grundlagen nur formal verzichtbar — auch wenn er mittels seiner Rollenmacht ein gewisses Maß an Compliance erzwingen kann, bleiben fachliche Autorität und Vertrauen notwendige Voraussetzungen für gute Kooperation und die Legitimität seiner Macht.

6.3 Gefürchtet und ersehnt — Dilemmata der Führung im Umgang mit Macht

Hierarchische Führung ist ›out‹...

Hierarchische Macht in Deutschland stellt — trotz aller Diskussionen, Veränderungsprozesse und Schulungsprogramme — nach wie vor den dominanten Modus der Führung dar. Das belegt auch eine von der Initiative Neue Qualität der Arbeit (INQA) und dem Bundesarbeitsministerium beauftragte Befragung von 400 Führungskräften von der Teamleitung bis zum Vorstandsvorsitzenden, vorrangig aus der Dienstleistungsbranche (Kruse/Greve 2014). Drei Viertel der Befragten äußern Unzufriedenheit mit der überkommenen hierarchischen Führungspraxis und sind der Ansicht, dass ein Paradigmenwechsel erforderlich ist, um den Anforderungen der Zukunft gerecht zu werden. »Überwiegend wird die klassische Linienhierarchie klar abgelehnt und geradezu zum Gegenentwurf von ›guter Führung‹ stilisiert«, so die Studie (ebd., S. 7).

Die aktuelle Abwendung von der Hierarchie, die Suche nach agilen Organisationsformen (→ Abschnitt 7.2) und demokratischeren Strukturen ist nur die neueste Ausprägung einer spätestens seit dem 18. Jahrhundert salienten Hierarchiekrise (ausführlich dazu Abschnitt 7.1).

Unzufriedenheit mit den eigenen Vorgesetzten ist nach den Daten des jährlichen *Gallup Engagement Index* (Gallup 2015, S. 24) der Kündigungsgrund Nr. 1: 24 % der Befragten haben schon einmal allein wegen ihres bzw. ihrer Vorgesetzten gekündigt. 12 % der in der Studie Befragten geben an, sie würden ihre(n) Vorgesetzte(n) mit sofortiger Wirkung entlassen, wenn sie die Möglichkeit dazu hätten, in der Gruppe mit der niedrigsten Bindung an das eigene Unternehmen waren es sogar 39 %. Der enge Zusammenhang zwischen erlebter Führung und Arbeitszufriedenheit wird durch viele weitere Untersuchungen belegt (z. B. Skogstad et al. 2014).

...aber ohne Macht geht es auch nicht

Dieser Befund ist vor allem vor dem Hintergrund eines weiteren Ergebnisses dieser Studie interessant: Ebenso viel Unzufriedenheit wie tyrannische Führung löst ein Laissez-faire-Führungsstil aus, der aus der Sicht der Geführten nicht auf zu viel, sondern auf zu wenig Machtausübung setzt. Mitarbeitende erwarten von ihren Vorgesetzten, dass sie kraft ihrer Rollenmacht Entscheidungen treffen, wenn dies nötig ist. Von Führungskräften wird erwartet, eine Richtung vorzugeben und dabei auch nicht konsenspflichtige Entscheidungen zu treffen, die Luhmann (1976, S. 215) als eine zentrale Aufgabe der Führung betrachtet.

Aus diesen Gründen löst es in Veränderungsprozessen auch nicht immer Begeisterung aus, wenn die tradierte Rolle der Führungskraft infrage gestellt wird: Im Alltag reibt man sich am Vorgesetzten ab, beklagt die Willkür seiner Entscheidungen und wünscht sich mehr Eigenverantwortung, wird diese jedoch eingeräumt, kommen dann aber häufig doch die Vorteile der hierarchischen Welt wieder in Erinnerung, in der man sich im Zweifel hinter der Entscheidung der bzw. des Vorgesetzten verstecken kann.

Im Rahmen einer Studie fanden Rothman, Wheeler-Smith, Wiesenfeld und Galinsky (2012) heraus, dass Fairness als Zeichen von Führungsschwäche wahrgenommen werden kann und dass (zumindest im Experiment) weniger faire und stärker selbstbezogene Menschen für Führungsrollen, die Durchsetzungsvermögen verlangen, ausgewählt werden.

Hierin besteht das *Dilemma der Führung* in Bezug auf den Umgang mit Macht: ›Positive‹ Machtausübung im Sinne eines Treffens von Entscheidungen wird erwartet, wenn aber (und nicht zu den eigenen Gunsten) entschieden wird, ruft dies Reaktanz hervor und wird als ›negativer‹ Machteingriff aufgefasst. Das zeigt, dass die archaischen Rollenbilder des mächtigen Führers auf unterschwelliger Ebene noch immer wirken, wobei natürlich Organisations-, Branchen- und Landeskultur mitbestimmen, welche Rolle Macht im Idealbild der Führungskraft spielt (›Machtdistanz‹, → Abschnitt 1.9).

Macht erzeugt Zustimmung...

Wie wir in Abschnitt 1.4 herausgearbeitet haben, sind Macht und Einfluss zwei Mechanismen, mit denen Menschen in Interessenlagen dazu gebracht werden können, etwas zu tun, was sie von sich aus nicht getan hätten. Wer seine Mitgliedschaft in der Organisation erhalten möchte, wird geneigt sein, den Anweisungen des Vorgesetzten Folge zu leisten. Macht erzwingt damit eine Befolgung der Anweisungen im Sinne des englischen Begriffes *Compliance*.

...und zerstört deren Grundlagen

Je stärker eine Führungskraft aber auf Sanktionsmacht zurückgreift, desto mehr schwindet ihr Einfluss und desto mehr wird ihre Legitimität als Grundlage der Machtausübung infrage gestellt — diese Paradoxie haben wir ausführlich in Ameln und Kramer (2012) beschrieben. Ortmann (2012) weist darauf hin, dass Organisationen in immer stärkerem Maße auf Leistungen angewiesen sind, die Jon Elster (1987) als ›nicht-intendierbare Zustände‹ bezeichnet hat. *Nicht-intendierbare Zustände* sind solche, die nicht willentlich herbeigeführt werden können, wie z. B. Kreativität, Spontaneität, Motivation oder Identifikation. Während Mitarbeitende notfalls per Machteingriff gezwungen werden können, eine Leistung ›mittlerer Art und Güte‹ innerhalb des arbeitsvertraglich vereinbarten Umfangs zu erbringen, werden diese wichtigen nicht-intendierbaren Leistungen nur freiwillig oder gar nicht erbracht.

In dieser Hinsicht sind Führungskräfte trotz aller Machtmittel machtlos. Nicht-intendierbare Leistungen basieren auf Arbeitszufriedenheit, einer als sinnvoll erlebten Tätigkeit und positiven Beziehungen zu Mitarbeitenden und Vorgesetzten — diese können also allenfalls an einem guten Vertrauensverhältnis arbeiten, das die Akzeptanzvoraussetzungen für ihren fachlichen und persönlichen Einfluss (im Sinne der englischen Begriffe *Cooperation* und *Commitment*) schafft. Angesichts der beschriebenen Reaktanzdynamik bei Machteingriffen und der mit ihnen verbundenen Störung des Vertrauensverhältnisses droht eine Führungskraft bei zunehmender Anwendung von (Sanktions-) Macht an Einfluss zu verlieren.

Ein einfacher Ausweg aus diesem Dilemma ist nicht zu sehen, da auch der umgekehrte Zusammenhang besteht: Je mehr eine Führungskraft sich auf kollegiale Augenhöhe mit ihren Mitarbeitenden begibt, desto schwieriger ist es, sich in eine komplementäre Rolle zu begeben und von dort aus glaubwürdig und akzeptiert Macht auszuüben. Dies zeigt sich beispielsweise beim Rollenwechsel vom Kollegen zur neu ernannten Führungskraft, aber auch in manchen sozialen Kontexten, in denen die Machtdistanz zwischen formal Vorgesetzten und Mitarbeitern sehr gering ist.

Macht ist verlockend...

Ein ausgeprägtes Machtmotiv (im Sinne einer in Abschnitt 1.2 beschriebenen Persönlichkeitsdisposition) oder gar der Wunsch, andere Menschen zu beherrschen, ist sicher nur in wenigen Fällen für die Wahl der Führungslaufbahn ausschlaggebend. Für viele Menschen ist die Möglichkeit, in der Organisation gestaltend mitzuwirken und mehr Freiheitsgrade in der eigenen Arbeit realisieren zu können, sicherlich die eigentliche Motivation, eine Führungsaufgabe anzustreben. Für sie ist der Machtbegriff positiv besetzt, weil ihnen Macht im Sinne des eigentlichen Wortstammes die Chance eröffnet, etwas zu ›machen‹. Darüber hinaus ist mit Führungsaufgaben auch ein Zugewinn an sozialem Status innerhalb und außerhalb der Organisation verbunden, der eine wichtige Rolle im Selbstkonzept spielt.

...und verpönt

Die meisten Menschen stehen Macht aber negativ oder zumindest ambivalent gegenüber. Diese auch bei vielen Führungskräften zu findende Ambivalenz gegenüber Macht und ihrem Einsatz ist, wie wir in Ameln und Kramer (2012) herausgearbeitet haben, oft auch lebensgeschichtlich angeeignet. In vielen Kulturen werden Bescheidenheit, Zurückhaltung, Rücksichtnahme auf andere, Fairness usw. als wichtige Werte in der Erziehung vermittelt. Infolgedessen sind hierarchische Machteingriffe, Dominanzverhalten, Forderungen und

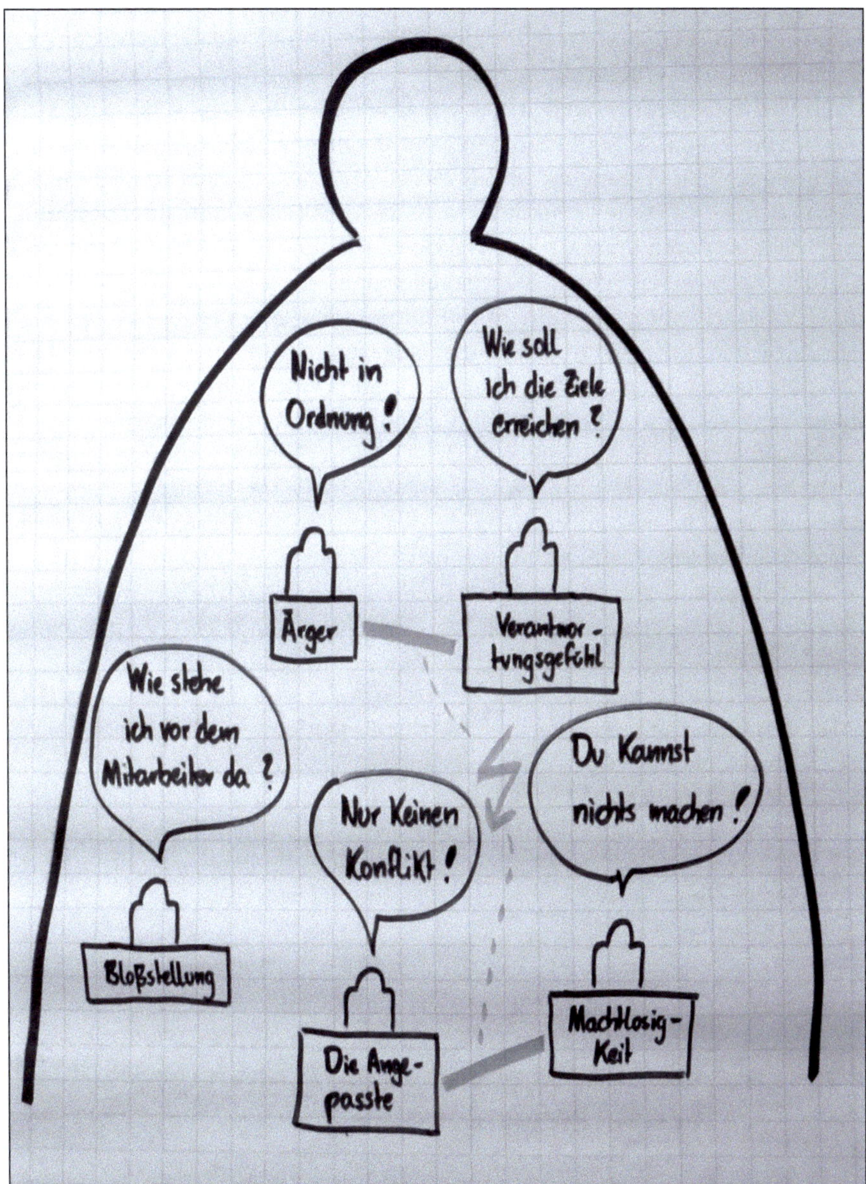

Abb. 4: Das Innere Team

konsequentes Durchhalten der eigenen Position im Wertesystem vieler Führungskräfte eher negativ besetzt — ganz im Gegensatz zum öffentlich gepflegten Stereotyp des machthungrigen und über Leichen gehenden Managers.

Hinzu kommt bei den meisten Menschen eine kulturell angelegte Tendenz zur Vermeidung offener Konflikte.

Effektives Führungshandeln setzt Klarheit über das eigene Verhältnis zur Macht voraus. Ein gutes Instrument, um die eigene Haltung und eventuelle Ambivalenzen zu ergründen, ist das *Modell des inneren Teams* von Schulz von Thun (2013). Das Modell geht davon aus, dass das Handeln in einer bestimmten Situation durch verschiedene Impulse bestimmt ist (›innere Pluralität‹). Klarheit nach außen hin (z. B. gegenüber dem eigenen Vorgesetzten) setzt innere Klarheit voraus — innere Konflikte und ›Pattsituationen‹ zwischen verschiedenen inneren Anteilen können dagegen zu Handlungsblockaden führen. Abb. 4 zeigt beispielhaft die innere Situation einer Führungskraft, die von ihrem Vorgesetzten keine Rückendeckung in einem Konflikt erhält.

Das ›innere Team‹ konstelliert sich — entsprechend der unterschiedlichen Einstellungen, Lernerfahrungen usw. — sehr individuell. Jeder Mensch verfügt aber über ›innere Antreiber‹ (z. B. »Sei perfekt!«), internalisierte Elternbotschaften (z. B. »Du musst immer anständig und zurückhaltend sein.«) und — wie Schulz von Thun es nennt — innere Widersacher, die zu einer Selbstentmachtung führen können (vgl. auch Gerlacher/Stumpf 2002).

MERKE

Führungskräfte stecken im Hinblick auf die Machtausstattung ihrer Rolle in verschiedenen Dilemmata: Auf der einen Seite sollen sie in der Führung ihrer Mitarbeiter auf Macht verzichten, auf der anderen Seite halten oftmals ebendiese Mitarbeiter an den tradierten Erwartungen in Bezug auf das Verhältnis zu ihren Vorgesetzten fest. Hinzu kommen widersprüchliche organisationale Anforderungen und eigene innere Ambivalenzen.

6.4 The Loneliness at the Top: Topmanagement als feedbackfreie Zone

Wie in Abschnitt 5.2 gezeigt, gehört es zur Psychodynamik der Macht, dass sie permanent Selbstbestätigung sucht: Mächtige neigen zur Selbstbezüglichkeit und dazu, die Sichtweise und die Interessen anderer Menschen weniger deutlich wahrzunehmen. Sie sehen sich weniger an Regeln gebunden und unterschätzen die negativen Wirkungen ihres Tuns auf andere. Machtvollen Rollen wohnt die Verlockung inne, die erreichten Erfolge der eigenen Person zuzuschreiben und so die sozialen Bedingungen, auf denen die Wirkung und die

Aufrechterhaltung dieser Macht basieren, aus dem Blick zu verlieren. Wo zunächst kritische Rückmeldungen ausgeblendet werden, setzt später eine Selektivität der Wahrnehmung ein, die das Ausbleiben kritischer Rückmeldungen als Beleg für die Richtigkeit des eigenen Tuns auffasst und das Schweigen des Umfelds als Akzeptanz missversteht. Ein Beleg hierfür ist die von Schmitz (2012) zitierte Studie von Fitness, in der Mitarbeitende und Führungskräfte befragt wurden, inwieweit ein Konflikt zwischen ihnen bereinigt sei: 74 % der Chefs, aber nur ein Drittel der Mitarbeitenden gaben an, der Konflikt sei gelöst. So entsteht die Wahrnehmung, dass alles in Ordnung sei, wenn niemand (mehr) offensiv das Gegenteil behauptet.

Dass das Topmanagement nicht weiß, was ansonsten in der Organisation die Spatzen von den Dächern pfeifen, ist ein weit verbreitetes Phänomen. Kalif Harun-al-Rashid, so berichtet Schmitt (2008, S. 22), ging nachts als einfacher Mann verkleidet in die Kneipen, um zu erfahren, was das Volk über ihn redete. Dass das, was sich an der Basis tut, nicht bis ins Topmanagement durchdringt, geht somit nicht nur auf die Länge der Kommunikationsketten und die Filterwirkung des mittleren Managements zurück, sondern auch auf ein Machtproblem: Ab einer gewissen Hierarchieebene ist die fantasierte Allmacht der Führungskräfte so groß, dass sich niemand mehr traut, ihnen kritische Informationen mitzuteilen. Mitarbeiter und Mitarbeiterinnen mit abweichenden Meinungen werden häufig als ›Querulanten‹ in ihrem Aufstieg behindert oder ganz ausgesiebt — auch dieser Selektionsprozess sorgt häufig dafür, dass der Anteil der Ja-Sager nach oben hin zunimmt. Das Umfeld der Mächtigen passt sich dieser Erwartungshaltung an und liefert nur noch Bestätigung für das, wovon man glaubt, dass es die Mächtigen hören wollen.

All diese Faktoren spielen in einem rekursiven, selbstverstärkenden Prozess zusammen (vgl. den Beitrag von Ortmann in Abschnitt 1.9). Sie schaffen eine Mischung aus Opportunismus und Schweigen, die Führungskräfte und insbesondere das Topmanagement vom Rest der Organisation isoliert.

Im oberen Management ist zudem Feedback auf kollegialer Ebene rar, da hier oft sehr enge persönliche Beziehungen, gegenseitiger Respekt oder auch Konkurrenzverhältnisse einen offen kritischen Umgang miteinander erschweren.

In Abschnitt 5.1 haben wir beschrieben, wie Machtunterlegene im Sinne eines ›Beschwörungsvertrauens‹ die Nähe der Machthaber suchen. Auch Führungspersonen werden von diesen Gefühlen erreicht und wollen ›geliebt‹ werden; sie wissen, dass die Ausübung ›reiner‹ Macht sie in selbstverschuldete Einsamkeit entlässt, was nicht nur ein psychologisches Problem darstellt, sondern auch organisationsrelevant ist. Es verstärkt eine Distanz, die unsicher macht, weil man von seinen Mitarbeitenden über sich und seine Art des Führens keine Rückmeldungen bekommt.

6.5 Macht und Machtlosigkeit der Führung

Führung ist kein leichtes Geschäft: Zur Komplexität, Unüberschaubarkeit und Unsteuerbarkeit der Umwelt kommt die Komplexität, Unüberschaubarkeit und Unsteuerbarkeit im Inneren der Organisation hinzu. Die Erfahrung, dass man schnell an die Grenzen dessen kommt, was sich im Rahmen der eigenen Rollenmacht gestalten lässt, gehört zum alltäglichen Grunderleben vieler Führungskräfte.

Macht ist, wie in Abschnitt 1.3 zu sehen war, immer auf die Folgebereitschaft der Geführten angewiesen, sofern sie sich nicht auf Zwangsmittel verlegen will. Die Vorstellung, dass Führungskräfte im Topmanagement quasi unbegrenzte Gestaltungsmöglichkeiten hätten und ihnen die gesamte Organisation angesichts ihrer Machtposition folgen würde, ist eher ein Rollenklischee schlecht informierter Beobachter als ein Abbild der realen Situation. Die Praxis in vielen Organisationen sieht anders aus:

> *»Von der Unternehmensleitung entwickelte Strategien oder auch operative Maßnahmen werden oft, kaum sind sie ausgesprochen und kommuniziert, auf allen Ebenen der Organisation infrage gestellt, erneut diskutiert und im Endeffekt zerredet. Handlungsanweisungen werden, sofern sie nicht hoheitliche Ordnungsfunktionen betreffen, mitunter bestenfalls als unverbindliche Empfehlungen oder gar Meinungsäußerungen angesehen, deren Befolgung oder Nichtbefolgung im Belieben der Akteure zu liegen scheint.« (Mirow/Matzler 2012, S. 27)*

Zumindest sind Gestaltungsmöglichkeiten und Folgebereitschaft nicht automatisch mit der Machtposition verbunden, sondern Ergebnis eines sehr voraussetzungsvollen Prozesses, in dem die hierarchische Position nur einen von mehreren Einflussfaktoren darstellt. »Ein Unternehmer hat [...] weniger Macht über seine Mitarbeiter als ein bettelarmer Räuberhauptmann in der Steppe über seine Leute«, fasst Reemtsma (2007, S. 74) diese Situation pointiert zusammen.

Grenzen der Kapazität und der Kompetenz

Ein naheliegender Grund für diese Machtlosigkeit ist natürlich, dass eine Führungskraft weder die faktische Gelegenheit noch die nötigen Kapazitäten hat, die Mitarbeitenden in allen Einzelfällen zu überwachen. Hinzu kommt die wachsende Kompetenz im Wissen und Können untergeordneter Stellen. Sie verschärfen den Widerspruch und stellen hierarchische Macht generell infrage. Die Machtausübung der ›alten‹ Hierarchien konnte bis in unsere Neuzeit hinein eindeutiger sein. Sie war zwar auch von den sozialen Wirklichkeiten der

›Unteren‹ und deren Funktionieren abhängig, konnte aber aufgrund einer doppelt installierten Arbeitsteilung direkter und unbefangener stattfinden.

Führung und Entscheidung im Spannungsfeld divergierender organisationaler Logiken

Jede Entscheidung ist per se Komplexitätsreduktion. Sach- und funktionslogische Entscheidungen verdienen eigentlich den Namen nicht. Sie sind im System bereits vorgegeben, auch wenn hier Fehler möglich sind. Entscheiden kann man, so wird daher mit Recht gesagt, nur Unentscheidbares; gemeint ist, dass man zwar die Bedingungen, unter denen man entscheiden muss, oft vorgegeben bekommt, aus ihnen aber noch nicht ein bestmögliches Ergebnis abgeleitet werden kann. Aufgabe von Management und Führung ist nun, eben jene Entscheidungen zu treffen, die sich nicht aus jener Systemlogik direkt ergeben. Unsicherheit ist unvermeidbar, Abwägung gefordert.

Jede Entscheidung dieser Art eröffnet somit einen notwendigen Freiheitsraum gegenüber bestehenden Abläufen. Er muss sichergestellt werden (›Unternehmertum‹ heißt nichts anderes, als diesen Freiraum für sich zu beanspruchen) durch Entscheidungspouvoirs, ein Berichtswesen, arbeitsrechtliche Regelungen, Zuweisung von Verantwortlichkeiten. Insofern ist Entscheidung immer mit Machtausübung verbunden, zumal, wenn Führung immer auch Entscheidung über andere bedeutet; diese sich im Entschiedenen vorfinden, ohne es oft nachvollziehen zu können.

Führung, Macht und ihre Entscheidungen dienen, wie oft zu hören ist, der Komplexitätsreduktion und Unsicherheitsabsorption; sie entlasten somit Mitarbeiter von der Aufgabe, dieses Geschäft selbstverantwortlich zu übernehmen. Auch diese Entlastung führt, so hört man weiter, zu Unterordnung, Machtdelegation. Das mag ja stimmen, bedacht werden muss aber gleichzeitig, dass die vorhandenen Unterschiede (die Subsysteme innerhalb des Gesamten), die Spezialisten, die ›Detailbeauftragten‹ Komplexität gar nicht reduzieren können. Ihre Aufgabe ist eher, sie zu erweitern, größer zu machen. Auch die innere Ausdifferenzierung unserer Organisationen muss Komplexität erweitern, allein, um ihrer Aufgabe einer spezialisierten Funktionslogik bestmöglich nachkommen zu können. Im Gesamtsystem versammelt sich dann eine Unübersichtlichkeit, die von den sie verursachenden Subeinheiten nicht bewältigt werden kann. Falsch wäre es aber, wenn Führungskräfte *diese* Komplexität reduzieren würden. Sie müssen sie im Gegenteil befördern und unterstützen. Reduktion heißt hier also nicht sie verhindern, sondern sie aufeinander beziehbar zu machen, um ein ›Ganzes‹ zu ermöglichen. Dass dabei der Alleinvertretungsanspruch von Systemen und Detailbereichen zurückgefahren und eingeschränkt wird, versteht sich von selbst und insofern findet Komplexitätsreduktion statt. Allerdings in anderem Sinn: Systemerhaltende Macht richtet sich gegen den Anspruch einer ›Detailmacht‹, die sich zu einer Systemrepräsentation aufschwingen will (an den Grenzstellen solcher aufeinanderprallender lokaler Rationalitäten entwickeln sich mikropolitische Spiele, z. B. Forschung und Entwicklung gegen Vertrieb, Verwaltung gegen medizinische Funktionen etc.).

Von Führung wird in diesem Sinne erwartet, ›das große Ganze‹ im Blick zu haben, gleichzeitig soll sie aber ihrer Fürsorgepflicht gegenüber den einzelnen Mitarbeitenden gerecht werden, sich für die Interessen der einzelnen Teams in ihrem Verantwortungsbereich einsetzen, die Linie des eigenen Vorgesetzten umsetzen etc. In diesem Spannungsfeld den unterschiedlichen und oft widersprüchlichen Erwartungen gleichermaßen gerecht zu werden, ist sehr schwierig:

> *»Ein wesentlicher Aspekt aller Führungsrollen besteht darin, widerspruchsvolle Erwartungen in der Gruppe auf sich zu ziehen und in einen inneren Konflikt der Führungsrolle zu verwandeln [...]. Die Führungsrolle verwandelt demnach gewisse Ordnungsprobleme in ein persönliches Dilemma, um damit neue Techniken der Problemlösung zu mobilisieren, die dem sozialen System sonst nicht zur Verfügung ständen. Der Führer [...] muß auf widerspruchsvolle Zumutungen in Einzelsituationen mit einem konsistenten Rollenverhalten antworten können, und dies nach Möglichkeit, ohne Erwartungen zu enttäuschen.« (Luhmann 1976, S. 214)*

Das Dilemma, einerseits das Vertrauensverhältnis zu den verschiedenen Beteiligten wahren und andererseits im Sinne des Gesamtsystems Erwartungen durchsetzen zu müssen, die eine Brüskierung einzelner Personen oder Gruppen unvermeidlich erscheinen lassen, bringt eine weitere Depotenzierung der Machtmittel der Führungsrolle mit sich.

Führung zwischen Organisationslogik und Systemlogik

Ein weiterer Widerspruch offenbart sich zwischen dem, was für die Organisation gut wäre und dem, was ihr von außen abverlangt wird. Unter diesen Auspizien steht Führung in einem ständigen Widerspruch: Sie hat einerseits dafür zu sorgen, dass die ›Maschine‹ reibungslos läuft und dass sie andererseits ihre Profitziele erreicht. Diese doppelte Zweckausrichtung schafft im Inneren Konflikte, deren Management Führungskräfte erledigen müssen. Dies liegt einerseits daran, dass Profitziele, verschärft durch das neoliberale Shareholder-Modell, auf Entscheidungen beruhen, die sehr oft den Organisationen selbst und ihrem Innenleben fremd sind, also eine Fremdbestimmung bedeuten. Die Organisation ist, oft auch gegen ihre Rationalität, gezwungen, diese Systemlogik anzunehmen. So kommt sie nicht vom alten Ausbeutungsmodus los;

dafür sorgen schon Konkurrenz und Verdrängungswettbewerb, der sich aufgrund mangelnder internationaler Regeln noch verschärft hat. Es geht um die Aktivierung der letzten Reserve: Was lässt sich aus der Organisation und aus den in ihr tätigen Menschen noch herausholen? ›Führen durch Zielvereinbarungen‹ wird allenthalben praktiziert. Zumeist bestehen die Vereinbarungen aus Vorgaben. Im Zentrum stehen meist Umsatz und diesbezügliche Kennzahlen. Das Reserveausbeutungssystem funktioniert nun folgendermaßen: Hat der Mitarbeiter sein Ziel erfüllt, bekommt er für das darauffolgende Jahr noch etwas ›draufgepackt‹. »Es wird doch noch etwas› drin sein«; »Leistung aus Leidenschaft« — dieses profitorientierte System ist grundsätzlich misstrauisch. Es könnte sicher noch mehr geleistet werden. Dass man in diesem Verfahren den Mitarbeitenden ständig ihren Erfolg nimmt, steht aber auf einer anderen Seite, Demotivation miteingeschlossen. Außerdem wird man nächstens nicht so dumm sein, sein Ziel zu erreichen.

Was heißt noch führen, wenn Führungskräfte nur mehr organisationsexterne systemfundierte Befehle exekutieren? Welche Spielräume stehen noch offen? Wo befindet sich die letztlich bestimmende Macht? Wird sie nicht laufend an Systemzwänge delegiert, die Führungsverantwortung auf sie abgeschoben? Oder besteht Führung darin, Fremdbestimmung abzufedern, zu übersetzen, vielleicht sogar gegen sie Widerstand zu leisten? (Es ist uns natürlich klar, dass diese zugespitzte Darstellung übersieht, dass nicht alle Wirtschaftsunternehmen shareholderorientiert sind, dass es vor allem im Bereich der kleinen und mittleren Unternehmen (KMU) Familienunternehmen gibt, die mit Profiterwartungen anders umgehen.) Dennoch bleibt eine Tatsache für das Thema Führung und Macht beachtenswert: Eine übergeordnete Systemdominanz ›kastriert‹ die Macht von Führungskräften, es sei denn, sie identifizieren sich mit ihr und werden gleichsam zu ›Systemvollstreckern‹. Tun sie es aber nicht, müssen sie sozusagen eine Gegenmacht entwickeln, eine nämlich, die ihre Organisation und die in ihr Tätigen schützt. Diese Aufgabe kann nicht dem Betreibersystem überlassen werden, da es der gleichen Systemlogik unterworfen ist.

Die Erosion des Systemwissens als Legitimationsgrundlage von Führung
›Wissen ist Macht‹ — dieser Spruch stand am Anfang eines Zeitalters, das sich im Aufbruch in den wissenschaftlichen Umbau unserer Welt wusste und das in einer verwissenschaftlichten Welt endet, die das Prädikat Wissensgesellschaft erhalten hat und in der ›Wissensmanagement‹ zur notwendigen Pflicht wird. Auch schon in früheren Zeiten war Macht mit Wissen verbunden, das aus der Struktur der Hierarchie gewonnen werden konnte und das abstrakte Übersichts- und Organisationswissen generierte.

Führen bestand entsprechend im klassischen Paradigma zentral darin, auf der Basis ausreichender Information das gedeihliche Überleben von Systemen und Organisationen zu gewährleisten und zu sichern. Ihre ›Machtvollkommenheit‹ wurde durch die ›Untergebenen‹, Unterworfenen dadurch bestätigt, dass sie die Entscheidungen der Führungspersonen, auch wenn sie sie nicht ganz verstehen konnten, als Überlebenssicherung erleben konnten. Die Entscheidungsfreiheit der einen diente der Sicherheit der anderen. Dass ein zeitweiliges Nicht-Verstehen der Entscheidungen in Kauf genommen wurde, ergab sich aus der Anerkennung der Systemüberlegenheit gegenüber einem Detailwissen der Mitglieder. Systemwissen wurde den Führungskräften zugebilligt, von ihnen auch verlangt, wobei dessen Zustandekommen, die Genese der Abstraktion als Übersicht über das Ganze den jeweils Untergeordneten verborgen bleiben musste. Dieses Geschehen wurde geheimnisvoll und zum Ort des Glaubens. Zur Systemfunktionalität hinzu trat eine ›Aura‹, mit der Autorität und Macht umgeben wurde. Mit der in Abschnitt 7.1 näher beschriebenen Hierarchiekrise verlor Führung auch ihren Struktur- und Systemausweis, ihre Rechtfertigungsmöglichkeit im Überlegenheitsstatus von Informations- und Kommunikationsmonopolen. Damit war jedenfalls ihre funktionale Autorität erschüttert, was konsequenterweise zu Anerkennungsverlusten führen musste.

Nutzen der Macht vs. Risiken der Provokation von Gegenmacht
Auch wenn der Vorgesetzte eine Verfehlung feststellt, stellt sich bei näherem Nachdenken oft heraus, dass es klüger ist, über den Vorfall hinwegzusehen als die Zusammenarbeit mit Sanktionsmaßnahmen zu belasten, die ihrerseits die Gegenmacht des oder der Mitarbeitenden provozieren. Insofern ist die Anwendung von Sanktionsmacht, die oft als eigentliche Machtausstattung der Führungsrolle angesehen wird, letztlich nur die Ultima Ratio. Ihre Nutzung ist die Affirmation der Macht für den gegebenen Moment, ist über den Moment hinaus aber nur der Beleg dafür, dass die Akzeptanz der Macht infrage steht.

Macht ist, wie in Abschnitt 1.3 zu sehen war, keine einseitige Relation, sondern beruht stets auf einem gegenseitigen Abhängigkeitsverhältnis. Beispielsweise ist Führung nicht nur darauf angewiesen, dass die Mitarbeitenden fachlich qualifizierte Arbeit machen (deren Güte Führungskräfte oft gar nicht im Detail beurteilen können), sondern auch darauf, dass sie die notwendigen Informationen erhält, die sie für ihre eigene Tätigkeit benötigt: »Vorgesetzte sind […] häufig damit überfordert, alle relevanten Informationen selbst zusammenzutragen. Sie beauftragen deswegen ihre Untergebenen mit der Sammlung dieser Informationen. Über die Weitergabe von Informationen steuern Untergebene dann maßgeblich die Entscheidungsfindung ihrer Vorgesetzten« (Kühl 2012, S. 175). Deshalb, so Kühl, sind »Anweisungen [...] in Organisationen [...] nicht selten nur die Formalisierung dessen, was unten sowieso schon geplant war« (ebd.). Infolge der gegenseitigen Abhängigkeit wird die Überwachung von Untergebenen somit ergänzt durch eine »Unterwachung von Vorgesetzten« (Luhmann 2016, S. 90 ff.) mithilfe mikropolitischer Taktiken und nicht-machtbasierter Einflussnahme durch die Mitarbeitenden. Mittlerweile gibt es in den Seminarprogrammen diverser Anbieter entsprechende Schulungen für eine solche ›Führung von unten‹.

MERKE

Auch in der Organisation etablierte informelle Koalitionen begrenzen die formale Macht von Führungskräften, wie sich etwa in unserem in Abschnitt 5.1 wiedergegebenen Fallbeispiel *Wer ist hier der Chef?* zeigt.

›Richtig‹ entscheiden — unmöglich, aber notwendig

Organisationen sind, wie in Abschnitt 2.2 gezeigt, auf immer neues Entscheiden angewiesen. Dabei lautet die Erwartung (von Mitarbeitenden, Aufsichtsräten und Aufsichtsbehörden sowie einer immer kritischeren Öffentlichkeit), dass *richtig* entschieden werden müsse. Angesichts der wachsenden Komplexität einer zunehmend unüberschaubareren Welt lösen sich auch die wenigen verbliebenen subjektiven Sicherheiten in der Entscheidungssituation selbst immer weiter auf. Entscheidungen finden immer unter Kontingenz statt, d. h. in einer Situation, in der es keine eindeutig und objektiv richtige Entscheidung gibt. Die Systemtheorie spitzt diese Problematik in der These zu, dass ohnehin nur unentscheidbare Probleme entscheidbar sind (denn gäbe es nur eine Alternative, gäbe es nichts zu entscheiden, und könnte man die richtige Entscheidung mit einem feststehenden Algorithmus ›ausrechnen‹, gäbe es ebenfalls nichts zu entscheiden).

MERKE

Mit dem beständigen gesamtgesellschaftlichen Komplexitätszuwachs und der damit verbundenen sachlichen und zeitlichen Überlastung der Entscheidungsvorgänge wächst in Organisationen ein neuartiges Risiko der Macht, nämlich »das Risiko, daß sichtbar wird, daß die Macht ihre eigenen Möglichkeiten nicht realisiert« (Luhmann 1975, S. 86).

Dies öffnet Spielräume für andere, in dieses Machtvakuum hineinzustoßen:

> *»Die Überforderung des Machthabers in Organisationen kann [...] von anderen als eigene Machtquelle ausgenutzt werden. Man kann ihm nicht nur Informationen vorenthalten und sich so vor ihm schützen: man kann darüber hinaus auch damit rechnen, daß er Konsens sucht, weil er auf ›Mitarbeit‹ angewiesen ist [...]. Da genau dies die Machtquelle der Untergebenen ist, müßte man vermuten, daß jede Zunahme von Komplexität das Machtverhältnis zu Gunsten der Untergebenen verschiebt mit der Folge, daß ein Organisationssystem um so weniger leitbar ist, je komplexer es ist.« (ebd., S. 108)*

Eine besondere Pointe in Bezug auf die Anwendung von Macht bringt das *rationalistische Paradigma* mit sich, das in Organisationen trotz aller gegenteiliger Erkenntnisse aus Theorie, Organisationsforschung und Alltagspraxis nach wie vor vorherrscht. Bereits vor ihrer Einführung hatte die Hierarchie versucht, auf ihre Probleme mit verstärkter Bürokratie zu reagieren. Formulare, ein vorschriftliches Berichtswesen etc. sollten für jene bessere Kontrollierbarkeit sorgen, die den Spitzen der Hierarchie immer mehr entglitt. Bürokratische Maßnahmen erhöhten allerdings die Schwerfälligkeit und mit einer Fülle an Berichten das Problem ihrer Lesbar- und Einschätzbarkeit. In diesem Stadium meist vergeblicher Versuche, das Informationsproblem zu bewältigen, hörte man oft die Klage, dass Entscheidungen überhaupt nicht mehr getroffen werden, jedenfalls nicht in dem Ausmaß, wie man es von früher her gewohnt war. Die neue Technologie wurde hier als Lösungsinstrument begrüßt; sie sollte für die nötige Datenselektion, ihre standardisierte Ordnung und für allgemeine Transparenz sorgen. Diese Machtdelegation an die Technologie überforderte diese — sie konnte z. B. Selektionsentscheidungen nicht selbst treffen, diese blieben Managementaufgabe — sie verbreitete aber so etwas wie eine Objektivitätsgläubigkeit. ›Zahlen, Daten, Fakten‹ wurden die Organisationsmacht, der sich alle zu unterwerfen hatten. Die Unsicherheit schien gebannt, die Komplexität bewältigbar; hierarchische Entscheidungen hatten ihren Außenhalt. Diese Machtdelegation hat sich aber in doppelter Weise gerächt. Einmal vermittelte sie eine Depotenzierung hierarchischer Positionsmacht, zum anderen den Eindruck, Managemententscheidungen ergäben sich ›automatisch‹ aus den zur Verfügung stehenden Informationen. Beides zusammen hat seither den Führungskräften den Mut genommen, selbstständig Entscheidungen zu treffen, also von ihrer Macht Gebrauch zu machen.

Erlernte Hilflosigkeit als Bestandteil der Organisationskultur
Wiederholte Erfahrungen des Scheiterns können in eine erlernte Hilflosigkeit führen, die sich in einer Resignation bezüglich der eigenen Handlungsmöglichkeiten äußert. Die Interviewpartner/innen in der Studie von Hoffmann (2003, S. 242ff.) sprechen von »Verunsicherung«, »Zweifel«, »an der Klippe entlangmarschieren«, »Überforderung« oder »Sorge«. Der Erwartung der Mitarbeitenden, dass ihnen Führungskräfte klare Zukunftsperspektiven zur Bewältigung ihrer eigenen Unsicherheiten präsentieren, steht hier oft eigene Ratlosigkeit gegenüber, mit der Folge, »dass Führung Sicherheiten überzeugend präsentieren muss, über die sie oft selbst nicht verfügt« (Ameln/Kramer 2012, S. 200).

Zum Teil lässt sich feststellen, dass ganze Organisationen oder gar ganze Branchen (z. B. Montanindustrie, öffentliche Verwaltung) von einer resignativen Haltung gegenüber den Machtmitteln der Führung durchzogen sind. »Hier im öffentlichen Dienst können sich die Mitarbeiter alles erlauben — wir brauchen es mit personalrechtlichen Mitteln gar nicht erst zu versuchen.« Solche Erwartungen können zum Bestandteil der Kultur und des Selbstverständnisses von Führung werden, zu festen Überzeugungen, die (vermeintlich) keiner Überprüfung mehr bedürfen. So entstehen *selbsterfüllende Prophezeiungen*, die letztlich zu einer Selbstentmachtung führen.

Wenn in heutigen Organisationen so häufig Führungskräfte zu finden sind, die nicht führen, liegt dies oft nicht an einer dialogischeren Führungskultur, sondern auch an diesem Phänomen der ›Deflation‹ der Macht (Luhmann 1975, S. 88f.). So liegt das Problem des Einsatzes von Macht in Organisationen nicht immer darin, den Willen der Führung auf der Seite der Mitarbeiter durchzusetzen, sondern

> *»[...] auch der Machthaber selbst muß zur Ausübung seiner Macht bewegt werden, und darin liegt in vielen Fällen die größere Schwierigkeit. Liegt es nicht gerade für ihn, der im Zweifel unabhängiger ist, näher, sich zurückzuziehen und die Dinge laufen zu lassen?« (ebd., S. 21)*

Hinzu kommt bei vielen Führungskräften, wie oben erwähnt, oft auch eine kulturell angelegte und lebensgeschichtlich angeeignete Ambivalenz gegenüber Macht und ihrem Einsatz.

FALLBEISPIEL

Fallbeispiel: Gehaltsverhandlungen einmal anders
Frau Dr. Wichtig arbeitet als IT-Expertin bei einem kleinen Dienstleistungsunternehmen. Sie ist mit einer hoch spezialisierten Projekttätigkeit in

einem Finanzinstitut eingesetzt, wo sie hohe Leistung erbringt und sehr im Sinne der Zufriedenheit des Kunden arbeitet. Unter Berufung auf diese hohen Leistungen hat Frau Wichtig vor drei Wochen eine Gehaltserhöhung eingefordert, die aber negativ beschieden wurde. Die Situation eskaliert, als der Kunde bei Frau Dr. Wichtigs Chef, Herrn Lazarus, anruft und sich darüber beschwert, dass Frau Wichtig zu wenig Geld bekomme.
Am nächsten Morgen stellt Herr Lazarus seine Mitarbeiterin zur Rede, die ihm keine Erklärung liefert, sondern in brüskem Ton mitteilt, sie weigere sich, weiter für das Projekt zu arbeiten, wenn ihre Forderungen nicht stärker berücksichtigt würden. Trotz dieses völlig inakzeptablen Verhaltens kann Herr Lazarus Frau Wichtig nicht aus dem Projekt abziehen: Zum einen weist die Expertin eine Vielzahl im Rahmen des Projekts unabdingbarer fachlicher Kompetenzen auf, die in dieser spezifischen Kombination nicht nur innerhalb des Unternehmens, sondern auf dem gesamten Arbeitsmarkt kaum noch einmal zu finden ist. Weiterhin ist das Projekt geschäftspolitisch sehr hoch aufgehängt — der Abzug aus dem Projekt würde nicht nur den Kunden verärgern, sondern auch die eigene Marktstellung gefährden, da bei einem Abbruch des Projekts angesichts der ausgezeichneten Vernetzung des Kunden eine Rufschädigung in der gesamten Branche zu befürchten ist.
Herr Lazarus sieht sich also gezwungen, Frau Wichtigs übles Spiel mitzuspielen und parallel in die fachliche Entwicklung anderer Mitarbeiterinnen und Mitarbeiter zu investieren, um die Abhängigkeit von Frau Wichtig zu reduzieren.

MERKE

Entgegen dem gängigen Klischee besteht Führung nicht immer im Erleben von Omnipotenz, sondern ist oft mit den eigenen Beschränkungen konfrontiert. Äußere Begrenzungen der Machtmöglichkeiten, verbunden mit einer vielfach zu beobachtenden Tendenz zur Selbstentmachtung, führen dazu, dass Machtlosigkeit ein ebenso konstitutives Element der Führungsrolle ist wie die aus der Rollenmacht erwachsenden Gestaltungsmöglichkeiten.

6.6 Die Führung der Zukunft und ihr Umgang mit Macht

Angesichts des steigenden Wettbewerbsdrucks in der Wirtschaft und des zunehmenden Personalmangels im öffentlichen Bereich sind Praktiker/innen und Wissenschaftler/innen sich einig: In Zukunft wird Führung ganz anders verstanden und gelebt werden müssen, als es heute noch der Fall ist — das jedenfalls meinen 81 % der befragten 300 Führungskräfte in der *Leadership & Leadership Development-Studie 2013* der Organisationsberatung osb-i (Oswald/Lieckweg 2013), ihrem Eindruck nach habe sich die Art und Weise, wie Führung in Unternehmen gelebt wird, in den letzten Jahren stark verändert. Die bedeutendsten Argumente für diesen Wandel stellen wir in Kapitel 7 vor: In einer immer komplexeren Umwelt, die den Organisationen immer schnellere und flexiblere Reaktionen abfordert, müssen neue Wege der Ideengenerierung und der Entscheidungsfindung gefunden, hierarchische Verkrustungen aufgebrochen und Reibungsverluste verringert werden. Der dafür notwendige Wandel der Führung fordert auch die etablierten Machtstrukturen heraus. Wie zu sehen sein wird, kann das aber nicht bedeuten, sich vollständig von den Machtmitteln der Führungsrolle zu verabschieden.

Der Abschied von der Steuerung?

Natürlich wird Führung auch in Zukunft in erster Linie dem wirtschaftlichen Unternehmenserfolg verpflichtet sein — in Zeiten zunehmender betriebswirtschaftlicher Risiken sogar vielfach noch stärker als bisher. Doch hinsichtlich der Grundannahmen, auf welchem Weg der ökonomische Erfolg im Zusammenspiel von Führung und Mitarbeitenden gesichert werden kann, befindet sich die Organisationslandschaft in einem Paradigmenwandel.

Führung wird zukünftig wieder stärker auf die *Individualität des einzelnen Mitarbeiters* hin orientiert sein müssen. In der zukünftigen Arbeitswelt werden — zumindest in Bereichen, die höhere Qualifikationen erfordern — Arbeitszufriedenheit und Entwicklungsspielräume der Mitarbeitenden an Bedeutung gewinnen. Dies bedeutet für Führungskräfte u. a., verstärkt auf die Bildungsbedarfe und Bildungspotenziale der Mitarbeitenden zu achten (Arnold 2009 spricht von »Potenzialorientierung«). Wie dabei gute Arbeit (Arlt/Zech 2015) in oftmals prekären Rahmenbedingungen geleistet und Überlastungen der Mitarbeitenden vermieden werden können, ist in vielen Bereichen eine offene Frage, die von der Führungskraft jeweils im Einzelfall beantwortet werden muss (auch wenn sie oftmals keinen Einfluss auf diese Rahmenbedingungen hat — ein weiteres Paradox der Führung in einer von Entgrenzung und Beschleunigung geprägten Arbeitswelt).

Führung wird sich künftig noch weiter *von der Alleinentscheiderrolle entfernen*. Angesichts der Hierarchiekrise war es zunächst nicht mehr möglich, *seinem* Kommunikationsmonopol gerecht zu werden, d. h., alle Informationen entscheidungsreif zu verarbeiten. Hinzu tritt nun die Tatsache, dass man sich gänzlich von einer solchen Absicht verabschieden muss (sich nicht mehr ins operative Geschäft einmischen darf, weil dort gar keine Führungsleistungen mehr zu vollbringen sind). Hier wird jede Machtausübung dysfunktional. Führung bekommt ein neues Betätigungsfeld zugewiesen, das sich gänzlich von der alten Form, Führung auszuüben unterscheidet. Es wird auch der ›Gegenstand‹ ein anderer. Die Organisation der Zukunft ist immer stärker auf die Kreativität der Mitarbeitenden, auf die ›Schwarmintelligenz‹ des Kollektivs und die Selbstorganisationsdynamiken des Netzwerks angewiesen. In diesem Umfeld wird die Aufgabe der Führung zunehmend darin liegen, die Selbstorganisation und Vernetzung des Systems zu fördern und freizusetzen (»Ermöglichungsorientierung«, Arnold 2009).

Führung wird noch stärker als heute die Aufgabe der *Sinnvermittlung* leisten müssen (Weick 1995). Befehl und Anweisung reichen als Motivationsgrundlage in Arbeitsumfeldern, in der Arbeitskraft zur knappen Ressource wird und die Ansprüche an die Identifikation mit der Tätigkeit zunehmen, nicht mehr aus. Sinn, Mission und Visionen sind dabei nicht, wie es in der ›alten Welt‹ des instruktionistischen Führungsverständnisses oft nahegelegt wurde, etwas, das man in den Managementetagen beschließen und anschließend den Mitarbeitenden verkünden kann. Vielmehr ist Sinn nur als Ko-Konstruktion von Mitarbeitenden und Führungskräften in einem Dialogprozess herstellbar.

Das Plädoyer für eine Führung, die stärker auf Selbstorganisation setzt, ist grundsätzlich nicht neu. Seit Entstehen der Human-Relations-Bewegung in der ersten Hälfte des 20. Jahrhunderts gehen viele Empfehlungen zur Organisationsgestaltung in diese Richtung. Doch die aktuellen Führungsdiskurse sind nicht nur eine Fortführung dieses Trends — tatsächlich kann man von einem Wandel des dominanten Führungsparadigmas sprechen. Das bisherige und das angestrebte Paradigma unterscheiden sich vor allem in einer Hinsicht, nämlich im Hinblick auf den Machtaspekt. Die Führungskraft von morgen soll möglichst auf den Einsatz hierarchischer Macht verzichten und stattdessen über Einfluss (im Sinne von Abschnitt 1.4) steuern. Diese *Neukonzeptualisierung des Verhältnisses von Führung, Macht und Einfluss* lässt sich in den aktuell propagierten Führungskonzepten ablesen (→ Exkurs *Aktuelle Führungskonzeptionen*). Dabei handelt es sich nicht um ›Führungs-Tools‹, die kochrezeptartige Handlungsempfehlungen für den schnellen Erfolg versprechen. Diese Konzepte wenden sich ab von der Annahme des klassischen Führungsverständnisses, die Leistung der Mitarbeitenden ließe sich linear steuern. Vielmehr wird der Nichtlinearität komplexer Systeme und dem Umstand Rechnung getragen, dass sich nicht-intendierbare Zustände nur selbstgesteuert entwickeln (→ Abschnitt 6.3).

EXKURS

Aktuelle Führungskonzeptionen

- *Transformationale Führung* (Burns, Bass). Dieses zurzeit in Unternehmen vielbeachtete Konzept[47] zielt darauf ab, die Mitarbeitenden zu besonderen Leistungen anzuspornen. Während bei der transaktionalen Führung der Mitarbeiter für eine definierte Leistung eine entsprechende Gegenleistung erhält (z. B. in Form von Geld oder Anerkennung), soll die transformationale Führungskraft eine Zusatzmotivation bewirken, indem sie Visionen entwickelt und als Vorbild für die Mitarbeitenden wirkt (charisma, idealized influence), das Gemeinschaftsgefühl auf emotionaler Ebene stärkt (inspirational motivation), die Mitarbeitenden dazu anregt, neue Perspektiven auf die Organisation sowie das eigene Handeln einzunehmen (intellectual stimulation) und sich für die Belange und die Weiterentwicklung der Mitarbeitenden einsetzt (individualized consideration). Studien zeigen, dass sich dieser Führungsstil tatsächlich positiv auf die Bedeutsamkeit arbeitsbezogener Ziele, Arbeitszufriedenheit und Leistung auswirkt — auf der anderen Seite kann sich jedoch auch die Abhängigkeit der Mitarbeitenden von den Führungskräften erhöhen (Nerdinger 2014, S. 90 ff.).
- *Dienende Führung* (Greenleaf). Nach dieser Vorstellung kommt Führung eine dienende Funktion für die Gemeinschaft zu, was eine entsprechend demütige Haltung der Führungskraft voraussetzt. Das religiös inspirierte Konzept setzt einen bewussten Kontrapunkt zum traditionellen machtbasierten Verständnis — Führungskräfte sollen sich nicht als ›Master‹, sondern als ›Servant‹ verstehen. Schmitz (2012) verweist auf Mahatma Gandhi als Beispiel für einen dienenden Führungsstil. »In der bislang vorliegenden Fassung«, so Nerdinger (2014, S. 97), »ist das Konzept der dienenden Führung noch vage und eher metaphysisch inspiriert als auf die empirische Überprüfung ausgelegt«.
- *Geteilte Führung* (Pearce, Sims, Conger). In diesem Konzept ist Führung nicht mehr in der Person des Vorgesetzten konzentriert, sondern eine von mehreren Personen im Team kollektiv wahrgenommene Funktion. Dabei gibt es unterschiedliche Ausprägungen von der partizipativen Gestaltung der Arbeit unter der Ägide eines formal verantwortlichen Vorgesetzten bis hin zu Modellen, in denen auch die formale Führungsverantwortung unter den Teammitgliedern aufgeteilt ist. Ansätze wie transformationale oder dienende Führung perpetuieren letztlich die klassischen Vorstellungen von Führung, wie Nerdinger (ebd., S. 97f.) anmerkt, indem sie Führungskräfte voraussetzen, die sich durch beson-

47 Eine ausführliche Erörterung findet sich bei Furtner/Baldegger (2013, S. 131ff.).

dere Persönlichkeitseigenschaften (Charisma, moralische Qualitäten, ...) auszeichnen. Die Konzeption der geteilten Führung versucht dagegen, eine wirkliche Alternative zum individuumszentrierten Ansatz aufzuzeigen. »Dahinter verbirgt sich die führungsethische Forderung, die ein Abrücken von der Vorstellung eines quasi allmächtigen und/oder allwissenden Führers fordert« (ebd., S. 98)[48].

- *Demokratische Führung.* In einigen Unternehmen (z. B. Gore oder Haufe-umantis, vgl. den Beitrag von Stoffel in Abschnitt 7.3) werden Führungskräfte bis hin zum CEO mittlerweile auf Zeit gewählt. Damit werden hierarchische Organisationsprinzipien und die Rollenmacht der Führungskräfte nicht grundsätzlich abgeschafft, aber auf eine demokratische Grundlage gestellt. In der Studie von Welpe, Tumasjan und Theurer (2015), die 1.000 Arbeitnehmer in Deutschland befragten, ergab sich bei der Frage nach dem Wunsch nach demokratischer Führung ein Durchschnittswert von 6,7 auf einer Skala von 1 = auf keinen Fall bis 10 = auf jeden Fall.
- *Führung von hinten.* Stengel (2008) schildert in seinem Artikel, wie Nelson Mandelas Führungsstil durch den Clanchef Jongintaba, der ihn aufzog, geprägt wurde. Die Rolle des Clanchefs bei Versammlungen, so Mandela, bestehe nicht darin, den Menschen zu sagen, was sie tun sollten, sondern sie der Reihe nach zu Wort kommen zu lassen und dann einen Konsens zu suchen. Mandela selbst zieht die Parallele zu seiner Kindheit als Kuhhirte: »›You know‹, he would say, ›you can only lead them from behind‹« (ebd.). So habe er es auch bei den Treffen seiner Exilregierung gehalten: »The trick of leadership is allowing yourself to be led too. ›It is wise‹, he said, ›to persuade people to do things and make them think it was their own idea.‹« (ebd.; vgl. auch den Exkurs zu Nelson Mandela im folgenden Abschnitt).

Der Artikel von Rose (2015) zeigt anhand einiger Beispiele auf, wie die Umsetzung dieser Konzeptionen in die Unternehmenspraxis aussehen kann.

Die Quadratur des Kreises: komplexere Führung für komplexer werdende Organisationen

Demokratische Organisationen und ein entsprechender Machtverzicht der Führung werden nicht in allen Bereichen der Organisationslandschaft sinnvoll und umsetzbar sein (→ Kapitel 7 sowie das dortige Interview mit Thomas Sat-

48 Ein ausführlicherer Überblick über das Konzept, seine Vorläufer in der Führungsforschung (Ko-Leadership, kooperative Führung, Empowerment, selbststeuernde Arbeitsgruppen u. a.) sowie empirische Befunde zu Voraussetzungen und Auswirkungen geteilter Führung (die natürlich insbesondere von den Kompetenzen der Mitarbeitenden und der Effektivität des Teams abhängen), findet sich bei Lang/Rybnikova (2014).

telberger). In vielen etablierten Organisationen wird sich das Führungsverständnis nicht mit einem Federstrich ändern lassen. Eine gänzliche Auflösung der Paradoxien der Macht wird nicht möglich sein. Wenn in Organisationen — wie in Abschnitt 7.2 ausgeführt — Management zukünftig in der Steigerung der Requisite Variety (→ Abschnitt 2.3) und im Management von Widersprüchen besteht, muss dieses neue Organisationsverständnis auch auf der Führungsebene verankert werden.

Paradoxien zeichnen sich dadurch aus, dass sie sich nicht zur einen oder anderen Seite hin vollständig auflösen lassen. So sind Selbst- und Fremdsteuerung in Organisationen gleichermaßen notwendige Prinzipien, die sich aber nicht beide gleichzeitig maximieren lassen. Situationen mit paradoxen Handlungsaufforderungen lassen keine optimale ›Lösung‹ zu — ein kompetenter Umgang mit ihnen besteht vielmehr darin, die Situation in einer Weise zu enttautologisieren, die zwar Folgeprobleme verursacht, die diese Folgeprobleme aber in das Kalkül einbezieht. Für viele Organisationen kann angesichts der Komplexität und Widersprüchlichkeit der Anforderungen eine *ambidextre Führung* ein Rollenmodell der Zukunft darstellen (vgl. auch die Ausführungen zum Konzept der ambidextren Organisation in Abschnitt 7.3).

EXKURS

Nelson Mandela als Beispiel einer ambidextren Führungspersönlichkeit

Schmitz (2012), Bacher (2011) und sein Biograf Stengel (2008) portraitieren Nelson Mandela als eine Führungspersönlichkeit, die sich vor allem durch ihre Fähigkeit auszeichnete, direktive und non-direktive Formen der Führung zu vereinbaren. Mandela hatte den Anspruch, die Diskussion für alle Meinungen offen zu halten und auf dieser Basis einen Konsensfindungsprozess zu gestalten, in dem er seine Ziele zu erreichen suchte, ohne explizit Entscheidungen vorzugeben. Mandela verglich diese Art des Selbstverständnisses der Führungskraft mit der Rolle des Hirten: Er lasse das Leittier vorausgehen und bleibe im Hintergrund, ohne dass die Herde das Gefühl bekomme, von hinten gesteuert zu werden.

Auf der anderen Seite gebe es aber auch Situationen, in denen man ›von vorne‹ steuern müsse. Gerade in Krisensituationen heiße Führung auch, Verantwortung zu übernehmen, indem man Alleinentscheidungen treffe (mit der Konsequenz, später dann auch die Folgen alleine tragen zu müssen).

In einer komplexer werdenden Welt wachsen auch die Anforderungen an Führung. Die Dilemmata, mit denen sich Führung immer schon konfrontiert sah, werden nicht verschwinden, sondern sich verschärfen und die Spannungskräfte der Führungsrolle erhöhen. Führung ist in einer gewissen Weise dazu aufgerufen, sich selbst überflüssig zu machen, während auf der anderen Seite die Ansprüche an Orientierung und Sinnstiftung steigen. Für Ortmann (2011, S. 365) ist es daher »nicht abwegig [...], dass Organisationen im Zuge der Kontingenzeskalation der Hypermoderne [...] wieder stärker auf Charismatiker angewiesen sein werden«, wobei die eigene Verunsicherung für die Entwicklung von Charisma nicht unbedingt förderlich ist.

Doch müssen auf dem Weg zu einem neuen Umgang mit der Führungsmacht nicht nur die Führungskräfte umdenken, sondern auch die Mitarbeiterinnen und Mitarbeiter. Gordon (2002, S. 162) weist mit Verweis auf Foucault darauf hin, dass Akteure, die sich nicht an die tradierten Codes halten, die in ihrem jeweiligen sozialen System gelten, riskieren, ihre ›Stimme‹ zu verlieren, d. h., wenn Führungskräfte in klassisch-hierarchischen Organisationen versuchen, Führungsverantwortung im System zu verteilen, muss dies nicht als Chance, sondern kann als unangemessenes Verhalten aufgefasst werden, wie die in Abschnitt 6.3 angesprochene Studie von Rothman et al. (2012) zeigt.

> *»In western societies, not to mention most other societies, knowledge of leadership has not been reconstituted. Thus, even if an organization introduces dispersed leadership, it is highly likely that the knowledge its members reflect upon to make sense of things, knowledge that is embedded at a deep structure level, will reflect the principles and practices of traditional leadership.«* (Gordon 2002, S. 162)

MERKE

Während Trends wie demokratische Führung bislang nur für kleine Biotope innerhalb der Arbeitswelt relevant sind und ein nicht unbeträchtlicher Teil der Arbeitswelt (vorerst?) mit ›business as usual‹ zurechtzukommen glaubt, ist in weiten Teilen der Unternehmenslandschaft die Erkenntnis durchgedrungen, dass es mit den tradierten Formen machtbasierter Führung nicht weitergehen kann. Alternativmodelle sind aber in den über viele Jahrzehnte gewachsenen Hierarchien der Unternehmenswelt kaum zur Hand. Hier stehen wir im Hinblick auf die Entwicklung anderer Konstellationen im Verhältnis von Macht und Führung noch am Anfang eines Suchprozesses mit weitgehend offenem Ausgang.

6.7 Zusammenfassung

Machtvolle Führung kann Teams zu Spitzenleistungen bringen, wenn die Führungskraft dem Team im Hinblick auf Fachkompetenz und Erfahrung überlegen ist. Machtbasierte Entscheidungen sind jedoch sehr viel riskanter als Entscheidungen, in die das kollektive Wissen aller Beteiligter einfließt. Das zeigt z. B. auch eine Studie der Nationalen Akademie der Wissenschaften der USA (Anicich/Swaab/Galinsky 2015): Die Auswertung der Daten von mehr als 5.000 Himalaya-Besteigungen belegt, dass streng hierarchisch organisierte Teams zwar häufiger den Gipfel erreichten als Teams mit einer weniger machtorientierten Führung, dass sich in den hierarchischen Bergsteigergruppen allerdings auch deutlich mehr Unfälle ereigneten.

In der heutigen Organisationslandschaft findet Führung unter ganz anderen Rahmenbedingungen statt als noch vor einigen Jahren:

> *»Durch die Reduzierung der hierarchischen Ebenen, durch Projektorganisation und durch Netzwerkstrukturen hat sich die Situation für viele Führungskräfte im mittleren Management verändert. Sie haben mehr Entscheidungskompetenzen, tragen mehr Verantwortung und werden früher zur Rechenschaft gezogen. Sie müssen sich heute mehr mit dem Thema Macht auseinandersetzen als früher, als ihnen die Hierarchie diese Aufgabe abnahm.« (Lohmer 2001, S. 6).*

Die Erfolgsfaktoren der Hierarchie sind im Schwinden begriffen: In dem Maß, in dem Volatilität, Unsicherheit, Komplexität und Ambivalenz (→ Abschnitt 7.2) zunehmen, nehmen der Informationsvorsprung der Führung ab und das Entscheidungsrisiko zu. Die früher als selbstverständlich erachtete Erwartung, Führung Folge zu leisten, ist in einem neuen Maße begründungspflichtig geworden. Mitarbeitende sind immer weniger gewillt, sich einer formalen Hierarchie zu unterwerfen und erwarten einen Führungsstil ›auf Augenhöhe‹. Auch die meisten Führungskräfte sind der Auffassung, dass Führung sich wandeln muss. Die Umrisse eines zukünftigen Führungsverständnisses sind jedoch oft noch vage. Führung wird aber — so viel scheint sicher — mehr denn je vor der Aufgabe stehen, noch komplexeren und widersprüchlicheren Anforderungen gerecht zu werden. Zurzeit diskutierte Entwicklungen wie transformationale Führung, dienende Führung etc. können dabei die Richtung vorgeben, sparen aber eine wesentliche Frage aus, nämlich wie Führung auf der Grundlage von Vertrauen, Sinnstiftung, Inspiration und Demut die Entfaltung von Autonomie und nicht-intendierbaren Leistungen der Mitarbeiter und Mitarbeiterinnen entwickeln kann, ohne auf Macht in ihrer gestaltenden, notfalls auch Autonomie begrenzenden Funktion zu verzichten.

7 Macht und Veränderungen in der Arbeitswelt

Viele Forscher sehen uns heute an der Schwelle zu einer vierten industriellen Revolution, die vor allem von den nicht nur quantitativ, sondern auch qualitativ ganz neuen Auswirkungen der Digitalisierung ausgelöst wird (zu denken ist etwa an Big Data, das Internet der Dinge, Fortschritte in der Forschung zur künstlichen Intelligenz, die dramatische Reduzierung von Transaktionskosten etc.). Die Digitalisierung ist aber nur einer der Treiber der aktuellen Umbrüche. Hinzu kommen die rasanten Veränderungen der Märkte, Auswirkungen des demografischen Wandels und des mit ihm einhergehenden Fachkräftemangels, veränderte gesellschaftliche Ansprüche an nachhaltiges Wirtschaften usw. (vgl. Abb. 5)[49] In den gegenwärtigen Diskursen rund um die Anforderungen, die die ›VUKA-Welt‹ und die Generation Y an die Organisationen stellen (→ Abschnitt 7.2), wird der »alte Bauplan der Unternehmen, dieses kohärente Gesamtgefüge aus funktionaler Abschottung, hierarchischer Ausdifferenzierung, Führung nach dem Prinzip des Fürsten im Reich, funktionalem Aufstieg und individuellem Expertentum mit dem Korrektiv verfasster Mitbestimmung zur Disposition gestellt« (Boes et al. 2015, S. 61). Nicht nur Organisationen wie Google, Facebook u. Ä. experimentieren mit hierarchiearmen Steuerungsformen, die die Entstehung verkrusteter Machtstrukturen vermeiden sollen. Diese Entwicklung reagiert auf die von Luhmann schon 1975 prognostizierten

> *»[...] immanente [n] Schranken der Steigerung von Macht in und durch Organisationen [...]. Die Schranken werden spürbarer werden, wenn man die Interdependenz der Entscheidungsleistungen in den Organisationen steigert und wenn man von konditionaler Programmierung zu Zweckprogrammierung übergeht. Um so mehr tritt dann Macht als Mechanismus der Übertragung von Selektionsleistungen zurück.« (S. 113f.)*

49 Wir haben diese aktuellen Veränderungen in der Arbeitswelt und ihre Auswirkungen für Mitarbeitende, Führung und Change Management in Ameln/Wimmer (2016) näher analysiert.

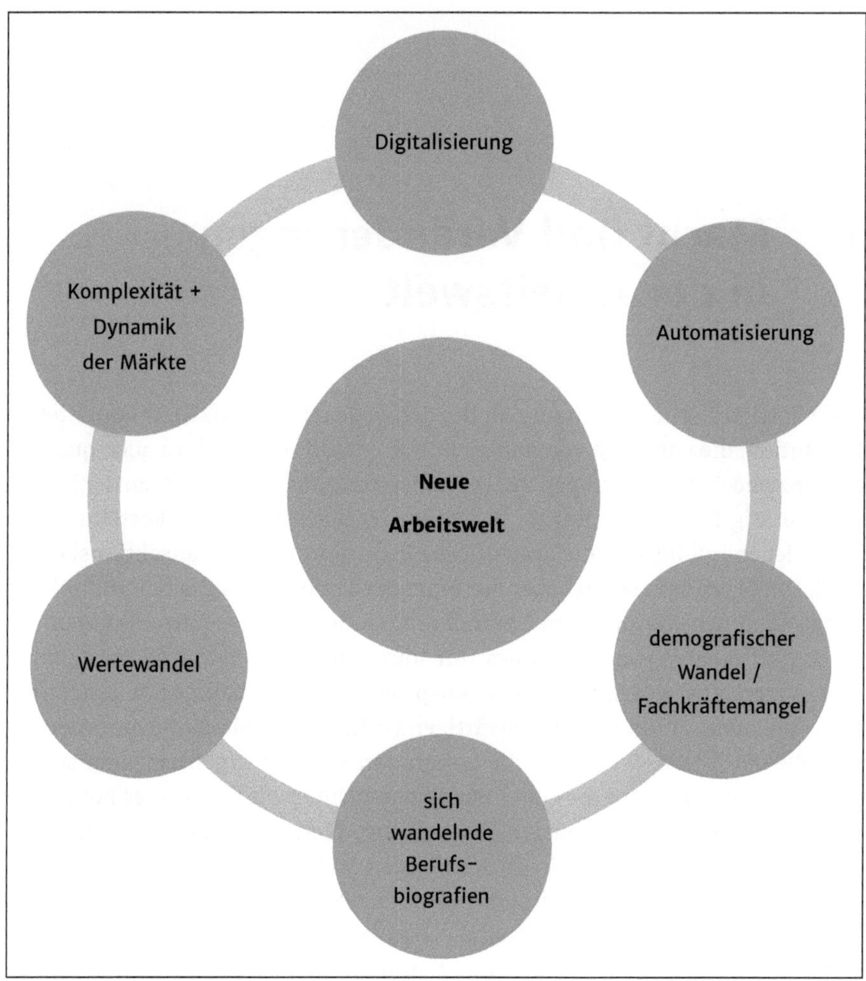

Abb. 5: Treiber aktueller Veränderungen in der Arbeitswelt (Quelle: Ameln/Wimmer 2016)

In dieser postmodernen Konstellation erscheint Macht »von Natur aus‹ diffus und fluktuierend verstreut« (Luhmann 1975, S. 43).

> *»In modernen Staaten ist ›der Ort der Macht leer‹, d. h. sie zeichnen sich in der Regel durch eine weitgehende Fragmentierung der Macht aus. Weder kumuliert die Staatsmacht an einer Stelle nach cäsarischem Muster, noch gibt es einen anderen sozialen Ort, an dem solche cäsarische Macht über einen bestimmten sozialen Sektor zugelassen wäre.« (Reemtsma 2007, S. 72)*

Der gegenwärtige Abgesang auf die Hierarchie ist allerdings nicht neu, sondern nur der aktuelle Kulminationspunkt einer langen Geschichte von Ent- und Rehierarchisierungsprozessen, die wir im folgenden Abschnitt nachzeichnen. Dabei hat der Abbau von Hierarchien in der Vergangenheit nicht notwendigerweise zu einer gleichmäßigeren Verteilung von Macht und Entscheidungsverantwortung, sondern bisweilen im Gegenteil zu einer Entmachtung der mittleren Führungsebene zugunsten einer noch stärkeren Machtkonzentration an der Spitze geführt. Die hier nur holzschnittartig dargestellten Etappen einer Weiterentwicklung der hierarchischen Organisation zeigen nicht nur eine Geschichte des Umgangs mit Krisen, sondern auch eine der Dialektik der Macht auf.

7.1 Das Ende der Hierarchie? Eine kleine Geschichte der Ent- und Rehierarchisierung

Die Hierarchie (= heilige Herrschaft) war und ist nach wie vor die mächtigste Organisationsform, die Menschen entwickelt haben. Doch die Hierarchie ist — und das nicht erst seit Kurzem — in der Krise. Seit etwa Ende der 1960iger-Jahre wird von einer Hierarchiekrise gesprochen und damit auch die von ihr legitimierte Positionsmacht infrage gestellt. Ideologisch wurde die Kritik von der 68iger-Bewegung forciert, die uns an vergessenes Aufklärungsgut erinnerte, damals bereits die Abhängigkeit der Politik von der kapitalistischen Wirtschaft analysierte und daraus Demokratiedefizite ableitete. Eine neue Freiheit und Gleichheit sollte gegenüber etablierter Macht erprobt und durchgesetzt werden. Es waren aber nicht bloß die Gleichheitsideologien bürgerlicher Revolutionen, die eine Macht der Menschen über Menschen auf den Prüfstand stellten, in Rechtsvorschriften Gleichheit vor dem Gesetz abzusichern versuchten und damit in Erinnerung brachten, dass Freiheit, Vernunft etc. unteilbares Gut sind, das allen in gleicher Weise zukommt. Es war vielmehr die Einsicht, dass sich Systeme nicht mehr in ›Treu und Glauben‹ führen ließen. In solchen Zeiten der Hierarchiekrise ›verdünnt‹ sich aus guten Gründen das Systemvertrauen und damit auch die Bereitschaft einer Anerkennung von Macht. Eliten vorbehaltene Führungskompetenz musste sich verbreitern; Macht musste umverteilt, Entscheidungen für viele freigegeben werden. Damit war ein verwirrender Widerspruch etabliert. Insofern hat die Hierarchie selbst zu der sich in den letzten 50 Jahren verstärkenden Skepsis innerorganisatorische Gründe geliefert. Schwerfälligkeit, Dependenzumkehr — bedingt durch Fachkompetenz auf unteren Stufen, Instanzenwege und ihr Zeitaufwand, eine anscheinend unvermeidbare Erweiterung von Zuständigkeiten usw. schafften Unübersichtlichkeit und vor allem Inflexibilität. Als sich herausstellte, dass das Beibehalten der ›klassischen‹ Hierarchie bei steigender Komplexität auch zu ökonomischen Verwerfungen führt, versuchte man es mit ›*Mehr des Gleichen*‹: ein neues Problem, eine neue Abteilung bzw. Hierarchieebene. Hierarchien haben als Organisationsform den Vorteil ›unendlicher‹ Erweiterungsmöglichkeit — bei neuen Problemen oder neuen Aufgaben kann man eine neue Abteilung irgendwo ›dranhängen‹. Diese Maßnahmen schienen zunächst der alten hierarchischen Ideologie entgegenzukommen (es gab immer mehr ›Chefs‹; individuelle Leistungen wurden somit generell belohnbarer), vergrößerten das Problem aber.

Abgesehen davon, dass es nicht immer unproblematisch ist, *wo* man etwas anfängt, insbesondere wenn es sich um etwas Neues handelt, das alten Weisungs- und Berichtsstrukturen unterstellt wird, die es marginalisieren; dieser Erweiterungsvorgang innerhalb der Organisation verstärkt meist das Problem, das man lösen wollte. Er führt zu einer Selbstverkomplizierung, die nicht in der Komplexität der Sache liegt, sondern organisatorischen Veranstaltungen geschuldet ist (so lässt sich beispielsweise auch beobachten, dass Vorschriften, Regeln, Standardisierungen, die möglichst alle Details erfassen wollen, zu einer Unübersichtlichkeit und einer Unsicherheit führen, die man gerade durch sie aus der Welt schaffen wollte).

Bald zeigte sich, dass diese Erweiterungen durch die alten Instanzenwege nicht mehr bewältigbar waren, zumal jede Machtposition auf ihre Zuständigkeit pochte; sie zu ›übergehen‹ war fast ein Sakrileg. Um an die notwendigen Informationen heranzukommen, richteten sich Vorstände Stabsstellen ein. Vorsorglich wurde ihnen keine Entscheidungsmacht übertragen; hierarchisch waren sie aber hoch angesiedelt. Diese Konstruktion ist an sich nicht vorgesehen. Dementsprechend reagierte die Organisation: Stäbe wurden als ›Vorstandsspione‹ abgewertet oder dazu benützt, gezielt Informationen zu platzieren. Letzteres kompensierte ihre sonstige Machtlosigkeit; sie hatten ›das Ohr‹ der Hierarchiespitze.

Eine weitere Verflüssigung des Hierarchiegebildes brachten der *Technologieschub durch den Computer*, die elektronische Kommunikation und die dafür nötigen Spezialisten. Als ›unentbehrliche‹ Fachkräfte brachten sie angestammte Gehaltsschemata durcheinander; man wusste auch nicht so recht, auf welchen hierarchischen Ebenen man sie etablieren sollte. Im Unterschied zu allen anderen Fachabteilungen waren sie sofort für die gesamte Organisation zuständig, daher ›quer liegend‹. Vor allem aber führten sie der angestammten Belegschaft ihre Unwissenheit und Inkompetenz vor, bis hinauf an die Spitze. Computer schufen jedenfalls eine Abhängigkeit *aller* von dieser neuen Macht. Klar war auch, dass sie bisherige Kommunikationswege revolutionieren musste.

Jedenfalls diente die neue Technologie einer umfassenden Datensammlung. Bereits vor ihrer Einführung hatte die Hierarchie versucht, auf ihre Probleme mit verstärkter Bürokratie zu reagieren. Formulare, ein vorschriftliches Berichtswesen etc. sollten für jene bessere Kontrollierbarkeit sorgen, die den Spitzen der Hierarchie immer mehr entglitt. Bürokratische Maßnahmen erhöhten allerdings die Schwerfälligkeit und mit einer Fülle an Berichten das Problem ihrer Lesbar- und Einschätzbarkeit. In diesem Stadium meist vergeblicher Versuche, das Informationsproblem zu bewältigen, hörte man oft die Klage, dass Entscheidungen überhaupt nicht mehr getroffen werden, jedenfalls nicht in dem Ausmaß, wie man es von früher her gewohnt war.

Eine Zeitlang hat das sogenannte *Lean Management* die Organisationen umgetrieben. Die Erkenntnis, dass zu viele Hierarchiestufen Schwerfälligkeiten fördern, führte zu der nachvollziehbaren, aber in technischer Linearität durchgeführten Konsequenz, Stufen zu reduzieren. Der Erfolg war suboptimal. Vorgesetzte sahen sich plötzlich vor (quantitativ) unbewältigbar großen Führungsspannen, frühere Führungskräfte fanden sich als Mitarbeiter wieder. Die ersteren konnten sich über ihren Machtzuwachs nicht so recht freuen und ›erfanden‹ viele neue Koordinatoren, die ihnen die Last der schwierigen Koordination abnehmen sollten, die letzteren empfanden ihre ›Eingliederung‹ als Rückstufung, was als Anerkennungsmangel nicht unbedingt motivationsfördernd war.

Dezentralisierungen, die Einrichtung von Business Units, Profitcentern etc. waren ein weiterer Versuch der Auflösung zentralistischer Hierarchien; sie waren insofern ein Fortschritt als man das Selbstermächtigungsprinzip von Individuen auf Organisationseinheiten zu übertragen versuchte. In ihnen sollte selbstständiges Unternehmertum einziehen. Der Machtverzicht der Zentralen war aber in vielen Fällen nur ein halbherziger. Machten dezentrale Einrichtungen von ihrer Selbstständigkeit einen nach zentraler Ansicht allzu extensiven Gebrauch, hörte man sehr oft die Wendung: ›Da läuft ja alles aus dem Ruder‹, ganz im Sinne Tucholskys (1961, S. 78):

> *»Die Zentrale weiß alles besser. Die Zentrale hat die Übersicht, den Glauben an die Übersicht und eine Kartothek. […] Die Zentrale hat zunächst eine Hauptsorge: Zentrale zu bleiben. Gnade Gott dem untergeordneten Organ, das wagte, etwas selbständig zu tun! Ob es vernünftig war oder nicht, ob es nötig war oder nicht, ob es da gebrannt hat oder nicht —: erst muß die Zentrale gefragt werden. Wofür wäre sie denn sonst Zentrale!«*

Die ›lange Leine‹ wurde wieder straffer angezogen (meist mit bürokratischen Mitteln oder von außen oktroyierten Zielvorgaben) und so können wir ein pendelhaftes Hin und Her beobachten, in dem zentralistische Funktionseinheiten durch Maßnahmenpakete ihre Existenzberechtigung unter Beweis stellen (als ›Schwundstufe‹ ehemaliger Macht), deren Befolgung meist nur als formale Pflichtübung abgetan oder überhaupt ignoriert wird.

Neue Organisationsformen spiegeln die Defizite der alten

Dies alles hat die Macht der Hierarchie verändert und ebenso die Machtverhältnisse *in* ihr. Dort, wo man ihre Schwächen zu erkennen glaubte, begannen Versuche, sie zu ›verbessern‹, wobei man mit den Mitteln der Hierarchie selbst begann (›Mehr des Gleichen‹). Auch wenn man nicht ganz davon weggekommen ist, war bald zu erkennen, dass man die durch die Hierarchie selbst produzierten und am Leben gehaltenen Probleme nicht durch ›Eigenmittel‹ lösen konnte. Man machte sich also auf, neue alternative Organisationsformen zu finden und *innerhalb* der Hierarchie einzurichten. Hier war man frohen Mutes und wie bei allen Anfängen mit einer gewissen Naivität ausgestattet. Man dachte nämlich, man könne neue Organisationsformen einfach *in* die Hierarchie hineinbauen und mit ihnen ihre Defizite beheben. Ein naheliegender Gedanke vor allem dann, wenn man die Organisation als Instrument, als Maschine versteht, welche man durch Optimierungen ›auf den neuesten Stand‹ bringen kann. Etwas ›Heiliges‹, etwas, das sich über Jahrtausende bewährt hat, lässt sich aber nicht einfach durch etwas optimieren, was nicht zu ihm passt. Und Letzteres war der Fall. Die Einführung von Stabsstellen, Matrixorganisationen, Projektmanagement, Netzwerke, alle diese Einrichtungen entsprechen nicht den Grundgesetzen und Strukturen klassischer Hierarchie. Sie sind zunächst Fremdkörper und diese werden bekanntlich ›abgestoßen‹. Daher bekamen sie nicht jene selbstständige Organisationsmacht, die sie brauchten, um problemlösend zu funktionieren. Man kann fast vom Gegenteil ausgehen. Im Grunde führen die neuen Organisationsformen den alten permanent ihre Defizite vor Augen, die schließlich ihr Gründungsgrund sind. Im übertragenen Sinn könnte man von einer ›Hierarchiekränkung‹ sprechen, die auch deren Leitung und ihre Führung nicht unberührt lässt (der immer noch nicht ganz leichte Umgang mit Projektmanagement stellt dies immer wieder unter Beweis). Von der ›Duldung‹ bis zur ›Freilassung‹ in eine neue Selbstständigkeit und Eigenverantwortung gibt es aber viele Facetten des Nebeneinanders; oft ein Hin und Her in der Machtkonkurrenz (insbesondere bemerkbar beim Widerspruch zentrale-dezentrale Einrichtungen). Ein ›althierarchisches‹ Machtmittel in diesem Organisationsdurcheinander besteht in der Verschärfung der Kontrolle, dem Versuch, gemeinsame Regeln und Standards zu entwickeln, das alles bürokratisch zu fassen und damit zu beherrschen. Leider funktioniert auch das nur so recht und schlecht, weil substanziell unterschiedliche Organisationsformen nicht den gleichen Standards gehorchen und die erwünschten neuen Beweglichkeiten eher verhindern.

Rehierarchisierung als Reaktion auf Beschleunigung

Die beschriebenen Tendenzen zur Rehierarchisierung kommen auch einer gesamtgesellschaftlichen Entwicklung entgegen, die in Politik und Wirtschaft fatale Folgen hat. Sie ist mit den Begriffen Zeitverdichtung, Beschleunigung und ›Panikreaktion‹ zu umschreiben. Situationen der Unsicherheit, erst recht solche der allgemeinen Krise, in denen uns scheinbare Ausweglosigkeit unsere Machtlosigkeit vorführt, aktivieren — psychologisch verständlich — alte Muster und drängen dazu, den alten, vorhergehenden Zustand, der ja nachweisbar der bessere war, wiederherstellen zu wollen. Aktionismus und schnelles Entscheiden sollen beweisen, dass wir doch noch handlungsfähig sind, ›das Heft in der Hand haben‹. Da bekanntlich Entscheidungsprozesse, die sich einigermaßen der komplexen Ausgangssituation stellen, mühsam sind, zumal wenn man ein Bottom-up-Prinzip berücksichtigen will, Mühsamkeiten aber Zeit brauchen, die man meint, nicht zur Verfügung zu haben, verschärft sich das ohnehin verbreitete Paradoxon: Eben hat man aufgrund der gestiegenen Komplexität Entscheidungen delegiert, dezentralisiert, in Kauf genommen, dass der Kommunikationsaufwand steigt, Macht auf breiterer Basis verteilt wird. Nun aber erfährt man, dass die zu bewältigenden Problemlagen schnellerer Antworten bedürfen. Am schnellsten und wirksamsten können und dürfen immer diejenigen entscheiden, bei denen das Recht auf ›Letztentscheidungen‹ institutionalisiert ist. Sie sorgen auch für die als notwendig fantasierte Komplexitätsreduktion, nicht, weil sie dazu wirklich imstande wären, sondern weil sie gar nicht anders können, als zu simplifizieren; wichtige Informationen gelangen nämlich gar nicht mehr zu ihnen. Die Gefahr eines Realitätsverlustes begleitet diese Rehierarchisierung auf Schritt und Tritt und erinnert an historische Figuren. Machterhalt wird dann zum Selbstzweck, wenn abstrakte Macht aufgrund eines Realitätsverlustes die einzige Realität ist, die übrigbleibt.

Dezentralisierung zwingt zu Demokratisierung

Beobachtet man die Fälle gelingender Dezentralisierung, fällt zweierlei auf: zum einen gut ausgeklügelte Rahmenbedingungen, in denen die Verbindung von zentralen und dezentralen Einheiten geregelt sind, zum anderen Organisationsmaßnahmen, die über das Gelingen dieser Verbindung wachen, ihr Funktionieren beobachten. Dort begegnen sich Zentrale und dezentrale Einheiten tendenziell auf gleicher Augenhöhe.

Interessant ist hier eine *Differenzierung des Machtthemas.* Im Grunde finden wir nämlich einen dreifachen Machtverzicht vor, der allerdings insgesamt die

Schlagkräftigkeit der Gesamtorganisation erhöht. Die Zentrale delegiert erstens Macht an die dezentralen Stellen, zweitens an für beide verbindliche Rahmenbedingungen (Beginn von Kontextsteuerungen), schließlich verzichten beide Seiten auf ihre Macht, indem sie gegenseitige Beobachtungsverfahren einrichten und sich auf Aushandlungsprozesse einlassen.

Auch wenn man nicht gerade sagen kann, dass Wirtschaftsunternehmen demokratisch funktionieren, legen die verschiedenen Etappen der Organisationsentwicklung dennoch einen Befund nahe:

MERKE

Die Hierarchiekrise bzw. die verschiedenen Antworten auf sie im Sinne von Organisationsmaßnahmen, führen diverse Widersprüche und substanzielle Unterschiede ins System ein, die sich nicht ohne Schaden mit der ›alten‹ hierarchischen Macht und ihren Verfahren lösen bzw. nutzen lassen. Organisationsmaßnahmen und -einrichtungen bekommen einen eigenen selbstständigen Stellenwert, der förmlich zu demokratischen Verfahrensformen zwingt.

Macht und dialektisches Denken

Gerhard Schwarz (2007) hat in seinen Arbeiten schlüssig nachgewiesen, dass die ›Denkform‹ der Hierarchie die klassische Logik ist. In ihr wird nach wahr und falsch entschieden. Entweder-oder, Widersprüche werden ausgeschaltet. Zusätzlich stellt sie ein Subsumptionssystem dar, in dem aus obersten Sätzen (Zielen, Regeln etc.) die notwendigerweise abstrakt sind, die unteren — zumindest dem Anspruch nach — abgeleitet werden können. Nun kann behauptet werden, dass jede Entscheidung diese Logik in sich hat. Indem sie sich für *etwas* entscheidet, schließt sie andere Optionen aus und verleiht ihm so indirekt die ›Würde‹ des Wahren, das ›Oder‹ wird ausgeschlossen (ein Hinweis darauf, dass das ›Wahre‹ immer ein solches aufgrund von Entscheidungen ist). Es geht aber genau deshalb um den Prozess des Zustandekommens einer Entscheidung, umso mehr, wenn ihre Wahrheit nicht mehr strukturell gewährleistet oder zumindest unterstützt wird. Die Logik wird zwar nicht ausgeschlossen — Widersprüche müssen einer (vorläufigen) Entscheidungswahrheit zugeführt werden — das Entweder-oder steht aber nicht von vornherein fest, sondern prozessiert die Gegensätze bis zu einer möglichen Entscheidungsreife. Die Denkform dieser Prozesse hat traditionell den Namen *Dialektik* bekommen. Sie war dem Machtgefüge der klassischen Hierarchien immer suspekt, weil sie Wahrheiten auf ihren (endlichen) Entscheidungscharakter durchschaute, und ihr Gegenteil zur Sprache brachte, es zumindest nicht in Vergessenheit geraten ließ. Der Macht waren die Dialektiker daher immer lästig und sie sind von ihr meist bekämpft, zumindest abgewertet worden (eine Ausnahme stellt die Rolle des Hofnarren dar, einen etablierten inneren Systemwiderspruch, der nicht zufällig in der Aufklärung abgeschafft wurde, weil sich auch in den absolutistischen Herrschaftsformen ein Rationalismus breit machte, der logisch-deduktives Denken bevorzugte und nicht gerade für Widersprüche zugänglich war).

Dieser ›Ausflug‹ in Denkformen ist für unsere Themenstellung kein philosophisch unnötiger Umweg. Denn einmal deutet er die tiefe Verflochtenheit zwischen Denk- und Organisationsformen an, zum anderen kann er zum Verständnis gegenwärtiger Organisationssituationen einiges beitragen. Die Krise der klassischen Hierarchie hat sie nämlich in einen Selbstwiderspruch hineinmanövriert, den sie nicht mehr in ihren alten Strukturen und Bewältigungsformen lösen kann. Insofern ist sie ›dialektisch‹ geworden. Um die gegenwärtigen Organisationsprobleme der Hierarchie bewältigen zu können, muss sie sich selbst und zwar insgesamt zum Thema machen. Es geht nicht mehr nur um einzelne ›Kollateralschäden‹, um abgenützte Versatzstücke, die man reparieren oder austauschen kann, um sie im alten Glanz wiederauferstehen zu lassen, es geht vielmehr um eine Gesamtveränderung, die ihre innersten Stabilitätsfaktoren, auf die sie sich bisher verlassen hat, erschüttern muss. Damit wird auch ihr gesamtes organisatorisch gestütztes Machtgefüge ›durchgerüttelt‹. Man kann verstehen, dass hier ständig ›Systemabwehr‹ (Heintel/Krainz 1994) produziert wird, zumal es nicht bloß um die Macht von Personen geht, sondern Positionen infrage gestellt bzw. umdefiniert werden müssen. Man sieht sich also heute vielen Rehierarchisierungsbestrebungen gegenüber, die in der Wirtschaft freilich durch ›logische‹ Systemkonstanten unterstützt werden: Wenn für dialektische Aushandlungs- und Beschleunigungsprozesse keine Zeit bleibt, der organisatorische Aufwand als zu groß eingeschätzt wird, Konflikte nur stören, dann muss in alter Manier von Zentralen bzw. leitenden Führungskräften entschieden werden. Denn das geht vordergründig im Allgemeinen schneller. Zu vermuten ist allerdings, betrachtet man die Entwicklung der letzten Jahrzehnte, dass diese Rehierarchisierungen die Probleme nur verschärfen, nicht aber lösen können. Zum einen deshalb, weil die Entscheidungsqualität der Topmanager in den letzten Jahren deutlich an Qualität eingebüßt hat (nachweisbar an gravierenden Fehlentscheidungen in Vorstandsbereichen), Zufälle oder solche unvermuteter Genialität ausgenommen, zum anderen, weil sie aufgrund von Widerständen an der Basis auch nicht mehr ›heruntergebrochen‹ werden können. Beide Fälle zeigen, wie eine vorher strukturell abgesicherte Macht ›ohnmächtig‹ wird und sich bei ihrer Aufrechterhaltung in Willkür umwandelt.

Was man in all diesen Bewegungen und Entwicklungen aber ungern zur Kenntnis nehmen wollte, war eben die ›Nichtpassung‹ der neuen Organisationsformen zu der alten Hierarchie. Diese besteht bis heute und schafft an den Schnittstellen, Berührungen, aber auch Abtrennungen nicht nur Probleme, sondern auch Konflikte. Die Hierarchie ist mit ständigen inneren Widersprüchen konfrontiert, meist fehlt aber ein gut eingerichtetes Widerspruchs- und Konfliktmanagement. Das hierarchische Konfliktlösungsmuster — die Delegation der Konfliktlösung nach oben — kennen wir bereits, es taugt leider nicht. Dennoch geht die Hierarchie im Allgemeinen von ihrer Zuständigkeit aus. Schließlich bezieht sie daraus auch ihre Organisationsmacht. Wenn aber die alternativen Organisationsformen lebendig und erfolgreich sein sollten, ist ihre Unterstellung nur im Ernstfall angebracht. Wenn es sich nämlich in den Konflikten um eine strukturbedingte Notwendigkeit handelt, bringt es nichts, wenn Unterstellungsverhältnisse für angebliche Klarheit sorgen.

Wenn man selbst Mitverursacher der Konflikte ist, kann man sich nicht als ›neutraler‹ Richter über die andere Seite erheben wollen.

MERKE

Steigende Komplexität in den Umwelten von Organisationen — sowohl in den Marktumfeldern als auch hinsichtlich der gesellschaftlichen Werte — hat die Hierarchie an ihre Grenzen geführt. Die neuen Organisationsformen, die sich als Reaktion auf diese Hierarchiekrise bildeten (von Projekten bis hin zu netzwerkförmigen Organisationsprinzipien), erwiesen sich jedoch als mit der etablierten Hierarchie inkompatibel. Die Versuche, die entstehenden Widersprüche innerhalb der hierarchischen Denkform aufzulösen, führten vielfach zu einer Ausweitung der Hierarchie und damit zu einer Verlagerung, oftmals Verschärfung der Probleme.

7.2 Die Arbeitswelt des 21. Jahrhunderts: ›VUKA‹, Agilität und die Folgen

Eine wesentliche Herausforderung für Organisationen des 21. Jahrhunderts liegt in der Dynamik ihrer gesamtgesellschaftlichen (und keineswegs nur wirtschaftlichen) Umwelten, die mit dem Akronym VUKA umschrieben wird:

- Volatilität = Schwankungen der Umwelt, deren Problematik sich z. B. an den aktuellen Fluktuationen des Ölpreises ablesen lässt.

- Unsicherheit = Prognosen sind naturgemäß unsicherheitsbehaftet, aber angesichts von steigender Komplexität, Beschleunigung und Volatilität der Umweltdynamiken nimmt die Unsicherheit in Bezug auf mittel- und langfristige Entscheidungen stetig zu.
- Komplexität = die in den organisationalen Umwelten zu beobachtenden Vernetzungen und Interdependenzen nehmen zu (z. B. angesichts einer zunehmend verflochtenen globalisierten Wirtschaft) oder kommen zumindest stärker in den Blick (wie beispielsweise in der internationalen Politik oder in der Ökologie). Interventionsversuche in mehrfach rückgekoppelte, rekursiv vernetzte Systeme sind schwierig und lassen sich in ihren Wirkungen kaum prognostizieren, wie sich bei Eingriffen in Ökosysteme oder das Finanzsystem zeigt.
- Ambiguität = Mehrdeutigkeit, wie im Fall der ›gemäßigten Rebellen‹, die die westliche Welt im Kampf gegen den IS unterstützen.

Organisationen sind nicht in eine für alle identische Umwelt eingebettet, sondern jede Organisation konstruiert sich jeweils für sie spezifische relevante Umwelten. Daher sind verschiedene Branchen und Organisationstypen unterschiedlich stark von VUKA betroffen. Dass Unternehmen in dynamischen Marktumfeldern (z. B. Social Media, Telekommunikation) in hohem Maße mit der VUKA-Welt konfrontiert sind, liegt auf der Hand, doch auch Stadtverwaltungen und Landesinstitute können unter Umständen — je nach den Imponderabilien der aktuellen Tagespolitik — von VUKA betroffen sein.

Wie jeder der beschriebenen Umbrüche bringt auch die vierte industrielle Revolution nicht nur technologisch bedingte Veränderungen der Arbeitsabläufe mit sich, sondern stellt zudem ganz neue Anforderungen an die Arbeiter, ihre Qualifizierung und ihre Selbstdisziplinierung, aber auch an die Arbeitsorganisation sowie die Funktion und das Selbstverständnis von Führung.

»Viele der etablierten Organisationen sind nicht fähig zu einem anderen Umgang mit Macht.«

Interview mit Thomas Sattelberger

Thomas Sattelberger, Ex-Vorstand der Continental AG, der Lufthansa Passage und der Deutschen Telekom war fünf Mal in der Liste der »40 führenden Köpfe im Personalwesen« der Zeitschrift *Personalmagazin* vertreten. Er hat sich als Verfechter des Diversity-Managements profiliert und initiierte die 30-Prozent-

Frauenquote für Führungspositionen bei der Telekom. Er gilt als Vordenker zur Zukunft der Arbeit und beschäftigt sich intensiv mit der neuen Arbeitswelt.

Herr Sattelberger, in unserer E-Mail-Korrespondenz zur Vorbereitung dieses Interviews schrieben Sie: »Ich liebe, kenne, verachte Macht in unterschiedlichen Facetten.« Was ist es, das Sie an der Macht lieben?

Ich würde mich als Heiligen darstellen, wenn ich nicht auch den Moment lieben würde, in dem tausende Leute erwartungsvoll darauf warten, was der Vorstand zu sagen hat. Das ist etwas, das die menschliche Eitelkeit — und damit auch meine Eitelkeit — ein Stück weit bedient. Doch viel wichtiger ist, dass Macht mir geholfen hat, große Kathedralen zu bauen. Damit meine ich große, soziale Architekturen wie die Lufthansa School of Business oder große Diversity-Programme bei der Telekom. Designen kann man solche sozialen Architekturen auch ohne Macht. Aber um sie ins Leben zu rufen, ist Macht essenziell wichtig.

Da ist also der lustvolle Aspekt der Macht auf der einen und die Funktionalität der Macht auf der anderen Seite. Und was verachten Sie an der Macht?

Ich verachte zutiefst, wie ein Winterkorn bei VW agiert hat. Oder, das habe ich noch persönlicher erlebt, wie ein Jürgen Schrempp bei Daimler Benz im Interesse seines Machtaufbaus und Machterhalts Entscheidungen getroffen hat, die nicht dem Wohl des Gesamten dienten. Menschen, die nur aus egoistischen Motiven Macht ausüben, verachte ich. Ich verachte auch die Speichellecker der Macht. Wenn mich meine Assistenten gefragt haben: »Darf ich Ihnen die Tasche tragen?« habe ich immer geantwortet: »Sie sind da, um Ihren Kopf zu benutzen und nicht, um meine Tasche zu tragen«. Solche Symboliken von Macht verachte ich zutiefst. Ich verachte es, wenn sich Menschen in geschlossenen Machtsystemen ihrer Person entkleiden und sozusagen nur noch in der Nomenklatur der Macht die Klaviatur spielen. Ich verachte, wenn Macht und Idee entkoppelt sind, wenn Macht um ihrer selber willen, für das eigene Ego eingesetzt wird.

Sie beschäftigen sich mit der Frage, was gute und gesunde Arbeit darstellt. Inwieweit ist das Thema Macht im Hinblick auf diese Frage relevant?

Macht drückt sich auch in der Art und Weise aus, wie ich Organisationen zu steuern suche. Als Vorstand stellt sich beispielsweise die Frage, inwieweit ich nur Agent des Prinzipals bin. Die Themen Macht, Steuerungslogik und Gesundheit hängen da ganz eng miteinander zusammen. Gesunde Führung, gesunde Organisation, gesunde Menschen sind Drillinge.

Glauben Sie, dass Unternehmen wie Gore oder Haufe-umantis tatsächlich Trendsetter für ein neues Paradigma sind, das irgendwann für alle Organisationen (also z. B. auch die öffentliche Verwaltung) bestimmend ist? Oder handelt es sich eher um vereinzelte Experimente mit begrenzter Reichweite?

Beides Jein. Ich glaube, dass es so etwas wie einen Systemwettbewerb geben wird. Natürlich wird es weiterhin Söldner- und Vampirorganisationen geben. Es wird weiter Ozeandampfer geben, patriarchalische Mittelständler und imperiale Unternehmer wie Steve Jobs. Die Welt ist da sehr bunt und wird es auch bleiben. Heute existieren demokratischer strukturierte Organisationen eher vereinzelt oder haben sich im Verborgenen erhalten, wie nicht wenige der genossenschaftlichen Unternehmen. Ich bin allerdings davon überzeugt, dass diese Organisationen wichtigere Spieler im Systemwettbewerb von Unternehmen werden. Menschen werden größere Wahlmöglichkeiten haben, sich für ein Unternehmen zu entscheiden, das ihnen entspricht.

In Ihrem Buch konstatieren Sie die Gefahr, dass die Veränderungen in der Arbeitswelt in einen neuen Taylorismus münden könnten. Die aktuelle Entwicklung, so Ihre These, könne zu mehr Demokratisierung führen und bisherige Eliten entmachten, oder auch dazu, dass diese Eliten noch mehr an Macht gewinnen. Was bewegt das Management in den von Ihnen erforschten Unternehmen dazu, auf Macht zu verzichten und was kann man daraus lernen?

Dabei spielen verschiedene Facetten eine Rolle. Zum einen gibt es in einigen Unternehmen einen starken Druck von der Basis, durch den sich Macht von oben ein Stück weit nach unten verlagert. Außerdem gibt es Unternehmen, bei denen die Einsicht eine Rolle spielt, dass die wachsende Komplexität durch wenige an der Spitze nicht mehr beherrschbar ist. Daraus erwächst die Tendenz, über Shared Leadership den Schwarm an Entscheidungen zu beteiligen. Ich vermute beispielsweise, dass die Unternehmensleitung bei dem Spieleentwickler Wooga erkannt hat, dass sie der Komplexität der Märkte nicht alleine gerecht werden kann. Und drittens spielt Druck von außen, Druck des Umfelds eine Rolle. Unternehmen sind dabei, sich durch zivilgesellschaftlichen oder politischen Druck im Verlauf der Dekaden zu nachhaltigeren Organisationen zu entwickeln. Es ist also die Einsicht von Mächtigen auf der einen Seite, zum Zweiten der Druck der Basis und zum Dritten der Druck von außen. Manchmal spielt auch ein gewisser Druck aus der Mitte eine Rolle. Ich habe in meinem beruflichen Leben schon erlebt, dass der Führungskörper und seine Vereinigungen plötzlich Druck machen und sagen »Wir wollen nicht mehr, dass das so läuft«.

Die neue Selbstbestimmung lässt sich als Chance, aber auch als Risiko lesen. Studien bringen die Entgrenzung der Arbeit z. B. mit dem Anstieg psychischer Erkrankungen in

Zusammenhang. Die Kapitalismuskritik sieht in dem neuen Paradigma nur eine besonders perfide Form der Machtausübung, bei der der Wille der Machthabenden nicht mehr, wie bei Max Weber, gegen den Widerstand der Mitarbeiter durchgesetzt werden muss, sondern bei der die Mitarbeitenden aus freien Stücken die Grenze zwischen Arbeit und Freizeit aufgeben. Sie selbst sprechen von der Gefahr einer »spirituellen Vereinnahmung« der Arbeitnehmer.

Ich bin hin- und hergerissen. Die Grenze zwischen Hingabe und Vereinnahmung ist fließend. Ich habe immer sehr viel gearbeitet. Schon als junger Manager in den 1980er-Jahren bin ich oft erst um 23 Uhr oder 23:30 Uhr aus dem Büro gekommen und habe auf dem Weg zum Firmentor oft immer wieder die gleichen Menschen getroffen, welche sich der gleichen Vereinnahmung oder auch Hingabe ausgesetzt haben. Arbeit darf und soll einen Flow haben. Arbeit darf Menschen einnehmen, darf inspirieren und Besitz ergreifen, wenn diese Arbeit Sinn hat. Es ist eine zwiespältige Entwicklung. Auf der einen Seite haben Menschen mehr und mehr Souveränität, Freiheit und Freiraum. Auf der anderen Seite stehen enge Taktung, Atemlosigkeit und rasante Geschwindigkeit. Wenn Menschen gefragt werden, was sie haben wollen, antworten sie immer wieder mit »Freiraum«. Deswegen sehe ich diese Entwicklung nicht als eine negative. Auch die ganze Diskussion um psychische Erkrankungen ist noch nicht zu Ende geführt. Man muss höllisch aufpassen, dass man nicht zu früh im Strom der herrschenden Meinung mitschwimmt und sagt, dass Entgrenzung psychische Belastung und Selbstausbeutung bedeutet. Man muss es noch radikaler sagen: Die Entgrenzungsprozesse lassen sich nicht aufhalten. Wenn man die Entwicklung der Organisationen betrachtet, gab es immer wieder Entgrenzungsschübe. Erst beim Thema Management, dann beim Outsourcing, beim Offshoring, bei Leih- und Zeitarbeit, Virtualisierung und so weiter. Die Entgrenzungsprozesse bei Organisationen sind seit Dekaden zu beobachten. Ich halte das für eine nicht aufhaltbare Entwicklung und sehe die Herausforderung eher in der Frage, wie Grenzziehungskompetenz beim Einzelnen oder im Team ermöglicht werden kann. Menschen müssen wieder stärker werden und sich nicht als Opfer positionieren.

Haben ›machtarme‹ Organisationen für Sie auch Schwächen gegenüber den tradierten hierarchischen Organisationen? Und wie lassen sich diese ggf. kompensieren?

Ich vermute, dass durch die Durststrecken des Experimentierens für diese neuen Organisationen die Säuglingssterberate und Sterblichkeit in der Adoleszenz höher ist. Wenn Menschen, welche die Organisation gebaut haben erkennen, dass sie stirbt, dann ist das nicht unbedingt eine Schwäche. Denn oft sind Unternehmer und Unternehmerinnen leidenschaftliche Serientäter.

Inwieweit Organisationen demokratischer werden können, ist also ein evolutionärer Prozess?

Ja! Für die Organisation selbst ist es mit Sicherheit eine Schwäche, dass durch einen ausgeprägten Fokus auf Experimentieren die Marge zunächst einmal auf der Strecke bleiben kann. Außerdem haben hierarchiearme Organisationen eine hohe Wahrscheinlichkeit, nach der Pionierphase in Koordinations- und Führungskrisen zu kommen. Das ist der Preis, den sie zahlen für die Chance, kreativere Lösungen zu entwickeln. Auf der anderen Seite macht sie das auch kulturell außerordentlich attraktiv. Wie Menschen von solchen Experimentierorganisationen fast magnetisch angezogen werden, ist erstaunlich. Eine interessante Frage ist, ob sich unternehmerisches Talent nicht heute zunehmend von den großen Unternehmen abwendet und sich den Experimentierorganisationen zuneigt. Da Führungs- und Koordinationskrisen ein Thema bei hierarchieärmeren Organisationen sind, kann die Soziokratie sozusagen der Ersatz von Organisationsstruktur durch Verhaltensregeln werden. Insofern kann man Hierarchie-Armut sicherlich auch über bestimmte Verhaltensregeln kompensieren, ähnlich wie auch die Schweizer Kantone eine bestimmte Symbolik haben, wie Entscheidungen herbeigeführt werden, wie man sich trifft, wie man sich vorbereitet und so weiter. Das macht Freude! Im Augenblick ist viel in Bewegung, aber wenig Kontur vorhanden.

Viele Menschen erleben Hierarchien auch als orientierungs- und sicherheitsspendend. Demokratie und Partizipation ist dagegen anstrengend und herausfordernd, bisweilen auch nicht gewollt. Was wird uns ohne Macht im konventionellen Sinne fehlen? Und wie kann man Mitarbeiter und Führungskräfte motivieren, sich auf den von Ihnen beschriebenen Weg zu begeben?

Erstens halte ich viele der etablierten Organisationen überhaupt nicht für fähig, in diese Richtung zu gehen. Die haben auf längere Sicht ein würdiges Begräbnis verdient oder sind ohne Pseudo-Partizipationsprojekte besser aufgehoben. Ich wüsste nicht, wie große Dax-Konzerne demokratischer werden könnten. Da reicht meine Phantasie nicht aus. Die können ein paar Schneisen in den Dschungel schlagen und den Mitarbeitenden zum Thema Arbeitszeit, Arbeitsinhalt oder Teamfindung mehr Freiraum geben, aber sie nicht substanziell in der Unternehmensentwicklung und bei wichtigen Entscheidungen des Unternehmens inhaltlich mitgestalten lassen. Das widerspricht der Principal-Agents-Theorie. Je tradierter und einseitiger die Steuerungslogik eines Unternehmens ist, desto schwieriger ist es, oder gar unmöglich. Man sollte das dann gar nicht probieren. Karriere- und Personalentwicklungssysteme in Konzernen bauen auf den Gesetzen des Taylorismus auf, die über Jahrzehnte internalisiert worden sind. Die notwendigen Verlernprozesse bei dem Thema wären enorm. Die Älteren und Erfahreneren in Organisationen haben schon drei oder vier Toyota-Wellen mit

Experimenten wie Empowerment über sich ergehen lassen und wissen: »Wie gewonnen, so zerronnen«. Das sind paternalistisch erlaubte Freiräume. Das ist im Grunde nur dadurch lösbar, dass man die Steuerungsstruktur verändert. Ich kann sagen: Ich nehme ein Unternehmen von der Börse, oder ich beteilige Mitarbeiter am Unternehmen — und nicht nur am Unternehmensgewinn. Ich bin im Hinblick auf diese Frage aber relativ skeptisch. Man kann es den Menschen in den tradierten Unternehmen angenehmer machen, aber nicht zwangsläufig demokratischer.

Wenn Sie die Entwicklung des BMW i3 betrachten: Da wurde gegen den Widerstand der Benzinfraktion ein eigenes Territorium mit eigenem Werksausweis, eigener hierarchiearmer Führungsorganisation und eigener Souveränitätskultur abgegrenzt. Es spricht vieles dafür: Wenn man in etablierten Organisationen versucht, Nischen mit einer demokratischeren Kultur zu schaffen, dann ist es nötig, eine ambidextre Struktur zu schaffen. Man muss sozusagen das Alte im Alten lassen und das Neue im Neuen formieren. Im Greenfield-Ansatz kann man natürlich am ehesten in der Gemeinschaft darüber befinden, wie man sich organisieren, führen und entwickeln will. Je mehr Menschen bei der Unternehmenssteuerung mitbestimmen können, desto höher ist auch die Lust und Freude da mitzumachen — auch wenn es anstrengend ist. Ich höre das aus vielen Unternehmen. Die sagen, dass das zäh und anstrengend ist, aber viel Freude macht.

Das Gespräch führte Falko von Ameln.

Neue Anforderungen an das Management: Steigerung von Reagibilität und Veränderungsfähigkeit

Heutige Organisationen müssen, um in der *VUKA-Welt* bestehen zu können, gegenüber den wechselnden Anforderungen ihrer Umwelten in ganz anderer Weise antwortfähig sein. Sie müssen Strukturen und Prozesse entwickeln, die in den aktuellen Diskursen mit dem Schlagwort ›Agilität‹ beschrieben werden (Brückner/Ameln, in Druck). Wenn es heute darum geht, in kürzester Zeit auf Marktchancen zu reagieren, müssen Unternehmen Sensibilität für schwache Signale aus der Umwelt entwickeln, eine der Umweltkomplexität entsprechende Binnenkomplexität (Requisite Variety) aufbauen und die Fähigkeit ausbilden, eigene Strukturen und Prozesse kontinuierlich nachzujustieren. Wo die Wettbewerbsfähigkeit immer stärker von Wissen (und vielleicht in noch stärkerem Maße vom Umgang mit Nichtwissen) abhängt, ist Lern- und Anpassungsfähigkeit das entscheidende Kriterium für die Überlebensfähigkeit von Organisationen: »Unternehmen in einem wissensbasierten Wettbewerb konkurrieren vornehmlich auf der Grundlage ihrer Lernfähigkeiten, um neue Problemlösungen für den Kunden schneller, effizienter und qualitativ besser als die Konkurrenz zu entwickeln« (Reihlen/Lesner 2012, S. 113). Das Ziel besteht nicht mehr in einer Fähigkeit zum nachholenden Lernen (im Sinne von Anpassungsprojekten) und auch nicht mehr in der Fähigkeit zur Veränderung in ›Echtzeit‹ — das neue Ziel liegt in einer vorausschauenden Selbsterneuerung (Wimmer 2000).

In systemtheoretischer Diktion lässt sich das Problem der evolutionären Umweltanpassung von Systemen als Frage reformulieren, wie Variation in ein redundant operierendes System eingeführt werden kann. *Redundanz* bedeutet: Das System operiert, wie es immer operiert hat, *Variation* heißt Abweichung und Einführung von Neuem, Differentem. In der VUKA-Welt nehmen die potenziell für die Organisation relevanten Umweltereignisse und damit die Notwendigkeit zu, vorsorglich interne Varianz aufzubauen, um diese Ereignisse im Fall ihres Auftretens mit neuen Reaktionsmustern beantworten zu können. Hierarchische Organisationen sind konservativ und variationsunfreundlich, sie halten sich an ihre Regeln, die aussondern, was unerwünscht ist und tendieren dazu, Umweltsignale innerhalb gewohnter Deutungsschablonen zu interpretieren. Das Schlagwort der *Agilität* lässt sich auf der Prozessebene übersetzen als systematische Aufwertung der Variation gegenüber der Redundanz. Damit Variation sich gegenüber den eingespielten und durch Macht abgesicherten Routinen durchsetzen kann, gilt es auf der Strukturebene formale und latente Regeln so zu verändern, dass sie eine situative Flexibilisierung von Entscheidungsprämissen ermöglichen.

Zu keiner Zeit waren Organisationen über einfache Algorithmen nach einer durchgängigen, konsistenten Entscheidungslogik steuerbar; schon immer musste das Management sich mit widersprüchlichen Handlungsprämissen herumschlagen. Doch mit steigender Ambiguität und Komplexität der Umwelten verschärfen sich die Widersprüche — Unternehmensführung besteht heute offensichtlicher als früher im Management von Paradoxien. Das System muss in der Lage sein, von einer Entscheidungslogik in die andere umzuschalten und unterschiedliche lokale Rationalitäten nicht nur zu tolerieren, sondern für die eigene Entwicklung nutzbar zu machen. Auch hier stößt die gewohnte Form des Organisierens mit ihrer auf Einheit der Leitung, Zentralisation und Unterordnung von Sonderinteressen unter das Gesamtinteresse ausgerichteten Logik an ihre Grenzen.

All diese Faktoren — die Notwendigkeit einer stärkeren Umweltoffenheit, einer größeren Veränderungsfähigkeit sowie einer Nutzung von Paradoxien als organisationaler Ressource — setzen einen Wandel der bisherigen starren hierarchischen Organisations- und Führungskonzepte voraus. Die ›alte Welt‹ mit ihrem hierarchischen Machtverständnis ist für viele Organisationen nicht mehr tragfähig — gleichwohl zeichnen sich die Umrisse der ›neuen Welt‹ erst schemenhaft am Horizont ab. In Abschnitt 7.3 werden wir skizzieren, wie ein alternativer Umgang mit dem Spannungsfeld von machtbasierter und selbstorganisierter Steuerung in dieser ›neuen Welt‹ aussehen könnte.

Neue Anforderungen an die Arbeitnehmer: Subjektivierung der Arbeit
Die Veränderungen der organisationalen Umwelten beschränken sich nicht auf die Abnehmerseite. In der Vergangenheit konnten Unternehmen angesichts geburtenstarker Jahrgänge und teilweise schwacher Wirtschaftslage sich ihre Mitarbeiter weitestgehend aussuchen. Heute haben wir es in vielen Bereichen — und durchaus nicht nur in der Wirtschaft — in zunehmendem Maße mit einem Arbeitnehmermarkt zu tun, in dem sich vergleichsweise wenige Bewerber ein Unternehmen aussuchen können, das zu ihnen passt. Arbeitnehmer und Arbeitnehmerinnen haben heute vielfach andere Erwartungen an ihre Arbeitgeber als noch vor zehn oder 20 Jahren. In diesem Zusammenhang wird viel über die sogenannte *Generation Y* diskutiert, d. h. über Menschen, die in den letzten zwei Jahrzehnten des 20. Jahrhunderts geboren sind, die mit neuen digitalen Techniken aufgewachsen sind und für die Arbeit in ihrer eigenen Identitätskonstruktion eine andere Bedeutung hat als in den Generationen zuvor: Die Angehörigen der Generation Y gelten als sehr leistungsbereit, sofern die Arbeit ihnen Spaß macht und sinnstiftend erscheint. Sie bevorzugen teamförmige Arbeitsstrukturen und lehnen traditionelle Hierarchien ab. Sie wollen Arbeit und Freizeit in einer guten Balance halten, sind aber auch bereit, sich weit über das arbeitsvertraglich Vereinbarte hinaus zu engagieren.

Die aktuellen Verschiebungen der Arbeitswelt, die sich nicht mehr mit einer ›Arbeit mittlerer Art und Güte‹ zufriedengeben kann oder will und in der permanent Ausnahmeleistungen zu erbringen sind, kommen nicht ohne Grund den Ansprüchen der Generation Y entgegen: Feste Arbeitszeiten werden durch Vertrauensarbeitszeit ersetzt, statt am traditionellen Büroarbeitsplatz arbeitet man zunehmend im Shared Space oder im Homeoffice, Selbstführung und indirekte Steuerungsformen ersetzen die klassische Fremdsteuerung durch Weisung und Kontrolle. Die Kreativität und Individualität der Mitarbeitenden — also nicht-intendierbare Leistungen im Sinne von Abschnitt 3.2, die nicht durch Weisung abgefordert werden können — sind explizit gefragt. Klaus von Rottkay (2015, S. 249), COO von Microsoft Deutschland, formuliert es so: »Früher haben wir Mitarbeiter gebraucht, die machen, was wir sagen. Heute brauchen wir Mitarbeiter, die machen, was wir ihnen nicht sagen.«

Vor allem besteht die Erwartung nicht mehr in der weisungsgemäßen Erledigung einer bestimmten Arbeitsmenge in einer definierten Arbeitszeit, sondern in der selbstverantworteten Bearbeitung eines Projekts. Hochleistung ist nicht mehr temporäres Ausnahmephänomen, sondern das intendierte und durch den Lifestyle abgestützte Normal-Soll. »Von Produkt zu Projekt [...] von

Erledigung zu Erfolg [...] von Schweiß zu Adrenalin«, so fasst Schmidt (1999, S. 18f.) das neue Paradigma zusammen. So werden der Druck der Märkte und die Verantwortung für das Überleben der Organisation ›nach unten durchgereicht‹, das sich selbst und seine Arbeitsweise ständig selbst optimierende »unternehmerische Selbst« (Bröckling 2007) wird zum neuen Idealbild des Mitarbeiters.

Dieser Trend zur Subjektivierung der Arbeit ist auf das Engste mit dem Thema Macht verbunden. Hier zeigt sich, wie der schon zuvor beschriebene Dualismus der Macht in neuer Gestalt erscheint: Einerseits geht Subjektivierung mit einem Wegfall hierarchischer Kontrolle und einer Ausdifferenzierung der Machtverhältnisse in Organisationen einher:

> *»Im Zuge der Debatten um die Modernisierung moderner Gesellschaften, die Ambivalenzen der Moderne, individualisierte und postmoderne Lebensformen haben sich die Rigiditäten traditioneller Herrschaftsbereiche vielfach aufgelöst und die Techniken der Machtausübung verändert. Herrschaft wurde subjektiviert und zunehmend als Notwendigkeit zur Selbstdisziplinierung und Selbstoptimierung verstanden. Damit sind uneindeutige Hybridformen von Herrschaft mit spezifischen Neukombinationen von Autonomie und Kontrolle, Freiheit und Herrschaft entstanden.«*
> *(Imbusch 2012, S. 27)*

Insbesondere wird Hierarchie als dominante Steuerungslogik von einer auf die Binnenverhältnisse der Organisation ausgeweiteten Marktlogik ersetzt, wie Moldaschl (2002, siehe Abb. 6) zeigt.

Das bedeutet natürlich keineswegs, dass Macht (im Sinne der alten Herrschaftsstrukturen) in der neuen Arbeitswelt zum Verschwinden gebracht würde. Aus einer kapitalismuskritischen Sicht lassen sich die aktuellen Subjektivierungstendenzen eher als ultimativer Sieg des Kapitalismus beobachten: Während der Kapitalismus bisher noch auf die hierarchische Kontrolle der widerständigen Arbeitskräfte angewiesen war, hat sich die Kopplung von Karriere mit Selbstbild und Identität der Subjekte mittlerweile soweit verfestigt, dass diese das Ideal der Leistung ›beyond the call of duty‹ zum Ziel ihrer Selbstverwirklichung erkoren haben (vgl. die Ausführungen zu Disziplinarmacht in Abschnitt 1.9 und den nachfolgenden Beitrag von Zech). So lässt sich die drastische Zunahme psychischer Erkrankungen als Symptom der entgrenzten Arbeitswelt lesen, die die Menschen zu selbstschädigendem Verhalten verleitet (Ameln/Wimmer 2016). Aus dieser Perspektive wären der mit der neuen Arbeitswelt für viele Arbeitnehmer verbundene Zugewinn individueller Freiheiten und das Risiko der Selbstausbeutung zwei Seiten derselben Medaille.

Objektivierung	Subjektivierung
Ziel: Berechenbarkeit	Ziel: High Involvement
Entsubjektivierung: Bürokratie, Standardisierung	Kalkulierte Re-Subjektivierung: Entbürokratisierung, Entstandardisierung
Nutzung von Person als Arbeitskraft	Nutzung von Arbeitskraft als Person
Ausschluss der Subjektivität als Störfaktor	Anerkennung der Subjektivität als Ressource
Primat der Planung (Wissen)	Rückkehr der Improvisation (Erfahrung)
Personale Führung	Kontextsteuerung
Fremdkontrolle	Selbstbeherrschung
Leistungssteuerung durch Vorgaben, zentral ausgehandelt, auf Dauer gestellt	Leistungsvereinbarung prozedural und individualisiert
Motivierung durch kalkulierte Anreizsysteme	Quasi-unternehmerische kontraktuelle Elemente (z. B. Ergebniskoppelung)
Dominante Logik: Macht	Dominante Logik: Markt

Abb. 6: Subjektivierung als dominantes Paradigma der neuen Arbeitswelt (leicht verändert aus Moldaschl 2002, S. 29)

Kapitalismus – Macht – Sinn

Rainer Zech

»Der heutige, zur Herrschaft im Wirtschaftsleben gelangte Kapitalismus […] erzieht und schafft sich im Wege der ökonomischen Auslese die Wirtschaftssubjekte – Unternehmer und Arbeiter – deren er bedarf.« Diesen Satz schrieb Max Weber bereits 1920 in seiner Studie *Die protestantische Ethik und der Geist des Kapitalismus* (2006, S. 40). Weber ging es um die Frage, welche subjektiven Einstellungen der gesellschaftlichen Individuen die Entwicklung des Kapitalismus gefördert haben.

Das darin implizite Machtproblem ist allerdings grundsätzlicher zu fassen: Jede Gesellschaft braucht für ihre ökonomische Produktionsweise auf der subjektiven

Seite die entsprechende Wirtschaftsgesinnung. Diese herzustellen, ist die Aufgabe der die Wirtschaft begleitenden und absichernden Ideologien, deren implizite Machtwirkungen das Bewusstsein der Wirtschaftssubjekte prägen. Daher ordnet jede Gesellschaft ihre jeweilige Ökonomie in eine umfassende Kosmologie ein, um sie zu legitimieren. Für frühe Gesellschaften war dies die Religion, die von Priestern oder Gottkönigen stellvertretend repräsentiert wurde. In der griechisch-römischen Antike war es ein bestimmtes Verständnis der Natur, die den unterschiedlichen gesellschaftlichen Gruppen den Platz zuwies, der ihrer Natur entsprach. Das Mittelalter legitimierte seine Produktionsweise durch den Ständestaat, der jedem Individuum seine gottgewollte und unveränderbare Position zuteilte.

Die Legitimationsverpflichtung der Wirtschaft hat sich in der Neuzeit nicht verändert; gewandelt hat sich allerdings die Art und Weise der Legitimationsbeschaffung. Der entstehende Kapitalismus, gewissermaßen die Variante 1.0, legitimierte sich im Umfeld der bürgerlichen Revolutionen über die Ideologie von Freiheit und Gerechtigkeit in Abgrenzung zum Ancien Regime. Realiter waren dies die Freiheit des Handels und die Gerechtigkeit des Vertrages beim Geschäftemachen, die vor allem dem aufstrebenden Bürgertum zugutekamen. Im Übergang vom Handwerk zur Manufakturproduktion konnte die bürgerliche Wirtschaft auf die aus der Leibeigenschaft ›befreiten‹, aber ansonsten mittellosen Tagelöhner zurückgreifen. Der anfängliche Machtmechanismus kann mit Foucault (1977) noch als *Souveränitätsmacht* bezeichnet werden. Die frühe Industrie beutete die Arbeitskraft von Männern, Frauen und Kindern rücksichtslos durch mehr oder weniger verdeckte nackte Gewalt aus. Widerstand gab es bestenfalls im vereinzelten Aufruhr und in Maschinenstürmerei.

Machtausübung durch gewaltsame Unterwerfung und Zwang reichen allerdings als ›Motivationsfaktoren‹ auf Dauer nicht aus. Besser funktioniert es, die gewünschte Arbeitsanstrengung mit einem Sinn zu verknüpfen, der für die Arbeitenden attraktiv ist. Deshalb braucht der Kapitalismus gute Argumente, um seine Bevölkerung davon zu überzeugen, warum sie sich für ihn anstrengen soll. Der Zwang muss verinnerlicht werden. Es bedarf einer korrespondierenden inneren Überzeugung, wenn man von Menschen verlangt, sich über ein unmittelbar nötiges Maß zu engagieren. Max Weber hat gezeigt, dass dies dem Kapitalismus vor allem dadurch gelang, dass er sich durch eine Liaison mit der protestantischen Arbeitsethik und der innerweltlichen Askese legitimierte. Gewaltförmige Macht ist dysfunktional; ein Sinn-Versprechen auf einen guten Platz im Himmelreich ermöglicht hingegen intrinsisch motivierte Arbeitsanstrengungen.

Mit der Wende zum 20. Jahrhundert trat der Fordismus auf den Plan. Der *Kapitalismus 2.0* betrieb industrielle Massenproduktion am Band. Der Taylorismus war die dieser Entwicklung entsprechende Organisationsform und Managementmethode. Legitimation konnte der Kapitalismus vor allem durch seinen

Beitrag zum gesellschaftlichen Fortschritt und zur Befriedigung eines durch die Massenproduktion verbilligten Konsums breiterer Bevölkerungsschichten erwerben. Die Arbeitsbedingungen der Fabrikarbeiter verbesserten sich allerdings nur wenig. Die Ausbeutung funktionierte noch weitgehend über *Disziplinarmacht* (Foucault 1977). Erst in den 1940er-Jahren begannen die Vertreter des Kapitals, über eine Verbesserung der Arbeitsbedingungen nachzudenken, nachdem sich gezeigt hatte, dass eine mangelnde Arbeitsmotivation zu erheblichen Produktivitätseinbußen führte. Das war die große Zeit der Human-Relations-Bewegung: Ab jetzt sollten die Arbeiter wenigstens gut behandelt werden. Die Phase der sanften Machtausübung begann und wurde — zumindest in den westlichen Industrienationen — hegemonial.

Der Glauben an den Fortschritt und den gerechten Gesamtnutzen des Kapitalismus erodierte in den Wirtschaftskrisen der 1960er-Jahre. Die Kritik der späten 1960er- und frühen 1970er-Jahre war massiv. Weltweit rebellierten Studenten und Arbeiter gegen Ausbeutung und Entfremdung. Wenn schon die politische Revolution, die keine Macht für niemand proklamierte, misslang, so wurde doch der Muff der 1950er-Jahre nicht nur unter den Talaren, sondern in der ganzen Gesellschaft soziokulturell durchgelüftet. Die gelockerte Libido befreite auch den Konsum vom Verzicht der protestantischen Sparsamkeitsethik. Das war genau die innere Haltung, die ein sich modernisierender *Kapitalismus 3.0* brauchte. Kaufen wurde Teil der angestrebten Selbstverwirklichung; kaufen »machte« nun Sinn. Die Arbeitgeber waren kompromissbereit, zumal die Wirtschaft wieder prosperierte. Große Teile der Arbeiterschaft konnten so wieder in das System integriert werden. Den in die gehobenen Etagen einrückenden ehemaligen Studenten wurden größere Autonomiespielräume und Entscheidungskompetenzen zugebilligt, was ihren Selbstverwirklichungswünschen entgegen kam. Die sogenannte 68er-Generation rückte nach und nach in die Führungsetagen der Wirtschaft und der Politik. Der persönliche Erfolg ließ sie ihre alten Ideale schnell vergessen. Der Marsch durch die Institutionen änderte zwar nicht die Institutionen, wohl aber die Marschierenden, die jetzt die gesellschaftlichen und wirtschaftlichen Machtpositionen einnahmen.

In den 1980er-Jahren änderte sich das Bild erneut. Die Verteilungsspielräume wurden wieder enger. Reaganomics in den USA und Thatcherismus in Großbritannien zerschlugen die Gewerkschaften. Aber auch in Deutschland mit seinem vergleichsweise moderaten ›rheinischen Kapitalismus‹ verloren die Gewerkschaften ihre Zähne. Der Protest verlagerte sich auf die neuen sozialen Bewegungen, die die ökologische Zerstörung anprangerten und mehr Rechte für Frauen, Schwule und Minderheiten forderten. In Bezug auf die Produktionsbedingungen waren diese Proteste ohne nennenswerten Einfluss. Lange Zeit unbemerkt, konnte der mittlerweile postfordistische Kapitalismus, ausgehend von den Innovationen aus dem Silicon Valley, in seine aktuelle Form der sogenannten Arbeitswelt 4.0 mutieren.

Im Mittelpunkt der schönen neuen *Arbeitswelt 4.0* stehen die Möglichkeiten einer weltweit hochvernetzten, räumlich und zeitlich flexibilisierten Arbeitsorganisation mit allen ihren Folgen des Dauerbetriebs für die Beschäftigten an welchem Ort und zu welcher Zeit auch immer. Durch die Globalisierung und Vernetzung operieren die Konzerne mittlerweile weitgehend jenseits der Regulierungsmöglichkeiten der Nationalstaaten. Die neoliberale Deregulierung der Finanzmärkte führte zu den uns heute beschäftigenden Krisen und deren Folgen für die verschuldeten Staaten und ihre Bevölkerungen. Dass sich kein maßgeblicher Widerstand gegen die Verursacher der Krise richtet, liegt vor allem daran, dass es dem Kapitalismus in der Folge des Zusammenbruchs des nun real nicht mehr existierenden Sozialismus gelungen ist, sich als alternativlos zu präsentieren. Ungeachtet der zu beobachtenden gesellschaftlichen Anomiesymptome — der schreienden Ungerechtigkeit der Spaltung in arm und reich, dem sich ausbreitenden Egoismus, dem Verlust ökonomischer Sicherheit durch befristete und prekäre Arbeitsbedingungen, der ökologischen Zerstörung etc. — formiert sich Gegenmacht gegen diese Phänomene zurzeit nur außerhalb der Produktion in den Occupy-Bewegungen und bei den Indignados. Auch die alternativen Formen des Wirtschaftens, z. B. in der ökologischen Landwirtschaft oder der Sharing Economy haben bisher wenig Einfluss auf die traditionelle Wirtschaft; vielmehr sind sie eher davon bedroht, von dieser ›gekapert‹ und überformt zu werden. Der Kapitalismus hat sich der Köpfe und Seelen der Bevölkerung bemächtigt. Sein unermüdliches Bemühen, gesellschaftliche Bereiche, die sich bisher außerhalb des Marktes befanden, zu ökonomisieren, hat mittlerweile zu einer Ökonomisierung der Menschen geführt. Der Name dafür lautet *Employability*. Dadurch wurde das Verhältnis von Profit und Macht neu definiert. Wenn die Grenze zwischen Arbeitsleben und Privatleben fällt, steht dem Einbezug des ganzen Menschen in den Verwertungsprozess nichts mehr im Wege. Aus dem gewerkschaftlich organisierten Arbeitnehmer ist ein individualisierter Arbeitskraftunternehmer geworden, der sich auf dem Markt zeitbefristet und projektförmig verdingen muss. Erst die Kodierung menschlicher Eigenschaften und Kompetenzen in wirtschaftliche Verwertbarkeit vollendet die Entwicklung des Homo oeconomicus.

Eine umfassende Kontrollgesellschaft ist Wirklichkeit geworden. Dabei ist es kaum noch nötig, externe Macht auszuüben. Die Kontrolle ist zur Selbstkontrolle geworden und zur wechselseitigen Beobachtung dessen, womit die anderen vermeintlichen Erfolg und dadurch kurzfristige Vorteile im Rattenrennen haben. Die modernen Managementmethoden haben ihren Beitrag dazu geleistet, dass die Individuen von selbst tun, was von ihnen verlangt wird. Das sogenannte 360°-Feedback ersetzte z. B. Vorgesetztenmacht durch eine wechselseitige Kontrolle der Beschäftigten. Das Leben ist zum Dauerassessment geworden, und jeder Einzelne hat sein Vorankommen oder Scheitern jetzt allein zu verantworten. Gerade die neuen Technologien und das Internet haben veränderte

Macht- und Kontrollmodalitäten ermöglicht. An die Stelle einer altmodischen personalen Direktüberwachung der Beschäftigten durch vorgesetzte Instanzen ist eine perfide Mischung aus computergestützter Echtzeitkontrolle aus der Distanz, unpersönlicher Marktausübung durch moderne Managementinstrumente, wechselseitiger Kontrolle der Beschäftigten und Selbstkontrolle der Einzelnen geworden. Und alle spielen mit.

Ergo: Den gesellschaftlichen Arbeitsformen sind also immer bestimmte Machtverhältnisse implizit; diese wandeln sich aber mit dem Wandel der Produktionsverhältnisse. Die aktuelle Form gesellschaftlicher Machtausübung lässt sich am besten als Kontrollmacht (Deleuze 2010) bezeichnen, die ihr Spezifikum dadurch erhält, dass die wahrnehmbare externe Machtausübung durch Internalisierung in dem Anschein nach freiwillige Selbstkontrolle überführt wird, wobei die Arbeitenden sich so weitgehend selbst und gegenseitig kontrollieren und disziplinieren, dass sie in der Illusion der Freiheit handeln. Das wird erreicht, indem soziale Sicherheiten abgebaut, gesellschaftliche Risiken in die Verantwortung der einzelnen Individuen verlagert und die Arbeitenden umprogrammiert werden von Lohn- bzw. Gehaltsempfängern in autonome Arbeitskraftunternehmer, die für ihr Wohl und Wehe allein verantwortlich sind und sich projektförmig in wechselnden Arbeitskontexten verdingen und selbst organisieren müssen.

Durch die dazugehörige Selbstkontrolle wird Macht invisibilisiert. Die entsprechende gesellschaftliche Machtform nennt Han (2014) *Psychopolitik*. Diese geht auf Foucaults Konzept der *Biomacht* (1986) zurück. Wenn sich die Biomacht noch weitgehend auf die Körper der Individuen sowie auf die Gesellschaft als Ganze bezog, so hat die *Psychomacht des Neoliberalismus* ihren Zugriff auf die Seelen ausgedehnt. »Diese Wendung zur Psyche, somit zur Psychopolitik hängt [...] mit der Produktionsform des heutigen Kapitalismus zusammen, denn er wird von immateriellen und unkörperlichen Produktionsformen bestimmt.« (ebd., S. 39) »Die smarte, freundliche Macht operiert nicht frontal gegen den Willen der unterworfenen Subjekte, sondern steuert deren Willen zu ihren Gunsten. Sie ist eher jasagend als neinsagend, eher seduktiv als repressiv. Sie ist bemüht, positive Emotionen hervorzurufen und sie auszubeuten. Sie verführt, statt zu verbieten. Statt sich dem Subjekt entgegenzusetzen, kommt sie ihm entgegen.« (ebd., S. 27)

Wie hatte doch Karl Marx (1975, S. 624) in der Einleitung zur *Kritik der Politischen Ökonomie* geschrieben: »Die Produktion produciert daher nicht nur einen Gegenstand für das Subjekt, sondern auch ein Subjekt für den Gegenstand.« Das ist der neoliberalen Wirtschaft großartig gelungen. Moderner Kapitalismus braucht keine Gewalt — er übt Macht durch Sinnversprechen aus und führt damit zur ›freiwilligen‹ Selbstausbeutung bis zur depressiven Erschöpfung (Ehrenberg 2004).

7.3 Auf dem Weg zu einem neuen Verständnis von Macht

Die bisherige Lektüre sollte deutlich gemacht haben: Ohne Macht geht es in Organisationen nicht. Selbst in den wenigen hierarchiefrei konzipierten Organisationen gibt es keine Abwesenheit von Macht: Wo institutionelle Macht ausgesetzt ist, tritt informelle Macht auf den Plan. Insofern bringt die postbürokratische Organisation nicht unbedingt eine Lösung, sondern unter Umständen sogar eine Verschärfung der Machtproblematik mit sich:

> *»Keine Struktur ist darwinistischer, keine fördert mehr den Fitten — solange er fit bleibt —, und keine ist verheerender für den Schwachen. Die verflüssigten Strukturen begünstigen die inneren Konkurrenzen und sind manchmal Nährboden für heftige Machtkämpfe. Die Franzosen haben eine bildhafte Beschreibung für solche Prozesse: un panier de crabes — ein Korb voller Krebse; alle kneifen sich, um höher oder gar herauszukommen.« (Mintzberg 1979, S. 462[50])*

Macht ist Teil der Conditio humana und nicht durch eine Abschaffung der mit formaler Macht ausgestatteten Rollen aus der Welt zu schaffen. Eine ganz und gar machtfreie Organisation ist eine Illusion, gerade in Veränderungssituationen wird immer auch über Macht und mithilfe von Macht verhandelt.

Ohne Macht geht es also nicht, aber mit den überkommenen Formen der Macht — dieser Trend ist klar erkennbar — geht es in weiten Teilen der westlichen Organisationslandschaft auch nicht mehr. Führung im alten Stil im Sinne eines auf klassischen Formen der hierarchischen Macht basierten ›Durchregierens‹ nach Gutsherrenart stirbt in der Arbeitswelt des 21. Jahrhunderts langsam aus, in der eine seit langem schwelende Hierarchiekrise, die Notwendigkeit einer ›agileren‹ Organisationsgestaltung sowie wachsende Macht und Erwartungen der Arbeitnehmer einen gänzlich anderen Zugang zur Steuerung von Organisationen erzwingen.

Macht und Freiheit in der ambidextren Organisation

In Abschnitt 7.2 haben wir argumentiert, dass Organisationen angesichts der gegenwärtigen rapiden Veränderungen in ihren Umwelten einen neuen Umgang mit Macht entwickeln müssen, um nicht in Routinen zu verharren, sondern Variation zuzulassen, die es ihnen ermöglicht, ihre Requisite Variety im Umweltverhältnis zu erhöhen. Ein Kernelement der viel diskutierten organisationalen Agilität ist die Verankerung von Strukturen und Verfahren, die

50 zitiert nach Kühl (2015), S. 110

Abweichungen nicht unterdrücken, sondern gezielt fördern. Das Ziel besteht also — in einer Formulierung von Mirow/Matzler (2012) — darin, die Fähigkeit zu unvorhersehbarem Handeln zu entwickeln und institutionell abzusichern (schon die Formulierung zeigt die paradoxe Qualität der Anforderung auf, das Unerwartbare erwartbar zu machen, Spontaneität auf Dauer zu stellen und Flexibilität mit einem festen Rahmen zu verbinden). Diese Fähigkeit, so die Autoren, setzt *Freiheit* voraus. In der Organisation hergebrachten Typs galt Luhmanns Diktum: »Innerhalb der Organisationen und mit ihrer Hilfe läßt die Gesellschaft die Grundsätze der Freiheit und der Gleichheit scheitern« (Luhmann 1994, S. 193). Heute zeigt sich: Wenn die Freiheit scheitert, scheitert die Organisation. Somit ist heute angesichts der Entwicklungen hin zu mehr Komplexität und Unsicherheit in den organisationalen Umwelten »die Forderung nach Freiheit keine Frage der Ideologie, sondern eine notwendige Bedingung für das Überleben und die Weiterentwicklung hochkomplexer sozialer Systeme« (Mirow/Matzler 2012, S. 31). Wenn man so will, kann man hier von einer notwendigen neuen Stufe der Freiheitsverwirklichung sprechen: Mehr Selbstverantwortung, Mitbestimmung, mehr Entscheidungskompetenz, höhere Anforderungen an Kreativität, Mitverantwortlichkeit für ›das Ganze‹ etc. nicht nur auf der Führungsebene, sondern auf allen Ebenen.

Nun kann das aber wohl nicht heißen, dass damit das unendliche Reich der Freiheit gegenüber der ›alten Macht‹ ausgebrochen ist. Der konstruktive Gegenpol zu einer Innovation und Selbstveränderung blockierenden Macht kann natürlich nicht in der völligen Regellosigkeit liegen, wie auch schon in Abschnitt 3.1 deutlich wurde. Hier liegt ein wesentliches Dilemma postbürokratischer Organisationen, denn

> *»[…] je loser gekoppelt Organisationen sind, desto weniger Schutzmechanismen haben sie gegen die individuellen, begrenzten Rationalitäten ihrer Organisationsmitglieder […]. Die kontinuierliche Steigerung der Wandlungsfähigkeit kann in letzter Konsequenz zu einer Auflösung der Organisation führen. Es besteht die Gefahr, dass die Organisation vor lauter Möglichkeiten (Kontingenz) den inneren Zusammenhang verliert.« (Kühl 2015, S. 83)*

Differenzierung (z. B. Freiheit für dezentrale Einheiten), Integration (in Form hierarchischer oder auch demokratischer Entscheidungsstrukturen) und Ordnung (d. h. organisationale Regeln) müssen zusammenspielen: »*Hierarchie* als Strukturmerkmal und *Freiheit* (mit ihrem Gegenpol, der *Ordnung*) als Verhaltensmerkmal sind unabdingbare Voraussetzung für die Gestaltung komplexer Organisationen« (Mirow/Matzler 2012, S. 31). Dabei muss sich die ›neue‹ Freiheit ebenso Macht verschaffen wie alle früheren. Nicht nur gegen die alten

Freiheitserfassungen, gegen die Hierarchien und ihre vergangenen Selbstfesselungen — hier gilt es, die Dialektik von Bewahren und Verändern zu beachten — sondern auch ihr selbst gegenüber. In diesem Sinn muss sie Macht über sich selbst gewinnen, d. h. sich neu *bestimmen*. Wenn heute der Begriff der ›Selbstbindung‹ Konjunktur hat, dann genau deshalb.

> *»Macht blockiert das Neue, das nicht Vorhergesehene kommt nur durch Freiheit in die Welt. Dieses Neue muss aber auch wachsen können. Andererseits: Damit das Neue nicht im Chaos untergeht, bedarf es der Ordnung. Die Kunst der Unternehmensführung besteht darin, in einer Welt ständiger Veränderung immer wieder ein neues Gleichgewicht zu finden zwischen Freiheit und Bindung, zwischen Chaos und Ordnung, zwischen Gewährenlassen und Ausübung von Macht, zwischen Autonomie und Führung.« (ebd., S. 32)*

Wenn Arbeit in Projektgruppen gelingen soll, muss für Strukturen vorgesorgt werden, die eine Selbstdisziplinierung vorsehen. Wenn man von einer neuen Widerspruchs- und Konfliktkultur schwärmt, wird man diese nicht zustande bringen, ohne für Konfliktlösungen geeignete Prozesse zu institutionalisieren, die gegenüber den hierarchischen Mustern einer Konfliktbewältigung quer liegen, usw. In einer prozessorientierten Beratung wissen wir von alledem, wissen auch, wie mühsam es sein kann, nicht nur das Neue im alten System zu etablieren, sondern der neuen Stufe der Freiheit *in ihr selbst* Macht zu verleihen. Fast könnte man in Anbetracht des Letzteren die These aufstellen: Je größer der zur Verfügung stehende Freiheitsgrad, umso größer die Aufgabe der Selbstdisziplinierung.

Das Konzept der *Ambidexterität* (Beidhändigkeit, vgl. Raisch et al. 2009) beschreibt die Fähigkeit, situationsabhängig zwischen verschiedenen Modi hin- und herwechseln zu können. Eine Organisation verfügt dann über die Fähigkeit zur ›Beidhändigkeit‹, wenn es ihr gelingt, zentrale Steuerung und Selbstorganisation so zu verbinden, dass die Organisation ihr Selbsterneuerungspotenzial verwirklichen kann. Wenngleich es für die Bearbeitung dieser Paradoxie schon lange verschiedene Formen gibt (z. B. KVP), sind doch heute weitaus innovativere und flexiblere Formen gefordert als früher. Manche Organisationen versuchen dies, indem sie die Größe der einzelnen Organisationseinheiten so limitieren, dass die Einheiten netzwerkförmig ohne großen hierarchischen Überbau funktionieren (wie z. B. Gore). Andere Organisationen bemühen sich, die Balance zu wahren, indem sie Führung als demokratisch gewählte Rolle auf Zeit konzipieren (wie z. B. Haufe-umantis, vgl. den nachfolgenden Beitrag von Stoffel). Hierarchisch strukturierte Konzerne wie BMW schotten innovative Inseln bewusst vom Rest des Unternehmens ab. Auch im

Bemühen, beide Welten zusammen zu denken, ist man auf Macht angewiesen, allerdings auf Macht in einer ganz anderen Form, wie im nächsten Abschnitt deutlich werden wird (weitere Überlegungen, wie Ambidexterität in Organisationen realisiert werden kann, finden sich in Abschnitt 8.6 unter: »Ein zweites Betriebssystem ...«).

Keine Macht auf einer Schulter: Warum bei Haufe-umantis Mitarbeiter das Unternehmen führen

Marc Stoffel, CEO Haufe-umantis AG

Macht oder nicht Macht — das ist die Frage. In vielen Chefetagen herrscht nach wie vor die Meinung: Die Macht in der Organisation liegt allein beim Topmanagement. Warum wir bei Haufe-umantis denken, dass diese Sichtweise mittlerweile überholt ist und die Macht in unserem Unternehmen nicht bei einzelnen Managern, sondern bei allen Mitarbeitenden liegt, möchte ich in diesem Beitrag darlegen.

Neue Rahmenbedingungen erfordern neue Unternehmensstrukturen
Ein Blick auf die Weltwirtschaft reicht schon aus, um zu erkennen, dass viele Unternehmen mit ihren gewohnten Organisations- und Führungsstrukturen aktuell riskieren, von anderen Playern am Markt überholt zu werden. Zahlreiche historisch gewachsene und lange Zeit stabile Branchen stehen bereits vor disruptiven Veränderungen — etwa der Automobilsektor, der sich auf einmal mit Googles erstem selbstfahrenden Auto konfrontiert sieht, die Hotelbranche, die mit Angeboten wie Airbnb zu kämpfen hat, oder das Taxigeschäft, das mit dem privaten Fahrvermittlungsdienst Uber ebenfalls bereits eine spürbare Konkurrenz erhalten hat. Die Globalisierung und die technologischen Innovationen der letzten Jahre, vor allem aber die umfassende Digitalisierung, sorgen für ein hohes Veränderungstempo und das Entstehen ganz neuer Geschäftsmodelle.
Wir sind überzeugt: Die Überlebensfähigkeit von Firmen wird davon abhängen, wie schnell sie auf neue Trends reagieren können. Agilität und Innovationskraft lauten die aktuellen Erfolgsfaktoren. Das wird von den meisten Unternehmern zunächst einmal ein Umdenken erfordern. Denn ein Paradigmenwechsel, wie es der aktuelle Wandel der globalen Wirtschaft ist, kann nur mit einer neuen, einer anderen Art von Unternehmensführung bewerkstelligt werden. Die klassische Top-down-Struktur hat unserer Meinung nach ausgedient. Speziell die kurzen Reaktionszeiten, die Unternehmen heute noch zur Verfügung haben, um Veränderungen des Marktes mitzutragen, lassen sich mit der bisherigen Struktur nicht

realisieren. Bis eine Information von der ›Basis‹ zur Unternehmensführung gelangt ist und die diesbezügliche Entscheidung den Weg die Firmenpyramide wieder hinuntergefunden hat, ist eine Chance oft schon vertan und ein agilerer Mitbewerber hat das Rennen um Marktanteile und Kundenzufriedenheit gemacht.

Zeit, dass sich was dreht: die Kraft der Mitarbeiter nutzen

Basierend auf diesen Beobachtungen vertreten wir bei Haufe-umantis die Auffassung, dass Mitarbeiter Unternehmen führen müssen. Für uns steht fest: Menschen sind die Grundvoraussetzung für Agilität und Innovationsfähigkeit — wenn sie das Richtige tun, sind sie der größte Hebel für nachhaltigen Erfolg. Wir plädieren daher für eine Umverteilung der Macht in Organisationen: Sie soll nicht mehr nur auf den wenigen Schultern des Topmanagements, sondern auf denen der gesamten Belegschaft liegen. Mitarbeiter sollen zu *Intrapreneuren* im eigenen Unternehmen werden und eigenverantwortlich unternehmerisch handeln können — dafür müssen Firmen allerdings zunächst die strukturellen Voraussetzungen schaffen.

Der Haufe-Quadrant (Abb. 1) ist dabei eine wichtige Hilfestellung. Denn er zeigt Unternehmern auf, dass es bereits jetzt in allen Firmen mehr Organisationsstrukturen gibt, als die altbewährte Top-down-Struktur abzudecken vermag: Schattenorganisationen, in denen Mitarbeitende ihre eigene Agenda verfolgen und Handlungsanweisungen bestenfalls als Empfehlungen verstehen. Überlastete Bereiche, in denen Beschäftigte nach dem Laisser-faire-Ansatz ›geführt‹ werden und mit einem Mangel an Struktur und einem Zuviel an Freiraum überfordert sind. Oder agile Netzwerke, in denen sich die Mitarbeitenden eigenverantwortlich selbst organisieren und sich dort einbringen, wo sie den größten Beitrag zur Wertschöpfung leisten können.

Welche Schlussfolgerung müssen Geschäftsführer daraus ziehen? Wenn sie den Haufe-Quadranten am eigenen Unternehmen durchspielen, werden sie bald erkennen, dass sich viele ihrer Mitarbeitenden in für sie ungeeigneten Strukturen bewegen — sei es, dass sie mehr Freiraum benötigen, weil sie ihren Job strikt nach Anweisung umsetzen müssen, oder dass sie überlastet sind, weil sie vielleicht zu viel Freiraum haben und mehr Führung benötigen. Hier muss zuerst angesetzt werden, sollen die Beschäftigten als Intrapreneure unternehmerisch handeln und zum Gesamterfolg beitragen. Denn Mitarbeiter können nur Bestleistung bringen, wenn sie sich in ihrem Arbeitsumfeld wohlfühlen und wenn die Strukturen ihrem Arbeitsbereich entsprechen — wenn Organisationsdesign und Selbstverständnis der Mitarbeitenden optimal zusammenspielen.

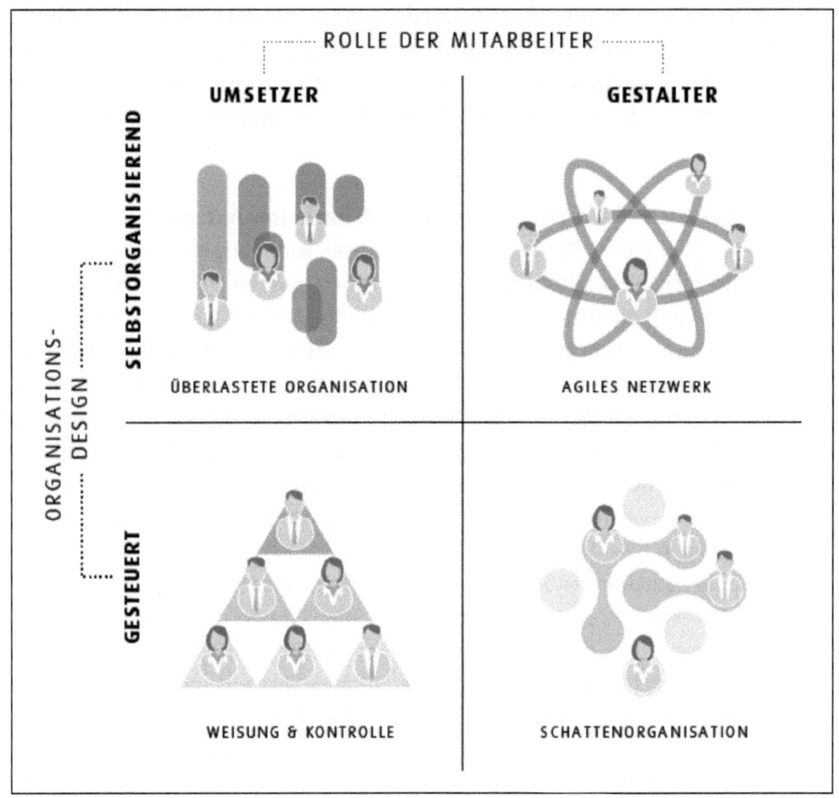

Abb. 1: Der Haufe-Quadrant

Unternehmen benötigen daher ein breiter angelegtes Management System, das auf die verschiedenen Formen der Zusammenarbeit eingeht. Ein solches mitarbeiterzentriertes ›Betriebssystem‹ muss in der Lage sein, alle existierenden Organisationsformen mit Prozessen und Werkzeugen zu unterstützen — nicht nur Weisung und Kontrolle, wie es heute noch der Fall ist. Es muss Mitarbeiter aus der Überlastung und dem Schatten holen und es muss auch für agile Netzwerke optimale Arbeitsbedingungen schaffen. Dann wird es unterschiedlichsten Mitarbeiter-Typologien und diversen Organisationsdesigns gerecht. Dieser Ansatz führt zu großer Agilität und hoher Mitarbeiterzufriedenheit im Unternehmen, bedeutet jedoch auch eine große Vielfalt an Führungsstrukturen, Prozessen und Werkzeugen, mit der Organisationen erst umzugehen lernen müssen.

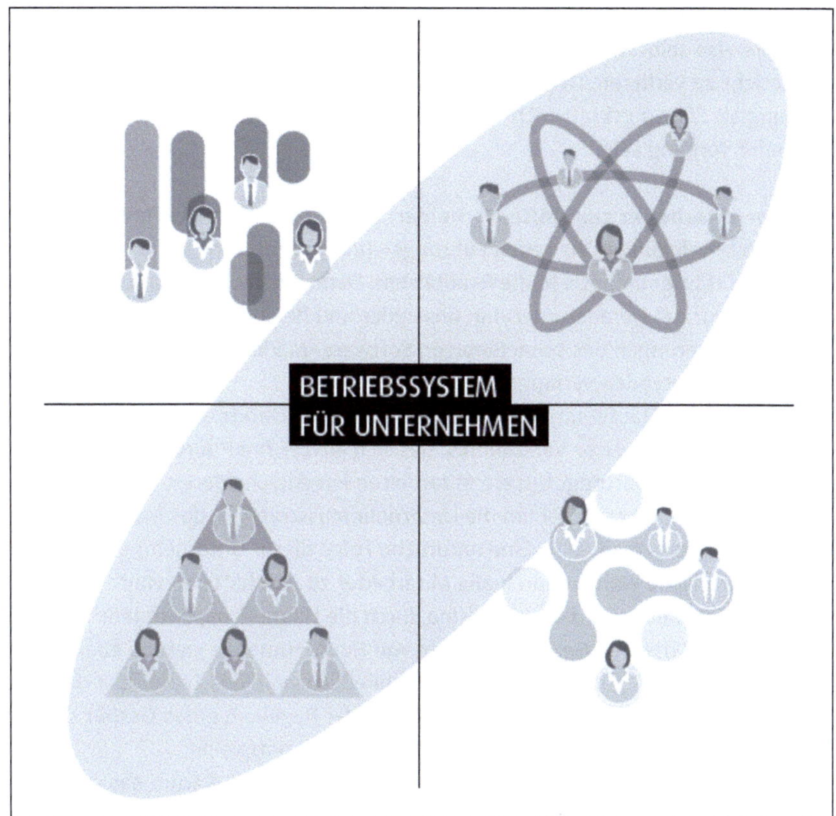

Abb. 2: Das Betriebssystem für Unternehmen

Damit Mitarbeiter ein Unternehmen führen und ihre neue Macht gewinnbringend einsetzen können, müssen aber nicht nur Strukturen geschaffen werden, in denen jeder Beschäftigte das Beste aus sich herausholen kann. Mindestens ebenso wichtig ist es, sich insbesondere auf der oberen Management-Ebene bewusst zu machen, dass ein neues Verständnis von Führung notwendig ist. Vorgesetzte sollten nicht mehr entscheiden und Ziele ansagen. Vielmehr sollten sie als Moderator auftreten, einen offenen Dialog fördern und ein Umfeld schaffen, in dem Mitarbeiter als Mitunternehmer Verantwortung übernehmen können. Das schließt natürlich auch das Abgeben von Macht mit ein.
Und auch eine weitere Erkenntnis zeigt, dass es nicht mehr zeitgemäß ist, die Macht auf einige wenige zu beschränken: Führung wird temporär. Wie eingangs bereits erwähnt — Unternehmen müssen sich schnell und dynamisch auf neue Bedingungen einstellen können. Das bedeutet auch, dass in unterschiedlichen Situationen verschiedene Fähigkeiten des Managements gefragt sind; in der Gründungsphase andere als in einer starken Wachstums- oder Neustrukturie-

rungsphase. Diese Fähigkeiten können nicht alle in einer Person vereint sein. Es sollte also selbstverständlich werden, dass Führungskräfte ›abdanken‹, ohne ihr Gesicht zu verlieren. Dementsprechend darf auch ein Rückzug oder eine Absetzung als Führungskraft nicht als Scheitern gelten, sondern muss ein völlig normaler Vorgang sein.

Vom Mitarbeiter zum Mitentscheider: gelebte Realität bei Haufe-umantis
Diese Überlegungen zu neuen Führungs- und Organisationsstrukturen setzen wir bei Haufe-umantis in die Realität um. Denn auch wir standen vor einigen Jahren vor der Herausforderung, uns agiler und flexibler aufstellen zu müssen — Anforderungen des schnelllebigen Software-Marktes, der Kunden und auch der Mitarbeitenden verlangten es.
Wir leben bei Haufe-umantis eine demokratische Unternehmenskultur, nach bewährtem Schweizer Verständnis, das sich auszeichnet durch Mitbestimmung und Mitverantwortung. Unsere Mitarbeitenden entscheiden so gut wie alles mit — ganz egal, ob es dabei um die Unternehmensstrategie, das Management oder die Arbeitsprozesse geht. Eine natürliche Folge dieser Unternehmenskultur sind demokratische Wahlen durch alle Mitarbeiter zu geschäftsrelevanten Entscheidungen, wie es etwa die Übernahme durch die Haufe Gruppe im Jahr 2011 war. Führungskräfte und Geschäftsleitung von Haufe-umantis werden ebenfalls in einem regelmäßigen Zyklus gewählt. Schließlich weiß das Team über die Unternehmensziele bestens Bescheid und hat in der Regel ein gutes Gespür dafür, welche Stärken und Talente für deren Erreichung nötig sind.
Die Macht in unserer Organisation liegt damit bei allen. Warum das so ist? Weil wir erkannt haben, dass das Wissen der Mitarbeiterinnen und Mitarbeiter erfolgskritisch ist. Sie wissen oftmals eher als das Management, wohin die Reise gehen sollte, was möglicherweise das nächste ›Big Thing‹ werden könnte. Und weil wir davon überzeugt sind, dass bestimmt 95 bis 99 Prozent der Mitarbeiter nicht ausschließlich wegen des Gehalts in die Arbeit gehen, sondern weil sie ihnen Sinn gibt und das Gefühl, zu etwas Größerem beizutragen.
Bei uns legt zum Beispiel das gesamte Team im jährlichen Strategieworkshop die Unternehmensstrategie fest, bestimmt die Ziele und definiert die Werte, die jeglichem Tun und Handeln zugrunde liegen. Auch die Wahlen finden in diesem Rahmen statt. Damit ist der Workshop das wichtigste Instrument unseres partizipativen Ansatzes. Er geht über zwei Tage, in der Regel nehmen alle Mitarbeitenden daran teil.
Zudem gibt es ein monatliches Teamforum für alle Mitarbeitenden. Hier werden Ideen und aktuelle Themen vorgestellt, diskutiert und abgestimmt. Vieles passiert aber auch in den Teams, gerade wenn es um Entscheidungen und Vorgehensweisen innerhalb einer Projektgruppe geht.

Darüber hinaus definieren unsere Mitarbeiterinnen und Mitarbeiter den Personalbedarf, suchen aktiv nach Kandidaten und treffen dann ihre Einstellungsentscheidung. Damit machen wir sehr gute Erfahrungen: Über 60 Prozent der neuen Kollegen werden mittlerweile über eine persönliche Empfehlung eingestellt. Gleichzeitig spricht sich das Team aber gegebenenfalls auch für Entlassungen aus. Diesen Fall hatten wir etwa zu Beginn des Jahres, als wir uns von einigen Mitarbeitern getrennt haben, weil sie den Anforderungen der nächsten Wachstumsphase hin zu einer Hochleistungsorganisation nicht mehr gerecht werden konnten.

Dass Mitarbeiter bei uns Entscheidungsgewalt besitzen, zeigt sich jedoch nicht nur durch unsere demokratische Führung, sondern auch in unserer Organisationsstruktur. Im Geschäftsbereich Research & Development haben wir zum Beispiel Swarming eingeführt: Rund 60 Kollegen organisieren sich komplett selbst in Schwärmen — jeder Einzelne entscheidet alle drei Monate für sich, in welchen Projekten er aktuell den größten Beitrag zur Wertschöpfung und zum gemeinsamen Erfolg leisten kann. Feste Abteilungen wurden in diesem Geschäftsbereich abgeschafft — den klassischen Manager gibt es ebenfalls nicht mehr.

Es darf nicht erwartet werden, dass ein Change hin zu einer partizipativen Unternehmenskultur reibungslos über die Bühne geht. Auch bei uns hat es einige Herausforderungen zu bewältigen gegeben. Wie geht man zum Beispiel mit abgewählten Führungskräften um? Oder mit Mitarbeitenden, die mit einer solch großen Entscheidungsgewalt überfordert sind?

Gerade die Integration von abgewählten Führungskräften war ein Thema, das wir unterschätzt hatten. In zwei, drei Fällen wurden Personen abgewählt oder waren aufgestellt und wurden nicht gewählt. Teilweise verloren sie ihre Management-Aufgaben — und damit auch Macht. Man müsste lügen, wenn man sagen würde, dass so ein Ergebnis im ersten Moment nicht weh tut. In einer solchen Situation ist es extrem wichtig, Unterstützung anzubieten und Zeit zur Verarbeitung einzuräumen. Bereits im Vorfeld der Wahl einen Alternativplan auszuarbeiten, gibt zudem Sicherheit.

Heute können wir sagen, dass eine demokratische Unternehmensführung von zwei entscheidenden Faktoren geprägt sein muss: hohe Transparenz und offene, wertschätzende Feedbackkultur. Ich habe zum Beispiel bei meiner ersten Wahl das Feedback erhalten, dass ich gewählt worden bin, ohne dass mich einige Mitarbeiter bereits gut kannten. Ich hatte die Jahre zuvor stark in Marketing und Vertrieb gewirkt, für andere Abteilungen wie etwa die Softwareentwicklung war ich nicht sichtbar. Durch das Feedback habe ich erkannt, wo ich mich mehr zeigen muss.

Umstrukturierungen dieser Tragweite geschehen natürlich nicht von heute auf morgen — solche Dinge müssen sich mit der Zeit entwickeln. Auch bei uns sind in den letzten Jahren der Demokratie-Gedanke und das entsprechende Handeln dahinter gewachsen — wir haben nicht bis vor drei Jahren Top-down gearbeitet und dann von einem Tag auf den anderen beschlossen, dass nun die Mitarbeiter über ihre Führungskräfte abstimmen. Sowohl für die Mitarbeitenden als auch für das Management und das Unternehmen im Allgemeinen ist das ein Lernprozess, der auch heute noch andauert.

Wer nicht vom Weg abkommt, bleibt auf der Strecke: Handlungsempfehlungen für Manager

Oft erreicht uns die Frage, ob wir nicht viel langsamer seien. Ob wir uns nicht viel mit Kommunikation und Entscheidungsfindung beschäftigen würden. Tatsächlich geht bei uns aber vieles deutlich schneller! Und zwar, weil aufgrund der Einbindung aller Mitarbeitenden gleich die richtigen Entscheidungen getroffen werden und wir keine Zeit mit falschen Entschlüssen verlieren. Außerdem müssen wir so keine Zeit in Rechtfertigung investieren, sondern können uns mit ganzer Energie der Umsetzung der Entscheidungen widmen. Das macht uns schneller und agiler als ein Top-down geführtes Unternehmen.

Ein partizipativer Führungsansatz, wie wir ihn pflegen, wird allerdings nur dann von Erfolg gekrönt sein, wenn drei Voraussetzungen erfüllt sind:

- Das Management muss erkennen, welches Führungsmodell zu welcher Zeit erfolgskritisch ist. Zum Beispiel kann es Sinn machen, manche Projekte agil zu bearbeiten, auch wenn ein Bereich generell eher klassisch hierarchisch organisiert ist.
- Unternehmen müssen den Mut haben, ihre bestehenden Strukturen kritisch zu hinterfragen und neue Wege zu beschreiten. Viele Firmen wissen, dass sie sich verändern müssen, aber ihnen fehlt die notwendige Konsequenz.
- Es muss Mitarbeiter geben, die bereit sind, für die Einführung des neuen Betriebssystems Verantwortung zu übernehmen.

Gerade die letzte Voraussetzung sollte nicht auf die leichte Schulter genommen werden, denn sie ist nur bedingt beeinflussbar. Ein Blick auf die großen Konzerne zeigt: Diese werden noch viel zu häufig von tradierten Managertypen der letzten Jahrzehnte geleitet. Viele wollen die bestehenden Strukturen nicht ändern — denn es würde ihre Macht deutlich schmälern und dem Status widersprechen, den sie sich über Jahre hinweg angeeignet haben. Disruptives Innovieren zum nachhaltigen Wohle der Unternehmen und der Gesellschaft — das ist längst noch nicht in allen Führungsköpfen verankert. Hier muss ganz klar der Hebel angesetzt werden — denn wer nicht vom Weg abkommt, bleibt auf der Strecke.

Vermittlungsmacht in einer interdependenten Arbeitswelt

Letzlich — das ist das Wesen aller Paradoxien — lässt sich die Paradoxie von Steuerung vs. Selbstorganisation aber weder in einem ›entweder-oder‹ (also in der Entscheidung für oder gegen hierarchische Macht als Steuerungsmedium) noch in einem ›sowohl-als auch‹ und schon gar nicht in einem ›weder-noch‹ auflösen. Gesucht ist vielmehr ein weiterer Modus als Einheit des Widerspruches. Damit ist gemeint, den gewohnten Denkraum über das binäre Denken in Alternativen hinaus zu erweitern.

Die Gesellschaft, aber auch Organisationen, sind ein Konglomerat von Interessenswidersprüchen und Gegensätzen. Beide funktionieren nur dann, wenn diese Widersprüche und Unterschiede imstande sind, sich miteinander in Verbindung zu setzen, zu kooperieren. An den Schnittstellen, wo die Widersprüche aufeinandertreffen, befinden sich Konfliktpotenziale, die jederzeit ausbrechen können. Die in Organisationszusammenhängen gebräuchlichsten Strategien zur Regulation dieser Konflikte sind ›Trennung‹, ›Hierarchisierung‹, ›Delegation‹. Solange sich Widersprüche aus dem Weg gehen können, keine ›Feindberührung‹ stattfinden muss, lässt es sich leicht tolerant sein. Allerdings ist diese Toleranz deshalb fragil, weil sie nur aufrechtzuerhalten ist, wenn man für dauerhafte Grenzziehungen sorgt.

Im Zusammenhang mit den gegenwärtigen Flüchtlingsproblemen kann man in ›Großwetterlage‹ dieses alte Trennungsmuster sowie seine Wächter bestens beobachten. Aber auch im mikropolitischen Bereich von Organisationen wird man mit diesem Phänomen konfrontiert; hier spricht man vom ›Silodenken‹ und von Bereichsegoismen. An ihrer offensichtlich unausrottbaren Existenz und immer wiederkehrenden Auferstehung wird ein Grundproblem sichtbar, das einen prinzipielleren Widerspruch deutlich macht:

MERKE

Spezialisierung und Aufgabenteilung funktionieren nur dann, wenn man ihnen einen abgegrenzten Raum zu ihrer Entfaltung zur Verfügung stellt. Dieser darf nicht ständig gestört werden.

Auf der anderen Seite können sowohl die Gesellschaft wie auch Organisationen auf Dauer nur überleben, wenn die Grenze ›beweglich‹ gehalten wird, einen ›semipermeablen‹ Charakter hat. Es bedarf also nicht bloß des Grenzschutzes, sondern eines Grenzmanagements. Klassische Hierarchien haben ihre Teilbereiche zur Kooperation gezwungen, wo sie es für notwendig hielten, ihnen aber einiges an Entfaltungsmöglichkeit garantiert. Die nachfolgende organisatorische Ausdifferenzierung unserer Gesellschaft hat aber das Problem der Kooperationsnotwendigkeit in substanzieller Weise erhöht. Zugleich hat sich das ›Selbstbewusstsein‹ der Teilsysteme auch aufgrund ihres Kompetenzzuwachses weiterentwickelt. Allmählich entwickelte sich ein System gegenseitiger Abhängigkeiten, das hierarchisch nicht mehr ohne Weiteres steuerbar war. In

Hierarchien gibt es natürlich auch gegenseitige Abhängigkeiten, aber sie begegnen sich nicht auf der gleichen Ebene. Die Abhängigkeit wird unter asymmetrischen Bedingungen gesteuert. In dem Moment, wo aber die *gegenseitige* Abhängigkeit allen Betroffenen deutlich wird, die Existenz des anderen zur Bedingung der eigenen wird, lässt sich asymmetrische Macht nicht durchsetzen; nicht, weil es nicht ginge, sondern, weil man selbst dabei verliert. Man könnte daher durchaus behaupten, dass diese Einsicht in gegenseitige Abhängigkeit ›demokratisches‹ Bewusstsein gefördert hat.

Damit, so Fuchs (2009), treten *Communio-Konzepte* an die Stelle der Hierarchie. In solchen Gemeinschaften treten andere Bindungskräfte auf. Eine neue Selbstverpflichtung im Kontext der Gemeinschaft ersetzt das alte Tauschverhältnis ›Arbeitskraft gegen Geld‹, verbunden mit einer noch stärkeren gegenseitigen Verpflichtung (die nicht ohne Grund nicht mit dem Ende der offiziellen Arbeitszeit als abgegolten gilt). In der Organisationstheorie spiegelt sich dieses neue Paradigma im Boom der Netzwerktheorien wider.

Einerseits kann man von einer Dependenzumkehr sprechen. Früher Abhängige werden zu eigener Selbstständigkeit (Mitdenken, Verantwortung übernehmen, unternehmerisches Handeln, etc.) ›befreit‹. Auf der anderen Seite müssen diese neuen Freiheiten gebündelt, koordiniert, gemeinsamen Zielsetzungen zugeführt werden. Letzteres gelingt nicht mehr in abstrakter Machtausübung. Man kann nicht Freiheit zusprechen, um sie dann wieder aufzuheben. Ein Selbstverzicht an Autonomie — und er ist in allem, was gemeinsam werden soll — bedarf der Einsicht und Zustimmung.

Auf der anderen Seite bedarf es auch einer Macht, die für ein Erreichen dieser Zustimmung Sorge trägt, letztlich für sie verantwortlich ist. Positions- und Prozessautorität sind auszubalancieren. Eine neue Machtform entsteht. Man könnte sie ›Vermittlungsmacht‹ nennen — eine, die notwendige Widersprüche in Balance zu bringen versteht. Diesen Gedanken einer positiven, sinnstiftenden Macht verfolgt auch Bernd Schmid in seinem folgenden Beitrag.

Schöpfermacht, Sinnmacht und Autorisierung

Bernd Schmid

Kontrolle, Vertrauen, Macht und Hierarchie

Wenn Macht nicht vorrangig Geltungsbedürfnissen oder der Pflege von Privilegien dienen soll, dann doch wohl dazu, dass eine Organisation zu Ordnungen und Prozessen findet, mit denen sie ihren Zweck erfüllt und sich sinnvoll weiterentwickeln kann. In einer arbeitsteiligen Organisation in einem komplexen

Umfeld müssen dafür viele Funktionen definiert, ausgefüllt und zusammengefügt werden. Menschen, die diese Funktionen ausfüllen, haben aber auch ihr Eigenleben. Sie müssen bewegt werden, dieses in gewünschte Wirklichkeiten einzufügen oder zumindest damit verträglich zu machen. Gelingt dies nicht hinreichend, dann versucht man es oft mit *Kontrolle.* Da Kontrolle von ihrem Wesen her eher darauf gerichtet ist, Anpassungen zu bestärken und unliebsame Abweichungen zu unterbinden, ist auch gute Kontrolle nur begrenzt hilfreich. Kontrolle erreicht Abweichler meist nicht, belastet aber Gutwillige. Gesteigerte Kontrolle kann im Extrem die ganze Organisation strangulieren. Die beabsichtigte Gewinnung der Menschen und die Vitalisierung der Organisation verkehren sich ins Gegenteil. Als Gegenzauber wird neuerdings auf *Vertrauen* gesetzt. Gut daran ist, dass man sich jetzt an die wendet, deren grundsätzliche Bereitschaft konstruktiv mitzuarbeiten, angenommen wird. Durch positive Ausrichtung, Würdigung und Stärkung aller Art will man sie in die Lage versetzen, ihren Beitrag zu leisten und Kooperation zu organisieren. Da Vertrauen von seinem Wesen her auf das Gewinnen persönlichen Engagements ausgerichtet ist, ist auch eine differenzierte Vertrauenskultur nur begrenzt hilfreich. Denn Engagement ist nicht unbedingt hinreichend, um den Steuerungsbedarf einer Organisation zu befriedigen. Wenn nicht genügend sinnvolle Gestaltungskompetenz zur Geltung kommt, wenn es keine Steuerungsprinzipien gibt, die regeln, was bleiben soll und welche Möglichkeiten Wirklichkeit werden sollen, ertrinken Organisationen in ›Selbstbezüglichkeiten‹ oder ›Multikreativität‹. Damit zueinander passende Wirklichkeiten, Leistungsfähigkeit und eine stabile Kultur entstehen, braucht es mehr. Zu diesem mehr gehört ein aufgeklärter und differenzierter Umgang mit *Macht.* Auch das Prinzip *Hierarchie* hat nicht ausgedient. Hierarchie ist eines der ältesten Ordnungsprinzipien der Evolution. Ihre Aufgabe ist sicherzustellen, dass trotz Komplexität Prioritäten bestimmt, Handlungsfähigkeit hergestellt und Rahmen gesetzt werden. Dass es davon dumme und gewalttätige Formen gibt, ist kein Gegenargument, weil dieses natürlich auch gegen andere Fehlformen von Gestaltung gilt. Hierarchische Macht beruft sich meist auf Hoheitsmacht.

Hoheitsmacht meint, über Gestaltungsmöglichkeiten so verfügen zu können, dass anderen für ihre Wirklichkeitsmöglichkeiten einseitig Vorgaben gemacht werden. Hier gäbe es viel zu diskutieren, doch soll in diesem Beitrag eher auf Schöpfermacht und Sinnmacht als zwei weniger beachtete Machtformen eingegangen werden.

Schöpfermacht meint die Fähigkeit, Inszenierungen zu schaffen, in die andere eintreten und sie ko-kreativ mitgestalten. Andere lassen sich beeinflussen und wirken mit, weil die Wirklichkeitsgestaltung überzeugt und ein sie einbeziehendes Kraftfeld schafft. Schöpfermacht hat also mit überzeugender Kompetenz, aber auch mit geeigneten Bedingungen zu tun.

Sinnmacht beruht auf der Gabe, Sinn zu finden und Sinn zu stiften, sodass sich andere daran orientieren. Sinnmacht hat nur begrenzt mit ›Machbarkeit‹ zu tun, eher mit Hingabe und Fügung. Mehr als Frucht von Kompetenz ist sie die Frucht von inneren Überzeugungen, oft gepaart mit einer ›dialogischen‹ Haltung. Andere orientieren sich daran, weil ihre Sehnsüchte und Sinnbedürfnisse berührt werden.
Da meist mehr auf Ausübung von Macht fokussiert wird, soll hier die Entstehung von Macht durch *Autorisierung* als Zwillingsprozess behandelt werden. Schließlich soll mit beispielhaften Fragen für Dialoge zum Thema und mit Überlegungen zu integrierten Machtprozessen abgeschlossen werden.

Macht und Autorisierung
Macht wird hier als Beziehungsgeschehen und wechselseitiger Prozess betrachtet. Allgemein verstehen wir unter ausgeübter Macht die *Wirksamkeit, mit der jemand auf die Wirklichkeitsgestaltung anderer Einfluss nimmt.*
Es wird also nicht auf Machtansprüche abgehoben, sondern auf wirksame Machtausübung. Unter Macht in Organisationen verstehen wir alle tatsächlichen Prozesse, durch die solche Wirksamkeit entsteht und gestaltet werden kann, wobei das Zusammenwirken sowohl formeller wie informeller Dimensionen gemeint ist.
In unseren Betrachtungen gehen wir von der Annahme aus, dass in unseren heutigen, relativ freiheitlichen Verhältnissen Macht nur dann ausgeübt werden kann, wenn sie durch die anderen zugelassen, komplementär gewährt, mitgestaltet und insofern mitverantwortet wird. Wir setzen damit voraus, dass für die Beteiligten immer Wahlmöglichkeiten verfügbar sind, auch wenn diese ›ihren Preis haben‹.
Um Macht auszuüben, braucht man Autorität, die man durch Autorisierung erlangt. Oder anders ausgedrückt: Die Wirksamkeit, mit der jemand auf die Wirklichkeitsgestaltung anderer Einfluss nimmt, entsteht durch Autorisierungsprozesse, also Prozesse, durch welche die Einfluss Nehmenden bevollmächtigt werden.
Dafür gelten z. B. folgende Zusammenhänge:

- Wirksamkeit setzt Autorität voraus — Macht kann also nur ausgeübt werden aufgrund von Autorität, welche einem verliehen wird, respektive welche man sich erwirbt. Hierbei ist geduldete Selbstautorisierung eingeschlossen.
- Autorität wird im Autorisierungsprozess erworben und aufrechterhalten bzw. kann verloren gehen oder entzogen werden. Wirksamkeit geht verloren, weil die anderen sich offen oder schleichend der Einflussnahme entziehen.
- Macht und Autorität sind an Rollen und Kontexte gebunden und nicht nur an Qualitäten, über die bestimmte Personen verfügen. So kann etwa der Verkehrspolizist nur im Dienst bestimmen, wer Vorfahrt hat. Oder die Führungskraft, auf die alle hören, kann zu Hause Resonanz vermissen.

Dabei können verschiedene Arten von Autorisierungen unterschieden werden z. B.:
Autorisierung durch Ermächtigung. Darunter verstehen wir Autorität, die von Macht-Inhabern verliehen wird, z. B. Vollmacht vor Gericht durch Unternehmens-Eigentümer. Oft sind die Beteiligten dieser Autorisierung andere als die der Machtausübung. Eine Regierung wird durch Wähler autorisiert, übt die Macht aber auch gegenüber Nichtwählern aus.
Autorisierung durch Kontrakt. Darunter verstehen wir Autorität, die durch Vereinbarung unter den Betroffenen verliehen wird, z. B. eine vereinbarte Gesprächsleitung in einer Gruppe. In größeren Zusammenhängen, kann es sich um komplexe Kontraktprozesse zwischen komplexen Gebilden handeln. Zunehmend gerät für komplexes Wirtschaften das geordnete Zusammenspiel zwischen Zulieferern, Abnehmern, Fachinstanzen, Finanziers, Akteuren und Kooperationspartnern aller Art auch im öffentlichen Bereich ins Blickfeld. Klassische hierarchische Macht herstellen zu wollen, wäre aussichtslos. Stattdessen werden zwischen Akteuren mit verschiedenen Kulturen der Machtentstehung und Machtausübung gemeinsame oder aufeinander koordinierte Machtprozesse nötig. Dies kann eben durch Kontrakte geschehen, wobei diese nicht immer formell oder justiziabel sein können.
Autorisierung durch komplementäres Verhalten. Darunter verstehen wir eine Autorität, die durch komplementäres Verhalten zur persönlichen Wirkungsweise eines Menschen verliehen wird. Ein Beispiel: Vorschläge von als erfahren geltenden Menschen werden eher befolgt. Man kann das analog zur juristischen Konstruktion ›Kontrakt durch konkludentes Handeln‹ auch als eine Art Vereinbarung ansehen, diese kann aber soviel unbewusste Komponenten enthalten, dass kaum von einem Kontrakt gesprochen werden kann. Man macht einfach mit, stützt eine Vorgabe und handelt komplementär, weil es irgendwie passt.

Macht- und Autorisierungsprozesse befragen

Wenn Macht- und Autorisierungsprozesse Beziehungsphänomene sind, dann können Dialoge darüber für das Verständnis der eigenen Beteiligung, für das Erkennen von Stellschrauben im Unternehmen und für die Auseinandersetzung mit Unternehmenskultur hilfreich sein. Dafür kann kein schematischer Katalog oder ein Standardvorgehen empfohlen werden. Die Verhältnisse sind zu verschieden. Doch können aufgrund der vorhergehenden Ausführungen viele Fragen spezifisch formuliert werden.
Hier einige Beispiele:

- Wer nimmt auf wen wie Einfluss? In welchen Dimensionen tut sie/er dies?
- Wie wird diese Einflussnahme aufgenommen? Ist derjenige, auf den Einfluss genommen wird, bereit, dem entsprechenden Einflussnehmer diesen Einfluss einzuräumen? Woran erkennt man das?
- Zu welchen Machtformen neige ich selbst? Woher kommt das? Zu was führt das?

- Welches sind meine persönlichen Muster des Erlangens oder Gewährens von Macht, also der Autorisierung?
- Wie lassen sich Beziehungen im Unternehmen und zwischen Organisationen als Machtbeziehungen beschreiben?
- Wer neigt im Unternehmen in welchen Rollen und Kontexten zu welchen Machtformen? Welche sind angemessen?
- Werden hilfreiche Kombinationen von Macht genutzt? Sind sie komplementär oder gegenläufig?
- Auf welche Weise wird Autorisierung gesucht? Wer spielt in Autorisierungsprozessen welche Rolle?
- Sind im Unternehmen Schwerpunkte und Formen der Autorisierung und der Machtausübung neu entstanden bzw. verloren gegangen?

Situationen, in denen das Zusammenspiel von Macht und anderen Gestaltungsdimensionen gelingt, sind dadurch gekennzeichnet, dass in allen Machtdimensionen angemessen Einfluss genommen und gewährt wird. Es geht also letztlich um integrierte Machtprozesse, sowohl bei Machterlangung wie bei Machtausübung. Jeder kennt Beispiele von Menschen, die formal jede Macht und doch keinen wirklichen Einfluss auf die Menschen im Unternehmen haben oder von Menschen, die sich ohne formelle Macht abmühen und daran scheitern, dass sie auf Hoheitsmacht verzichten wollen oder müssen. Es geht also darum, zum Thema Macht eine geeignete praxisnahe Kultur des Dialogs zu entwickeln. Dazu sollte dieser Text beitragen.

7.4 Zusammenfassung

Die durch Digitalisierung, demografische Umwälzungen und gesellschaftlichen Wertewandel geprägte Arbeitswelt ist schon heute dabei, die Anforderungen an die Organisation von Arbeit und Zusammenarbeit in und zwischen Organisationen zu verändern. Dadurch verändern sich auch die Kontextbedingungen und Ausdrucksformen von Macht. In vielen Bereichen gilt, dass die traditionellen hierarchischen Konzepte nicht mehr funktionieren, weil sie Organisationen zu schwerfällig für die von Volatilität, Unsicherheit, Komplexität und Ambiguität geprägten Marktumfelder machen und weil sie (bei Mitarbeitenden ebenso wie bei Führungskräften) keine Akzeptanz mehr finden. Während die Macht der traditionellen Hierarchien schwindet, müssen neue, komplexere Kombinationen von Selbst- und Fremdsteuerung gefunden werden. Elitäre Führungssysteme werden durch pluralistische, polykratisch organisierte Führungssysteme ergänzt werden müssen (Reihlen/Lesner 2012). Führung in diesem aktuell propagierten Sinne hat sich von allen tradierten und eher schwerfälligen Steuerungsvorstellungen gelöst und auf Kontextsteuerung umgeschaltet.

Während viele kleinere Start-ups mit neuen Steuerungskonzepten experimentieren und dabei für sich schlüssige Führungsformen entwickelt haben, haben es große, etablierte Unternehmen schwerer, neue Wege zu beschreiten. Sattelberger (2015, S. 12) benennt vier Entwicklungsfelder, die Organisationen auf diesem Weg in den Blick nehmen können:

- eine stärker partizipativ orientierte Führung
- ein Mehr an Souveränität der Mitarbeiterinnen und Mitarbeiter (z. B. hinsichtlich Arbeitsinhalten, Arbeitszeit oder Arbeitsort)
- Vielfalt und Chancenfairness
- ›das gesunde Unternehmen‹ (z. B. Ausbalancieren von Belastungen bei der Arbeit, Verteilung des Erwirtschafteten auf die Stakeholder, Nachhaltigkeit)

Auch die Kooperation zwischen Organisationen (selbst bei Zulieferern) kann nicht mehr im Sinne hierarchischer Machtausübung gestaltet werden. Eigene ›überlappende‹ Gruppierungen müssen sie am Leben erhalten; gegenüber den ›Stammorganisationen‹ muss sozusagen ein ›hybrider‹ Raum geschaffen werden. Für das Machthema ist das bewusste Einbeziehen neuer Bedingungsfaktoren interessant. Einmal die ›Aufwertung‹ der Bedeutung von Einzelnen (Schlüsselpersonen), jener von Gruppen, schließlich der Rückgriff auf emotionale ›Qualitäten‹, wie Vertrauen, Selbstbindung, Handschlagqualität (zwar gibt es Verträge, diese sind aber nicht imstande, alle Eventualitäten vorwegzunehmen, abgesehen davon, dass ein diesbezügliches Verfahren mögliche Konfliktpotenziale aufführen muss, was nicht unbedingt Anfangsvertrauen schafft). Diese Aufwertungen und Rückgriffe dürften in Zukunft neue und andere Machtdimensionen erschließen.

Schließlich muss noch einmal darauf hingewiesen werden, dass es sich bei den beschriebenen Relativierungstendenzen von Macht um einen Trend handelt, der manche Bereiche der Organisationswelt bereits revolutioniert hat, während er sich in anderen Bereichen eher langfristig auswirken wird. In einigen Branchen ist zurzeit der umgekehrte Trend zu beobachten — hier beschwören die Kontrollmöglichkeiten der Digitalisierung die »Gefahr eines digitalen Taylorismus« (ebd., S. 15) herauf. Die Diskussion um die Macht ist aber eröffnet und wird unser Wirtschaften beeinflussen: »Es wird zwar auch in Zukunft Söldnerkapital und Söldnerorganisationen geben, es wird patriarchalisch geführte Mittelständler geben, die das Zepter nicht aus der Hand geben. Aber der neue Typus des demokratischen Unternehmens wird die Szene nachhaltig bereichern und verändern« (ebd., S. 16).

8 Macht in Veränderungsprozessen

Veränderungsprozesse sind in Organisationen längst zu alltäglichen Aufgaben geworden. In einem zunehmend schwierigeren und volatileren Umfeld ist die Anpassung an sich rapide verändernde Herausforderungen außerhalb und innerhalb der Organisation eine Überlebensfrage nicht nur für Unternehmen der freien Wirtschaft, sondern auch für Non-Profit-Organisationen und Verwaltungen. Macht ist auf der einen Seite eine notwendige *Ressource* zur Durchsetzung dieser Veränderungen.

Gleichzeitig scheitern — je nach Studie und der Definition von Scheitern — zwischen 40 % und 70 % aller Veränderungsprozesse (Hirn/Student 2001, IBM Corporation 2008, McKinsey 2008, Moldaschl 2009). Die Gründe für dieses Scheitern sind vielfältig: Neben einer Lähmung der Organisation durch parallele und nicht aufeinander abgestimmte Change-Projekte, einer Opferung längerfristig wirksamer Initiativen zugunsten kurzfristiger Effekte sowie handwerklicher Mängel gehören Machtfragen auf der anderen Seite zu den bedeutsamsten *Hindernissen* für erfolgreichen Wandel. Dass Machtfragen für Veränderungsprozesse und ihr Scheitern eine zentrale Bedeutung haben, geben die Beteiligten in Studien (z. B. Claßen/Kyaw 2007, IBM Corporation 2008) immer wieder zu Protokoll. Daher ist eine fundierte Auseinandersetzung mit dem Thema Macht für die erfolgreiche Gestaltung von Veränderungsprozessen notwendig. Bislang wird sie allerdings vorrangig unter simplifizierenden und einseitigen Schlagwörtern wie ›Widerstand‹ geführt.

Veränderungsvorhaben wirken als Katalysatoren für die internen Machtdynamiken der Organisation. Sie beunruhigen die Organisation und ihre Mitglieder in mehrfacher Hinsicht. Schon daraus entsteht ›Widerstand‹, nicht als Ausdruck der Lernunfähigkeit oder Lernunwilligkeit der Mitarbeitenden, sondern als Folge einer hierarchisch bedingten Ungleichverteilung von Risiken (Küpper/Felsch 2000, S. 124), wobei die in der Praxis zu beobachtenden komplexen Reaktionen von Hoffnungen auf positiven Wandel und Gestaltungswille über Orientierungslosigkeit, Misstrauen gegenüber dem Management, Reaktanz (→ Abschnitt 5.1), Veränderungsmüdigkeit und Zynismus bis hin zu Ängsten vor Überforderung oder Arbeitsplatzverlust reichen.

Aus mikropolitischer Sicht (→ Abschnitt 5.1) sind Organisationen Arenen für interessengeleitetes Handeln, in denen ›unterhalb des Radars‹ der offiziellen hierarchischen Machtstrukturen immer wieder neu ausgehandelt wird, wie die Akteure innerhalb der kollektiven Gebundenheit an die Existenzbedingungen der Organisation ihre divergierenden Interessen befriedigen können. Über die Zeit hinweg stellt sich dabei — ungeachtet der ständig im Kleinen weiter geführten mikropolitischen Routinespiele — ein Gleichgewichtszustand in Form einer informellen Machtbalance ein. Dieser Status quo stellt eine historisch gewachsene und mit viel Energieeinsatz der Beteiligten errungene Kompromisslösung dar.

Change-Prozesse stellen diesen Status quo infrage, da sie eine Veränderung von Status, Machtstrukturen und Machtdynamiken mit sich bringen: »Während der status quo gewissermaßen als Pazifikationsformel der unterschiedlichen Interessen gelten kann [...], lösen Reformprojekte diesen interessenpluralen Frieden wieder auf und revitalisieren die Differenzen (Luhmann 2000b, S. 335)«.

Veränderungen versetzen Organisationen also in eine Machtkrise oder -relativierung, die verschiedene Reaktionsmuster nach sich zieht. Die Krise bedeutet ein Abgeben von Macht in bisheriger Form, was wiederum zur (Selbst-) Ermächtigung anderer führt. Dieses Potenzial kann aber nur genützt werden, indem sie organisatorisch gefasst wird. Letzteres bedeutet die Errichtung einer Gegenmacht, die Einrichtung bisher fremder Organisationselemente. Diese schmiegen sich nicht so einfach in die bestehende Organisation ein. Es kommt an den Schnittstellen zu notwendigen Konflikten, die ihr eigenes Management verlangen, die nicht mehr mit den alten Konfliktlösungsmustern behandelt werden können. Zieht man sich auf diese zurück, ist dies auch eine Form von Systemabwehr. Die ›alte‹ Macht ist zur Lösung aufgerufen und kann sich auf diese Weise wiederum bemerkbar machen und etablieren. Meist richtet sich dieser Eingriff gegen den ›Wiederwuchs‹ der neuen Organisationen, gegen eine unruhestiftende Gegenmacht. Veränderungsprozesse werden abgebrochen, selbst wenn, oder gerade wenn sie in die Zielgerade einbiegen.

Macht kommt in dieser Situation somit eine Doppelrolle zu: Auf der einen Seite neigt Macht dazu, sich selbst zu reproduzieren und somit den Status quo zu konservieren. In Veränderungsprozessen ist oft ein Schulterschluss der herrschenden Machtkartelle oder die Entstehung neuer Koalitionen zu beobachten. Auf der anderen Seite sind Inhaber/innen von (formaler wie informeller) Macht aufgerufen, diese im Sinne der Veränderungsbemühungen einzusetzen, um die Voraussetzungen für einen Wandel zu schaffen. Dazu gehört oft auch, eigene Macht infrage zu stellen, neu zu definieren und abzugeben.

8.1 Reizthema Veränderung

Organisationen sehen sich mit größeren Veränderungsnotwendigkeiten konfrontiert als je zuvor. Gleichzeitig ist das Thema Veränderung in vielen Organisationen mittlerweile negativ besetzt — und das nicht aufgrund der vielfach behaupteten Aversion der Mitarbeitenden gegenüber Veränderung an sich, sondern aufgrund ganz konkreter negativer Erfahrungen in zahlreichen Change-Prozessen der letzten Jahrzehnte.

Veränderungsmüdigkeit — auch eine Machtfrage

In den letzten 30 Jahren hat die Anzahl von Veränderungsprojekten in Organisationen aller Art (gefühlt) exponentiell zugenommen. Dabei wurde nicht immer auf die Ressourcen der Beteiligten, auf die Nachhaltigkeit der Ergebnisse und das Entwicklungstempo der Organisationen Rücksicht genommen. Es ist insofern nicht weiter erstaunlich, dass die von der Unternehmensberatung Capgemini befragten Change-Verantwortlichen zu viele Aktivitäten ohne Priorisierung als schwerwiegendstes Problem bei der Umsetzung und Implementierung von Veränderungsprozessen benennen (Claßen/Alex/Arnold 2003, Claßen/Arnold/Papritz 2005). 60 % der von osb international befragten 1.500 Mitarbeiter und 600 Führungskräfte äußern den Eindruck, dass es aufgrund negativer Erfahrungen mit Tempo und Anzahl von Veränderungen heute mehr Abwehr gegen Veränderungen gibt als früher (Pichler 2013). Eine Change-Müdigkeit hat sich breit gemacht. Ohnehin werden die meisten Veränderungsprozesse als Versuche, Personal abzubauen, und dies nicht zu Unrecht, verstanden.

Die Vielzahl der Organisationsentwicklungsmaßnahmen und ihr immer rascheres Aufeinanderfolgen kann auch als ein Zeitsymptom gelesen werden. Bei Veränderungen gibt es immer auch Verlierer. Prospektive Verlierer sind für Veränderungen schwer motivierbar und schon gar nicht bereit, in Projekte einzusteigen, in denen die Gefahr besteht, sich selbst ›wegzurationalisieren‹. Selbstermächtigung (Bottom-up) kann hier nicht verlangt werden, sie wäre eine soziale und psychologische Überforderung. Daher wird hier eher Top-down agiert; die Macht bleibt bei den Hierarchiespitzen. Wenn auch die sich überfordert fühlen, engagieren sie gerne Beratungsfirmen, auf deren Expertise sie sich beziehen können und die ihnen das Geschäft abnehmen. Top-down-Verfahren widersprechen Lern- und Motivationsprozessen vor Ort. Gerade diese aber würde man brauchen. Sorgfältiges Change Management kann hier zwar Vermittlungsleistungen erziehen, das Machtparadoxon bleibt aber und muss auch Gegenstand der Beratung sein.

Auf der Ebene einer systemweiten Betrachtung kommt darüber hinaus ein generelleres *Machtdilemma* zum Vorschein. Die Macht von Einzelunternehmen und -organisationen scheint nämlich immer mehr von bestimmten Prämissen des Gesamtsystems Wirtschaft bestimmt zu werden; dazu gehören z. B. der globalisierte, liberalisierte ›Verdrängungswettbewerb‹ bei teilweiser Sättigung von Binnenmärkten, die Abhängigkeit von einem auf kurzfristigen Gewinn ausgerichteten Shareholder, ruinöses Konkurrenzverhalten, Rationalisierungszwang als ständig vorbeugende Maßnahme usw. Es zeigt sich hier eine außenbestimmende Systemabhängigkeit, gemeinhin als ›Sachzwang‹ tituliert. Es hat sich hier anscheinend ein ›Zauberlehrlingssyndrom‹ in Gang gebracht, in dem ein Systemzwang die Akteure selbst entmachtet.

Dass es sich um eine ›äußere‹ Macht handelt, beschreibt auch die diesem Systemzwang zugrunde liegende Ideologie, nämlich die des *liberalen Marktfundamentalismus,* bestens. Das entscheidende Machtparadoxon lautet hier: Einzelunternehmen werden auf Dauer zur Anpassung an die Systemprämissen gezwungen und genau dieselbe Anpassung ist es, die sie gegenseitig unter weiteren Druck versetzt. Dass man als Subsystem der Logik des übergreifenden Gesamtsystems ›gehorchen‹ muss, wäre an sich noch nicht verwunderlich. Im Gehorchen liegt aber nicht nur, wie das Wort schon sagt, Machtverzicht, die Systemlogik schreibt auch die Arten des Gehorchens und des Entsprechens vor und diese treiben die Selbstentmachtung weiter voran. Wie sollen Mitarbeitende zu Motivation und Eigeninitiative veranlasst werden (Selbstermächtigung), wenn sie zur Kenntnis nehmen müssen, dass ihre Handlungen negativ auf sie zurückschlagen, sie mit ihnen einem System dienen, das sie in Selbstentfremdung führt, die Sinnfrage sich immer weniger beantworten lässt.

Einerseits kann man von einer Dependenzumkehr sprechen. Früher Abhängige werden zu eigener Selbstständigkeit ›befreit‹ (Mitdenken, Verantwortung übernehmen, unternehmerisches Handeln etc., → Abschnitt 7.2). Auf der anderen Seite müssen diese neuen Freiheiten gebündelt, koordiniert, gemeinsamen Zielsetzungen zugeführt werden. Letzteres gelingt nicht mehr in abstrakter Machtausübung. Man kann nicht Freiheit zusprechen, um sie dann wieder aufzuheben. Ein Selbstverzicht an Autonomie — und er ist in allem, was gemeinsam werden soll — bedarf der Einsicht und Zustimmung.

Auf der anderen Seite bedarf es auch einer Macht, die für ein Erreichen dieser Zustimmung Sorge trägt, letztlich für sie verantwortlich ist. Positions- und Prozessautorität sind auszubalancieren. Diese neue Machtform, die man gemäß unserem Vorschlag in Abschnitt 7.3 als ›Vermittlungsmacht‹ bezeichnen könnte, mag im ›kleinen Kreis‹ (seiner Abteilung, seines Bereichs) noch leichter zu nutzen sein als in der gesamten Organisation oder gar in der Gesellschaft.

Organisationales Facekeeping in Veränderungsprozessen

In Abschnitt 5.1 haben wir organisationales Facekeeping als typische Ausweichbewegung gegenüber erlebten Machteingriffen beschrieben. In vielen Organisationen haben sich angesichts von negativen Erfahrungen mit Veränderungsprozessen Strategien entwickelt, wie man auf der Vorderbühne Veränderungs- und Kooperationsbereitschaft signalisiert, während man auf der Hinterbühne alles beim Alten belässt.

FALLBEISPIEL

Fallbeispiel: Hauptsache, die Zahlen stimmen (nicht)

Zitat von einem erfahrenen Mitarbeiter eines Großkonzerns in Bezug auf das eigene Inhouse Consulting: »Wir wissen, dass wir schneller, höher, weiter arbeiten sollen. Die sollten uns von Anfang an sagen, wie viele Millionen sie holen müssen. Dann könnten wir die Folien so hinbiegen, dass die entsprechenden Zahlen rauskommen, die könnten wieder gehen und uns mit ihrem Workshop-Kram in Ruhe lassen.« (Ameln/Kramer/Stark 2009, S. 175)

Wie sich in diesem Beispiel zeigt, wird sehr genau beobachtet, warum Veränderungsprozesse angestoßen und mit welcher Konsequenz sie verfolgt werden. Entsteht der Eindruck, dass es letztlich keinen Unterschied macht, ob man die Veränderungen umsetzt, dass die Veränderungen kontraproduktiv sind, dass man als Dialogpartner gar nicht gefragt ist und dass es sich somit eher um eine Inszenierung als um eine ernsthafte Initiative handelt, ist die Wahrscheinlichkeit hoch, dass die Mitarbeitenden auch nur den ihnen zugewiesenen Statistenpart in dieser Inszenierung spielen.

FALLBEISPIEL

Fallbeispiel: Wir alle spielen Theater

Ein in den USA gegründeter, mittlerweile aber weltweit agierender mittelständischer Automobilzulieferer wird von einem französischen Unternehmen übernommen. Das neue französische Management irritiert die dynamische, marktorientierte und recht informell orientierte Kultur mit allerhand neuen Direktiven, die als paternalistisch, machtmotiviert und blind für die Notwendigkeit erlebt werden, die globale Strategie den lokalen Besonderheiten anzupassen. Es werden zahlreiche neue Berichtspflichten und Meetings eingeführt, die nach dem Erleben der Beteiligten keinen inhaltlichen Nutzen bringen, sondern allein der Kontrolle zu dienen scheinen. Nachdem auch einige verdiente Mitarbeiter und Mitarbeiterinnen ausgetauscht wurden, greift nach und nach ein Klima der Angst und des Misstrauens um sich. Die Führungskräfte schicken nichtssagende Präsentationen nach Frankreich, in denen sensible Informationen fehlen und briefen ihre Mitarbeiter, wie sie sich in den Meetings möglichst stromlinienförmig verhalten können. Man versucht, den eigenen Bereich gegen den Zugriff der neuen Unternehmensleitung abzuschotten und sich in möglichst vielen Feldern autonom zu machen.

MERKE

Dass, wie vielfach zu beobachten ist, Veränderungen nur auf dem Papier vollzogen werden, auf der Verhaltensebene aber alles unverändert bleibt, geht sicherlich auch darauf zurück, dass Mitarbeitende auf erlebte Machteingriffe in Change-Prozessen mit organisationalem Facekeeping reagieren.

8.2 Machtdynamiken in den verschiedenen Phasen des Veränderungsprozesses

Veränderungsprozesse durchlaufen eine typische Phasendynamik. Diese lässt sich durch das bekannte *Modell der Veränderungskurve* (siehe Abb. 7) veranschaulichen[51]. Danach stellen Veränderungen immer (zumindest potenziell) eine Verunsicherung dar.

Wie Betroffene auf Veränderungen reagieren, hängt auch von ihrer Haltung ab, die wiederum von Erfahrungen und Interessen bestimmt ist. In einer (eher heuristischen als empirisch abgesicherten) Typologie kann man Betroffene nach ihrer Haltung zu Veränderungsprozessen (siehe Abb. 8, nach Krebsbach-Gnath 1996) und den für den jeweiligen Typus charakteristischen mikropolitischen Vorgehensweisen (für eine Gesamtübersicht → Abschnitt 5.1) unterscheiden.

- ›Missionare‹: überzeugen, argumentieren, appellieren
- ›Gläubige‹: eigene Wünsche verdeutlichen
- ›Lippenbekenner‹: sich verstellen, einschmeicheln
- ›Abwartende‹: unauffällig bleiben, aussitzen

51 Natürlich handelt es sich nur um ein Modell, d. h. in der Praxis gibt es ›dramatischere‹ und leichtere Verläufe, unterschiedlich langes Verharren in einzelnen Phasen, Rückfälle in frühere Phasen etc.

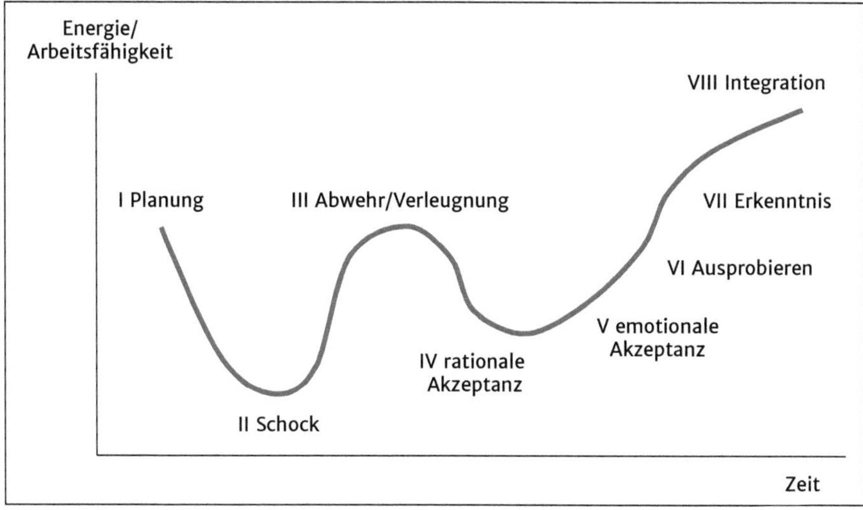

Abb. 7: Die Veränderungskurve

- ›aufrechte Gegner‹: überzeugen, argumentieren, appellieren, verhandeln
- ›Untergrundkämpfer‹: Koalitionen bilden, Gegenmacht aufbauen
- ›Emigranten‹: aussitzen, Ausflüchte suchen, die Regeln dehnen

Das Vorgehen der Change-Verantwortlichen muss in machtpolitischer Hinsicht auf die wechselnden Anforderungen der einzelnen Typen in den verschiedenen Phasen angepasst werden.

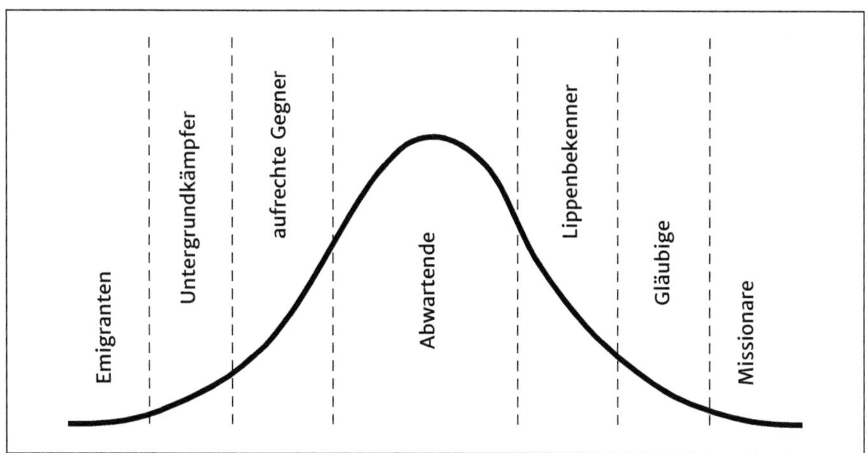

Abb. 8: Typische Haltungen in Veränderungsprozessen (nach Krebsbach-Gnath 1996)

Phase I: Information

Die Anfangsinformation über die geplanten Veränderungen ist eine entscheidende Weichenstellung für den weiteren Prozess. Für die Bewertung einer anstehenden Veränderung sind dabei nicht nur die erwarteten Kosten und Vorteile bestimmend, sondern auch Vertrauensfragen und das Grundbedürfnis, fair und respektvoll behandelt zu werden. Wie Studien gezeigt haben, lassen sich die erlebten Nachteile, die aus einem Veränderungsprozess resultieren, durch informationale Fairness und Verfahrensfairness zumindest teilweise kompensieren (Hron/Frey/Lässig 2005). In machtpolitischer Hinsicht geht es hier für das Management und die Führungskräfte darum, Verantwortung für den Wandel zu übernehmen und eine gemeinsame Haltung klar, konsequent und mit einer Stimme gegenüber den Beteiligten zu vertreten (→ Abschnitt 8.6: »Die Führung des Wandels ...«). Die Herausforderung besteht darin, diese Klarheit mit einer respekt- und verständnisvollen Kommunikation ›auf Augenhöhe‹ in Einklang zu bringen. Während hierzu ein gewisses Maß der Übernahme von Deutungsmacht notwendig ist, empfiehlt sich in dieser Phase ansonsten vor allem die Nutzung nicht-machtbasierten Einflusses, Demonstrationen formaler Rollenmacht sind an dieser Stelle kontraproduktiv.

Phase II: Schock

Das Bekanntwerden gravierender Veränderungen löst meist einen *Schock* aus. In dieser Phase ist die Bereitschaft und Fähigkeit der Betroffenen für die differenzierte Auseinandersetzung mit rationalen Informationen begrenzt. Für die Steuerer des Prozesses liegen die Aufgaben hier vor allem auf einer emotionalen, beziehungsorientierten Ebene, insbesondere in der Pflege der Vertrauensbeziehung, dem Signalisieren von Gesprächsbereitschaft und der verständnisvollen Unterstützung bei der Verarbeitung.

Phase III: Abwehrreaktion

Auf die Schockphase folgt eine *Abwehrreaktion*. Wie der Kurvenverlauf signalisiert, werden in dieser Phase nach der Lethargie des anfänglichen Schocks oft massive Kräfte frei, die für die in dieser Phase aufbrechenden Machtkämpfe aufgebracht werden. Die Notwendigkeit der Veränderung wird verleugnet, der vom Management angekündigte Wandel wird pauschal verteufelt, Widerstände werden mobilisiert, um die anstehenden Maßnahmen doch noch abzuwenden. Ob eine Schock- und Abwehrreaktion erfolgt und wie intensiv sie ggf. ausfällt, ergibt sich aus einem komplexen und facettenreichen Bewertungsprozess. In Abschnitt 1.4 wurde herausgearbeitet, dass Situationen erst durch eine subjektive ›Rahmung‹ ihre Bedeutung gewinnen. In Abb. 9 sind einige

Kriterien zusammengestellt, die Menschen bei der Bewertung anstehender Veränderungen bewusst oder unreflektiert heranziehen:

Rahmung der Situation
- Was genau wird sich für mich verändern?
- Was bezweckt das Management mit den geplanten Veränderungen?
- Ist die Kommunikation glaubwürdig? Wie gehen die Steuerer selbst mit Veränderungen um? Meinen sie es ernst mit den Veränderungen?
- Werde ich fair behandelt?
- Welche Erfahrungen habe ich in meiner Berufsbiografie / in dieser Organisation / im privaten Bereich mit Veränderungen gemacht, und wie ist die gegenwärtige Planung vor diesem Hintergrund zu bewerten?

Eigene Interessen
- Welchen Nutzen könnte die Veränderung bringen?
- Welche Nachteile sind damit verbunden?
- Überwiegen in der Summe die Vor- oder die Nachteile?

Handlungsoptionen
- Sollte ich mich auf die Veränderungen einlassen oder nicht?
- Werde ich die Veränderungen mit meinen verfügbaren Mitteln (Zeit, Kompetenzen) bewältigen können?
- Wenn nein: Welche mikropolitischen Taktiken kann ich nutzen, um mich zu entziehen? Habe ich hinreichende Machtmittel, um Gegenmacht aufzubauen?

Abb. 9: Subjektive Kriterien für die Bewertung von Veränderungen

Diese (sicherlich unvollständige) Zusammenstellung zeigt, wie eng schon die erste Bewertung der anstehenden Veränderungen mit den Themenfeldern dieses Buches zusammenhängt:

- Gewachsenes Vertrauen spielt bei der Rahmung der Situation eine zentrale Rolle. Wird das Management als nicht glaubwürdig erlebt oder erlebt man die Ankündigung der geplanten Veränderungen als die Gebote der Fairness verletzenden Machteingriff, entwickeln sich Misstrauen und Reaktanz (→ Abschnitt 5.1). Andererseits gilt: »Wenn Macht Vertrauen in die Menschen hat, haben Menschen Vertrauen in die Macht« (Neubauer/Rosemann 2006, S. 142).
- Machtpolitische Interessen der Betroffenen spielen eine mindestens ebenso große Rolle wie Veränderungsunwille, Ängste etc.

- Menschen nutzen mikropolitische Taktiken und Impression-Management-Techniken (→ Abschnitt 5.1), um Veränderungen oder ihre Konsequenzen abzuwenden, von denen sie eher Nachteile als Vorteile erwarten.

Phase IV: Rationale Akzeptanz

Während ›Missionare‹ und ›Gläubige‹ die Veränderungen schnell und aktiv mitgestalten, passen sich die ›Untergrundkämpfer‹ und ›Emigranten‹ der neuen Situation erst spät oder gar nicht an. Je nach Stellung der Gegner im informellen Netz der Organisation kann dies dazu führen, dass diese durch ihre mikropolitischen Manöver die rationale Akzeptanz der Veränderungen verzögern oder gefährden. Wenn die Mehrzahl der Beschäftigten schon bereit ist, die Notwendigkeit der Veränderung zu akzeptieren und die Gegner auch durch wiederholte Kooperationsangebote und Entgegenkommen im Rahmen des Möglichen nicht von ihren Störmanövern abgebracht werden können, sollte hier auch Sanktionsmacht (bis hin zur Trennung von den betreffenden Mitarbeitenden) zum Einsatz kommen.

Die selbsterfüllende Dynamik diagnostischer Zuschreibungen

Diagnostische Modelle bergen die Gefahr, genau die Verhaltensweisen zu reproduzieren, die sie diagnostizieren (Theorie X/Y, → Abschnitt 5.1). Die hier umrissene Typologie darf daher nicht als objektives diagnostisches Instrument verstanden, sondern muss mit Vorsicht eingesetzt werden. Der Unterschied zwischen einer ›Lippenbekennerin‹ und einer ›Gläubigen‹ liegt im Auge des Betrachters, und es macht einen Unterschied, ob jemand als ›aufrechter Gegner‹ argumentativ eingebunden oder als ›Untergrundkämpfer‹ abgekanzelt wird. Die Zuordnung zu den beschriebenen Typen ist also unsicher, sicher ist jedoch: Wer wie ein Gegner des Veränderungsprozesses behandelt wird, entwickelt sich — trotz aller ursprünglichen Unvoreingenommenheit — auch zu einem Gegner. Das spricht dafür, so lange wie möglich Kooperationsangebote zu machen und erst, wenn diese scheitern, auf Machteingriffe umzuschalten.

MERKE

Hierarchische Rollenmacht ist kein universelles Gestaltungsmittel für Veränderungsprozesse — unbedacht angewandt, kann sie Vertrauen und Kooperationsbereitschaft als elementare ›Währung‹ für eine kooperative Gestaltung des Wandels zerstören. In bestimmten Phasen des Veränderungsprozesses kann ihr Einsatz aber als Katalysator unerlässlich sein, um einer mikropolitischen Torpedierung des Prozesses entgegenzuwirken und ein Kippen der Stimmung zu verhindern.

8.3 Deutungsmacht und ihre Bedeutung in Veränderungsprozessen

In Veränderungsprozessen ist von der Steuerungsebene oft zu hören, das Hauptproblem liege in den ›Mindsets‹ und ihrer Veränderung. Allerdings hat die dabei ausgeblendete Frage nach den Mindsets des Managements und den Steuerern der Veränderung, wie Studien zeigen, einen ebenso großen Einfluss auf Gelingen oder Scheitern des Prozesses.

Am Ausgangspunkt von Veränderungen steht die Feststellung, *dass* es einen vom Ist-Zustand verschiedenen Soll-Zustand gibt (sei es in Form eines Problems, d. h. einem als defizitär erlebten Ist-Zustand oder einer Entwicklungschance, d. h. einem als attraktiver bewerteten Soll-Zustand). Die nächste Frage lautet dann, *worin* das Problem besteht und auf *welche Ursachen* es zurückgeht. Schon über diese elementaren Diagnosen herrscht oftmals keineswegs Einigkeit, nicht zwischen Mitarbeitenden und Management, vielfach aber nicht einmal innerhalb des Management Boards. Entsprechend können schon über die Frage, ob etwas geändert werden muss und wenn ja: was, von wem und auf welchem Wege, heftige Kämpfe über die Deutungsmacht entbrennen.

Ein wiederkehrendes Muster ist dabei eine Zuschreibung nach dem Schema: »Schuld sind die anderen (die Produktion, der Vertrieb, die Führungskräfte, die Politik...), daher müssen sich die verändern und nicht ich/wir«. Diese schon fast reflexartige Neigung zur Fremdzuschreibung von Problemen geht auf das allgemein-menschliche Bedürfnis zurück, den eigenen Selbstwert dadurch zu schützen, dass eigene Erfolge überbewertet (›selbstwertdienliche Attribution‹) und Schwierigkeiten äußeren Ursachen zugeschrieben werden (›Externalisierung von Problemen‹). Dieses Phänomen lässt sich in Veränderungsprozessen auf allen Ebenen beobachten — von der untersten Stufe der Hierarchie bis hin zum Topmanagement. So lässt sich auch die Beliebtheit des Widerstandskonzeptes als Ergebnis perspektivenabhängiger Wahrnehmung und selbstwertdienlicher Attribution erklären:

> *»Das Top-Management, externe Berater und interne Organisationsentwickler beklagen häufig die Zähigkeit von Veränderungsprojekten und die fehlende Bereitschaft der Mitarbeiter, diese Veränderungen mitzutragen. Letztlich offenbaren sie dabei aber lediglich ihren eigenen blinden Fleck. Auch sie sind Mitspieler in diesem Metaspiel der Reorganisation, haben dabei aber eine andere Gratifikationsstruktur als die Mitarbeiter. Sie werden letztlich dann belohnt, wenn sich etwas verändert. Die Beibehaltung des Status Quo gilt als Misserfolg.« (Kühl/Schnelle 2001, S. 19)*

Das Thema Macht kommt dabei ins Spiel, weil die Möglichkeiten, der eigenen Problemdeutung und den damit verbundenen Ursachenzuschreibungen Geltung zu verschaffen, ungleich verteilt sind — eine praktische Illustration hierzu liefert das Fallbeispiel *Der Bumerang-Effekt*. Entsprechend unserer Überlegungen in Abschnitt 1.7 wäre die Annahme, dass diese Ungleichverteilung von Deutungsmacht und der Ressourcen zur Durchsetzung der Position den hierarchischen Verhältnissen in der Organisation folgt, zu schlicht. Über Deutungsmacht verfügt nicht nur das Management, sondern darüber verfügen auch alle Akteure und Akteursgruppen, die mittels ihrer Beziehungsmacht Kommunikation und Engagement mobilisieren oder immobilisieren können, also auch der Betriebsrat, informelle Führer usw.

FALLBEISPIEL

Fallbeispiel: Der Bumerang-Effekt

An einem Standort einer dezentral organisierten Forschungseinrichtung ist seit einiger Zeit das Betriebsklima gestört, es gibt Schwierigkeiten bei der Organisation der Arbeit (z. B. bei Vertretungsregelungen), Defizite in der Kommunikation, ein verbreitetes Gefühl der Überlastung sowie Unzufriedenheit mit den örtlichen Führungskräften, die Mitarbeitenden bunkern sich in ihren Kleinteams ein, insgesamt fehlt ein Gefühl des gegenseitigen Vertrauens und der Solidarität. Nach mehrfacher massiver Intervention des Personalrats beschließt die Geschäftsführung, den Problemen auf den Grund zu gehen. Da das Problem sehr facettenreich erscheint, wird eine Arbeitsgruppe eingerichtet, die eine Mitarbeiterbefragung organisieren soll, um die Problemlagen und mögliche Ursachen aus der Sicht der Mitarbeitenden herauszuarbeiten. Das Projekt wird explizit in die Verantwortung des Standortes gegeben, eine externe Beraterin soll punktuell unterstützende Impulse setzen (z. B. bei der Qualifizierung der Arbeitsgruppe und bei der Auswertung der Ergebnisse). Als ›Klammer‹ zur Geschäftsleitung fungiert der am Standort ansässige Teamleiter des Personalreferats. Auftragsgemäß entwickelt die Arbeitsgruppe einen Entwurf für einen Fragenkatalog, der recht breit angelegt ist, um mögliche verschiedene Ursachenfaktoren abzudecken und isolieren zu können.

Als bei der Geschäftsführung ruchbar wird, dass dieser Katalog auch Fragen zur Zusammenarbeit mit der Zentrale (z. B. zur Versorgung mit für die eigene Arbeit wichtigen Informationen) enthalten soll, wird ein Krisentermin angesetzt, in dem die Geschäftsführung fordert, den entsprechenden Themenblock nicht in die Befragung aufzunehmen. Aus der emotionalen Reaktion des Geschäftsführers wird deutlich, dass man das Ansinnen der Arbeitsgruppe als eine Art Putschversuch auffasst und schon die durch die

Frage nahegelegte theoretische Möglichkeit, dass man Teil des Problemsystems sein könnte, als Majestätsbeleidigung erlebt wird.

- *Gibt es überhaupt ein Problem?*
- *Worin besteht das Problem?*
- *Woran liegt es, wer ist für sein Zustandekommen verantwortlich?*
- *Welche Wege zu seiner Lösung gibt es – und welcher Weg ist der beste?*
- *Wer muss welchen Beitrag zur Lösung des Problems leisten?*
- *Was wird benötigt (Geld, Zeitbudgets, Aufmerksamkeit, Anerkennung...), damit die Beteiligten ihre Beiträge leisten können?*
- *Woran erkennen wir, dass wir auf dem richtigen Weg sind / das Problem gelöst ist?*

Abb. 10: Grundfragen in der Initialphase von Veränderungsprozessen

8.4 Strategien zur Gestaltung von Machtdynamiken in Veränderungsprozessen

Das Ziel in Veränderungsprozessen besteht darin, Änderungen in der Organisation zu bewirken, die einen Unterschied machen. Oft besteht die zentrale Schwierigkeit darin, die Organisationsmitglieder dazu zu bringen, ihr Verhalten den geplanten Strukturen, Prozessen oder Kulturmerkmalen anzugleichen. Die Nähe dieser Problematik zu der Machtdefinition von Max Weber macht schon die Verkettung der Durchsetzung von Veränderungen mit Machtfragen deutlich: Grundsätzlich autonome Akteure, die immer auch anders handeln könnten, sollen dazu gebracht werden, etwas zu tun (mehr als zuvor, anders als zuvor oder auch weniger als zuvor), das sie gegenwärtig noch nicht tun.

Grundsätzlich kann dabei der Einsatz aller in Abschnitt 5.1 beschriebenen Formen der Einflussnahme sinnvoll sein. Welche Form der Einflussnahme am zielführendsten erscheint, hängt von Zielsetzung und Kontext ab:

- nicht-machtbasierter Einfluss (z. B. durch Überzeugungsarbeit)
- Sanktionsmacht (z. B. indem man ›Verweigerern‹ Verantwortung für veränderungsrelevante Bereiche entzieht)
- Definitionsmacht (z. B. durch Agenda setting)
- Situationskontrolle (z. B. durch Umgestaltung von Rahmenbedingungen der Leistungserbringung wie Arbeitsmitteln oder Gratifikationsstrukturen)
- Macht der Mehrheit (z. B. durch Koalitionsbildung)
- habituelle Macht (z. B. durch ein bestimmtes Auftreten der Führungskräfte gegenüber Kolleg/innen, Mitarbeitenden oder eigenen Vorgesetzten)

Gerade in Veränderungsprozessen, in denen Interessenkonflikte aufbrechen und schnelle Entscheidungen gefordert sind, kann ein gezielter Machteinsatz durch Management und Führung erforderlich sein, um die Arbeitsfähigkeit der Organisation zu wahren, eine gemeinsame Ausrichtung im Handeln zu schaffen und Gegenmacht von auf Statuserhalt bedachten Koalitionen einzuhegen. Macht dient als Integrationsmechanismus, der die Durchsetzungsfähigkeit der Partikularinteressen der organisationalen Akteure begrenzt, Konfliktpotenziale einhegt und Entscheidungsvorgänge beschleunigt (→ Abschnitt 3.1).
Im Hinblick auf die Motivation, das eigene Verhalten zu verändern, kann man Push- und Pull-Faktoren bzw. Druck- und Zugmotivation unterscheiden. Auf der Basis dieser Unterscheidung lassen sich die verschiedenen Ausprägungen des Einsatzes von Macht und Einfluss in einem Stufenmodell (siehe Abb. 11) untergliedern. In Veränderungsprozessen sollte jeweils das Vorgehen auf der niedrigstmöglichen Stufe des Modells gewählt werden, um das Ausmaß an mobilisierter Gegenmacht und den eigenen Energieaufwand so gering wie möglich zu halten.

Natürlich sind jenseits dieser groben Klassifikation weitere Taktiken aus dem in Abschnitt 5.1 dargestellten umfangreichen Repertoire mikropolitischer Vorgehensweisen nutzbar, um mithilfe von Einfluss und Macht Veränderungen durchzusetzen.

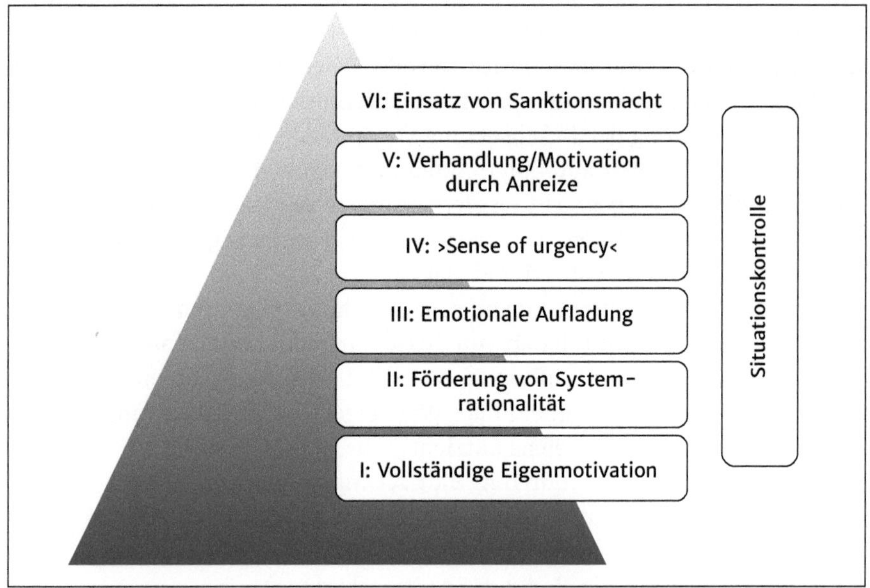

Abb. 11: Stufenmodell des Einsatzes von Macht und Einfluss

Stufe 1: Vollständige Eigenmotivation

Im Idealfall handeln die Beteiligten von sich aus in Übereinstimmung mit den Veränderungszielen. Sie sehen in den angestrebten Veränderungen für sich einen Nutzen und empfinden diese als kongruent mit den eigenen Interessen, Zielen und Werthaltungen. Bei ihnen sind keine Überzeugungsarbeit und keine zusätzlichen Anreize erforderlich, sie selbst sind die Sinnstifter ihres eigenen Wandels. Ihre Motivation ist eine rein intrinsische Zugmotivation. Ein solcher Glücksfall für die Steuerer von Veränderungsprozessen, der sich als Folge einer glücklichen Hand bei der Personalauswahl oder einer besonders veränderungsfreudigen Kultur lesen lässt, mag als Grenzfall völliger Entscheidungsfreiheit der Subjekte erscheinen[52].

Stufe 2: Förderung von Systemrationalität

Jenseits des zuvor beschriebenen Grenzfalls wird man es in der Praxis in der Regel mit einer weniger eindeutigen Motivationslage zu tun haben. Dass sich Menschen nicht von Anfang an begeistert auf den Weg der ihnen abverlangten Veränderung machen, muss nicht immer Ausdruck eines tief greifenden Widerstandes sein. Wenn ein klares Bild des angestrebten Zielzustandes, des möglichen Weges dorthin oder ein Verständnis für den Nutzen fehlen, ist es naheliegend, beim vielleicht nicht Optimalen, aber doch Bewährten zu bleiben. Change-Management-Prozesse folgen der Strategie, durch Information, Reflexion und Diskurs ein tieferes Verständnis für die Sinnhaftigkeit der Veränderung herzustellen, was in der Konsequenz dazu führen soll, dass die Mitarbeitenden intrinsische Motivation oder zumindest widerstandsfreie Mitwirkungsbereitschaft entwickeln. Kühl/Schnelle (2001, S. 20) betiteln diese Strategie als »Erhöhung der Rationalität«, präziser müsste man allerdings formulieren, dass das Ziel darin besteht, die Systemrationalität in der Organisation und in den Bewertungsstrukturen der Beteiligten gegenüber den jeweiligen partikularen Rationalitäten einzelner Personen oder Abteilungen aufzuwerten.

Stufe 3: Emotionale Aufladung

In großen Veränderungsprozessen wird häufig versucht, Veränderungsenergie und Folgebereitschaft über aufwendig gestaltete Roadshows mit von Veränderungsoptimismus strotzender Symbolik zu erzeugen. Vordergründig setzt

52 In Abschnitt 7.2 haben wir eine andere, machttheoretisch skeptischere Sicht vorgestellt, aus der sich ein solcher Veränderungsoptimismus als Folge einer vollständigen Internalisation der betrieblichen Interessen in das Selbstkonzept der Mitarbeitenden deuten lässt. Aus dieser Perspektive erscheint der beschriebene Fall als Ergebnis einer gelungenen Zurichtung der Subjekte und damit nicht als machtfrei, sondern im Gegenteil als besonders gelungene Form der Ausübung von Manipulationsmacht (Foucaults Disziplinar- und Biomacht).

auch diese Strategie auf nicht-machtbasierten Einfluss, im Gegensatz zum vorrangig auf die Ratio abzielenden Vorgehen auf Stufe 2 geht es hier aber um eine auf Deutungsmacht fußende Form der Manipulation. Da diese manipulative Absicht den Mitarbeitenden angesichts der verwendeten plakativen Methoden nicht verborgen bleibt, gibt sich diese Art der Pseudo-Emotionalisierung von Veränderungen meist eher der Lächerlichkeit preis oder zeitigt kurzfristige Strohfeuer vordergründiger Begeisterung, als dass sie nachhaltige Motivationswirkungen erzeugen könnte.

Stufe 4: ›Sense of Urgency‹

Veränderungsexperten empfehlen als erste Maßnahme in Veränderungsprozessen, ein Gefühl von Dringlichkeit zu erzeugen, bei Kotter (1997, S. 67ff.) z. T. mit martialischen Maßnahmen wie dem Erzeugen von Scheiternserfahrungen, indem man den Mitarbeitenden unrealistische Ziele vorgibt. Setzt man auf den Stufen 1 und 2 auf einen Aufbau von Zugmotivation, wird mit dieser Strategie auf die Erzeugung von Schubmotivation umgeschaltet. Damit wird nicht nur der Veränderungsdruck des Marktes für die Mitarbeitenden spürbar gemacht, sondern implizit auch eine Drohkulisse aufgebaut: »Wenn wir uns nicht verändern (wenn ihr euch nicht verändert), dann…«.

Stufe 5: Verhandlung / Motivation durch Anreize

Wenn eine eigenmotivierte Umsetzung der erwünschten Veränderungen nicht erreichbar scheint, kann man auf eine extrinsische Motivation durch externe Anreize setzen. Dieses Vorgehen bietet sich in einer Pattsituation der Machtverteilung an, d. h. die Erzwingung von B's Folgebereitschaft ist mit A's Machtmitteln nicht oder nur zu hohen Kosten erreichbar.

Ein typisches Beispiel ist eine monetäre Incentivierung des Zielverhaltens, aber es sind natürlich unterschiedlichste Varianten von Verhandlungslösungen möglich, die alle dem Schema »Tust du, was wir von dir wollen, geben wir dir im Gegenzug…« folgen. Das altbekannte Problem bei solchen Lösungen besteht darin, dass die Anreize dauerhaft aufrechterhalten werden müssen, da sonst damit zu rechnen ist, dass auch die Gegenleistung seitens des Mitarbeiters aufgekündigt wird.

Stufe 6: Einsatz von Sanktionsmacht

Als Ultima Ratio bei der Durchsetzung von Veränderungen kann *Sanktionsmacht* eingesetzt werden, d. h. der Hinweis auf die veränderten Erwartungen wird mit der ausgesprochenen oder unausgesprochenen Androhung arbeitsrechtlicher Maßnahmen verbunden, falls diese Erwartungen nicht umgesetzt werden. In einer bisweilen recht schlichten Form der Personalisierung von

Problemen sind für Führungskräfte und Management Personalmaßnahmen von der Versetzung bis hin zur Kündigung oder dem Angebot eines Auflösungsvertrags schnell bei der Hand, auch weil sie als Konfliktbeteiligte selbst Partei sind. In vielen Fällen steht diese Option mangels arbeitsrechtlicher Handhabe oder aufgrund wechselseitiger Abhängigkeit gar nicht zur Verfügung (wie im Fallbeispiel *Gehaltsverhandlungen mal anders*,→ Abschnitt 6.5). In anderen Fällen wird aber auch toleriert, dass im Interesse der Organisation stehende Veränderungen von einzelnen Mitarbeitenden(gruppen) torpediert werden, weil man kein Gegenmittel findet. Hier ist eine enge Zusammenarbeit von Führungskräften, Personalbereich und ggf. externer Beratung empfehlenswert, um einen Mittelweg zwischen Verharren in der Hilflosigkeit auf der einen Seite und zu hartem Machtdurchgriff mit hohen Folgekosten für alle Beteiligten auf der anderen Seite zu finden.

Situationskontrolle

Eine Form der machtbasierten Durchsetzung von Veränderungen, die anders als die zuvor dargestellten Optionen gewissermaßen an den Präferenzstrukturen der Betroffenen vorbei wirkt, ist die *Situationskontrolle* (→ Abschnitt 1.5). Gerade bei der Veränderung eingeschliffener Routinen kann das bisherige Verhalten mittels Situationskontrolle ausgeschlossen werden. Dabei geht es nicht nur darum, mittels der Definition neuer Spielregeln deutlich zu machen, welches neue Verhalten erwünscht wird, sondern darum, durch eine Umgestaltung der Rahmenbedingungen der Arbeit unerwünschte Verhaltensweisen auszuschließen. Ein Beispiel sind die Unternehmen, die ihre Mitarbeitenden von der beruflichen E-Mail-Nutzung außerhalb der Arbeitszeiten abzuhalten versuchten, indem die Server abends und am Wochenende keine E-Mails mehr zustellten. Bei Veränderungen der Kommunikationsstrukturen im Unternehmen werden neue Telefonleitungen verlegt, neue E-Mail-Adressen und Telefonnummern vergeben. Viele Organisationen ersetzen private Einzelarbeitsplätze durch Shared Space oder Großraumbüros.

Diese Beispiele zeigen aber auch, dass Mitarbeitende häufig Wege finden, die versuchte Situationskontrolle zu umgehen (etwa durch die Nutzung privater E-Mail-Accounts außerhalb der Arbeitszeiten).

Auch der Versuch, im Verlauf von Veränderungsprozessen eine ›kritische Masse‹ von Befürwortern zu erreichen, zielt auf die Erlangung von Situationskontrolle ab: Die zunehmende meinungsmäßige Isolation der Veränderungsgegner macht es wahrscheinlicher, dass auch sie sich mit der Zeit anpassen (Macht der Mehrheit).

Macht, Vertrauen und Verständigung in Veränderungsprozessen[53]

Stefan Kühl und Thomas Schnelle

Im klassischen zweckrationalen Organisationsmodell, das lange Zeit auch die Organisationsentwicklung dominierte, ist die Anlage von Veränderungsprozessen relativ übersichtlich. Aus einer klaren Definition des Zwecks einer Organisation lasse sich — nach einer genauen Bestimmung der Umweltbedingungen — das Ziel eines Veränderungsprozesses — die ›beste Lösung‹ für die Organisation — definieren. Unter Beteiligung möglichst vieler Betroffener sei dieses Ziel dann in die durch verschiedene Subeinheiten handhabbaren Unterziele zu zerlegen. Veränderungsprojekte müssten dabei, so die Annahme, in abgrenzbare Projektphasen wie Problemdiagnose, Konzeption, Spezifikation und Implementierung unterteilt werden. Unter einer Phase wird dabei in der Regel ein in sich abgeschlossener Arbeitsabschnitt verstanden, der mit einem überprüfbaren Meilenstein endet.

Diese idealtypisch propagierte Vorgehensweise wird dann aber häufig in der organisatorischen Praxis nicht durchgehalten. Schon die Einigung darauf, was eigentlich die ›beste Lösung‹ ist, gestaltet sich schwierig. Die beste Lösung fällt in der Regel unterschiedlich aus — je nachdem, aus welcher Perspektive innerhalb der Organisation man auf das vermeintliche Problem schaut. Niemand — auch die Hierarchie nicht — kann neutral beurteilen, welche Lösung besser ist als andere. Selbst wenn offiziell eine gemeinsame Lösung verkündet wird, dann wird diese häufig noch in der Implementierungsphase zerrieben, weil sie sich nicht in die existierenden Machtverhältnisse einzupassen scheint.

Mit den Kategorien Macht, Vertrauen und Verständigung kann man den Blick auf einige wichtige Aspekte von Veränderungsprozessen öffnen. Es wäre jedoch naiv, die Planung neuer Strukturen von Organisationen einzig und allein mit diesen Kategorien durchführen zu wollen.

Jedoch führt der Wandel von Abteilungszuschnitten, hierarchischen Zuordnungen oder Standardprozeduren auch zu einer Veränderung der lokalen Rationalitäten. Damit verändern sich — wenn auch langsam — sowohl die Denkgebäude als auch die Interessen der Akteure. Und dadurch wiederum verändern sich Verständigungsprozesse. Ferner werden durch den Wandel der Formalstruktur die Machttrümpfe neu verteilt. Abteilungen gewinnen oder verlieren Zugänge zu Wissensressourcen, zu wichtigen externen Spielern oder zu Kommunikationskanälen innerhalb der Organisation. Die Ausgangsbasis für zukünftige Machtspiele wird gelegt. Weiterhin gibt es noch keine Erfahrungen mit den geplanten neuen

53 Der Text basiert auf unserem Artikel Führen ohne Hierarchie. Macht, Vertrauen und Verständigung im Prozess des Lateralen Führens. In: Organisationsentwicklung, H. 2/2009, S. 51-60.

Zuständen der Organisation. Vertrauen muss sich unter diesen Bedingungen teilweise erst wieder neu bilden. Für die betroffenen Mitglieder einer Organisation steht bei diesen Reorganisationen also besonders viel auf dem Spiel.
Verständigung, Macht und Vertrauen spielen in jeder sozialen Beziehung eine Rolle. Schaut man sich Familien an, dann kann man beobachten, wie sich (blindes) Vertrauen zwischen den Ehepartnern aufbaut, wie sie bei der Erziehung um Verständigung ringen oder wie mehr oder minder subtile Machtspiele eingesetzt werden, um den Partner dazu zu bringen, das zu tun, was man von ihm erwartet. In einer perfekten, allein durch die Formalstruktur dominierten Organisation, müsste man sich um Macht, Verständigung und Vertrauen keine Gedanken machen. Bei eindeutig bestimmten Zuständigkeiten gäbe es keinen Raum für Machtspiele. Alle würden die Denkweise und Logiken der anderen verstehen. Eine Verständigung wäre deswegen nicht mehr nötig. Es existierten keine Regelungslücken, die man durch personenbezogenes Vertrauen füllen müsste.
Macht-, Vertrauens- und Verständigungsprozesse können aber durch die Formalstruktur der Organisation nicht forciert, verboten oder verlangt werden: In einer Organisation kann ›wirkliche‹ Verständigung nicht erzwungen werden. Machtspiele können nicht gesetzlich verboten werden. Vertrauen zwischen Personen kann nicht hierarchisch verlangt werden.
Häufig greifen Macht, Vertrauen und Verständigung so ineinander, dass sie sich gegenseitig stützen. Wenn man sich vertraut, fällt häufig auch die Verständigung leichter. Man geht zunächst einmal davon aus, dass der andere einen nicht über den Tisch ziehen will.

Innovations- und Routinelogiken durch Transmission verknüpfen
Die sich aus den ›alten‹ Organisationsstrukturen ergebenden lokalen Rationalitäten spielen eine wichtige Rolle bei der Analyse von Macht-, Vertrauens- und Verständigungsprozessen im Zuge der Veränderung von Organisationsstrukturen. Darauf bauen die unterschiedlichen Denkgebäude auf, die die Verständigung untereinander erschweren oder erleichtern, ebenso die Vertrauens- (oder Misstrauens-) beziehungen, die Machtarenen und Machtspiele.
Eine auf den Status quo gerichtete Analyse von Macht-, Vertrauens- und Verständigungsprozessen wird noch durch unterschiedliche Logiken in den Veränderungsprozessen ergänzt, erweitert und teilweise sogar überlagert. Zum Beispiel arbeiten die Anführer von Veränderungsprozessen häufig mit einem relativ einfachen Differenzierungsschema: Auf der einen Seite stehen die ›Innovatoren‹, die ein Unternehmen, eine Verwaltung oder ein Krankenhaus zu neuen Ufern führen wollen, Personen also, die einem Wandel aufgeschlossen gegenüberstehen. Auf der anderen Seite befinden sich die ›Widerständler‹, die für den ›Status quo‹ stehen und die Organisation um den notwendigen Wandel bringen wollen. Diesen Personen wird dann häufig eine anerzogene, wenn nicht sogar angeborene Neigung zur Stabilität unterstellt. Bei dieser Herangehensweise

handelt es sich aber lediglich um eine Verabsolutierung der spezifischen lokalen Rationalität, die dann durch Vorträge und Veröffentlichungen von ›Change Agents‹, ›Veränderungsmanagern‹ oder von ›Gurus des Wandels‹ ideologisch abgesichert wird.

Für *laterales Führen* in Veränderungsprozessen ist es notwendig, mit der gleichen Sorgfalt, mit der beispielsweise die jeweiligen lokalen Rationalitäten von unterschiedlichen Funktionsbereichen rekonstruiert werden, auch die lokalen Rationalitäten von verschiedenen Interessengruppen in Veränderungsprozessen zu analysieren. Erst auf der Basis der Rekonstruktion dieser lokalen Rationalitäten können dann die Vertrauensroutinen, die Verständigungsprozesse und die Machtspiele verstanden werden.

Angesichts solcher Gegebenheiten empfiehlt sich eine Vorgehensweise, die auf einer vergleichsweise langen Offenhaltung der ›Kontingenz‹ basiert. Unter *Kontingenz* versteht man dabei, dass ein Ereignis nicht notwendig ist, sondern auch anders möglich wäre. Aus der Analyse eines Problems A ergibt sich nicht zwangsweise die Lösung X, sondern möglicherweise auch die Lösung Y oder die Lösung Z. Häufig wird jedoch der Fehler gemacht, dass frühe Festlegungen getroffen werden, die einer späteren Kooperation im Wege stehen. Durch frühe Festlegungen entstehen zwar Konzepte, zu denen alle Beteiligten Lippenbekenntnisse ablegen, die sich dann aber allzu schnell als Planungsruinen entpuppen. Die Kontingenz in Veränderungsprozessen kann man z. B. sichtbar halten, indem Lösungen lediglich als Erprobungen eingeführt werden. Bei der Erprobung können mehrere unvollständige, auch widersprüchliche Konzepte gleichzeitig angestoßen werden. Schließlich gehört es zu den Stärken der Organisation, dass sie auch widersprüchliche Herangehensweisen verkraften kann.

Der Vorteil der Erprobungen besteht darin, dass sich in einem durch das ›Signum der Vorläufigkeit‹ geschützten (Zeit-) Raum neuartige Verständigungs-, Vertrauens- und Machtprozesse entwickeln. Das häufig neu zusammengewürfelte Personal im reorganisierten Feld kann im Rahmen der veränderten Kommunikationswege und Programme Erfahrungen miteinander machen und gegenseitiges Vertrauen (oder auch Misstrauen) entwickeln. Häufig bilden sich durch die, wenn auch nur probeweise übernommenen, neuen Positionen andere Rationalitäten aus, über die neuartige Verständigungsmöglichkeiten entstehen. Weil sich in dem als Probe ausgeflaggten Kooperationsfeld auch die Machtquellen neu verteilen, können sich zudem Machtprozesse zwischen den Kooperationspartnern neu gestalten.

8.5 Macht als Mittel zur Wahrung des Status quo

Aus Organisationsentwicklungsprojekten, besonders aus ›Change‹-Vorhaben wissen wir um die Dialektik der Organisation, jene von Macht und Ohnmacht, ihre Widersprüchlichkeit, die sich in den Prozessen zur gleichen Zeit einstellt. Es gibt eine weitverbreitete große Illusion: Sie besteht darin, dass in Organisationen der Glaube vorherrscht, sie könnten sich aus eigener Kraft verändern. Wenn es sich um kleinere Entwicklungen und korrigierende Eingriffe handelt, mag das wohl stimmen. Geht es aber um einschneidende Veränderungen, die an den Grundfesten der Organisation rütteln, reicht die Eingriffs- und Durchsetzungsmacht bestehender Strukturen nicht aus. Die Paradoxie lautet etwa so: Jene Macht, die der bisherigen Organisation ihre Position, ihre Bestimmung, ihren Einfluss verdankt, die also sowohl Ausfluss wie auch Garant der ›alten‹ Struktur war, soll die gleiche sein, die nunmehr ihre eigene Herkunft, ihr Fundament, ihre Basis verändern soll. Im Grunde ist hier eine Selbstrelativierung verlangt, z. B. auch das Eingeständnis von Fehlern, und wir wissen, wie schwer das fällt. Andererseits kann davon ausgegangen werden, dass man die Veränderung nicht dadurch schafft, dass man für sie Mittel verwendet, die maßgeblich beteiligt waren, den gegenwärtigen Zustand herbeizuführen. Alle Leitenden auszutauschen und neue ›Mächte‹ einzusetzen, geht schon deshalb nicht, weil ein nachfolgendes Führungsvakuum einen Kontinuitätsbruch darstellen würde mit unvorhersehbaren Folgen. Wir stehen vor dem alten Münchhausenthema: Man muss sich selbst am Schopf aus dem Sumpf ziehen, den man vorher selbst bewässert hat.

Macht neigt zum Machterhalt — diese Dynamik gründet sich aber nicht nur in der egoistisch motivierten Wahrung der mit der eigenen Machtposition verbundenen Statusvorteile und Pfründe. Wie in Abschnitt 5.2 zu sehen war, verändert sich die Wahrnehmung der Machtinhaber über die Zeit hinweg, sodass Sichtweisen, die nicht in das eigene Selbst- und Weltbild passen, systematisch abgewertet werden. Schließlich entsteht in der gesamten Organisation eine Dynamik, die die Macht bestätigt, statt sie infrage zu stellen: korrektives Feedback wird auf dem Weg zur Spitze der Hierarchie ausgefiltert, Informationen über Veränderungsnotwendigkeiten und andere Formen erreichen oft die Ebenen nicht mehr, auf denen über diese Veränderungsnotwendigkeiten entschieden wird.

Als Instrumente zur Aufrechterhaltung überkommener Machtstrukturen sind daher Deutungsmacht, Situationskontrolle und in latente Regeln eingesinterte Thematisierungsschwellen wesentlich bedeutsamer als die ›klassische‹ an Sanktionsmöglichkeiten gebundene hierarchische Rollenmacht.

So müssen in Organisationen mit einer eher veränderungsaversen Kultur die Veränderungsansinnen der Mitarbeitenden nicht erst abgelehnt oder der Machtanspruch des Managements nicht erst durch Sanktionen bewiesen werden — man weiß aus Erfahrung, wo man Veränderungen einfordern kann und wo nicht, wo sich ein Engagement lohnt und wo nicht. Hier greift Foucaults in Abschnitt 1.9 eingeführtes Konzept der Disziplinarmacht: Die Sozialisation in Organisationen mit tradierten Machtkonstellationen führt dazu, dass sich die Mitarbeitenden einem dieser Machtkonstellation immanenten (unausgesprochenen) Rollenbild anpassen, auch ohne dass sie diese Anpassungsleistung als Unterordnung unter den Machtanspruch der Organisation, des Managements oder der Führungskräfte erleben. Die Dinge sind eben so, wie sie sind und schon immer waren — schon die Erkenntnis, dass dies so ist, bedarf angesichts der Selbstverständlichkeit der Verhältnisse schon einer besonderen Beobachtungsleistung. Der (hier natürlich etwas stereotyp beschriebene) Verwaltungsmitarbeiter ›alten Schlags‹ hat mit dem ›Verwaltungsdenken‹ auch die Machtkonfigurationen in der Verwaltung wie mit der Muttermilch aufgesogen, ihm scheint eine andere Gewichtung von Autonomie und hierarchischem sich Einfügen nicht nur absurd und geradezu gefährlich (wo kämen wir hin, wenn wir den Dienstweg nicht einhalten!), sondern ganz und gar undenkbar, d. h., es gibt gar kein Bild davon, wie es anders sein könnte.

Die enge Verwobenheit der je organisationsspezifischen Form der Machtausübung mit dem Rollenbild, der Wahrnehmung und den daraus resultierenden Möglichkeitshorizonten für Veränderungsprozesse, die wir am (natürlich sehr klischeehaften) Bild der Verwaltung aufgezeigt haben, lässt sich — in jeweils organisations- und individuumsspezifischer und sicherlich abgeschwächter — Form auch in anderen Konstellationen beobachten. Hier zeigt sich erneut, dass Macht und Machterhalt nicht in erster Linie Resultat eines aktiven Sanktionsdrucks seitens der Machthaber darstellen, sondern auf der stillschweigenden (und oft sogar von ihnen selbst unbemerkten) Akzeptanz von deren Entscheidungsprämissen durch die Machtuntergebenen fußen.

In einer solchen Dynamik können Verkrustungen entstehen, die auf die Dauer notwendige Anpassungen an die Umwelt blockieren: »The more institutionalized power is within an organization, the more likely an organization will be out of phase with the realities it faces« (Salancik/Pfeffer 1982, S. 237). Eine Zeitlang lässt sich diese Realitätsverleugnung durchhalten, wenn externer Zwang zur Umsetzung (oder überhaupt nur zur Anerkennung) der notwendigen Anpassungen ausbleibt: »Macht ist die Chance, nicht lernen zu müssen« (Scholl 2012, S. 218).

Natürlich beseitigt das Festhalten am Status quo weder die Veränderungsnotwendigkeiten noch die Unzufriedenheit der Mitarbeitenden, die sich in den bleibenden Missständen einrichten müssen. Wo Macht eigentlich die Funktion zukäme, Unterschiedlichkeit zu integrieren, Konflikte einzuhegen und Entscheidungen zu beschleunigen, bewirkt sie auf diese Weise genau das Gegenteil: Konflikte werden unter dem Teppich umso heftiger geführt und verhärten, notwendige Entscheidungen werden gar nicht oder viel zu spät getroffen, Identifikation und Commitment der Mitarbeitenden bröckeln, der Organisation droht der ›Tod durch Erstarrung‹ (Glasl 2013).

FALLBEISPIEL

Fallbeispiel: Meinungswandel in letzter Minute

In einem Klinikum ist die Einrichtung einer zentralen Notaufnahme geplant, um effizienter und professioneller zu arbeiten. Da eine solche Notaufnahme die Prozesse verändern würde und für alle beteiligten Fachgebiete auch ein Stück gefühlter Abgabe von Autonomie und Kompetenzen bedeutet, ist der Prozess stark dialog- und verständigungsorientiert gestaltet worden, es hat eine Vielzahl von Gesprächen, Workshops und Verhandlungen unter Einbeziehung der verschiedenen Beteiligten — insbesondere der Chefärzte, die im Krankenhaus eine exponierte Machtposition besitzen, — gegeben. Nun steht das letzte Meeting an, in dem es eigentlich nur noch darum geht, die im bisherigen Prozess gemeinsam getroffenen Entscheidungen formal ›abzunicken‹. Doch zu Beginn des Termins kommt es zum Eklat: Drei der anwesenden Chefärzte bringen für alle überraschend grundlegende und eigentlich längst geklärte Einwände gegen das Projekt vor, kündigen an, die Vereinbarung nicht mitzutragen und lassen nach ihrem Statement die übrigen Beteiligten irritiert, frustriert und wütend zurück, ohne sich auf eine weitere Diskussion einzulassen.

Machtaufbau in Organisationen zielt neben der Ansammlung von Entscheidungsbefugnissen auf der eigenen Stelle immer auch auf die Akkumulation von Kontrolle über weitere Schlüsselstellen (und die sie besetzenden Personen) im Entscheidungsnetz ab. In der Politik zeigt sich das, wenn bei der Neubesetzung von Ministerposten auch die Posten des Staatssekretärs, des Pressesprechers usw. ausgetauscht werden. Das nachfolgende Fallbeispiel zeigt nicht nur, dass die Besetzung der Schlüsselressorts auch außerhalb der Politik ein wichtiger Faktor zum Ausbau der eigenen Macht ist, sondern auch eine Strategie, um einen kulturellen Wandel über den Austausch von Personen voranzutreiben, die mit der ›alten‹ Kultur identifiziert werden.

FALLBEISPIEL

Fallbeispiel: Wenn Frau Rollar kommt, rollen die Köpfe

Frau Rollar hat sich in einem international tätigen Unternehmen der Logistikbranche trotz ihres jugendlichen Alters von 35 Jahren schon einen Ruf als ›Saniererin‹ erworben. Ihr Vorgehen folgt einem einfachen Muster: Sie wird vom Vorstand in einen schwächelnden Bereich berufen, um diesen profitabler zu machen. Dort wirft sie schon nach kürzester Zeit drei Mitarbeitende hinaus, die für die Gründungswerte der Organisation (die ›alte Welt‹, wie sie sagt) stehen und ersetzt sie durch Vertraute aus den Bereichen, in denen sie zuvor gearbeitet hat und die für den Wandel stehen. Dass sie damit bei den übrigen Mitarbeitenden verbrannte Erde und tiefes Misstrauen hinterlässt, ist für sie kein Problem, da sie im Unternehmen so schnell Karriere macht, dass sie nie länger als ein Jahr in einem Bereich bleibt.

In Abschnitt 7.3 haben wir die These aufgestellt, dass in Organisationen zur Legitimierung der hierarchischen Macht eine ›Gegenmacht‹ etabliert und um ihrer selbst willen institutionalisiert werden sollte. Dies mag zunächst paradox anmuten. Zugegebenermaßen handelt es sich bei diesem Vorschlag auch um die Vorwegnahme des Endzustandes eines Entwicklungsprozesses, der derzeit voll im Gange ist. Denn längst ist erkannt worden, dass man der Hierarchiekrise nicht durch Detailmaßnahmen zu Leibe rücken kann, sondern dass man ihr mit Organisationsmaßnahmen begegnen muss. Damit wird zum Ausdruck gebracht, dass man Organisationen nur dann entwickeln und verändern kann, wenn solche Maßnahmen *in ihr* selbst organisatorisch verankert werden; und wenn die damit verbundenen Einrichtungen selbst mit Steuerungsmacht ausgestattet werden. Viele Organisationsentwicklungen scheitern daran, dass man letzteren nur halbherzig Kompetenzen zubilligt, sie gleichsam ›reibungslos‹ in die bestehende Organisation eingliedern will.

MERKE

Die häufig zitierte ›Betriebsblindheit‹ ist auch ein Selbstreproduktionsmechanismus der Macht: Wenn sich Macht selbst bestätigt und vom Feedback der Umwelt entkoppelt, kann es zu Fehlanpassungen kommen. Eine Strategie zur Durchsetzung von Veränderungen liegt daher in der Zerschlagung ›alter‹ Seilschaften und Neubesetzung der Schlüsselpositionen — dadurch wird Macht aber nicht reformiert, sondern nur in personell neuer Konstellation reinstalliert.

8.6 Empfehlungen für Veränderungsprozesse im Spannungsfeld von Gestaltungsmacht und Partizipation

Aus dem bisher Gesagten ist deutlich geworden: Auf der einen Seite lassen sich Veränderungen nicht ohne Macht durchsetzen, auf der anderen Seite kann Macht — falsch eingesetzt — Veränderungen erschweren oder gar unmöglich machen. Viel hängt daran, ob Macht von den Betroffenen als konstruktives Gestaltungsmittel (*power for ...*), als unfaire Ausübung einer nur formal legitimierten Herrschaftsform (*power over ...*) oder als Unterstützung einer gemeinsam getragenen Kraftanstrengung (*power with ...*) erlebt wird. Dazu muss sich Macht vom gängigen individualistischen Verständnis lösen und als eine kollektive Qualität begriffen werden, etwa im Sinne der Definition von Hannah Arendt (1970, S. 45): »Macht entspricht der menschlichen Fähigkeit [...], sich mit anderen zusammenzuschließen und im Einvernehmen mit ihnen zu handeln. Über Macht verfügt niemals ein Einzelner, sie ist im Besitz einer Gruppe und bleibt nur solange existent, als die Gruppe zusammenhält«. Es gilt also, Gestaltungsmacht in Balance mit der partizipativen Organisation des Veränderungsprozesses zu bringen. Gerade zu Beginn dieses Prozesses ist *power over*, wie in Abschnitt 3.1 gesehen, ein notwendiges Gefäß zur Errichtung einer Struktur, in der *power with* und *power for* möglich werden (Heintel/Spindler 2014). Sie muss aber dosiert eingesetzt und auf das Notwendige beschränkt werden. Die Macht muss sich also gewissermaßen selbst disziplinieren, um sich selbst — wenngleich in gewandelter Form — zu erhalten.

Machtverhältnisse analysieren

Das klassische Instrument zur Reflexion von Machtverhältnissen ist die *Stakeholder-Analyse.* Dabei werden zunächst die wichtigsten Stakeholder gesammelt und entsprechend ihrer Bedeutung für den Prozess klassifiziert (bedeutende Stakeholder auf große runde Karten schreiben, weniger bedeutende Stakeholder auf kleinere Karten usw.). Die Karten werden entsprechend der Nähe / Distanz der betreffenden Stakeholder (-gruppe) zum Prozess an eine Moderationswand geheftet. Dann werden für jeden (wichtigen) Stakeholder

- Erwartungen, die sich aus Auftraggebersicht an diesen Stakeholder richten,
- Haltungen und Erwartungen des jeweiligen Stakeholders gegenüber dem Prozess sowie
- die erwartete Beziehung zwischen Stakeholder und Prozess (Unterstützung, Blockade usw.)

eingeschätzt und in die Darstellung eingetragen. Auf der Basis der Stakeholder-Analyse können Handlungsfelder für den weiteren Prozess herausgearbeitet werden.

Macht und Erfolgsfaktoren in Veränderungsprozessen

Es gibt zahlreiche Studien zu Erfolgsfaktoren von Veränderungsprozessen. Gerkhardt/Frey (2006) haben die Erkenntnisse aus einigen dieser Studien in einer Meta-Analyse zusammengefasst. Ihr Modell (Abb. 12) integriert die wichtigsten Zusammenstellungen von Erfolgsfaktoren (wie z. B. das bekannte Modell von Kotter). Wir sprechen hier nur die für die Thematik dieses Buches wichtigsten Faktoren an.

Dass der Erfolg jedes Veränderungsprojektes zunächst auf einer gründlichen *Analyse der Problemsituation* und einer präzisen Definition des zu erreichenden Zielzustandes — sowohl in Form eher sachorientierter *Ziele* als auch in Form einer ›*Vision*‹, die auch ein emotional attraktives Bild der Zukunft vermittelt — gründet, liegt auf der Hand[54]. Schon an dieser Stelle spielt Deutungsmacht eine große Rolle.

Das Fehlen eines *gemeinsamen Problembewusstseins* ist sicherlich eines der häufigsten und gleichzeitig am meisten unterschätzten Hindernisse in Change-Prozessen. Das gilt im Verhältnis zwischen den Führungsebenen, da das mittlere Management oft ganz andere Problemsichten, Lösungsvorstellungen und Interessen hat als das obere Management, aber in mindestens ebenso hohem Maße für die Binnendynamik in Managementteams.

In der Change-Management-Literatur steht die Bildung einer schlagkräftigen *Veränderungskoalition* an erster Stelle der Empfehlungen. Auch hier spielt das Thema Macht eine Rolle, denn zum einen müssen die Treiber des Prozesses über ausreichende formale Durchsetzungsmacht verfügen, um nicht an der potenziellen Gegenmacht der Organisation zu scheitern, zum anderen sollen nicht nur Befürworter der geplanten Veränderungen einbezogen werden, sondern auch potenzielle Blockierer an Schlüsselstellen des informellen Netzwerkes.

Transparente *Kommunikation* ist in Veränderungsprozessen entscheidend, und zwar nicht nur im Sinne einer Übermittlung von Informationen, die notwendig sind, damit sich die Mitarbeitenden ein realistisches Bild des Geplanten machen können, sondern vor allem, um das Vertrauen zwischen den Hierarchieebenen zu stärken und im Dialog die Bedenken und Bedingungen für die Mitwirkungsbereitschaft der Betroffenen herausarbeiten zu können.

---

54 So trivial diese Forderung scheinen mag, sind doch sind klare Zieldefinitionen keineswegs in jedem Change-Prozess selbstverständlich: Der Bundesrechnungshof hat festgestellt, dass bei 39 % der zwischen 2006 und 2009 untersuchten 33 Veränderungsprojekte in der Verwaltung gar keine Ziele definiert und bei 75 % der verbleibenden 20 Projekte die Ziele nicht mit Indikatoren versehen waren (Etscheid 2013).

Das Beharrungsvermögen dysfunktionaler Muster in Organisationen ist nicht zu unterschätzen. Damit aus Veränderungsprozessen resultierende neue Machtbalancen aufrechterhalten werden, braucht es eine *Verankerung der Veränderung* in Form von klaren Rahmenbedingungen, Strukturen, Regeln und Absprachen (z. B. zum Umgang mit Konflikten in einer Projekt- oder Matrixstruktur) sowie ein kontinuierliches Controlling der Veränderungsfolgen.

- *umfassende Symptombeschreibung + Organisationsanalyse*
- *Vision und Ziele definieren*
- *gemeinsames Problembewusstsein*
- *Führungskoalition / Befürworter*
- *Kommunikation*
- *Zeitmanagement*
- *Projektorganisation und Verantwortlichkeiten*
- *Hilfe zur Selbsthilfe, Qualifikation und Ressourcen*
- *schnelle Erfolge*
- *Flexibilität im Prozess*
- *Monitoring / Controlling des Prozesses*
- *Verankerung der Veränderung*

Abb. 12: Erfolgsfaktoren in Veränderungsprozessen (nach Gerkhardt/Frey 2006)

Die Beratergruppe Neuwaldegg veranschaulicht in einer Tabelle (Abb. 13), welche Dynamiken in Veränderungsprozessen entstehen können, wenn einer der Erfolgsfaktoren außer Acht gelassen wird. Das Gelingen einer Veränderung setzt in ihrem Modell das Vorhandensein einer Vision, systematische Kommunikation, eine empfundene Notwendigkeit der Veränderung, Fähigkeiten / Können für die Umsetzung und ein professionelles Projektmanagement (Aktionspläne) voraus. Darüber hinaus muss sichergestellt sein, dass das Verweigern der Veränderung von der Führung nicht geduldet wird. Wenn es für die Betroffenen keinen Unterschied macht, ob sie die neu formulierten Erwartungen erfüllen oder nicht, wird sich dies negativ auf den Prozess auswirken. Hier bedarf es also eines Managements der Konsequenzen (Gratifikationen und Sanktionen), was eng mit dem Thema Macht zusammenhängt.

Fehlt es in Veränderungsprozessen an einer klaren Zielvorstellung, stellen sich Konfusion und Orientierungslosigkeit ein, unklare Kommunikation führt zu Irritationen, das Fehlen eines Gefühls der Notwendigkeit zur Veränderung ruft Widerstände hervor. Die Einschätzung, dass die eigenen Kompetenzen nicht ausreichen, löst Angst aus, die Folgenlosigkeit der Umsetzung lässt den Prozess ins Stocken geraten, Unklarheit, was zu tun ist, führt ins Chaos.

Vision	+	Kommunikation	+	Notwendigkeit der Veränderung	+	Fähigkeit und Können	+	Konsequenzen-Management	+	Aktionspläne	= wirkliche Veränderung
	+	Kommunikation	+	Notwendigkeit der Veränderung	+	Fähigkeit und Können	+	Konsequenzen-Management	+	Aktionspläne	= Konfusion Erstarrung
Vision	+		+	Notwendigkeit der Veränderung	+	Fähigkeit und Können	+	Konsequenzen-Management	+	Aktionspläne	= Irritation und zu langsame Veränderung
Vision	+	Kommunikation	+		+	Fähigkeit und Können	+	Konsequenzen-Management	+	Aktionspläne	= Widerstand
Vision	+	Kommunikation	+	Notwendigkeit der Veränderung	+		+	Konsequenzen-Management	+	Aktionspläne	= Angst
Vision	+	Kommunikation	+	Notwendigkeit der Veränderung	+	Fähigkeit und Können	+		+	Aktionspläne	= zu langsame Veränderung
Vision	+	Kommunikation	+	Notwendigkeit der Veränderung	+	Fähigkeit und Können	+	Konsequenzen-Management	+		= Chaos

Abb. 13: Blinde Flecke in Veränderungsprozessen und ihre Folgen (nach Dollinger 2014, Beratergruppe Neuwaldegg 2008/2009)

Partizipationsdesigns

Die gängigen mechanistischen Vorstellungen von Organisationen hatten über lange Zeit eher autokratische Formen der Umorganisation nahegelegt. Nach zahlreichen Scheiternserfahrungen sollte sich die Erkenntnis durchgesetzt haben, dass von ›oben‹ verordnete, von ›unten‹ aber nicht mitgetragene Veränderungen die Probleme nicht lösen und erst recht nicht zu einer veränderungsförderlichen Kultur beitragen. Die Vorstellung, man könne Organisationen ähnlich wie Maschinen in *Top-down*-Prozessen ›umprogrammieren‹, hat seit Langem an Plausibilität, aber offenbar nicht an Attraktivität eingebüßt. Machbarkeitsvorstellungen, die auch auf der Illusion der eigenen Machtmöglichkeiten fußen, versprechen einfache Lösungen und Sicherheit für ansonsten in ihrer Komplexität kaum noch fassbare und in den von ihnen ausgelösten Unsicherheiten bedrohliche Probleme.

In der Mitte des 20. Jahrhunderts kam der Mensch nicht nur als Spielmasse, sondern als gestaltender Akteur von Veränderungsprozessen ins Blickfeld. Die Erkenntnisse der humanistischen Psychologie und der Gruppendynamik führten in den 1960er- und 1970er-Jahren zu einem Boom dialogischer Ansätze der Organisationsveränderung. Unter der Devise ›Betroffene zu Beteiligten machen‹ wurde eine möglichst umfassende Partizipation zur Kernmaxime erhoben. Das proklamierte Ziel bestand darin, Produktivitätssteigerung und Humanisierung miteinander zu verbinden. Diese Zieldualität hat der Organisationsentwicklung den Vorwurf eingehandelt, Interessengegensätze zwischen Management / Organisation auf der einen und Beschäftigten auf der anderen Seite zu verschleiern. Entsprechend, so spitzt Luhmann (1984, S. 486) diese Kritik in gewohnt provokativer Manier zu, »versteht man unter ›Organisationsentwicklung‹ etwas ganz anderes als der Ausdruck erwarten lassen könnte — nämlich eine Zeit in Anspruch nehmende, sozialpsychologisch durchdachte Anpassung des Personals an die Erfordernisse der Organisation« (eine ausführlichere Diskussion der Potenziale und blinden Flecke der Organisationsentwicklung findet sich in Ameln/Kramer/Stark 2009, S. 74ff.).

Die oft unreflektierte Anwendung des Grundsatzes ›Betroffene zu Beteiligten machen‹ brachte die typische Problemlage vieler *Bottom-up*-Prozesse mit sich, die sich bis heute als Kardinalfehler in vielen Veränderungsprozessen findet:

MERKE

Anleitung, um Mitgestaltungsbereitschaft mittels Pseudo-Partizipation dauerhaft zunichte zu machen

1. Rufen Sie ein möglichst breit angelegtes Partizipationsangebot aus.
2. Versammeln Sie die Freiwilligen in einer Projektgruppe. Achten Sie darauf, dass die Rolle der Projektgruppe und ihr Auftrag nur vordergründig geklärt werden.
3. Lassen Sie die Projektgruppe über eine längere Phase intensiv und mit viel Zeiteinsatz (wenn irgend möglich, außerhalb der Arbeitszeiten!) zusammenarbeiten. In dieser Phase sollte möglichst wenig Rückkoppelung zum Auftraggeber stattfinden.
4. Wenn Ihnen bei der Präsentation durch die Projektgruppe auffällt, dass die Ergebnisse nicht zu Ihren Zielen passen, entscheiden Sie gegen die Umsetzung des Vorgeschlagenen und lassen Sie die Arbeit der Gruppe versanden. Verbitten Sie sich im Zweifel jeden Eingriff in die Autonomie Ihrer Entscheidung und berufen Sie sich darauf, dass die Projektgruppe ihren Auftrag und ihre Rolle im Entscheidungsprozess falsch verstanden habe.

Als weitere mögliche Begleiterscheinung einer ›frei flottierenden‹ Partizipation kann der temporäre Wegfall der bislang integrierenden und Konfliktpotenziale begrenzenden Machtstrukturen (→ Abschnitt 3.1) dazu führen, dass kraftraubende mikropolitische Auseinandersetzungen aufbrechen, die sich ohne Rückgriff auf die Hierarchie nicht lösen lassen. Dann lösen sich die zu lösenden Probleme nicht im Diskurs auf, sondern verschärfen sich durch eskalierende Konflikte und die Einbunkerung in Grabenkämpfe. Partizipation muss daher professionell gestaltet werden — weder Top-down noch Bottom-up sind in Reinform aussichtsreich.

Die Herausforderung liegt dabei darin, eine Balance zwischen einer selektiven und gezielten Partizipation auf der einen Seite und klaren Richtungsentscheidungen des Managements auf der anderen Seite herzustellen (siehe Abb. 14). Freiheitsgrade und Grenzen der Partizipation müssen von Beginn an deutlich gemacht werden. Wenn Steuerungsgruppen, Arbeitsgruppen etc. eingesetzt werden, müssen deren Rolle und die Formen der Zusammenarbeit mit der Auftraggeberebene in einem schriftlichen Projektauftrag geklärt werden.

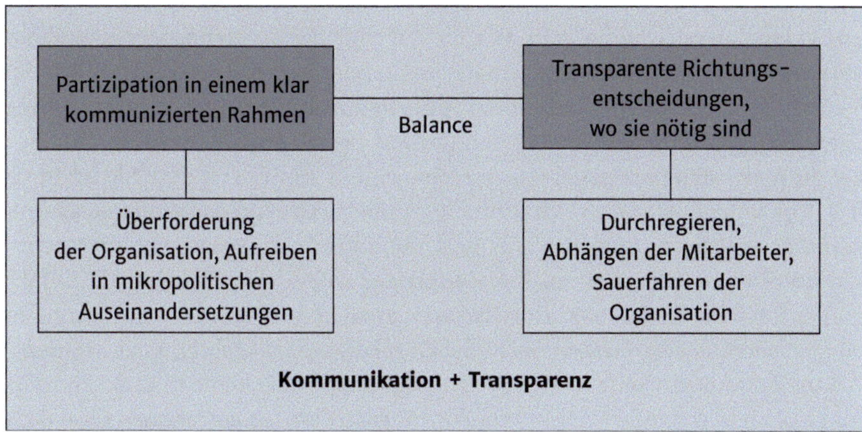

Abb. 14: Balance zwischen Partizipation und Führung

Zur Gestaltung eines professionellen Rahmens für Partizipation gehört vor allem, zu definieren, wie die am Prozess Beteiligten an der Entscheidungsfindung mitwirken. Ihre Einbindung kann — je nach Ausmaß, in dem sie von den Veränderungen betroffen sind — von der Information über an anderer Stelle getroffene Entscheidungen, über das Einbringen von Vorschlägen und ein Konsultationsmodell bis hin zur Alleinentscheidungsbefugnis reichen (siehe Abb. 15).

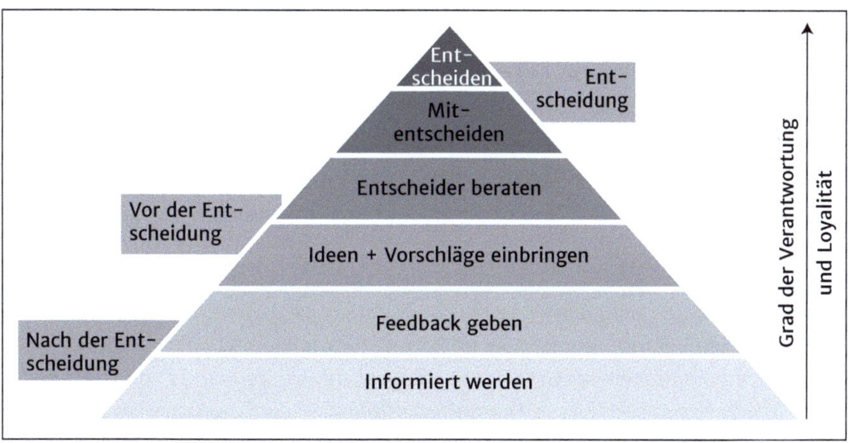

Abb. 15: Die Beteiligungspyramide (nach Nowak 2015, S. 119)

Ein wichtiges Instrument, um die beträchtliche inhaltliche, zeitliche und soziale Komplexität eines Veränderungsprozesses in der Balance zwischen Führung und Partizipation bearbeitbar zu machen, ist das Erstellen einer *Prozess-*

architektur, aus der hervorgeht, wie die Beiträge der Steuerungsebene und der verschiedenen Partizipationsformate ineinandergreifen (Ameln 2015b). Der *Steuerungsgruppe*, die im Sinne einer ›Führungskoalition‹ (vgl. die Darstellung der Erfolgsfaktoren in Abb. 12) den Prozess koordiniert, kommt im Hinblick auf die Machtdynamiken der Organisation eine Vermittlerrolle zu: Sie ist durch das Topmanagement eingesetzt und legitimiert. Der intensive Austausch mit den Auftraggebern sorgt für die enge Anbindung an die existierenden Machtstrukturen der Organisation. Ihre Mitglieder sollen mit formaler und informeller Entscheidungs- und Durchsetzungsmacht ausgestattet sein, um nicht von der mobilisierten Gegenmacht der Organisation ausgebremst zu werden.

Auf der anderen Seite soll die Steuerungsgruppe aber keine mikrokosmische Kopie der bestehenden Macht- und Führungsstrukturen der Organisation darstellen, sondern verschiedene Bereiche und Hierarchieebenen repräsentieren. Dabei sollen nicht nur die Befürworter der Veränderung vertreten sein, sondern auch die ›aufrechten Gegner‹ so weit wie möglich überzeugt und in die Gestaltung des Prozesses eingebunden werden — auch, um ihnen einen Boykott der schließlich von ihnen mitentschiedenen Maßnahmen zu erschweren. Auch die Kooperation mit dem Betriebs- bzw. Personalrat, Gleichstellungsbeauftragten usw. ist gut zu gestalten. Hier gibt es viele Beispiele einer kritisch-konstruktiven Zusammenarbeit (vgl. den Beitrag von Mark in Abschnitt 5.1).

Ein wichtiges Element der Prozessarchitektur kann eine sogenannte *Resonanzgruppe* mit von der Belegschaft akzeptierten Mitgliedern aus verschiedenen Bereichen sein, die in informellen Gesprächen oder auch formalen Interviews erfassen soll, wie in der Organisation auf die Veränderungen reagiert wird, welche Bedenken und Ängste bestehen, wie die Auswirkungen des Prozesses bewertet werden usw. So soll die Gefahr eines Abkoppelns der Steuerungsebene von der Stimmungslage in der Organisation vermieden werden, die mit Machtpositionen immer verbunden ist (→ Abschnitt 5.2).

MERKE

Nachhaltige Veränderung setzt immer ein gut ausbalanciertes, auf das jeweilige Veränderungsthema und die strukturellen und kulturellen Rahmenbedingungen der Organisation abgestimmtes Verhältnis von Führung und Partizipation voraus. Die Anforderungen an eine partizipative Gestaltung von Veränderungen werden dabei oft unterschätzt. Eine durchdachte Prozessarchitektur, umfassende Kommunikation oder gemeinsam entwickelte Visionen sind dabei nur Desiderate einer Haltung, die mit den Beteiligten einen Dialog auf Augenhöhe führt und die Selbstbestätigung der aktuellen Machtverhältnisse in den Hintergrund stellt.

Die Führung des Wandels als Wandel der Führung

Am Beginn vieler erfolgreicher Veränderungsprozesse standen eine offene Auseinandersetzung des Topmanagements mit den anstehenden Problemen, ein im Diskurs manchmal hart erarbeitetes gemeinsames Problembewusstsein, ein klares Commitment aller Beteiligter und eine einheitlich nach außen vertretene Linie. Neben diesen Positivbeispielen ist aber auch zu beobachten, dass es sehr oft an Einigkeit unter den Entscheider/innen im Topmanagement mangelt. Denn, so Wimmer (2009, S. 9),

> *»[...] die Unausweichlichkeit der erkannten Veränderungsnotwendigkeit bringt in der Regel all die ungelösten Führungsthemen der Vergangenheit auf den Tisch: ein langjähriges, kontaktvermeidendes Nebeneinander an der Spitze des Unternehmens, verdeckte Konflikte zwischen Mitgliedern einer Geschäftsführung, mitgeschleppte personelle Schwächen im Führungsteam, unterschiedliche strategische Auffassungen, bislang vermiedene Maßnahmen zur kontinuierlichen Produktivitätssteigerung [...].«*

In Vorstandskreisen herrscht zwischen den Beteiligten zu den in Abschnitt 8.3 aufgelisteten Grundfragen in der Initialphase von Veränderungsprozessen (Worin liegt das Problem? Wer ist für seine Entstehung und Lösung verantwortlich? etc.) oft eine ganz unterschiedliche Haltung. Dass diese Differenzen vielfach nicht im Sinne einer sinnvollen Multiperspektivität nutzbar gemacht werden können, sondern eher ungeklärt nebeneinander stehen bleiben, hat wiederum viel mit den für diese Ebene charakteristischen Machtkonstellationen zu tun. Jeder beansprucht die Deutungsmacht qua Amt für sich und neigt (auch dies eine typische Begleiterscheinung der Macht, → Abschnitt 8.3) eher dazu, die Verantwortung für die Entstehung und Lösung der Probleme den Kollegen und ihren Bereichen anzulasten als sich selbst zu hinterfragen. In der Praxis sind unterschiedliche Formen des Umgangs mit dieser Konstellation zu beobachten:

1. Die unterschiedlichen Zuschreibungen werden in der ›feedbackfreien Zone‹ des Topmanagements (→ Abschnitt 6.4) nicht offen angesprochen. Der Leitungskreis ist sich noch nicht einmal über die eigene Uneinigkeit einig — stattdessen bleibt es bei einer allenfalls oberflächlichen Absprache über Ziele und Vorgehen. Eine Vereinbarung, die das Handeln der Einzelnen binden könnte, wird ganz und gar vermieden oder so flexibel interpretierbar getroffen, dass sie sich nach Verlassen des Raumes »sofort in verschiedene, oft sich widersprechende Interpretationen auflöst. Die Organisation ist dann nicht mehr und nicht weniger als der Resonanzboden aller ungelösten Widersprüche und Probleme der leitenden Gruppe« (Heintel 2001, S. 25).

2. Die Probleme werden im Sinne des psychologischen Mechanismus der Selbstaufwertung durch Fremdabwertung gemeinsam externalisiert: Schuld sind nicht wir, sondern die anderen (→ Abschnitt 8.3). So wird ein Feindbild gegenüber den verschiedenen ›Outgroups‹ konstruiert und die eigene ›Ingroup‹ von der Austragung der latenten Konflikte entlastet.
3. Die Auseinandersetzung über die verschiedenen Sichtweisen wird in Form einer eskalierenden Konfliktdynamik geführt, sodass die Perspektiven sich nicht annähern, sondern dauerhaft zementiert nebeneinander stehen.

Die unterschätzte Relevanz dieser Problemkonstellation zeigt sich auch daran, dass 75 % der von Claßen, Arnold und Papritz (2005) befragten Change-Verantwortlichen auf die Frage, welche drei Faktoren entscheidend für den Erfolg von Veränderungsprozessen in ihrem Hause waren, ›Commitment und Glaubwürdigkeit des Managements‹ nennen. Ein gemeinsames Problembewusstsein des Topmanagements ist in dieser Studie somit mit weitem Abstand der bedeutsamste Erfolgsfaktor. »Die Führung des Wandels bedingt einen Wandel der Führung«, resümiert Wimmer (2009, S. 8) und rät, »den ›Wandel der Führung‹ von Anbeginn an mit im Auge zu haben und mit den anstehenden Veränderungen auch auf den obersten Führungsebenen nicht zu zögern« (ebd.).
Möglichkeiten für den Anstoß und die prozessuale Verankerung eines solchen Wandels der Führung finden sich in Abb. 16 (vgl. auch die weiterführenden Überlegungen zur Beratung von Managementteams in Abschnitt 9.4).

- *Investition in die eigene Teambildung*
- *Reflexion des eigenen Selbstverständnisses und des eigenen Auftrags im Veränderungsprozess*
- *Institutionalisierung von Selbstbeobachtung und Selbstreflexion zum Zwecke der Selbststeuerung (z. B. in Form von regelmäßiger Beratung / Supervision)*
- *Installierung systematischer Feedbackmechanismen über die eigene Wirkung in der Organisation*
- *Förderung der Gruppenkohäsion durch informellen Austausch außerhalb des Tagesgeschehens*
- *Einüben von Konsensfähigkeit, z. B. im Rahmen von Teamentwicklungsmaßnahmen*
- *Coaching für die Mitglieder des Leitungsgremiums*

Abb. 16: Beiträge zur Steigerung der Reflexivität von Managementteams (nach Heintel 2001)

MERKE

Die Führung des Wandels setzt einen Wandel der Führung voraus (Wimmer 2009). Uneinigkeit im Führungskreis, die oft auf ungeklärte Machtfragen zurückgeht, ist eines der häufigsten und gleichzeitig der am stärksten vernachlässigten Hindernisse für erfolgreiche Veränderung.

Ein ›zweites Betriebssystem‹ der Veränderung und die Rolle der internen Beratung

Die in Kapitel 7 umrissenen veränderten Umfeldbedingungen fordern Organisationen heraus. Viele Organisationen in dynamischen Marktumfeldern haben erkannt, dass sie sich eine Erstarrung in den etablierten Machtstrukturen nicht leisten können und suchen nach alternativen Konzepten — nicht nur für den Umbau ihrer Organisationsstrukturen hin zu mehr Agilität, sondern auch für eine agilere Gestaltung von Veränderungsprozessen selbst. In diesem Zusammenhang steht die zurzeit zu beobachtende Konjunktur von Verfahren wie Scrum, die stärker auf Selbstorganisation als auf zentrale Steuerung setzen und eher iterativ als nach Masterplan vorgehen. Die aktuelle Diskussion um ein agileres Veränderungsmanagement sucht aber nicht nur nach neuen Methoden und Designs, sondern (wieder einmal?) nach einem neuen Paradigma, das insbesondere mit der Hoffnung auf eine Neudefinition der Machtthematik verbunden ist. Denn während in der Vergangenheit Change-Prozesse noch projektförmig abgearbeitet werden konnten, zeigt sich immer deutlicher, dass auch die neuen, komplexeren Formen des Change Managements (z. B. Designs auf der Basis komplexer Prozessarchitekturen, wie zuvor beschrieben) an ihre Grenzen stoßen, weil sie letztlich das durch die Hierarchie abgesteckte Paradigma der Entscheidungsfindung nicht verlassen.

Kotter (2014, S. 7) vertritt zu dieser Frage eine eindeutige Haltung: »Mit auf Hierarchien basierenden Methoden für die Umsetzung von Strategien lässt sich keine rasche Transformation bewerkstelligen« — die Strukturen und Prozesse, mit denen Organisationen bislang Veränderungen gestaltet haben und die er als »das Betriebssystem einer Organisation« (ebd., S. 4) bezeichnet, werden seiner Ansicht nach den Anforderungen der VUKA-Welt nicht gerecht. Kotter plädiert daher für den »Aufbau eines zweiten Betriebssystems mit agilen, netzwerkartigen Strukturen und gänzlich anderen Prozessen« (ebd., S. 4). Er schlägt vor, »informelle Netze von Change-Agents« (ebd.) aufzubauen, die parallel zur hierarchisch strukturierten Aufbauorganisation, aber schneller und kreativer als diese arbeiten. Mit dieser Entkoppelung des Veränderungsmanagements von den hierarchischen Entscheidungsstrukturen soll den lokalen Rationalitäten der Organisation (→ Abschnitt 2.4) Rechnung getragen werden, deren jeweils eigene Lern- und Veränderungsbedarfe von einer zentralen Steuerung nicht angemessen berücksichtigt werden können. Auch wenn Kotter darauf hinweist, dass dieses ›zweite Betriebssystem‹ eng mit der Geschäftsführung zusammenarbeiten muss, bleiben vor allem folgende Fragen unbeantwortet:

1. Wie kann eine hierarchische Organisation, die Veränderungen in einem quer zur Hierarchie stehenden ›zweiten Betriebssystem‹ bearbeitet, mit Konflikten zwischen den unterschiedlichen Systemlogiken umgehen, die sich zwangsläufig ergeben?
2. Wie können zentrale Steuerungsperspektiven und dezentrale Entwicklungsstränge koordiniert und integriert werden?

Die erste Frage ist eng mit dem Thema Macht verbunden. Solange innovative Impulse der Mitarbeitenden vom hierarchischen System als ›Verbesserungsvorschläge‹ prozessiert und in die etablierten Entscheidungs- und Machtstrukturen eingespeist werden, entsteht daraus kein Zugewinn an Veränderungsfähigkeit. Ein Aufbau an Agilität ist mit einem Lernen 1. Ordnung (also einem Lernen auf der Ebene einzelner Entscheidungen) nicht zu erreichen, sondern setzt ein Lernen 2. Ordnung (also eine Veränderung der Strukturen und Regeln, nach denen Entscheidungen getroffen werden) voraus. Einige Organisationen wie z. B. Gore machen vor, wie die Organisation sich für interne Veränderungsimpulse, Innovationsideen und schwache Signale aus internen und externen Umwelten durchlässiger machen kann. Wenn Sattelbergers in Abschnitt 7.2 vertretene These zutrifft, dass klassisch hierarchisch strukturierte Konzerne mit ihrer Gebundenheit an externe Machteinflüsse (z. B. die Abhängigkeit vom Shareholder Value) gar nicht in der Lage sind, ihre Machtstrukturen auf dieser Ebene des Lernens 2. Ordnung substanziell infrage zu stellen, bleibt der Konflikt zwischen Agilität und Machtstrukturen immer nur auf der Kompromissebene bearbeitbar.

Die zweite Frage bezieht sich darauf, wie das Zusammenspiel immer komplexer werdender Veränderungsprozesse von innen heraus gemanagt werden kann. In Ameln (2015a) wurde gezeigt, dass interne Beratung in diesem Prozess eine zentrale Rolle spielen kann. Sie kann an den Bruchstellen von Hierarchie und Selbstorganisation, organisationaler Integrationsnotwendigkeit und lokalen Logiken eine Vermittlungs- und Koordinationsfunktion einnehmen — das setzt aber eine weitere Professionalisierung und Aufwertung der internen Beratung voraus.

EXKURS

Empfehlungen für alle, die Wandel voranbringen wollen
(aus Doppler/Lauterburg 2005, S. 145f.)

- Die eigene Bereitschaft zu einem nicht geringen Anfangsrisiko sorgfältig klären – und sich bewusst sein, einen möglicherweise langen Weg vor sich zu haben.
- Sich nicht vor den Karren ungeklärter Interessen anderer Leute spannen lassen, sondern sich nur für das einsetzen, was man selbst für richtig und wichtig hält.
- Weder Macht im Allgemeinen noch die aktuellen Machtträger verteufeln, sondern selbst gezielt Macht aufbauen und Macht einsetzen, um die Verhältnisse zu ändern.
- Prinzipiell und systematisch alle Machtprivilegien und Statussymbole infrage stellen; auch und gerade die scheinbaren ›Selbstverständlichkeiten‹ gezielt bezüglich ihrer Funktion hinterfragen.
- Offen Kritik an den bestehenden Verhältnissen üben und Widerstand leisten gegen notorische Missstände.
- Kritik, Widerspruch und Widerstand als Tugend – d. h. als Kompetenz – propagieren, um verfilzte und erstarrte Strukturen aus dem Gleichgewicht zu bringen.
- Konsequent Ausschau halten nach Gleichgesinnten und ein Kernteam von Verbündeten bilden, in dem man geistig und psychisch auftanken und alle Schritte des Vorgehens gemeinsam planen kann.
- Schrittweise ein erweitertes Netzwerk von Verbündeten aufbauen, das durch das Kernteam sorgfältig gepflegt und koordiniert wird.
- Wenn die ›Hausmacht‹ stabil genug geworden ist: Vorbereitung eines solidarischen Vorgehens zur Durchsetzung der gemeinsamen Ziele.

MERKE

Viele hierarchische Organisationen wollen sich von den Verkrustungen der etablierten Macht lösen – gleichzeitig entwickelt die Hierarchie aber Systemabwehr gegenüber konkurrierenden Strukturen, die sie infrage stellen. Dieser systembedingte Widerspruch ist die Hauptherausforderung beim Aufbau eines ›zweiten Betriebssystems‹ der Veränderung, wie Kotter es fordert.

8.7 Zusammenfassung

In Veränderungsprozessen wird das Thema Macht in besonderer Weise aufgerufen. Zum einen ist Macht erforderlich, um die mikropolitischen Innovationsspiele der Beteiligten so einzuhegen, dass der Prozess auf Kurs bleibt. Hier dient Macht — wie in Abschnitt 3.1 beschrieben — als Integrationsmechanismus in einem Feld widerstrebender Interessen.

Natürlich ist aber auch hier Macht nur das letzte Mittel der Wahl, wenn die Möglichkeiten einer partizipativen Gestaltung des Prozesses an ihre Grenzen stoßen.

Die Veränderung von Zuständigkeiten, Entscheidungswegen, Abteilungszuschnitten etc. bringt auch immer die über lange Zeit hinweg austarierte Machtbalance ins Wanken. Die Machtkonfigurationen der Organisation neigen dazu, sich in Veränderungsprozessen zu reproduzieren. Entsprechend bildet Macht einen wesentlichen Ursachenfaktor für das häufig zu beobachtende Scheitern von Veränderungsprozessen. Dies wird gerade in einer Zeit problematisch, in der es darum geht, hierarchische Verkrustungen abzubauen und agilere Organisationsformen zu etablieren.

Eine organisationale Kernkompetenz liegt in der Förderung der Veränderungsbereitschaft von Führungskräften im Zuge eines kollektiven Reflexionsprozesses. Wollen sie die »vorausschauende Selbsterneuerung« (Wimmer 2000) der Organisation vorantreiben, müssen sie sich in ihrem Selbstverständnis anders zum Thema Macht in Beziehung setzen.

Von der Macht zu verlangen, sich selbst zu relativieren, führt in eine Paradoxie. Diese Paradoxie aufzulösen, ist nicht nur eine wichtige Aufgabe von Organisationskultur- und Führungskräfteentwicklung sowie interner Beratung, sondern auch eine Führungsherausforderung, die der weniger machtaffinen Generation Y vielleicht leichter fällt als den von heroisierenden Bildern der Führung beeinflussten Generationen vor ihr.

9 Macht und Beratung

Organisationsberatung — hier verstanden als »Meta-Format« (Buer 1997), das neben Fach- und Prozessberatung auf der Organisationsebene auch teambezogene Beratungsformen wie Supervision oder Teamentwicklung sowie personenbezogene Beratung im Organisationskontext wie z. B. Coaching einschließt — ist aus Veränderungsprozessen nicht mehr wegzudenken. Mit dem Begriff ist meist unausgesprochen eine externe Dienstleistung gemeint, wenngleich ein beträchtlicher Teil der Beratungsleistungen längst von internen Einheiten erbracht wird (Ameln 2015a, b).

Macht ist in den meisten Beratungsprozessen implizit oder explizit Thema. In einigen Konstellationen ist es Teil des Auftrags, Machtstrukturen in den Blick zu nehmen, in anderen tauchen Auseinandersetzungen um die Macht im Prozess auf und müssen bearbeitet werden, in wieder anderen Kontexten laufen Machtfragen mehr oder weniger unausgesprochen mit, können aber dennoch nicht unberücksichtigt bleiben. So oder so: Beratung kommt um das Thema Macht nicht herum. Hier einige Beispiele aus der Praxis:

EXKURS

Macht als Querschnittsthema in Beratungsprozessen

Szene 1: Herr Alt, der Gründer eines mittelständischen Familienunternehmens, hat aus Altersgründen die Geschäftsführung an seinen Neffen, Herrn Neumann, abgegeben — zumindest offiziell. Faktisch hat er seine gewohnte Rolle noch nicht abgelegt und mischt sich weiterhin ein. So erhalten die Mitarbeitenden vom Seniorchef und vom Juniorchef oft widersprüchliche Weisungen. In einem Beratungstermin sollen Wege gefunden werden, dieses Muster zu durchbrechen und zu tragfähigen Absprachen zu kommen, die Herrn Neumann die ›Lufthoheit‹ über das Geschäft lässt und Herrn Alt das Gefühl gibt, er könne sein ›Baby‹ in guten Händen wissen und schrittweise loslassen.

Szene 2: In einer Akademie, die Fortbildungen für medizinisches Personal anbietet, stehen Veränderungen an, u. a. ausgelöst durch Mittelkürzungen.

In dieser Situation wird die historisch gewachsene Autonomie und Selbstbezogenheit der einzelnen Abteilungen zum Problem. Es ist eine stärkere Zusammenarbeit gefordert, um Synergien zu entwickeln und die knapper werdenden Ressourcen möglichst optimal zu verteilen und einzusetzen. Mehrere Versuche der Leiterin, die Abteilungen im Interesse des Gesamtsystems von einer stärkeren Zusammenarbeit zu überzeugen, sind fehlgeschlagen. Nun soll ein extern moderierter Beratungsprozess einen professionellen Rahmen für die Verständigung bieten.

Szene 3: Das Team einer pädagogischen Einrichtung bringt in der Supervision immer wieder massive Klagen über den als cholerisch und fast psychopathisch beschriebenen Teamleiter ein, der auch bei Kleinigkeiten harsche und verletzende Kritik äußere, in Besprechungen einzelne Mitarbeiter bloßstelle, (im Übrigen immer wieder wechselnde) schwarze Schafe ausgrenze, u. a. indem er versuche, sich mit den übrigen Teammitgliedern gegen die entsprechenden Kolleg/innen zu verbünden etc. Es wird ein Konfliktklärungstermin anberaumt, bei dem die Supervisorin einerseits gegenseitige Erwartungen von Teamleitung und Team herausarbeiten soll, aber auch den sehr autoritären, machtbezogenen Führungsstil des Teamleiters in einer angemessenen Weise spiegeln will.

Szene 4: In einer Führungskräfteentwicklungsreihe bei einem großen Stadtwerk zeigt sich immer wieder, dass die Hierarchieebenen kaum miteinander kommunizieren und gegenseitige ›Feindbilder‹ aufgebaut haben. Dies zeigt sich auch daran, dass das Unternehmen die Seminarreihe nicht hierarchieübergreifend, sondern nach Ebenen getrennt konzipiert hat. Aus einem Feedbacktermin mit dem Personalvorstand entsteht der Auftrag für eine Workshopreihe, in der gezielt die Zusammenarbeit zwischen den Hierarchieebenen reflektiert und verbessert werden soll. Ein zentrales Thema bei diesen Veranstaltungen ist die Frage, wieviel Macht die betrieblichen Führungskräfte an der Basis und wieviel Macht die Abteilungsleiter haben sollten.

Szene 5: Das Team einer Entwicklungsabteilung führt einen Workshop durch, der immer wieder durch nur mühsam unter dem Teppich gehaltene Konflikte zwischen den Teilnehmenden erschwert wird. Irgendwann werden die Konflikte so massiv und unübersehbar, dass der Moderator eine Klärung herbeiführt. Er bittet die Teilnehmenden, sich im Raum auf einer imaginären Skala zu positionieren, mit den Polen 0 = »die Zusammenarbeit läuft prima, hier gibt es keine Konflikte« und 10 = »wir haben massive Konflikte, die wir dringend klären müssen«. Alle Teilnehmenden stehen auf den Skalenwerten 8 oder 9, bis auf eine einzelne Person, die auf 0 steht — die Leitung.

Beispiele findet jeder Berater, jeder Coach und jeder Trainer in seiner Praxis: Ein Coaching für die Bürgermeisterin, die sich gegen ihren Konkurrenten durchsetzen muss (Fallbeispiel *Wer ist hier der Chef?* in Abschnitt 5.1), die Moderation eines Workshops, bei dem zwei Mitarbeiter ihr Wissen nicht preisgeben wollen (Fallbeispiel *Mit dem Alter lässt das Gedächtnis nach*, ebenfalls in Abschnitt 5.1) oder die Begleitung eines Prozesses, in dem die in einer Mitarbeiterbefragung auftauchende Frage nach der Macht Sanktionsreflexe bei der Zentrale auslöst (Fallbeispiel *Der Bumerang-Effekt* in Abschnitt 8.3).
Auf der Basis des in den vorangegangenen Kapiteln Gesagten möchten wir in diesem Kapitel aufzeigen, wie Berater und Beraterinnen mit diesen Situationen umgehen können.

9.1 Macht, latente Funktionen und Hidden Agendas der Beratung

Mit der These, dass es um Professionalisierung, Effizienzsteigerung usw. gehe, ist die Frage, welche Funktionen Beratung für die Organisation erfüllt, noch keineswegs abschließend beantwortet. Mit der Inanspruchnahme von Beratung können neu berufene Vorstände ihre Entschlossenheit zur Steigerung der Profitabilität signalisieren, ohne schon eine Idee davon zu haben, wie dies zu bewerkstelligen sei. Beratung kann die Organisation von Konflikten entlasten, z. B. wenn Maßnahmen zum Personalabbau (zumindest offiziell) als notwendige Umsetzung der externen Berater dargestellt werden können. Beratung kann als Sündenbock dienen, um den möglichen Misserfolg eines hochriskanten Veränderungsprojekts notfalls extern attribuieren zu können — wenn das Projekt erfolgreich war, schreibt sich der Kunde den Erfolg auf die Fahne, wenn es scheitert, ist der Berater schuld: »Durch Berater lassen sich die in komplexen und riskanten Veränderungsprozessen aufgetretenen Probleme gut personifizieren — und damit entsorgen« (Kühl 2000b, S. 91). Im öffentlichen Bereich kommt es durchaus vor, dass Beratung in Anspruch genommen wird, um Geld zu ›verbrennen‹ und dadurch eine Kürzung von Fördermitteln im Folgejahr zu vermeiden.

In allen Fällen wird ein Zusatznutzen generiert, der aber nicht Teil des offiziellen Auftrags ist. In Ameln/Kramer/Stark (2009, 2012) und Ameln (2010, 2014a) haben wir diese inoffiziellen Funktionen von Beratung ausführlich beschrieben. Man kann dabei unterscheiden zwischen latenten Funktionen, die nur aus der Beobachterperspektive sichtbar sind, und ›Hidden Agendas‹, die intendiert sind, aber nicht kommuniziert werden.

Beratung lässt sich, wie bereits erwähnt, als indirektes Eingeständnis eines Machtverzichtes sehen. So finden sich nicht zufällig in unserer gesamten Herrschaftsgeschichte sie begleitende Beratungssysteme. Die Aufgabe von Beratern war und ist einerseits, Macht zu ›erden‹. In Beratungen werden wir auf vielfache Weise mit den Folgen dieser Individualitäts-Macht-Ideologie befasst. Eine typische Erscheinungsform sind Auftraggebende, die —durch die Hierarchie bestätigt — von ihrer individuellen Fähigkeit überzeugt sind und sie als Berechtigung für ihre Machtausübung ansehen. Sie erwarten sich aus der Beratung dafür Bestätigung bzw. noch weitere Tricks und Tools, die ihnen hierin weitere Perfektion ermöglichen. Auffallend ist dieses unausrottbare Verlangen nach Instrumenten, Tools, die in direkter Anwendung Erfolg versprechen sollen. Dabei scheint der technisch-praktische Machtbegriff Hintergrundfolie zu sein; dem Individuum sollen Handhaben zur Verfügung gestellt werden, die seine Macht, seine Autorität und seinen Einfluss über die Organisation vergrößern, die ihm den direkten Eingriff ermöglichen, der ihn von der Dialektik der Macht befreit.

Schon allein die oft zu hörende Frage: »Wie kann ich meine Mitarbeiter motivieren«, sollte aufhorchen lassen. Sie gibt die Richtung vor: »Was muss ich machen, dass meine Mitarbeiter — womöglich noch mit Freude — das machen, was ich will?« Der eigene Wille soll gleichsam direkt kausal wirksam werden. Hier ist es nicht immer leicht, sich darauf zu einigen, dass Mitarbeitende auch einen eigenen Willen haben, zumindest dort, wo sie motiviert sein sollen, und dass ›Kausalität aus Freiheit‹ — eine Wendung Immanuel Kants — etwas anderes ist als mechanistische Determination.

Beratung diente seit jeher andererseits dazu, die Macht auf ihren inneren Widerspruch aufmerksam zu machen; Letzterem dienten Hofnarren, der institutionalisierte ›Advocatus Diaboli‹ oder Karneval und Fasching, bei denen Herrschaftsverhältnisse umgedreht wurden. Beide Beratungsrollen — sowohl die Bestätigung als auch die Konterkarierung — sind angesichts bestehender Macht nicht leicht auszuüben. Beide müssen zwischen Anpassung und Gegnerschaft jonglieren; jedenfalls dürfen sie nicht zu deutlich werden lassen, dass sie ihren Sinn einem Machtverzicht verdanken.

Beratung als Spielball und Spieler in mikropolitischen Spielen

Das Verhältnis von Macht und Beratung ist vielseitig: Auf der einen Seite werden die großen Expertenberatungen wie McKinsey, PWC, Kienbaum, Roland Berger usw. oft als Herrschaftsinstrumente des Managements (wenn nicht gar des ›Systems‹) erlebt. Auf der anderen Seite verstehen sich humanistische Beratungsformate wie Supervision oft geradezu als Foren des Empowerments, um die Mitarbeitenden für die machtpolitischen Arenen der Organisation zu stärken. Beratung kann sich also auf die eine oder auf die andere Seite der Macht schlagen — doch selbst wenn sie sich getreu dem Lehrbuchideal als un- oder allparteiisch versteht, gehören zu den Innovationsspielen der Macht auch Versuche von verschiedenen Seiten, Beratung für die eigenen Zwecke zu instrumentalisieren[55]. In politisch aufgeheizten Veränderungssituationen kann auch eine sich um Neutralität bemühende Beratung zumindest der einen oder anderen Seite zugerechnet werden — die Wahrheit liegt hier, wie so häufig, im Auge des Betrachters. Schon daher muss Beratung, um ihre Handlungsfähigkeit zu erhalten, immer wieder ihr Verhältnis zur Macht reflektieren.

FALLBEISPIEL

Fallbeispiel: Wie entsteht Coaching-Motivation?
(aus Ameln/Kramer/Stark 2009, S. 169)
Der Coach wird mit einem Mitglied des Vorstands im Fahrstuhl von dessen Direct Reports gesehen. Von diesen Direct Reports — ehemalige Coachees, deren Coaching-Prozesse beendet sind oder seit mehreren Monaten ruhen — laufen innerhalb der folgenden vier Stunden drei Anrufe ein: »Ich wollte mich mal wieder bei ihnen melden, wir sollten unbedingt mal wieder einen Coaching-Termin vereinbaren...« Offenbar bestand bei den betreffenden Führungskräften zum einen die Hoffnung, über den Coach an Insider-Informationen von der Unternehmensspitze zu gelangen; zum anderen sollte der Coach möglicherweise als Vehikel genutzt werden, um die eigene Agenda über inoffizielle Wege in die Vorstandsetage zu lancieren.

Jeder Berater kennt Versuche von Beratungsklienten und -klientinnen, ihn auf ihre Seite zu ziehen und gegen innerorganisationale Gegner in Stellung zu bringen. Diese Instrumentalisierungsversuche beginnen — mit oder ohne taktische Hintergedanken — bei der häufig zu hörenden Klage von Klienten auf allen Hierarchieebenen, sie seien eigentlich die falschen Gesprächspartner, stattdessen müssten ... (die Chefs, die Außendienstler, die Holding) sich verändern, weil... (worauf eine beliebig lange Klage über das Fehlverhalten der betreffenden Personen folgt). Auf diese Weise tut man nicht nur seine Sicht der Dinge kund, sondern bemüht sich auch, den Berater oder die Beraterin davon zu überzeugen, wie die Dinge ›eigentlich‹ stehen und wer infolgedessen für die Lösung der Probleme verantwortlich sei. Bisweilen nimmt diese versuchte Einflussnahme aber auch drastischere Formen an, wie im folgenden Fallbeispiel.

55 Weiterführende Überlegungen hierzu in Ameln (2013), Ameln/Kramer (2011), Ameln/Kramer/Stark (2009), Drevs/Jung (2014), Geßner (2001).

FALLBEISPIEL

Fallbeispiel: Ein gut gemeinter Hinweis

In einem Unternehmen der Einzelhandelsbranche findet eine Bereichsentwicklung statt. In einem ersten Workshop mit den Führungskräften sollen der Umgang mit Veränderungsprozessen und die Verbesserung der Kommunikation im Führungsteam thematisiert werden. Auf der Basis der Auftragsklärung mit Frau P., der Bereichsleiterin, erstellt der Berater ein Konzept für die Veranstaltung, das er Frau P. mit der Bitte um Rückmeldung für die finale Abstimmung schickt. Wenige Tage vor dem geplanten Termin meldet sich Frau P.'s Stellvertreter, Herr A., Frau P. sei in Urlaub und erst am Workshop-Termin wieder zurück, daher würde er die erbetene Rückmeldung geben.

Er habe sich die Planung durchgesehen und wolle darauf hinweisen, dass das geplante Thema ›Veränderungen‹ große Unruhe und Unzufriedenheit bei den Kolleginnen und Kollegen ausgelöst habe. Man sei durch die Veränderungen der letzten Jahre und die aktuelle Arbeitsüberlastung ohnehin schon über die Grenze des Möglichen hinausgegangen. Frau P. überfordere die Organisation mit Projekten, die nur ihrer Reputation, aber nicht dem Bereich dienten. Das wolle er dem Berater nur signalisieren — es sei wohl das Beste, wenn man nicht so intensiv auf das Thema Veränderungen einginge, da sonst zu erwarten sei, dass die Kolleginnen und Kollegen den Workshop verlassen.

Beratung als Wahrheitsstiftung

Ein häufig zu beobachtender Schachzug in den mikropolitischen Auseinandersetzungen innerhalb der Organisation kann darin bestehen, den Sichtweisen der verschiedenen Akteure eine privilegierte ›Wahrheit‹ entgegenzusetzen. Hier bietet sich der (zumindest vermeintliche) Expertenstatus eines Beratungs- oder Forschungsinstitutes mit der damit verbundenen Deutungsmacht an, die gewissermaßen im Spiel um die Legitimation den höchsten Trumpf bietet. So kann es beispielsweise in Veränderungsprozessen

> *»[...] nicht nur für das Management, sondern für eine ganze Akteurskonstellation legitimatorisch und Verhandlungs-entlastend sein, sich auf einen Experten zu berufen, der den konkurrierenden Gestaltungswünschen eine unbestreitbare — weil wissenschaftlich gesicherte — Wahrheit entgegenhält [...]. Ob dieses Wissen ›objektiv richtig‹ ist, oder auch nur irgendwelche anderen Effekte hat als subjektive Sicherheit bei Entscheidungsträgern zu steigern, ist eine völlig andere Frage. (Moldaschl 2001, S. 161)*

Diese vermeintliche ›Wahrheit‹ kann dann wiederum als Munition in mikropolitischen Auseinandersetzungen eingesetzt werden, wie im folgenden Abschnitt deutlich wird.

Beratung als Management- und Führungsersatz

Eines der Kernprobleme von Organisationen ist der Umgang mit Unsicherheit (→ Abschnitte 2.3 und 7.2). Wachsende Unsicherheit auf der Systemebene ist mit höherem Risiko auf der Entscheidungsebene sowie zunehmender Verantwortung und persönlicher Unsicherheit auf der Seite der Entscheidungsträger verbunden. Aus psychologischer wie machttaktischer Sicht ist es verständlich, wenn die Entscheider versuchen, diese persönlichen Unsicherheiten zu reduzieren und die Verantwortung für mögliche Fehlentscheidungen zu verteilen: »Hauptverantwortliche delegieren gern die Problembearbeitung an untergeordnete Instanzen oder an den Berater, um sich aus dem Prozess heraushalten zu können« (Wimmer 1995, S. 267). Auf diese Weise, so Kieser (2002, S. 32), »reduziert Beratung die Verantwortung der Manager. Für wichtige Projekte sind diese nicht mehr voll inhaltlich verantwortlich, sondern in erster Linie dafür, das richtige Beratungsunternehmen ausgewählt zu haben. Die Wahl eines großen und renommierten Beratungsunternehmens ist jedoch kaum angreifbar«. Hier liegt sicher einer — von vielen — Gründen für den hohen Marktanteil der großen Expertenberatungen.

In einem Umfeld, in dem die Unsicherheit des Entscheidens zunimmt und im selben Zug die tradierte Überlegenheitsvermutung gegenüber der Hierarchie ins Wanken gerät, kann das Inanspruchnehmen von Beratung durch das Management oder höhere Führungskräfte auch als indirektes Zugeständnis des eigenen Machtverlustes gelesen werden. Das gilt auch für jene, die nur Bestätigung wollen. Die Ergebnisoffenheit der Beratungssituation signalisiert die Aufgabe der Illusion von Kontrollierbarkeit (Heintel/van der Zouwen 2013, S. 400f.). Allein dadurch bekommt Beratung ein intimes Verhältnis zur Macht, in welcher Form auch immer. Von vornherein ist sie in sie verstrickt, ob sie es will oder nicht. Sie entkommt ihr schon deshalb nicht, weil ihre Existenz (-berechtigung) auf die Dialektik der Macht selbst zurückzuführen ist.

Die evidenten Selbstzweifel der Führungsmächte und die Hierarchiekrise sind nun zweifellos Grund für den Beratungsboom. Er ist aber auch maßgebend für eine gänzlich neue organisationspsychologische Situation, mit der wir in Beratungen konfrontiert werden und die frühere klassische Hierarchien nicht kannten. Darf Macht so offensichtlich an sich zweifeln, oder richtet sie mit dieser Aufrichtigkeit eher Schaden an, weil sie Angstabsorption damit verweigert?

Beratung als Kontrollinstrument

Für die Beteiligten liegt die Vermutung nahe, dass die Berater sich in erster Linie ihrem Auftraggeber verpflichtet fühlen. Beratung operiert mit ›geborgter‹, verliehener Macht. Dadurch wird man schnell als ›Werkzeug‹› ›Spion‹ oder Kontrolleur der Vorstände fantasiert, als jemand, der dafür bezahlt wird, ihre Vorstellungen durchzusetzen oder ihnen als Alibi zu dienen (insbesondere in Zeiten, in denen Organisationsentwicklung hauptsächlich dazu diente, Personalreduzierungen an ›geeigneter‹ Stelle vorzunehmen, kann diese Meinung über Beratung nicht verwundern), in jedem Fall aber als jemand, dem man angesichts seiner Nähe zur Macht mit Vorsicht begegnen und dessen Gunst man sich sichern sollte. Dabei muss man gar nicht in den Ruch eines ›Killerkommandos‹ kommen, das ›wegrationalisierbare‹ Organisationseinheiten oder Personen identifiziert, weil sich in der Organisation niemand allzu offensichtlich die Hände schmutzig machen will. Auch Projekte zur Leistungssteigerung, zur Optimierung von Prozessen usw. rufen bei den Mitarbeitenden immer die Vermutung hervor, das Management wolle ihnen durch die Brille der Beratenden in die Karten schauen, um verborgene Defizite und Schlendrian aufzuspüren (das gilt auch und vor allem für die interne Beratung).

Beratung als ›Opium fürs Volk‹

Beratung kann organisationalen Wandel unterstützen und dabei — getreu dem alten Programm der Organisationsentwicklung — Produktivitätssteigerungen auch auf dem Wege einer Verbesserung der Arbeitsbedingungen erreichen. Sie kann aber auch dazu beitragen, Unzufriedenheiten über unzureichende Arbeitsbedingungen zu kanalisieren und damit letztlich der Stützung des Systems und seinem Machterhalt dienen. Diese affirmative Kraft der Beratung wird zurzeit in Bezug auf Gesundheitsmanagementprogramme und Resilienztrainings diskutiert, die man als Beitrag zur Stärkung der Mitarbeitenden auffassen kann, aber auch als Abwälzen der Nebenfolgen krankmachender Rahmenbedingungen. Auch Beratungsformate wie Coaching, Supervision oder Teamentwicklung, so kann man es aus dieser Perspektive deuten, eröffnen einen räumlich, zeitlich und sozial ausgegrenzten Sonderbereich, der die persönlichen Unzufriedenheiten der Mitarbeitenden auffängt, ein Ventil für aufgestauten Unmut bietet und Themen, die die Organisation und ihre Machtstrukturen infrage stellen würden, von der offiziellen Kommunikation fernhält. Beratung kann in diesem Sinne auch als Appeasement-Strategie eingesetzt werden, die den Mitarbeitenden signalisiert, dass man sich um ihr Wohlergeben sorgt und ihre Sorgen ernst nimmt, ohne dabei die organisationalen Ursachen angehen zu müssen.

Beratung als Mittel zur Förderung der eigenen Karriere
Die Beauftragung von Beratung kann ein Mittel der organisationsinternen Machtakkumulation sein. Die Steuerung eines erfolgreich abgeschlossenen Veränderungsprojekts unter Beteiligung eines großen Beratungshauses kann karriereförderlich und — gerade in einer Zeit, in der die Gestaltung von Change-Prozessen zu einer Kernaufgabe des Managements geworden ist — ein relevantes Aufstiegskriterium sein.

9.2 Auftragsklärung zwischen Rationalität und Rationalitätsfiktion

Die Auftragsklärung nimmt in der Literatur zum Thema Change Management / Organisationsentwicklung (OE) eine zentrale Rolle ein. Sie ist »die Grundlage eines OE-Prozesses«, ja »der Schlüssel zum Erfolg der OE« (beide Zitate aus Schiersmann/Thiel 2013, S. 27, wo sich auch eine ausführliche Zusammenstellung von Fragen für die Kontakt- und Kontraktphase findet). Die Beratungspraxis zeigt, dass im Prozess auftretende Unwuchten häufig auf Unklarheiten im Auftrag zurückgehen und dass eine gründliche Vorabklärung bzw. anlassbezogene Nachklärung des Auftrags sehr hilfreich sein kann, um Blockaden, Sackgassen, Um- und Irrwege im Prozess aufzulösen. Wir können hier keine vollständige Einführung in das Thema Auftragsklärung leisten und müssen auf die einschlägigen Lehrbücher, wie das schon erwähnte Werk von Schiersmann und Thiel, verweisen — im Kasten sind nur einige spezifisch auf das Thema Macht bezogene Fragen aufgeführt.

LEITFRAGEN

Fragen für die Auftragsklärung

- Wer befürwortet das Veränderungsprojekt, wer ist skeptisch, wer offen dagegen?
- Wer würde von den geplanten Veränderungen profitieren, wer eher von der Aufrechterhaltung des Status quo?
- Wie sind die Erfahrungen aus vorhergehenden Veränderungsprojekten?
- Wie ist das Verhältnis zwischen den Hierarchieebenen? Inwieweit gibt es eine Vertrauenskultur als Grundlage für einen Verständigungsprozess?
- Welche Entscheidungen sind gesetzt, welchen Raum für Partizipation gibt es?
- Welche Machtfragen können sich aus der Sicht der Auftraggeber/innen als für den Prozess hinderlich erweisen?

- Welche Rollen und Aufgaben hat Beratung aus Ihrer Sicht, welche Rollen und Aufgaben haben Sie selbst, was braucht es, damit beides optimal zusammenspielen kann?
- Welche zeitlichen Ressourcen stehen für Absprachen, Rückmeldungen, Reflexionen zwischen Management und Berater/innen zur Verfügung? Welche institutionalisierten Formate gibt es für die Zusammenarbeit?
- Wie sollen die Berater/innen mit kritischen Rückmeldungen der Mitarbeitenden in Bezug auf den Prozess / die Auftraggeber / die Führungskultur / die Rahmenbedingungen umgehen?
- Ist kritisches Feedback der Berater/innen an die Auftraggeber Teil des Auftrags?

In dem mantraartigen Ruf nach Auftragsklärung drückt sich aber auch die Hoffnung aus, man könne die Rationalität des Prozesses durch professionell gestaltete Kommunikation gewährleisten. Ein Beratungskonzept, das die Möglichkeiten der Auftragsklärung nicht übermäßig optimistisch, aber auch nicht allzu pessimistisch sieht, versucht Aufträge so eingehend wie möglich zu klären und bei Störungen im Prozess eine Nachklärung einzuleiten, rechnet aber auch mit der begrenzten Rationalität der Zusammenarbeit im Beratungssystem und ist sich der latenten Funktionen von Beratung sowie möglicher Hidden Agendas seitens des Kundensystems bewusst.

EXKURS

Wie erkennt man Hidden Agendas und wie reagiert man darauf?

›Latente Funktionen‹ und ›Hidden Agendas‹ sind keine objektiven Tatbestände, sondern Deutungen des Beraters. Es gibt aber einige Anzeichen dafür, dass in einem Beratungsprozess neben der offiziellen Zielsetzung noch andere Absichten eine Rolle spielen (vgl. auch Drevs/Jung 2014):

- Der Auftraggeber nimmt sich keine Zeit für die Auftragsklärung.
- Der Auftraggeber ist für Rückfragen nicht erreichbar.
- Die Zielsetzung ist schwammig, nicht greifbar oder nicht nachvollziehbar (über das häufig verbleibende gesunde Maß an Unklarheit in der Auftragsklärung hinaus).
- Es werden Doppelbotschaften gesendet.
- Der Auftraggeber trifft nicht die für den Prozess notwendigen Richtungsentscheidungen.
- Nötige Ressourcen werden spät oder gar nicht zur Verfügung gestellt, Vereinbarungen werden nicht eingehalten.
- Die Prozesssteuerung wird an nicht entscheidungsfähige Personen delegiert.

- Der Auftraggeber ist unzufrieden, obwohl die vereinbarten Ziele des Prozesses erreicht wurden.

Bei diesen Punkten handelt es sich natürlich nur um Indizien zur Hypothesengenerierung, die mit Vorsicht zu deuten sind. Es liegt im Wesen einer Hidden Agenda, dass sie letztlich im Verborgenen bleibt. Bei Verdachtsmomenten, die auf Hidden Agendas hinweisen, bieten sich folgende Reaktionsmöglichkeiten an:

- sozial anschlussfähig Transparenz schaffen (Reaktanz vermeiden)
- Hypothesen kommunizieren (Sachzwänge herstellen, ohne direkten Druck zu erzeugen)
- Allianzen bilden (Befürworter gewinnen)
- Steuerungs- und Initiativgruppen bilden (beeinflussbare Strukturen aufbauen)
- Vertragsarbeit (Legitimation für das eigene Vorgehen schaffen)
- wohlwollendes Begleiten (an die Akteure anpassen)
- Mandatsrückzug androhen (Konsequenzen aufzeigen, Druck erzeugen)

9.3 Die Macht der Beratung und wie man damit umgeht

In den Machtspielen der Organisation sind Beratende nicht nur außenstehende Unbeteiligte — Beratung kann (aktiv oder passiv) Teil des Machtspiels sein. Der Berater arbeitet vor allem mit ›geliehener Macht‹: Er kann zwar keine Entscheidungen treffen, hat aber Einfluss auf Entscheidungen des Auftraggebers. Er wird unter Umständen als ›verlängerte Hand‹ des Auftraggebers wahrgenommen und kann im Zweifelsfall dessen Sanktionsmacht mobilisieren. Die Frage, inwieweit er darüber hinaus Macht haben darf oder sollte, ist umstritten. König (2007, S. 47f.) unterscheidet in diesem Zusammenhang zwischen inhaltlicher Macht und Prozessmacht:

> *»Damit Beratung überhaupt möglich ist, muss eine Beraterin Prozessmacht besitzen, d. h. sie muss das Recht haben, den Beratungsprozess zu steuern. Damit andererseits Beratung auch ›Beratung‹ (als Hilfe zur Selbsthilfe) bleibt und nicht unter der Hand zu Manipulation wird, darf sie keine inhaltliche Macht besitzen, d. h. den Klienten nicht zu inhaltlichen Handlungen veranlassen.«*

Nach anderen Stimmen müssen Berater und Beraterinnen aktiv Macht gewinnen und nutzen, um die Beratungsziele zu erreichen. Boogers-van Griethuijsen, Emans, Stoker und Sorge (2006) haben verschiedene Formen von Beratermacht zusammengestellt (Abb. 17).

Kategorie	**Mögliche Machtquellen externer Berater/innen**	**Qualifikationen**
Eigenschaften	Expertenmacht	Macht auf der Basis zugeschriebenen oder gezeigten Wissens oder Erfahrung, bezogen auf die Branche der Klientenorganisation und den Inhalt des Veränderungsprojektes
	Persönliche Macht	›Chemie stimmt‹ zwischen den Mitgliedern der Kundenorganisation und dem Berater
	Macht, die auf der Reputation des Beratungsunternehmens basiert	Bekanntheit des Firmennamens, nützlich zu Beginn des Projektes
	Macht, die auf Statussymbolen der Profession basiert	Nützlich zu Beginn des Projektes, wegen der dadurch geweckten Erwartungen
	Indirekte formale Macht	Überstrahlen der formalen, hierarchischen Macht des Auftraggebers auf den Berater
Abhängigkeiten	Netzwerkmacht	Netzwerk von Kontakten des Beraters, die für Mitglieder der Kundenorganisation wertvoll sind
	Tauschmacht	Zurverfügungstellen von Wissen im Austausch für die Unterstützung des Veränderungsprojekts
	Belohnungsmacht	Positives Feedback
	Sanktionsmacht	Negatives Feedback
Fähigkeiten	Macht der Überzeugungsfähigkeit	Aufzeigen der Vorteile von Vorschlägen, Verwendung von Beispielen usw.
	Macht auf der Basis kommunikativer Fähigkeiten	Übernahme der Sprache, Verstehen des Jargons der Klienten usw.
	Macht auf der Basis analytischer Fähigkeiten	Nicht nur die Analyse selbst, sondern auch die Übersetzung in die Praxis

Abb. 17: Machtquellen externer Berater (nach Boogers-van Griethuijsen et al. 2006, S. 319)

Stellt man im Sinne des in Abschnitt 1.4 Gesagten in Rechnung, dass die Macht eines Beraters nicht etwas ist, das er oder sie ›hat‹ oder nicht hat, sondern eine Konstruktion der Akteure im Kundensystem darstellt, wird deutlich, dass die im Selbstverständnis der Beratung verankerte ›Machtneutralität‹ nicht existiert. Der Berater trifft immer schon auf ein Feld von Zuschreibungen, Vorerfahrungen mit vorausgegangenen Beratungsprozessen, gesellschaftlichen Stereotypen über Beratung usw. Die Machtzuschreibung an Berater wird durch strukturelle Asymmetrien unterstützt (Baumann 1993, S. 93), z. B. Fachjargon, Wissensvorsprünge, Kleidung, einen bestimmten Habitus im Auftreten usw. Diese Kompetenzanmutung stellt eine wichtige Ressource für den Akquiseerfolg, aber auch für das Standing des Beraters im Beratungsprozess dar. Entsprechend geben die älteren Consultants in der Interviewstudie von Boogers-van Griethuijsen et al. (2006) häufiger an, dass die Kunden ein gewisses Maß an Expertise voraussetzen, ohne irgendeinen Nachweis sehen zu wollen. In den selbstverständlichen Symboliken der Beratung zeigt sich somit der Status und Machtanspruch der Beratung, etwa wenn Seniorberater mit dem Vorstand essen gehen oder ohne Termin in sein Büro kommen (ebd., S. 321).

Sein Expertenstatus sowie die damit verbundenen Asymmetrien und Symboliken konstituieren die Macht des Beraters, indem man ihm die Hoheit über den Prozess, aber auch eine gewisse inhaltliche Deutungsmacht zubilligt: »Man erkennt nicht jemanden als Autorität an, weil man glaubt, daß er von der Sache her Recht hat, sondern weil man jemanden als Autorität anerkennt, glaubt man, daß er auch in der Sache Recht hat« (Baumann 1993, S. 99). Gerade in schwierigen Beratungssituationen, z. B. bei in Workshops aufbrechenden Konflikten, muss der Berater darauf setzen, dass seine Rollenmacht nicht infrage gestellt wird, um die Prozesshoheit in der Hand zu behalten.

Auf der anderen Seite steht er in einem ähnlichen Spannungsfeld wie Führungskräfte: Ohne Machteinsatz droht ihm der Steuerungsverlust, erscheint er jedoch als machtmotiviert, läuft er Gefahr, das Vertrauen der Klienten als wichtigste Ressource seines Handelns zu verlieren. In diesem Sinne sehen Boogers-van Griethuijsen, Emans, Stoker und Sorge (2006, S. 325) Macht sowohl als Voraussetzung als auch als Hindernis für die Beratungstätigkeit.

Der Berater braucht die geborgte Macht, muss aber zugleich dafür sorgen, dass sie nicht mit der innersystemisch-hierarchischen verwechselt wird. Das ist ein Balanceakt, der nicht durch Erklärungen und Klarstellungen vor Beginn erledigt werden kann. Es sind Prozesse, Architekturen, gezielte Maßnahmen, die eine immer mögliche Zwiespältigkeit bewältigen lassen und hier die eigentliche Macht von Beratung zum Vorschein bringen, nämlich über die Herstellung von Transparenz Vertrauen zu erlangen, auch dadurch, dass sie ihre Art der Macht im Sinne dieser Prozesskompetenz zur Darstellung bringt. Die Kunst besteht hier — wie auch im Fall von Führung — darin, die Balance zwischen Macht und Einfluss zu halten und die Gewichtung von Vertrauensaufbau, Überzeugungsarbeit und Verhandlungsansatz auf der einen und Klarheit und Durchsetzung auf der anderen Seite situativ immer wieder neu auszubalancieren.

Die Beraterhaltung zu Fragen von Macht und Ethik (Heintel/Krainer/Ukowitz 2006) ist dabei ein Schlüsselfaktor der eigenen Wirksamkeit, wie im folgenden Abschnitt deutlich wird.

9.4 Umgang mit Machtdynamiken in der Beratung

Macht ist ein heikles Thema. Die Thematisierung von Machtaspekten in der Beratung kann helfen, lange tabuisierte Kernfragen der Organisation zu klären, sie kann aber auch destruktive, den Abbruch des Prozesses überdauernde Konflikte auslösen. Für einige Berater und Beraterinnen mag die Explosivität des Themas Grund genug sein, ein In-den-Blick-nehmen der Macht im Beratungsprozess unter allen Umständen zu vermeiden, auch wenn dies sachlich geboten wäre. Für andere kann das heikle Thema Macht einen ganz eigenen Reiz bieten: die Möglichkeit, eine ›Tiefendimension‹ auszuloten, die den Reiz des Riskanten, Ungewissen und Herausfordernden hat. Bei wieder anderen in der Beratung Tätigen löst das Thema Macht einen quasi-missionarischen Impuls aus, den eigenen Wertvorstellungen Geltung zu verschaffen — in einem solchen (bewussten oder vorbewussten) Selbstverständnis mag die Aufgabe von Beratung darin liegen, den Arbeitnehmern dazu zu verhelfen, die Fesseln ihrer Unterdrückung abzustreifen und eine egalitäre Organisation zu errichten.

Hier gilt es, die eigene Haltung zum Thema Macht zu hinterfragen, um den eigenen Motiven und ›Brillen‹, durch die man auf das Thema schaut, auf die Spur zu kommen.

Die erste für den Umgang mit Machtdynamiken in der Beratung relevante Frage lautet also:

MERKE

Wie stehe ich persönlich zum Thema Macht? Was ›kitzelt‹ mich, was schreckt mich ab? Was bedeutet das für meine Beratungsintervention?

Diese Brillen, d. h. lebensgeschichtlich erworbene Muster und Leitunterscheidungen des Beobachtens sind schon dafür entscheidend, ob man beim Blick auf den Beratungsprozess überhaupt ein Machtthema sieht oder nicht. Dass es in einer Auseinandersetzung unterschwellig um Macht geht, dass das Thema Macht im Kundensystem vermieden wird, dass man über Macht reden müsste, um zum ›Eigentlichen‹ vorzudringen — solche Diagnosen, Interpretationen und subjektiven Theorien sind immer subjektive Produkte des Beobachters, auch wenn Beobachter dazu neigen, ihre Wahrnehmungen und Lösungsmodelle zu verobjektivieren. In der Planungsphase eines Veränderungsprozesses oder wenn während eines Beratungsprozesses Probleme manifest werden, die mit Machtaspekten in Beziehung zu stehen scheinen, stellt sich insofern die zweite Frage:

MERKE

Geht es überhaupt um Macht? Welche alternativen Deutungen für die Phänomene, die ich im Kundensystem beobachte, kommen infrage?

Hier sollte sich der Berater rückversichern, indem er seine Deutungen dem System zur Verfügung stellt (siehe unten unter Aufgabe 2). Erscheint es plausibel, die Dynamik im Kundensystem als Machtphänomen zu deuten, müssen weitere Entscheidungen getroffen werden, nämlich *ob* Macht überhaupt im Rahmen der Beratung thematisiert werden sollte, *wie* (d. h. in welchen Formaten, wann, mit wem, mit welcher Vorgehensweise) dies geschehen könnte und welche Erfolgschancen eine solche Intervention hätte. Erfolg versprechend kann eine Intervention nur sein, wenn sie — systemisch gesprochen — ›angemessen verstörend‹ wirkt[56]. Erfolg und Wirkung eines Interventionsversuchs der Beratenden sind nicht linear-kausal planbar. Das System entscheidet selbst, ob es sich dadurch dazu anregen lässt, eigene Information zu konstruieren (die dann aber eben die systemeigene Information ist und nicht eine im alten kommunikationstheoretischen Sinne ›übertragene‹) oder eben nicht. Das Postulat der angemessenen Verstörung bedeutet, dass Interventionsversuche einerseits für das System *anschlussfähig* sein müssen (sonst werden sie abgewehrt, ignoriert oder vergessen), andererseits aber eine Verstörung produzieren müssen, um das System ›aus der gewohnten Spur‹ zu bringen. Der dritte Fragenkomplex lautet also:

---

56 Die Grundzüge der systemischen Organisationsberatung können hier nicht näher erläutert werden — vgl. dazu Ameln (2015a, b), Groth/Wimmer (2004), Königswieser/Hillebrand (2011), Zech (2013).

MERKE

Müssen Machtfragen auf den Tisch gebracht werden? Oder ist es besser, schlafende Hunde schlafen zu lassen? Wie könnte eine angemessen verstörende Arbeit an Machtdynamiken konkret aussehen?

Eine Intervention ist nicht immer besser als keine Intervention — wobei ›nicht intervenieren‹ ohnehin nicht möglich ist. Auch wenn Macht nicht vordergründig zum Thema gemacht wird, werden sich die Machtstrukturen im System im Zuge des Beratungsprozess in einem gewissen Maße neu ausbalancieren.

Zu den wichtigsten Elementen der beraterischen Grundhaltung gehört die Demut im Hinblick auf die begrenzte Wirkmächtigkeit der eigenen Intervention (auch ein Aspekt, der mit Macht zu tun hat!). Erstens sind Macht und die Auseinandersetzung um die Macht nicht nur fest in die Organisation, sondern in die Gesellschaft und die Conditio humana eingeflochten und erfüllen auch wichtige Funktionen (→ Abschnitt 3.1). Die (bewusste oder unbewusste) Hoffnung, durch Beratung eine heile Welt, frei von hässlicher Mikropolitik, schaffen zu können, ist insofern — so hilfreich Beratung sein mag — ein Ausdruck von Sozialromantik, der niemandem weiterhilft. Zweitens ist die Fantasie, eine Organisation mit wenigen beraterischen Interventionen nachhaltig von jahrzehntelangen (vermeintlichen) Pathologien ihres Umgangs mit Macht kurieren zu können, entweder ein Ausdruck maßloser Selbstüberschätzung oder ein rarer Glücksfall, der sicherlich weniger der Beratung als den von ihr angeregten ›Selbstheilungskräften‹ der Organisation zugerechnet werden sollte. Wer die in Organisationen verbreiteten Machbarkeitsvorstellungen von Managern und Führungskräften als Ausdruck einer machttrunkenen Selbstbezogenheit und eines unterkomplexen Organisationsbildes belächelt, tut gut daran, das eigene Denken und die dahinter stehenden stillschweigenden Annahmen über die Machtmöglichkeiten des eigenen Wirkens auf ebendiese blinden Flecke hin zu hinterfragen. Diese skeptisch-selbstkritische Haltung spricht nicht gegen die im Folgenden aufgezeigten Interventionsmöglichkeiten, sondern ist die andere Seite der Medaille, die einen wichtigen Bestandteil der eigenen Professionalität darstellt.

Aufgabe 1: Die Macht an Bord holen

Fehlende Einigkeit sowie mangelnde Unterstützung des Managements in Bezug auf das Veränderungsprojekt gehören zu den größten Hindernissen im Change Management (→ Abschnitt 8.6): Die Leitung gibt den Auftrag, dabei mitzuhelfen, die Organisation zu verändern, rechnet sich aber seltsamerweise nicht dazu. Die erste Aufgabe des Beraters in einem Veränderungsprozess besteht daher darin, das Commitment der Entscheidungsträger sicherzustellen und eine gemeinsame Ausrichtung zu schaffen. Hierzu ist es sinnvoll, in der Vorbereitungsphase des Veränderungsprojektes intensiv an dieser gemeinsamen Ausrichtung zu arbeiten (Leitfragen hierfür im nachfolgenden Kasten, weitere Anregungen in Abb. 10 und Abb. 16). Auch wenn die Zielformulierung auf den ersten Blick klar erscheint, erweist sich dennoch im späteren Prozess häufig, dass die Beteiligten damit ganz unterschiedliche Vorstellungen verbinden, dass die einzuschlagenden Lösungswege unvereinbar sind, dass latente Konflikte eine Einigung erschweren, dass die Geschäftsführung unterschiedliche Signale in die Organisation sendet usw. Auch im weiteren Prozess sollte die Prozessarchitektur regelmäßige Reflexionen mit der Steuerungsebene vorsehen.

In dieser Begleitung durch die Beratung offenbart sich ein erneuter, mit Macht zusammenhängender Widerspruch: Für viele Beratungsaufträge, sollen sie erfolgreich sein, braucht man einerseits die ›Macht der Spitze‹; zumindest in Aufträgen, die das gesamte System oder wesentliche Teile betreffen (z. B. Strategieentwicklung, Organisationsentwicklung und Umstrukturierung, Fusionsprozesse etc.). Das heißt aber, die ›Spitze‹ muss sich am Prozess beteiligen, richtungsgebende Entscheidungen treffen und mittels der eigenen Rollenmacht durchsetzen. Es ist eine wichtige Aufgabe der Beratung, Machtfacetten und -ansprüche zu klären, auch Führungskräften die Scheu vor der notwendigen Ausübung von Macht zu nehmen.

Das Management muss aber andererseits auch Diagnosen akzeptieren, sich vor seine Mitarbeitenden hinstellen und auch über seine Machtgrenzen Auskunft geben. Dieses notwendige Involvement verunsichert und relativiert Macht, vor allem dann, wenn in den zu erwartenden Veränderungen lieb gewordene Identifikationen auf dem Prüfstand stehen. Die eigene Selbstrelativierung führt zur Selbstermächtigung anderer; diese aktiviert und setzt Energien frei. Damit stellt sich die bestehende Organisation in eine ›Selbstdifferenz‹ zu sich selbst, die ihr ganzes Gefüge zur Disposition stellt. Genau davor hat aber die bestehende Macht Angst; sie würde gerne im Kern unverändert in die neue Situation übertreten. Dabei übersieht sie aber meistens, dass ganz neue Formen einer Machtausübung, vielleicht auch andere Positionierungen verlangt werden, wenn die Veränderungen gelingen sollen.

Eine wichtige Frage in dieser Arbeit lautet, wie die Glaubwürdigkeit des Managements und der Führungskräfte in ihrer Rolle als Promotoren des Wandels sichergestellt werden kann. Beispielsweise wäre es hilfreich, wenn die Führungskräfte die neuen Erwartungen (Transparenz, Kundenfreundlichkeit oder wie auch immer die Überschrift über dem Veränderungsprozess lautet) selbst beachten würden und das Topmanagement z. B. bei der Einführung eines Führungskräfteentwicklungsprogramms selbst als erste Kohorte teilnehmen würde. Neben dieser vielzitierten Vorbildfunktion geht es aber auch um eine einheitliche Positionierung gegenüber der Organisation, die die Wichtigkeit der anstehenden Veränderungen betont sowie auf Abweichungen (›Widerstand‹) einheitlich und kompetent reagiert (was nicht unbedingt den sofortigen Einsatz der ›Machtkeule‹ bedeutet).

LEITFRAGEN

Reflexionsfragen für die Arbeit mit der Entscheiderebene

- Welche Vision verfolgen wir mit dem Veränderungsprojekt? Wie soll die Organisation in fünf Jahren konkret aussehen?
- Welche konkreten Ziele leiten sich daraus ab? An welchen Indikatoren wäre erkennbar, dass diese Ziele erreicht sind?
- Wie verändern sich im Zuge des Prozesses unsere Aufgaben und unsere Zusammenarbeit? Sind wir bereit, uns auf diese Veränderungen einzulassen?
- Worin besteht unsere Aufgabe als Führungsteam (nicht nur als Einzelpersonen!) in diesem Projekt?
- Wie können wir sicherstellen, dass wir in Bezug auf das Projekt mit einer Stimme sprechen? Wie können wir uns Feedback aus der Organisation und von den Berater/innen darüber holen, wie unser Auftreten erlebt wird?
- Was müssen wir tun, wo müssen wir uns verändern, um als Promotoren des Wandels glaubwürdig zu sein?
- Welche Stolpersteine für unsere Zusammenarbeit könnten uns im Prozess begegnen, mit welchen offenen Themen und Konfliktpotenzialen unter dem Teppich (z. B. Macht, Konkurrenz, unterschiedliche Persönlichkeiten und strategische Vorstellungen) müssten wir uns ggf. auseinandersetzen?

Wenn Macht nicht nur als Durchsetzungs-, sondern auch als Gestaltungs- und Symbolmacht verstanden wird, ist es darüber hinaus wichtig, eine fortlaufende *Management Attention* als Zeichen für die Bedeutung des Projektes zu signalisieren, etwa indem ein Mitglied der Geschäftsführung die Sinnhaftigkeit des Prozesses zu Beginn eines Workshops in einem kurzen Eingangsstatement darlegt, indem ein Werksleiter im Rahmen eines Change-Management-Seminars mit Meistern und Vorarbeitern beim Kaminabend für Fragen und Sorgen zur Verfügung steht oder indem die oberen Führungskräfte in einer Veränderungssituation durch ›Management by walking around‹ in der Organisation Präsenz zeigen und in den persönlichen Dialog mit den Mitarbeitenden gehen.

Aufgabe 2: Reflexion der Machtdynamiken in der Kundenorganisation anstoßen und unterstützen

Wie zu Beginn von Kapitel 8 gezeigt, scheitern Veränderungsprozesse häufig an dysfunktionalen Machtdynamiken. Mit ihrem Wissen über Machtphänomene kann Beratung — z. B. in der Konzeptionsphase eines Veränderungsprozesses — das Kundensystem darin zu unterstützen, einen konstruktiven Umgang mit Macht zu finden. In dieser Hinsicht ist der Berater

> *»[…] Analytiker der Machtverhältnisse und der Machtspiele. Er findet in Sondierungsgesprächen heraus, woraus die Akteure ihre Macht ableiten. Er analysiert, wer in den ›Machtarenen‹ mit welchen Interessen mitspielt, welche ›Spielzüge‹ typisch für die Machtspiele sind und welche Unsicherheitszonen die Akteure beherrschen.« (Kühl/Schnelle 2001, S. 20)*

Der Berater wird aber nicht lediglich seine Beobachtungen machen und dem System dann als Spiegel der ›wahren‹ Machtdynamiken zur Verfügung stellen, sondern das System zu einer wertfreien Reflexion über die Machtdynamiken des Unternehmens einladen und in einen gemeinsamen Deutungsprozess einbinden.

Bei jeglicher Deutungsarbeit muss stets bewusst sein, dass es sich um Hypothesen handelt und dass jede sich als objektiv missverstehende Diagnostik Gefahr läuft, die beobachteten Dynamiken im Zuge selbsterfüllender Prophezeiungen selbst herzustellen.

Bei der Entwicklung einer Veränderungsarchitektur ist genau zu bedenken, wann welche Partizipationsmöglichkeiten eröffnet werden und welche Entscheidungen Top-down getroffen werden sollen (→ Abschnitt 8.6). Der oder die Beratende kann die Erstellung einer Stakeholder-Analyse unterstützen. Er bzw. sie kann die ungeschriebenen kulturellen Regeln analysieren, die unterschwellig bestimmen, wie in der Organisation mit Macht umgegangen wird (entweder im Rahmen einer systematischen Kulturanalyse oder als Schilderung der aus der Fremdbeobachtungsperspektive gewonnenen Eindrücke). Solange sich dabei, wie im Fall der Stakeholder-Analyse, der Blick auf ›die anderen‹ richtet, sind Machtverhältnisse leicht zu reflektieren.

Viel voraussetzungsreicher ist es, wenn die Klienten nicht als Beobachter, sondern als Mitspielende (und potenzielle ›Täter‹) im mikropolitischen Geflecht der Organisation in die Betrachtung rücken, etwa wenn der Berater mit den Key Playern in Topmanagement und Steuerungsgruppe im Coaching ihre Selbstbilder, Werte und Beobachtungen zum Thema Macht herausarbeitet, um blinde Flecke zu entdecken und an ihrem Auftreten in der Rolle als Gestaltende von Veränderung zu arbeiten. Spätestens an dieser Stelle zeigt sich dann:

Macht ist kein Thema wie jedes andere. Macht ist — organisationswissenschaftlich gesprochen — ein *Latenzphänomen.* Damit ist gemeint, »[...] daß Bewußtheit bzw. Kommunikation Strukturen zerstören bzw. erhebliche Umstrukturierungen auslösen würde, und daß diese Aussicht Latenz erhält, also Bewußtheit bzw. Kommunikation blockiert« (Luhmann 1984, S. 459). Das heißt: Man spricht üblicherweise nicht über Macht, und wenn man es tut, dann nur außerhalb des offiziellen Protokolls im kleinen Kreis oder mit Außenstehenden. Hier liegt natürlich eine Chance des Beraters, der — eine entsprechende Vertrauensbeziehung vorausgesetzt, die bei diesem Thema noch wichtiger als ohnehin schon ist — als Außenstehender und nicht in die Machtstrukturen Verstrickter mit den Klienten ihr Erleben in diesen Machtstrukturen thematisieren kann. Gerade beim Thema Macht, das alle bewegt (weil die eigene Macht an Grenzen gerät oder man sich als ›Opfer‹ der Macht erlebt) und das innerhalb der Organisation nicht offen thematisiert werden kann, gibt es ein großes Interesse an kompetenten Zuhörern und Ratgebern; entsprechend nutzbringend wird eine solch tiefere Reflexion meist erlebt.

Der Latenzbegriff meint aber nicht nur, dass ein Thema in der Kommunikation tabuisiert wird. Er kann — wie in dem Luhmann-Zitat schon angesprochen — auch bedeuten, dass der unter Latenz gestellte Aspekt im System gar nicht wahrgenommen wird. Hier weist der soziologische Begriff enge Bezüge zu Freuds Konzept des Unbewussten und seiner Abwehrmechanismen wie der Verdrängung oder der Verleugnung auf. Latenz hat also eine strukturschützende Funktion — daher kann eine Beratung in selbsternannter ›aufklärerischer‹ Mission für die Organisation durchaus schädlich sein und es bedarf einer Abwägung, mit welchen latenten Dimensionen eine Organisation konfrontiert werden kann (Wimmer 1995, S. 255f.).

Wie kann nun das Ausgeblendete in die Beobachtung wiedereingeführt werden? Zum einen kann der Berater seine Wahrnehmung der Machtdynamiken in der Organisation als *direktes Feedback* einbringen. Natürlich ist dies ein heikles Vorhaben, das eine gefestigte Vertrauensbeziehung und hohe Sensibilität seitens des Beraters voraussetzt, um inhaltlich anschlussfähig zu bleiben und nicht die Abwehrmechanismen der Organisation zu mobilisieren, Vertraulichkeitsgebote nicht zu verletzen, niemanden bloßzustellen und die Kundenbeziehung nicht aufs Spiel zu setzen. Gerade im Vier-Augen-Gespräch, in Coaching-Situationen, in der Arbeit mit Steuerungsgruppen oder internen Beratungseinheiten ist eine solche direkte Rückmeldung aber nicht nur möglich, sondern unter Umständen sogar Teil des Auftrags und professionell geboten. Eine mit Fachwissen, diagnostischen Kompetenzen und Berufserfahrung gesättigte, vor allem aber von Respekt und kritischem Wohlwollen geprägte Rückmeldung kann für das Klientensystem ausgesprochen hilfreich sein.

Gleichzeitig muss sich der Berater der mit seiner Expertenrolle verbundenen Deutungsmacht bewusst sein und Rückmeldungen zu Machtphänomenen als Deutungsangebot und nicht als Tatsache formulieren. Das systemische *Reflecting Team*[57] (zwei Berater unterhalten sich in Anwesenheit der Klienten über ihre Wahrnehmungen und Deutungen) bietet hierfür einen gut geeigneten Rahmen. Wenn die Arbeit im Beratertandem nicht möglich ist, kann der Berater seine eigenen konkurrierenden Deutungen im Sinne eines ›einerseits — andererseits‹ anbieten.

Dass Erkenntnisse, zu denen man selbst gelangt ist, nachhaltiger wirken, ist eine Binsenweisheit der Beratung. Insofern kann es sinnvoll sein, Arrangements anzubieten, die es dem Klientensystem ermöglichen, sich und seine Machtdynamiken selbst zu beobachten. Dabei eignen sich *handlungsorientierte Beratungsmethoden* in besonderer Weise, um latente Dynamiken der Beobachtung zugänglich zu machen (Ameln/Kramer 2016, S. 39ff.). Sie basieren auf dem Prinzip, die latenten Dynamiken des Klientensystems auf einem vermeintlichen ›Umweg‹ über die symbolische Ebene in ein szenisches Arrangement zu übersetzen. Einige Beispiele für die Reflexion von Machtdynamiken mit handlungsorientierten Methoden sind im folgenden Exkurs aufgeführt.

EXKURS

Machtdynamiken in Bewegung bringen

Systemaufstellungen

Bei dieser Methode (Ameln/Kramer 2016, S. 271ff.) wird die Dynamik eines Systems (z. B. einer Abteilung oder einer gesamten Organisation), so wie ein Fallgeber bzw. eine Fallgeberin sie wahrnimmt, mithilfe von Stellvertretern im Raum abgebildet. Räumliche Abstände, Zu- bzw. Abgewandtheit, Gesten usw. stellen die Beziehungen der repräsentierten Personen oder Organisationseinheiten zueinander auf metaphorische Weise dar. Aus den Rückmeldungen der Stellvertreter über ihr Erleben an der jeweiligen Position (z. B. »Ich fühle mich hier randständig, ausgeschlossen und allein gelassen«) lassen sich dann auch Hypothesen über die Machtkonstellationen im dargestellten System und ihre Wirkungen auf die Akteure ableiten. Systemaufstellungen finden typischerweise in offenen Seminaren statt — als Stellvertreter fungieren dann Mitglieder der Seminargruppe, die nicht mit den Heimatorganisationen der Fallgeber vertraut sind. Die Durchführung von Systemaufstellungen mit Mitgliedern des Systems selbst

57 Meinem geschätzten Kollegen Johannes Groß verdanke ich den schönen Begriff ›Respecting Team‹, der die Geisteshaltung der Methode wunderbar zum Ausdruck bringt (F.v. Ameln).

(z. B. im Rahmen eines internen Workshops) setzt eine andere, methodisch und konfliktdynamisch sehr viel anspruchsvollere Arbeitsweise voraus.

Planspiel / Soziodrama

Während Systemaufstellungen quasi eine ›Momentaufnahme‹ der Machtverhältnisse in der Organisation darstellen, lassen sich mit Planspielen (ebd., S. 149ff.) Systemdynamiken im Zeitverlauf simulieren. Sie abstrahieren von den Befindlichkeiten der Systemmitglieder und machen deutlich, welche typischen Dynamiken sich aus dem Zusammenspiel bestimmter Rollenkonstellationen unter bestimmten äußeren Bedingungen entwickeln. Für den Fokus auf diese Systemdynamik sind *offene Planspiele* am geeignetsten, die dem Soziodrama (ebd., S. 121ff.) nahestehen. Mit dieser Methodik hat einer der Autoren im Rahmen eines Kongresses z. B. mit Macht in Verbindung stehende Problemlagen der kirchlichen Gemeindeberatung simuliert: Die Teilnehmergruppe wird aufgeteilt, jeweils einige Personen übernehmen die Rolle der Berater, des Bistums, der Pfarrgemeinderäte und anderer für die Systemdynamik relevanter Akteursgruppen. In der teils freien, teils durch die Interventionen der Leitung strukturierten und katalysierten Interaktion zwischen diesen Gruppen entfaltet sich dann eine Spieldynamik, die im Anschluss gemeinsam reflektiert wird, um gegenseitige Wahrnehmungen, Erwartungen und Vorurteile, typische Kommunikationsmuster und mikropolitische Schachzüge usw. herauszuarbeiten. Ein weiteres Beispiel ist die in Ameln (2016) beschriebene Simulation eines Change-Prozesses, die in der Beraterausbildung eingesetzt werden kann, um typische Problemlagen und Phänomene der Macht in Beratungsprozessen zu reflektieren.

Unternehmenstheater

Das Unternehmenstheater (Ameln/Kramer 2016, S. 39ff.) spiegelt in kurzen Szenen ausgewählte Aspekte der Organisationskultur z. B. im Rahmen einer Mitarbeiterversammlung zurück. Auch hier kann ein Fokus auf die Machtthematik gesetzt werden. Während bei einigen Varianten dieser Methode professionelle Externe die Szenen (nach einer entsprechenden Phase der teilnehmenden Beobachtung) konzipieren und inszenieren, wird dies im Mitarbeitertheater von den Mitarbeitenden selbst übernommen. Dies setzt natürlich eine sehr offene Kultur voraus, in der das Infragestellen der hierarchischen Macht nicht mit Anwendung derselben geahndet wird.

Soziometrie

Die Soziometrie, d. h. die ›Messung‹ zwischenmenschlicher Beziehungsstrukturen, wurde in Abschnitt 1.4 schon einmal angesprochen. Soziometrisch inspirierte Methoden können verwendet werden, um die Wahrnehmung der Machtverteilung in einem (Management-) Team abzugleichen und Diskussionsanstöße zu setzen. So können die Teammitglieder die Aufgabe erhalten, zwei rote und zwei grüne Moderationskarten an die Kolleginnen und Kollegen zu verteilen, die ihrem Empfinden nach am meisten (rot) oder am wenigsten (grün) Einfluss auf die Kommunikations- und Entscheidungsprozesse im Team ausüben. Solche direkten Rückmeldungen können sehr konfrontativ wirken und setzen daher einen expliziten Auftrag und eine professionelle Moderation voraus.

Aufgabe 3: Containment für Kommunikation über Machtfragen bieten
Die Offenlegung von Machtfragen setzt die Organisation unter Stress. Dass diese Fragen bislang unter dem Teppich blieben und allenfalls in Hinterzimmergesprächen thematisiert wurden, hat eine Schutzfunktion, die nun entfällt. Hochemotionale Diskussionen und Konflikte brechen auf, Gereiztheit, persönliche Betroffenheit und Unsicherheiten (»Wo führt es uns hin, wenn wir über Macht sprechen?«) beherrschen die Stimmung.

MERKE

In dieser Situation hat der Berater die Aufgabe, gewissermaßen als Ersatz für die weggefallene Schutzfunktion der Latenz, einen sicheren Rahmen (die Psychoanalyse spricht von ›Containment‹) für einen gemeinsamen Diskurs zu schaffen.

In dieser Phase

> *»[...] ist er Förderer von Machtauseinandersetzungen. In Kleingruppengesprächen, Workshops und Konferenzen bildet er ›Spielfelder‹, in denen die Konflikte zutage treten können. Er bringt die Parteien dazu, an einem Verständigungsprozess teilzunehmen und achtet darauf, dass sich keine Partei dieser Auseinandersetzung entziehen kann. [...]*
> *[Weiterhin] tritt er in den Kleingruppengesprächen als Zähmer der Austragungsformen auf. Er achtet darauf, dass man sich nicht verletzt und dass die eher schwachen Personen durch die offenen Kommunikationsformen nicht bloßgestellt werden.«*
> *(Kühl/Schnelle 2001, S. 20)*

In Abschnitt 7.3 haben wir die These aufgestellt, dass auf der Suche nach einem neuen Verständnis der Macht weder die Beibehaltung des Alten noch ein völliger Verzicht auf Macht als Steuerungsmedium gangbar ist — und dass es stattdessen eines ›dritten Modus‹ bedürfe. Beratung kann einen Rahmen bieten, in dem die etablierten Mechanismen der Macht zumindest probehalber und vorübergehend ausgesetzt werden. Dieser Verzicht auf bisherige Sicherheiten, die sowohl die Rolle des ›Machthabers‹ als auch die des ›Machtuntergebenen‹ spendete, löst Verunsicherung aus. Die Reise zu einem neuen Umgang mit Macht führt zunächst ins Ungewisse. Beratung ist dabei Türöffner, sie ermutigt, Unsicherheit zuzulassen (Heintel/van der Zouwen 2013), vielleicht macht sie auch Wege sichtbar, die im Ungewissen Gangbarkeit versprechen. So schafft Beratung einerseits ein Machtvakuum, andererseits macht sie eine neue Form der Macht sichtbar, der beide Seiten in unterschiedlicher Weise ausgeliefert sind und die uns im Gegensatz zur oben geschilderten als unbestimmte entgegentritt. Diese Macht hat schon viele Namen bekommen: ›Nemesis‹, Schicksal, Zufall, Zukunft.

Beratung in der von uns intendierten Form, die nicht umhin kann, sich auf dieses Ungewisse einzulassen, zugleich aber die Klienten nicht ins Nirwana und die Orientierungslosigkeit entlassen will, muss die ›geborgte‹ Macht dazu verwenden, ein ›Drittes‹ als Basis mitzugestalten, dessen Macht für beide Seiten gleich relevant ist. Vertrauen ist sein emotioneller Ausdruck. Es ist aber nicht direkt intendierbar. Es gibt zwar ›vertrauensbildende Maßnahmen‹, aber ob sie auch wirksam sind, steht nicht von vornherein fest. Vertrauen ist ein sich entwickelndes zartes Gespinst und zunächst oft nur ein unmittelbares Gefühl, für das sich schwer Indizien nennen lassen. Was sich später und im Nachhinein an gemeinsamen Etappen identifizieren lässt, war anfangs noch recht leer, vage, Abbild des Unbestimmten, auf das man sich eingelassen hat. Unser funktionell-nüchternes Zeitalter hat dieses Vertrauen auf den Erwartungshorizont eines gegenseitigen Vorteils zu reduzieren versucht, ein Geben und Nehmen. Vorteile geraten aber in ihrer Abwägung leicht in ein subjektiv empfundenes Ungleichgewicht (deshalb hat schon Aristoteles gemeint, Freundschaft solle im gegenseitigen Geben genau darauf achten, dass nicht von einer Seite zu viel gegeben wird, was der anderen nicht mehr gestattet, ›gleichzuziehen‹ und wodurch ein Schuldzusammenhang aufgebaut wird). Vertrauen ist umgekehrt *Voraussetzung* von Vorteilserwägung, nicht diese selbst ist seine Bedingung; jene Basis, die uns in ungewissem Terrain gemeinsam Fuß fassen lässt, ohne dass wir uns gegenseitig belauern müssen.

So lässt sich abschließend sagen: Vertrauen ist (oder entsteht durch) gemeinsam gewordene Ungewissheit und der augenscheinliche gute *Wille,* ihr ihre Macht zu nehmen, ohne sich gegenseitig bemächtigen zu müssen.

Unser Verständnis dieses ›Minderheitenberatungsprogramms‹ unterscheidet sich von anderen Programmen durch zwei wesentliche Faktoren: Einer Akzeptanz der Macht des Ungewissen, die alle bestehende Macht relativiert, zugleich ›realistisch‹ deutlich macht, wem letztere ihren Ursprung verdankt, und einer Akzeptanz von Freiheit, die unteilbar allen handelnden Personen gemeinsam ist. Diese beiden Faktoren machen in kollektivem Niederschlag auch das ›Selbst‹ des Systems aus (Wimmer 2011). In diesem Sinne sind Berater tatsächlich Experten des Nicht-Wissens (des prinzipiell nicht vorweg Wissbaren), eröffnen aber damit jener Freiheit ihren Ort, den sie sonst in vorgegebenen Machtverhältnissen immer schon verloren hat.

MERKE

Beratung dient also dazu, einen Raum zu gestalten, in dem die Zukunft und zukünftige Machtbalancen in gegenseitigem Vertrauen und kollektiver Unterwerfung unter die Macht der Ungewissheit entworfen werden können.

Dieser Raum ist nicht mit Techniken und ›Beratungstools‹ herstellbar, sondern fordert den Berater in all seiner persönlichen, sozialen und diagnostischen Kompetenz sowie methodischen Kreativität. Dennoch lassen sich einige Imperative für das Vorgehen formulieren:

Differenzen markieren und klären

Wenn es um Macht geht, prallen unterschiedliche Positionen, Sichtweisen und Interessen aufeinander. Es ist Aufgabe der Beratung, diese Unterschiede zu benennen und zu klären, ohne zu bewerten. Die Unterschiedlichkeit der Perspektiven und Interessenlagen ist legitim, es geht nicht um moralische Abwertungen, sondern um eine Anerkennung der Differenzen und eine konstruktive Lösungssuche.

Dynamiken spiegeln und entlasten

Ebenso kann es für die Gruppe hilfreich sein, wenn der Berater ihr Dynamiken rückmeldet, die er durch seine psychologisch und gruppendynamisch geschulte Brille beobachtet. Der Berater kann die von ihm beobachteten Oberflächenphänomene als das beschreiben, was sie auf einer Tiefenebene aus seiner Sicht sind, nämlich z. B. Auseinandersetzungen um Einfluss, Auswirkungen nicht vollständig geklärter Rahmenbedingungen oder Ausweichbewegungen vor dem Einräumen einer Veränderungsnotwendigkeit. Damit gibt er den Beteiligten nicht nur Deutungshilfen, sondern wirkt auch entlastend: Dass diese Dynamiken nicht tabuisiert oder persönlichen Defiziten zugeschrieben werden müssen, sondern als in solchen Kontexten normale Phänomene benannt werden, die in allen vergleichbaren Konstellationen in ähnlicher Form auftreten würden, nimmt ihnen ihre Bedrohlichkeit.

Emotionen benennen und deeskalieren

In manchen Geschäftskontexten sind Emotionen eine ›Terra incognita‹, ein Terrain, auf das man nur ungern gerät und dessen Betreten Unsicherheiten und Ängste auslöst. Das gilt vor allem für Konflikte, die im Zusammenhang mit dem Thema Macht unweigerlich aufkommen. Hier kann es entlastend sein, wenn der Berater die aufkommenden Emotionen benennt, würdigt und in seiner Moderation einen deeskalierenden Pfad einschlägt (eine hervorragende Intervention für Situationen, die sich emotional hochgeschaukelt haben, ist z. B. eine zehnminütige Pause).

Begegnung ermöglichen

J. L. Moreno[58] beschreibt das Idealbild menschlicher Beziehungen mit dem Begriff der Begegnung. Mit diesem Begriff ist mehr gemeint als nur intellektuelles Verständnis und Respekt. Begegnung hat auch eine emotionale und motivationale Qualität im Sinne einer wohlwollenden Akzeptanz des Gegenübers in seiner individuellen Qualität und Andersartigkeit und im Sinne eines authentischen Sich-in-Beziehung-Setzens, das auch die Bereitschaft zum Austragen von Konflikten beinhaltet.

Die Differenz von Vorder- und Hinterbühne nutzen

In Beratungslehrbüchern heißt es, der Berater dürfe sich — gerade in Konflikten — nicht mit einzelnen Parteien solidiarisieren, eine gleichzeitige Beratung z. B. eines Mitarbeiters und von dessem Vorgesetzten sei problematisch. Natürlich stimmt das. Dennoch kann ein Berater, der mit verschiedenen Akteuren auf der ›Vorderbühne‹ arbeitet (z. B. in gemeinsamen Workshops) die Vertraulichkeit der ›Hinterbühne‹ (also z. B. Einzelgespräche mit den Teilnehmenden oder Gruppen auf verschiedenen Hierarchieebenen) nutzen, um Vertrauen aufzubauen und die Verständigungsprozesse auf der ›Vorderbühne‹ zu unterstützen. So kann man im Gespräch mit einem Bürgermeister Verständnis für dessen Probleme mit seinen Amtsleitungen signalisieren und den in Konflikten oft verengten Deutungsraum durch alternative Erklärungsmöglichkeiten des vermeintlich machtgetriebenen Verhaltens der Amtsleiter weiten. Gleichzeitig kann man in der Arbeit mit den Amtsleitungen deren Wahrnehmung des Bürgermeisters wertschätzen und Werbung für alternative Deutungsmöglichkeiten machen.

---

58 Eine Rekonstruktion der interessanten Implikationen von Morenos Schaffen für die Organisations- und Führungstheorie findet sich bei Ameln (2014b).

Minderheitenpositionen zu ihrem Recht verhelfen

Machtstrukturen neigen dazu, sich zu reproduzieren — auch und vor allem in Situationen, in denen es um eine Neudefinition der Macht geht. Hier liegt die Aufgabe des Beraters darin, der machtunterlegenen Position im Diskurs Geltung zu verschaffen. Günstigstenfalls geht dies relativ niedrigschwellig, indem die ›schwächere Seite‹ in der Moderation gebeten wird, sich zu äußern, in anderen Fällen wird es geboten sein, die Diskurshoheit und Deutungsmacht der Machtposition stärker einzuhegen. Vom Berater ist somit keine Unparteilichkeit gefordert, sondern eine selektive Parteinahme (für alle, nicht nur für einzelne Parteien) im Sinne der Förderung gegenseitigen Verständnisses (Beispiel: »Ich kann verstehen, dass Herr A. sich aufregt. Ich an seiner Stelle hätte Ihre Äußerung, Herr B., als Angriff erlebt, weil...«.)

Aufgabe 4: Neue Wege aufzeigen

Wenn es gelungen ist, in der Beratung im Sinne des zuvor Gesagten einen Reflexionsraum zu eröffnen, in dem die aktuellen Machtstrukturen zugunsten eines vertrauensvollen Diskurses zurücktreten, kann sich das Kundensystem in einen gemeinsamen Suchprozess nach neuen Gestaltungsformen im Spannungsfeld zwischen einer Neukonfiguration der Macht und Selbststeuerung begeben. Der Berater leistet dabei Unterstützung,

> *»[...] die Diskurse so zu führen, dass die Machtspiele verändert werden [...]. So kann der Moderator durch seine Diskursführung versuchen geschlossene Denkgebäude zu öffnen und so Verständigung statt Machtauseinandersetzungen zu erzielen. Dies kann entweder dazu führen, dass die Rationalität einer Entscheidung erhöht wird oder als Kompromiss neue Spielregeln entstehen. Es können durch die Diskursführung des Beraters neue Tauschbörsen geschaffen werden. Im Rahmen des Veränderungsprozesses werden Deals geschlossen, die neue Handlungsmöglichkeiten eröffnen.« (Kühl/Schnelle 2001, S. 20)*

Konkrete Handlungsempfehlungen für diese Phase lauten:

Gestaltungsvorschläge machen

Der Berater kann mit seinem Wissen und seiner Erfahrung Gestaltungsempfehlungen machen, welche Organisationsform und welche Führungskonzepte sich für die spezifische System-Umwelt-Konstellation der Organisation eignen, worauf bei der Implementierung zu achten ist und welche neuen Probleme man sich mit der Lösung der alten vermutlich erkauft. Auf der Suche nach Alternativen zu hierarchischen Konzepten sind verschiedene Organisationsmodelle im Gespräch — von der Projektorganisation über die Netzwerkorganisation bis hin zur fraktalen Organisation (vgl. Nicolai 2015; Organisationsentwicklung 2015a). Vielfach können aber auch mit weniger grundsätzlichen Änderungen auf der kulturellen Ebene, z. B. der Änderung von Gratifikationssystemen oder Einrichtung von Führungskräftezirkeln, Veränderungsimpulse für die Machtdynamiken der Organisation angestoßen werden.

Lösungsorientiert moderieren

In Auseinandersetzungen (nicht nur) um Macht neigen die Beteiligten oft dazu, sich auf Unterschiede zu konzentrieren, sich abzugrenzen, die Gegenposition zu widerlegen und zu negieren. So entsteht eine Problemtrance, die die Schwierigkeiten verschärft, statt Auswege zu finden. In der Moderation um neue Machtbalancen in der Organisation sollte daher beim Berater immer die Frage mitlaufen, inwieweit Form und Inhalt der Auseinandersetzung im Kundensystem für eine mögliche Lösung hilfreich sind. Das systemische Repertoire an Beratungstechniken beinhaltet Fragen, die eingesetzt werden können, um eine solche lösungsorientierte Perspektive zu schaffen:

- Verbesserungsfragen: »Was könnte ein erster Schritt in die richtige Richtung sein?«
- Verschlimmerungsfragen: »Was müssten Sie (noch mehr als heute) tun, damit sich die Schwierigkeiten verschärfen?«
- Fragen nach Ausnahmen vom Problem: »Welche Situationen gab es, in denen das Problem nicht auftrat, und was haben Sie in diesen Situationen anders gemacht?«

Advokat des übergeordneten Systeminteresses sein

In Veränderungsprozessen entwickelte Lösungen müssen vor allem funktional sein, d. h. sie müssen die Leistungs-, Überlebens- und Reflexionsfähigkeit der Organisation steigern. Eine Aufgabe des Beraters besteht darin, die in der Diskussion befindlichen Ideen für veränderte Strukturen und Prozesse immer wieder daraufhin zu überprüfen, inwieweit sie diesem übergeordneten Systeminteresse dienen. Welchen Nutzen für die Gesamtorganisation eine Maßnahme zeitigt, ist natürlich nicht objektiv zu ermitteln, sondern Ergebnis eines gemeinsamen Diskussions- und Bewertungsprozesses.

Verhandlungen unterstützen

In Veränderungsprozessen lassen sich nicht alle widerstrebenden Interessen und lokalen Rationalitäten zu einer gemeinsamen Rationalität vereinen. Wo Win-Win-Lösungen im Spiel von Macht und Gegenmacht unerreichbar scheinen, lautet die pragmatische Alternative: Verhandeln. Der Berater kann in diesem Verhandlungsprozess moderieren und vermitteln, um das Kundensystem in seiner Suche nach einer pragmatischen Lösung zu unterstützen.

9.5 FAQs zum Thema Umgang mit Macht in der Beratung

In diesem Abschnitt geht es nicht darum, einfache Universalrezepte für komplexe Problemlagen anzubieten. Bei der Wahl der passenden Reaktion auf Machtdynamiken im Beratungsprozess ist der jeweilige Kontext entscheidend. Die nachfolgenden Empfehlungen können daher nur Anregungen darstellen, die mit der notwendigen Beratungserfahrung kontextadäquat angepasst werden müssen.

Wie kann man mit offenkundigen Blockierern umgehen?
Der Berater sollte sich auf der einen Seite nicht auf eine direkte Auseinandersetzung mit den Blockierern einlassen — die Auseinandersetzung muss (unter der Moderation des Beraters) zwischen den Mitgliedern des Kundensystems geführt werden. Der Berater kann alle Beteiligten ermutigen, die Sachebene zu verlassen, ihre aktuellen Gedanken und Gefühle (z. B. Wut) auszusprechen und anzuerkennen sowie gegenseitige Wünsche zu formulieren. Gleichzeitig ist der Berater Wahrer des Settings (→ Abschnitt 9.4, Containment) und muss in Wahrnehmung seiner Prozesshoheit destruktive und sozial inadäquate Verhaltensweisen stoppen. In aufgeheizten Situationen verändert eine kurze Pause oft die Dynamik und ermöglicht es, anschließend mit freiem Kopf lösungsorientierter mit der Situation umzugehen.

Was tun bei mangelnder Unterstützung durch den Auftraggeber?
Der Berater sollte Rücksprache mit dem Auftraggeber nehmen, seine Wahrnehmung (vorwurfsfrei) rückmelden und die Bedingungen nennen, die aus seiner Erfahrung gegeben sein müssen, um die vom Auftraggeber formulierten Ziele des Prozesses zu erreichen. Wenn keine konstruktive Kommunikation und keine Verbesserungen zustande kommen, ist die einzige Konsequenz die Rückgabe des Auftrags (oder ein Blick ins Internet, wo sich sehr hilfreiche Empfehlungen finden, wie man ›ein totes Pferd reitet‹).

Wie umgehen mit Machtkämpfen innerhalb der Organisation?
Eine ausführliche Konzeption zu dieser Problematik wurde in Abschnitt 9.4 vorgestellt.

Was tun, wenn in hierarchieübergreifenden Workshops offene Kommunikation vermieden wird?
In Gegenwart der eigenen Vorgesetzten werden kritische Rückmeldungen in Workshop-Settings oft vermieden. Eine Möglichkeit, einen Austausch zustande zu bringen, besteht darin, zunächst in einer Arbeitseinheit ohne die Führungskräfte anonymisierte Rückmeldungen zusammenzutragen und diese dann gemeinsam auszuwerten. Vielfach wird aber auch dann eine persönliche Stellungnahme vermieden. Hier kann der Berater behelfsweise als Sprachrohr der Mitarbeitenden dienen und in deren Namen die kritischen Punkte ansprechen. Im Grunde genommen sind dies aber nur Anstöße für den Dialog, der letztlich zwischen den Beteiligten geführt werden muss. Wenn das Vertrauensverhältnis zerstört ist, lässt sich auch durch solche methodischen Hilfestellungen keine Verständigung mehr erzielen.

Wie kann man eine kritische Selbstreflexion der Entscheiderebene anstoßen?
Auch wenn der Auftrag aus dem Topmanagement kommt, fehlt es nicht selten an Bewusstsein, auch die eigene Rolle im Veränderungsprozess zu hinterfragen (→ Abschnitt 8.6). Ein gewachsenes Vertrauen zum Berater schafft eine Grundlage, auch kritische und provokante Rückmeldungen zu adressieren. Eine hilfreiche Fragekombination kann lauten »Was müssten Sie als Führungsmannschaft tun, um unklare Signale ins Haus zu senden und den Prozess zu gefährden? ... Was davon tun Sie schon heute?«. Wichtig ist es auch, in der Kundenorganisation systematische und geschützte Feedbackmechanismen zur Wahrnehmung des Managements zu etablieren.

Wie kann man Vorbehalte von Workshop-Teilnehmenden auffangen?
In Veränderungsprozessen steht der Berater oft im Verdacht, Partei für die Auftraggeber zu nehmen. Das schafft Vorbehalte, die Workshops erschweren und zu ›Pseudo-Veranstaltungen‹ degenerieren lassen (→ Abschnitt 8.1). Appelle an das Vertrauen der Teilnehmenden sind hier kontraproduktiv, da sie eher Misstrauen schüren. Wichtig ist, die Vorbehalte zum Thema zu äußern und sie zu würdigen. So kann man die Teilnehmenden zu Beginn des Workshops auffordern, sich entsprechend ihrer Haltung zum Veränderungsprozess auf einer imaginären Skala aufzustellen, von 0 = völlig sinnlos bis 10 = sehr sinnvoll. Auf der Basis dieser Positionierung lassen sich Kleingruppen bilden.

Die skeptischeren Kleingruppen diskutieren die Frage »Was müsste für uns im heutigen Workshop passieren, damit wir am Ende des Tages sagen können: Das hat sich gelohnt«, die optimistischeren Kleingruppen können Argumente für den Prozess zusammentragen. Wichtig ist, dass der Berater glaubwürdig vermittelt, dass er die Skepsis der Mitarbeitenden ernst nimmt und im Rahmen seiner Möglichkeiten darauf reagiert.

9.6 Zusammenfassung

Für den Prozess hinderliche Machtdynamiken im Kundensystem gehören zu den größten Herausforderungen in Beratungsprozessen. Trotz dieser zentralen Bedeutung hat die Beratungsforschung erst begonnen, die Verflechtungen zwischen Macht und Beratung zu thematisieren. So gilt der von Geßner (2001, S. 39) vor 15 Jahren geäußerte Befund, dass »mikropolitische Analysen zum Thema Beratung [...] bislang Mangelware« seien, noch heute — der Zusammenhang von Macht und Beratung bleibt »eine ›Terra incognita‹ der Forschungslandschaft« (Iding 2000, S. 83).

In der Praxis weisen sowohl die rational-analytischen als auch die humanistisch geprägten Beratungsansätze konzeptuell bedingt blinde Flecke in Bezug auf die eigene Verwicklung in die Machtdynamiken der Organisation auf (Boogers-van Griethuijsen et al. 2006, S. 313). Daher ist es wichtig, die eigene Beraterhaltung zu reflektieren und das eigene ›innere Team‹ (→ Abschnitt 6.3) zum Thema Macht zu ergründen, um sich in den Machtdynamiken der Kundenorganisation nicht unbewusst auf die eine oder andere Seite zu schlagen. Ungeachtet der Neutralität und Allparteilichkeit des Beraters gehört hierzu auch die Frage, wo die eigenen Wertmaßstäbe liegen, welche Grenzen des ethisch Vertretbaren daraus resultieren und wie man sich im Spannungsfeld von Arbeit im Dienste des Kundensystems und Affirmation der gegebenen Machtverhältnisse positioniert.

Beratung schafft einen Raum, in dem die Machtverhältnisse und Machtspiele der Organisation vorübergehend ausgesetzt sind oder zumindest in einem geschützten Raum neu verhandelt werden können. Inwieweit es gelingen kann, einen solchen Raum zu eröffnen, hängt nicht in erster Linie von Beratungsmethoden oder gar ›Tools‹ ab, sondern von einem glaubwürdigen, tragfähigen und belastbaren Beziehungsangebot des Beraters gegenüber allen Beteiligten.

Literatur

Ameln, F. v. (2010): Latente Funktionen und hidden agendas in der Organisationsberatung. In: Göhlich, M/Weber, S. M./Seitter, W./Feld, T. C. (Hrsg.): Organisation und Beratung. Beiträge der AG Organisationspädagogik. Wiesbaden: VS, S. 191-199.

Ameln, F. v. (2013): Mikropolitik — Machtspiele in Organisationen. In: Zech, R. (Hrsg.): Organisation, Individuum, Beratung. Systemtheoretische Reflexionen. Göttingen: Vandenhoeck & Ruprecht, S. 250-269.

Ameln, F. v. (2014a): Latente Funktionen von Organisationsberatung — Beratungswissenschaftliche Perspektiven. In: Haubl, R./ Möller; H./Schiersmann, C (Hrsg.): Positionen. Beiträge zur Beratung in der Arbeitswelt 1/2014. Kassel: Kassel University Press.

Ameln, F. v. (2014b): Mensch und Organisation. Morenos Werk aus der Sicht der Organisations- und Führungsforschung. In: Ameln, F. v./Wieser, M (Hrsg.): Jacob Levy Moreno revisited — ein schöpferisches Leben. Zum 125. Geburtstag. Wiesbaden: Springer VS, S. 199-223.

Ameln, F. v. (2015a): Interne Beratung — Gegenwart und Zukunft. Ein Plädoyer für interne Beratung als Schlüsselelement der Wandlungsfähigkeit von Organisationen. In: Gruppendynamik und Organisationsberatung, 46(1), S. 5-21.

Ameln, F. v. (2015b): Organisationsberatung. Eine Einführung für Berater, Führungskräfte und Studierende. Berlin: Springer.

Ameln, F. v. (2016): Beratung, wie sie nicht im Buche steht. Wie sich Komplexität und Kontingenz von Beratungsprozessen mit einem Planspiel simulieren lassen. In: Rohr, D./Hummelsheim, A./Höcker, M. (Hrsg.): Beratung lehren. Weinheim: Beltz Juventa, S. 264-275.

Ameln, F. v./Kramer, J. (2011): Spiele mit dem Berater — Consulting und Mikropolitik. In: managerSeminare, 22(3), S. 22-28.

Ameln, F. v./Kramer, J. (2012): Macht und Führung. Gedanken zu Führung in einer komplexer werdenden Organisationslandschaft. In: Gruppendynamik und Organisationsberatung, 43(2), S. 189-204.

Ameln, F. v./Kramer, J. (2016): Organisationen in Bewegung bringen. 2. Aufl., Heidelberg: Springer.

Ameln, F. v./Kramer, J./Stark, H. (2009): Organisationsberatung beobachtet. Hidden Agendas und blinde Flecke. Wiesbaden: VS Verlag.

Ameln, F. v./Kramer, J./Stark, H. (2012): Blinde Flecke von Veränderungsprozessen und latente Funktionen von Organisationsberatung. In: EHP Profile, 23, S. 84-94.

Ameln, F. v./Wimmer, R. (2016): Neue Arbeitswelt, Führung und organisationaler Wandel. In: Gruppe. Interaktion. Organisation. (GIO), 47(1), S. 11-21.

Ameln, F. v./Zech, R. (2011): Die Zukunft liegt im Verborgenen. Über latente Organisationsregeln als Schlüsselfaktor gelingenden Change Managements. In: Organisationsentwicklung, 30(4), S. 49-55.

Anicich, E. M./Swaab, R. I./Galinsky, A. D. (2015): Hierarchical cultural values predict success and mortality in high-stakes teams. In: Proceedings of the

National Academy of Sciences, 112(5), S. 1338-1343.

Arendt, H. (1970): Macht und Gewalt. München: Piper.

Arlt, H.-J./Zech, R. (2015): Arbeit und Muße. Ein Plädoyer für den Abschied vom Arbeitskult. Wiesbaden: Springer.

Arnold, R. (2009): Das Santiago-Prinzip: Systemische Führung im lernenden Unternehmen. Baltmannsweiler: Schneider-Verlag Hohengehren.

Ashby, W. R. (1985): Einführung in die Kybernetik. 2. Aufl., Frankfurt/M.: Suhrkamp.

Bacher, G. (2011): Nelson Mandela : Political Leadership im südafrikanischen Transformationsprozess. Frankfurt/M.: Lang.

Bauer-Jelinek, C. (2001): Die acht Quellen der Macht. In: Hernsteiner, 14(2), S. 8-13.

Baumann, P. (1993): Macht und Motivation. Zu einer verdeckten Form sozialer Macht. Opladen: Leske & Budrich.

Bennis, W. (1974): Conversation with Warren Bennis. In: Organizational Dynamics, 2(3), S. 51-66.

Beratergruppe Neuwaldegg (2008/2009): Kursunterlagen zum Curriculum für systemische Unternehmensentwicklung

Blickle, G. (2004): Einflusskompetenz in Organisationen. In: Psychologische Rundschau, 55, S. 82-93.

Boeing, N./Stillich, S. (2013): ZEIT Online Wissen Macht: Wählt ihr nur. www.zeit.de/zeit-wissen/2013/05/macht-psychologie-hirnforschung (Stand 17.06.2016).

Boes, A./Bultemeier, A./Gül, K./Kämpf, T./ Langes, B./Lühr, T./Maarrs, K./Ziegler, A. (2015): Zwischen Empowerment und digitalem Fließband: Das Unternehmen der Zukunft in der digitalen Gesellschaft. In: Sattelberger, T (Hrsg.): Das demokratische Unternehmen. Freiburg: Haufe, S. 57-73.

Boogers-van Griethuijsen, A. I./Emans, B. J. M./Stoker, J. I./Sorge, A. M. (2006): Twelve foundations for the power position of consultants. In: Vigoda-Gadot, E./Drory, A (Hrsg.): Handbook of Organizational Politics. Glos: Edward Elgar, S. 313-327.

Bourdieu, P. (2001): Habitus, Herrschaft und Freiheit. In: ders. (Hrsg.): Wie die Kultur zum Bauern kommt. Hamburg: VSA, S. 162-173.

Bröckling, T. (2007): Das unternehmerische Selbst: Soziologie einer Subjektivierungsform. Frankfurt/M.: Suhrkamp.

Brodocz, A. (2012). Mächtige Kommunikation. Zum Machtbegriff bei Niklas Luhmann. In: Imbusch, P. (Hrsg.): Macht und Herrschaft. Sozialwissenschaftliche Theorien und Konzeptionen.2. Aufl., Wiesbaden: Springer VS, S. 247-263.

Brückner, F./Ameln, F.v. (in Druck): Agilität. In: Gruppe. Interaktion. Organisation. (GIO), 47(3).

Buer, F. (1997): Zur Dialektik von Format und Verfahren. Oder: Warum eine Theorie der Supervision nur pluralistisch sein kann. OSC Organisationsberatung — Supervision — Clinical Management, 4/1997, S. 381-394.

Buer, F. (2012): Die Kultur der Macht — die Macht der Kultur. In: Knoblach, B./ Oltmanns, T./ Hajnal, I./Funk, D (Hrsg.): Macht im Unternehmen — Der vergessene Faktor. Wiesbaden: Gabler, S. 147-163.

Buschmeier, U. (1995): Macht und Einfluß in Organisationen. Göttingen: Cuvillier.

Carney, D.R./Yap, A.J./Lucas, B.J./Mehta, P.H. (2010): People with power are better liars. Arbeitspapier Columbia University, https://www0.gsb.columbia.edu/mygsb/faculty/research/pubfiles/3510/Power.Lying.pdf (Stand 24.08.2016).

Claßen, M./Alex, B./Arnold, S. (2003): Change Management 2003. Berlin: Capgemini.

Claßen, M./Arnold, S./Papritz, N. (2005): Change Management 2005. Berlin: Capgemini.

Claßen, M./Kyaw, F. v. (2007): Change Management 2008. Berlin: Capgemini.

Collins, B. J./Mossholder, K. W./Taylor, S. G. (2012): Does process fairness affect job performance? In: Journal of Organizational Behavior, 33(7), S. 1007-1026.

Crozier, M./Friedberg, E. (1979): Macht und Organisation. Die Zwänge kollektiven Handelns. Zur Politologie organisierter Systeme. Königstein: Athenäum

Cyert, R. M./March, J. G. (1992): A behavioral theory of the firm. 2. Aufl., Malden: Blackwell.

Dick, R. van (2001): Identification in organizational contexts: linking theory and research from social and organizational psychology. In: International Journal of Management Reviews, 3(4), S. 265-283.

Dirks, K. T. (1999): The effects of interpersonal trust on work group performance. In: Journal of Applied Psychology, 84(3), S. 445—455.

Dirks, K. T./Ferrin, D. L. (2002): Trust in leadership: Meta-analytic findings and implications for research and practice. In: Journal of Applied Psychology, 87(4), S. 611—628.

Dollinger, A. (2014). Change-Trainings erfolgreich leiten. Bonn: managerSeminare Verlag.

Dörner, D. (2003): Die Logik des Misslingens. 13. Aufl., Reinbek: Rowohlt.

Doppler, K./Lauterburg, C. (2005): Change Management. 11. Aufl., Frankfurt: Campus.

Drevs, M./Jung, F. (2014): Das verborgene Mandat. Zum Umgang mit mikropolitischen Absichten im Berater-Klienten-System. In: Organisationsentwicklung, 33(2), S. 62-67.

Elster, J. (1987): Subversion der Rationalität. Frankfurt/M.: Campus.

Etscheid, M. (2013): Blindflug ohne Ziel. Zur Effektivität von Veränderungen in der öffentlichen Verwaltung. In: Organisationsentwicklung, 32(1), S. 29-37.

Fairholm, G. W. (2009): Organizational power politics. Tactics in organizational leadership. 2. Aufl., Santa Barbara: Praeger.

Faust, V. (o. J.): Macht und Machtmissbrauch aus psychologischer Sicht. www.psychosoziale-gesundheit.net/psychohygiene/pdf/faust3_macht.pdf (Stand 17.06.2016).

Fayol, H. (1929): Allgemeine und industrielle Verwaltung. München: Oldenbourg.

Foerster, H. v. (1985): Entdecken oder Erfinden. In: Gumin, H./Mohler, A. (Hrsg.): Einführung in den Konstruktivismus. München: Piper, S. 27-68.

Forsyth, D. R. (1999). *Group Dynamics* (3. Aufl.). Belmont: Wadsworth.

Foucault, M. (2013): Die Maschen der Macht. In: ders.: Analytik der Macht. Frankfurt/M.: Suhrkamp, S. 220-239.

French, J. R. jr./Raven, B. (1959): The bases of social power. In: Cartwright, D. (Hrsg.): Studies in Social Power. Ann Arbor: Institute for Social Research, S. 150-167.

Friedberg, E. (1992): Zur Politologie von Organisationen. In: Küpper, W./Ortmann, G. (Hrsg.): Mikropolitik. Rationalität, Macht und Spiele in Organisationen. 2. Aufl., Opladen: Westdeutscher Verlag, S. 39-52.

Fuchs, P. (2009): Hierarchien unter Druck — ein Blick auf ihre Funktion und ihren Wandel. In: Wetzel, R./Aderhold, J./Rückert-John, J. (Hrsg.): Die Organisation in unruhigen Zeiten. Heidelberg: Carl-Auer, S. 53-72.

Furtner, M./Baldegger, U. (2013): Self-Leadership und Führung. Wiesbaden: Springer Fachmedien.

Galinsky, A. D./Magee, J. C./Inesi, M. E./ Gruenfeld, D, H. (2006): Power and perspectives not taken. In: Psychological Science, 17(12), S. 1068-1074.

Gallup (Hrsg.) (2015): Engagement Index Deutschland 2014. http://www.gallup.de/183104/engagement-index-deutschland.aspx (Stand 17.06.2016).

Gerkhardt, M./Frey, D. (2006): Erfolgsfaktoren und psychologische Hintergründe in Veränderungsprozessen. Entwicklung eines integrativen psychologischen Modells. In: Organisationsentwicklung, 25(4), S. 48-59.

Gerlacher, C./Stumpf, S. (2002): Macht und Veränderung in Organisationen. In: Zeitschrift für Transaktionsanalyse, 19(2), S. 93-116.

Geßner, A. (2001): Zur Bedeutung von Macht in Beratungsprozessen. Sind mikropolitische Ansätze praxistauglich? In: Degele, N./Münch, T./Pongratz, H.-J./Saam, N. J. (Hrsg.): Soziologische Beratungsforschung. Perspektiven für Theorie und Praxis der Organisationsberatung. Opladen: Leske & Budrich, S. 39-54.

Giddens, A. (1997): Die Konstitution der Gesellschaft. 3. Aufl., Frankfurt/M.: Campus.

Glasl, F. (2012): Macht und Konflikt. In: Gruppendynamik und Organisationsberatung, 43(2), S. 153-171.

Glasl, F. (2013): Konfliktmanagement.11. Aufl., Bern: Verlag freies Geistesleben.

Goffman, E. (1980): Rahmen-Analyse. Ein Versuch über die Organisation von Alltagserfahrungen. Frankfurt/M.: Suhrkamp.

Goffman, E. (2011): Wir alle spielen Theater. Die Selbstdarstellung im Alltag. 11. Aufl., München/Zürich: Piper.

Gordon, R. G. (2002): Conceptualizing leadership with respect to its historical-contextual antecedents of power. In: The Leadership Quarterly, 13, S. 151-167.

Greene, R. (2001): Power: Die 48 Gesetze der Macht. 5. Aufl., München: dtv.

Groth, T./Wimmer, R. (2004): Konstruktivismus in der Praxis: Systemische Organisationsberatung. In: Ameln, F.v. (Hrsg.): Konstruktivismus: Grundlagen systemischer Therapie, Beratung und Bildungsarbeit. Tübingen: Francke, S. 224-244.

Gruenfeld, D. H./Inesi, M. E./Magee, J. C./ Galinsky, A. D. (2008): Power and the objectification of social targets. In: Journal of Personality and Social Psychology, 95 (1), S. 111-127.

Han, B.-C. (2005): Was ist Macht? Stuttgart: Reclam.

Heintel, P. (2001): Macht und Ohnmacht leitender Gruppen. In: Hernsteiner, 14(2), S. 25-27.

Heintel, P./Krainer, L./Ukowitz, M. (Hrsg.) (2006): Beratung und Ethik. Praxis, Modelle, Dimensionen. Berlin: Leutner.

Heintel, P./Krainz, E. (1994): Was bedeutet ›Systemabwehr‹? In: Götz, K. (Hrsg.): Theoretische Zumutungen. Vom Nutzen der systemischen Theorie für die Managementpraxis. Heidelberg: Carl-Auer, S. 160-193.

Heintel, P./Spindler, M. (2014): Organized power relations and their potential. Challenging Organisations and Society — reflective hybrids®, 3(2), S. 600-617.

Heintel, P./van der Zouwen, T. (2013): Reflecting power and consultancy. In: Challenging Organisations and Society — reflective hybrids®, 2(2), S. 389-404.

Hirn, W./Student, D. (2001): Gewinner ohne Glanz. In: manager magazin, 31(7), S. 49-61.

Hoffmann, W. K. H. (2003): Macht im Management — Ein Tabu wird protokolliert. Zürich: vdf.

Hofstede, G. (2003): Culture's consequences. 2. Aufl., Thousand Oaks: Sage.

Hron, J./Frey, D./Lässig, A. (2005): Change Management — Gestaltung von Veränderungsprozessen. In: Frey, D./ Rosenstiel, L. v./Graf Hoyos, C. (Hrsg.): Wirtschaftspsychologie. Weinheim: Beltz, S. 120-124.

IBM Corporation (2008): Making change work. http://www-935.ibm.com/services/us/gbs/bus/pdf/gbe03100-usen-03-making-change-work.pdf (Stand 11.04.2016).

Iding, H. (2000): Hinter den Kulissen der Organisationsberatung. Qualitative Fallstudien von Beratungsprozessen im Krankenhaus. Opladen: Leske & Budrich.

Iding, H. (2001): Hinter den Kulissen der Organisationsberatung. Macht als zentrales Thema soziologischer Beratungsforschung. In: Degele, N./Münch, T./ Pongratz, H.-J./Saam, N J. (Hrsg.): Soziologische Beratungsforschung. Perspektiven für Theorie und Praxis der Organisationsberatung. Opladen: Leske & Budrich, S. 71-85.

Imbusch, P. (2012): Macht und Herrschaft in der wissenschaftlichen Kontroverse. In: ders. (Hrsg.): Macht und Herrschaft. Sozialwissenschaftliche Theorien und Konzeptionen. 2. Aufl., Wiesbaden: Springer VS, S. 9-35.

Jäger, W./Schimank, U. (2005): Organisationsgesellschaft: Facetten und Perspektiven. Wiesbaden: VS Verlag.

Keltner, D./Gruenfeld, D. H./Anderson, C. (2003): Power, approach and inhibition. In: Psychological Review, 110 (2), S. 265-284.

Kieser, A. (2002): Wissenschaft und Beratung. Heidelberg: Winter.

Kieser, A. (2006): Max Webers Analyse der Bürokratie. In Kieser, A./Ebers, M. (Hrsg.): Organisationstheorien. 6. Aufl.,. Stuttgart: Kohlhammer, S. 63-92.

Kieser, A./Ebers, M. (Hrsg.) (2014): Organisationstheorien. 7. Aufl., Stuttgart: Kohlhammer.

Kipnis, D. (1972): Does power corrupt? Journal of Personality and Social Psychology, 24 (1), S. 33-41.

Knecht, T. (2012): Biopsychologische Aspekte der Macht. In: Knoblach, B./ Oltmanns, T./Hajnal I./Fink, D. (Hrsg.): Macht im Unternehmen — Der vergessene Faktor. Wiesbaden: Gabler, S. 275-288.

Knoblach, B./Fink, D. (2012a): Die Macht der Sympathie. In: Knoblach, B./Oltmanns, T./Hajnal I./Fink, D. (Hrsg.): Macht im Unternehmen — Der vergessene Faktor. Wiesbaden: Gabler.

Knoblach, B./Fink, D. (2012b): Konstruktivismus, Macht und die Realitäten der Manager. In: Knoblach, B./Oltmanns, T./ Hajnal I./Fink, D. (Hrsg.): Macht im Unternehmen — Der vergessene Faktor. Wiesbaden: Gabler, S. 13-25.

Knoblach, B./Oltmanns, T./Fink, D. (2012): Ein neuer Machtbegriff: Die Fähigkeit, Weltbilder zu setzen. In: Knoblach, B./Oltmanns, T./Hajnal I./ Fink, D. (Hrsg.): Macht im Unternehmen — Der vergessene Faktor. Wiesbaden: Gabler, S. 43-52.

König, A./Berli, O. (2012): Das Paradox der Doxa — Macht und Herrschaft als Leitmotiv der Soziologie Pierre Bourdieus. In: Imbusch, P. (Hrsg.): Macht und Herrschaft. Sozialwissenschaftliche Theorien und Konzeptionen. 2. Aufl., Wiesbaden: Springer VS, S. 303-333.

König, E. (2007): Die Macht der Berater. Komplementarität im Rahmen von Organisationsberatung. In: Göhlich, M./ König, E./Schwarzer, C. (Hrsg.): Beratung, Macht und organisationales Lernen. Wiesbaden: VS Verlag, S. 39-48.

Königswieser, R./Hillebrand, M. (2011): Einführung in die systemische Organisationsberatung. 6. Aufl., Heidelberg: Carl-Auer.

Kotter, J. P. (1997): Chaos, Wandel, Führung. Düsseldorf: Econ.

Kotter, J. P. (2014): Die Kraft der zwei Systeme. Harvard Business Manager, 34(12), S. 2-15.

Krebsbach-Gnath, C. (1996): Organisationslernen. Wiesbaden: DUV.

Kruse, P./Greve, A. (2014): Führungskultur im Wandel. Berlin: INQA. http://www.inqa.de/SharedDocs/PDFs/DE/Publikationen/fuehrungskultur-im-wandel-monitor.pdf?__blob=publicationFile (Stand 17.06.2016).

Kühl, S. (2000a): Gesellschaft der Organisation, organisierte Gesellschaft, Organisationsgesellschaft. Überlegungen zu einer an der Organisation ansetzenden Zeitdiagnose. Working Paper, Universität Bielefeld. http://www.uni-bielefeld.de/soz/forschung/orgsoz/Stefan_Kuehl/pdf/Organisationsgesellschaft-Working-Paper-endgultig-180610-210610.pdf (Stand 17.06.2016).

Kühl, S. (2000b): Das Regenmacher-Phänomen. Widersprüche und Aberglaube im Konzept der lernenden Organisation. Frankfurt/M.: Campus.

Kühl, S. (2011): Organisationen: Eine sehr kurze Einführung. Wiesbaden: VS.

Kühl, S. (2012): Zum Verhältnis von Macht und Hierarchie in Organisationen. In: Knoblach, B. /Oltmanns, T./Hajnal I./Fink, D. (Hrsg.): Macht im Unternehmen — Der vergessene Faktor. Wiesbaden: Gabler, S. 165-183.

Kühl, S. (2015): Wenn die Affen den Zoo regieren. Die Tücken der flachen Hierarchien. 6. Aufl., Frankfurt/M.: Campus.

Kühl, S./Schnelle, W. (2001): »Macht gehört zur Organisation wie die Luft zum Leben.« In: Hernsteiner, 24(1), S. 16-20.

Küpper, W./Felsch, A. (2000): Organisation, Macht und Ökonomie. Mikropolitik und die Konstitution organisationaler Handlungssysteme. Opladen: Westdeutscher Verlag.

Lang, R./Rybnikova, I. (2014): Verteilte und geteilte Führung: Alle machen mit? In: dies. (Hrsg.): Aktuelle Führungstheorien und -konzepte. Wiesbaden: Springer Fachmedien, S. 151-179.

Lilienfeld, S. O./Latzman, R. D./Watts, A. L./Smith, S. F./Dutton, K. (2014): Correlates of psychopathic personality traits in everyday life: results from a large community survey. In: Frontiers in Psychology, 5, S. 1-11. http://journal.frontiersin.org/article/10.3389/fpsyg.2014.00740/full (Stand 17.06.2016).

Lohmer, M. (2001): Macht — Mystifikation oder notwendiges Konzept im Management? In: Hernsteiner, 14(2), S. 4-7.

Luhmann, N. (1975): Macht. Stuttgart: Enke.

Luhmann, N. (1976): Funktionen und Folgen formaler Organisation. 3. Aufl., Berlin: Duncker & Humblot.

Luhmann, N. (1981): Soziologische Aufklärung 3: Soziales System, Gesellschaft, Organisation. Opladen: Westdeutscher Verlag.

Luhmann, N. (1984): Soziale Systeme. Frankfurt/M.: Suhrkamp.

Luhmann, N. (1994): Die Gesellschaft und ihre Organisationen. In: Derlien, H.-U./Gehrhardt, U./Scharpf, F. W. (Hrsg.): Systemrationalität und Partialinteresse. Baden-Baden: Nomos, S. 189-201.

Luhmann, N. (1995): Die Form »Person«. In: ders. (Hrsg): Soziologische Aufklärung 6. Die Soziologie und der Mensch. Opladen: Westdeutscher Verlag, S. 142-154.

Luhmann, N. (2000a): Die Politik der Gesellschaft. Frankfurt/M.: Suhrkamp.

Luhmann, N. (2000b): Organisation und Entscheidung. Opladen: Westdeutscher Verlag.

Luhmann, N. (2000c): Rationalität von Vertrauen und Misstrauen. In: Stahl, H. K./Hejl, P. M. (Hrsg.): Management und Wirklichkeit. Das Konstruieren von

Unternehmen, Märkten und Zukünften. Heidelberg: Carl-Auer, S. 206-217.

Luhmann, N. (2012): Macht im System. Frankfurt/M.: Suhrkamp.

Luhmann, N. (2016): Der neue Chef. Frankfurt/M.: Suhrkamp.

Lukes, S. (2001): Power: a radical view. In: Warwick Organizational Behaviour Staff (Hrsg.): Organizational studies. Critical perspectives on business and management. London: Routledge, S. 296-318.

Lukes, S. (2005): Power — a radical view. 2. Aufl., Houndmills: Palgrave Macmillan.

MacMillan, I. C./Jones, P. E. (1986): Strategy formulation. Power and politics. 2. Aufl., St. Paul: West.

March, J. G./Simon, H. A. (1958): Organizations. New York: Wiley.

Matthiesen, K./van Well, B. (2012): Diskursiv führen — oder: Management nach der Vertreibung aus dem Paradies. In: Knoblach, B./Oltmanns, T./Hajnal I./Fink, D. (Hrsg.): Macht im Unternehmen — Der vergessene Faktor. Wiesbaden: Gabler, S. 117-128.

Maturana, H. R. (1982): Biologie der Kognition. In: ders. (Hrsg.): Erkennen: Die Organisation und Verkörperung von Wirklichkeit. Braunschweig: Vieweg, S. 32-80.

McGregor, D. (1960): The human side of enterprise. 1. Aufl., New York: McGraw-Hill Education.

McKinsey (Hrsg.) (2008): McKinsey Global Survey results: Creating organizational transformations. http://gsme.sharif.edu/~change/McKinsey%20Global%20Survey%20Results.pdf (Stand: 21.04.2016).

Mintzberg, H. (1979): The structuring of organizations. Englewood Cliffs: Prentice-Hall.

Mintzberg, H. (1983): Power in and around organizations. Englewood Cliffs: Prentice-Hall.

Mirow, M./Matzler, K. (2012): Wie mächtig ist der Mächtige? Annäherung an das Phänomen der Macht aus der Sicht der Systemtheorie. In: Knoblach, B./Oltmanns, T./Hajnal I./Fink, D. (Hrsg.): Macht im Unternehmen — Der vergessene Faktor. Wiesbaden: Gabler, S. 27-42.

Moldaschl, M. (2001): Implizites Wissen und reflexive Intervention. Zur Theorie der organisationalen Lernresistenz und des geplanten Wandels. In: Senghaas-Knobloch, E. (Hrsg.): Macht, Kooperation und Subjektivität in betrieblichen Veränderungsprozessen. Münster: LIT, S. 135-166.

Moldaschl. M. (2002): Subjektivierung. In: Moldaschl, M./Voß, G. G. (Hrsg.): Subjektivierung von Arbeit. München: Hampp, S. 23-52.

Moldaschl, M. (2009): Erkenntnisbarrieren und Erkenntnisverhütungsmittel. Warum siebzig Prozent der Changeprojekte scheitern. In: Ameln, F. v./Kramer, J./Stark, H. (Hrsg): Organisationsberatung beobachtet. Hidden Agendas und Blinde Flecke. Wiesbaden: VS, S. 301-307.

Moreno, J. L. (1959): Gruppenpsychotherapie und Psychodrama. Einleitung in die Theorie und Praxis. Stuttgart: Thieme.

Nerdinger, F. (2014): Führung von Mitarbeitern. In: Nerdinger, F. W./Blickle, G./Schaper, N. (Hrsg.): Arbeits- und Organisationspsychologie. Berlin: Springer, S. 83-102.

Neubauer, W./Rosemann, B. (2006): Führung, Macht und Vertrauen in Organisationen. Stuttgart: Kohlhammer.

Neuberger, O. (2002): Führen und führen lassen. 6. Aufl., Stuttgart: Lucius & Lucius.

Neuberger, O. (2006): Mikropolitik und Moral in Organisationen. 3. Aufl., Stuttgart: Lucius & Lucius.

Nicolai, C. (2015): Die Organisation der Zukunft. Konstanz: UVK.

Nowak, C. (2015): Geometrien der Veränderung. Meezen: Limmer.

Oltmanns, T. (2012): Der Machtbegriff in der Betriebswirtschaft — ein Tabu und seine Geschichte. In: Knoblach, B./ Oltmanns, T./Hajnal I./Fink, D. (Hrsg.): Macht im Unternehmen — Der vergessene Faktor. Wiesbaden: Gabler, S. 55-71.

Organisationsentwicklung (2015a): Hierarchie und Struktur überwinden. Themenheft, 34(1).

Organisationsentwicklung (2015b): Das einzig Wahre? Management jenseits der eigenen Logik. Themenheft, 34(2).

Ortmann, G. (2011): Die Kommunikations- und die Exkommunikationsmacht in und von Organisationen. In: DBW, 71(4), S. 355-378.

Ortmann, G. (2012): Macht in Organisationen und die Bürde des Entscheidens. Zehn theoretische Einsichten für die Praxis. In: Gruppendynamik und Organisationsberatung, 43(2), S. 121-136.

Ortmann, G./Windeler, A./Becker, A./ Schulz, H.-J. (1990): Computer und Macht in Organisationen. Mikropolitische Analysen. Opladen: Westdeutscher Verlag.

Oswald, M./Lieckweg, T. (2013): osb-i Studie 2013: Leadership & Leadership Development Deutschland. http://www.osb-i.com/sites/default/files/imce/04_20130528_charts_at_osb-i_studie_leadership.pdf (Stand 17.06.2016).

Parsons, T. (1963): On the concept of political power. In: Proceedings of the American Philosophical Society, 107(3), S. 232-262.

Paulhus, D. L./Williams, K. M. (2002): The Dark Triad of personality: narcissism, machiavellianism, and psychopathy. In: Journal of Research in Personality, 36(6), S. 556-563.

Penny, M./Spector, P.E. (2005): Job stress, incivility, and counterproductive work behavior (CWB): The moderating role of negative affectivity. In: Journal of Organizational Behavior, 26(7), S. 777-796.

Pichler, M. (2013): Change: Die Glaubwürdigkeit der Vorstände sinkt. In: Wirtschaft + Weiterbildung, 26(2), S. 32-35.

Probst, G.J.B. (1987): Selbst-Organisation: Ordnungsprozesse in sozialen Systemen aus ganzheitlicher Sicht. Berlin: Parey.

Raisch, S./Birkinshaw, J./Probst, G./Tushman, M. L. (2009): Organizational ambidexterity: balancing exploitation and exploration for sustained performance. In: Organization Science, 20(4), S. 685-695.

Reemtsma, J. P. (2007): Transformationen der Macht. In: Simon, B. (Hrsg.): Macht. Zwischen aktiver Gestaltung und Missbrauch. Göttingen: Hogrefe, S. 67-81.

Reihlen, M./Lesner, M. (2012): Führungssysteme: Eine machtpolitische Analyse. In: Knoblach, B./Oltmanns, T./Hajnal I./ Fink, D. (Hrsg.): Macht im Unternehmen — Der vergessene Faktor. Wiesbaden: Gabler, S. 99-116.

Rigotti, F. (1994): Die Macht und ihre Metaphern. Frankfurt/M.: Campus.

Rose, N. (2015): Demokratisierung von Unternehmensleitung: Führung auf Zeit, Führung von unten, Führung ohne Führung. In: Widuckel, W./Molina, K. de/Ringlstetter, M. J./Frey, D. (Hrsg.): Arbeitskultur 2020. Wiesbaden: Springer Gabler, S. 323-334.

Rothman, N. B./Wheeler-Smith, S. L./ Wiesenfeld, B. M./Galinsky, A. D. (2012): Gaining status but losing power: When and why unfair leaders are preferred. In: Working Paper, New York University. http://icos.umich.edu/sites/

icos6.cms.si.umich.edu/files/lectures/Wiesenfeldetal.pdf (Stand: 17.06.2016).

Rottkay, K. v. (2015): Arbeiten 4.0: Mehr Eigenverantwortung wagen. In: Sattelberger, T. (Hrsg.): Das demokratische Unternehmen. Neue Arbeits- und Führungskulturen im Zeitalter digitaler Wirtschaft. Freiburg: Haufe, S. 249-259.

Salancik, G. R./Pfeffer, J. (1982): Who gets power — and how they hold on it: A strategic-contingency model of power. In: Tushman, M. L./Moore, W. L. (Hrsg.): Readings in the Management of Innovation. Cambridge: Ballinger, S. 223-239.

Sandner, K. (1992): Prozesse der Macht. Zur Entstehung, Stabilisierung und Veränderung der Macht von Akteuren in Unternehmen. 2. Aufl., Heidelberg: Physica.

Sattelberger, T. (2015): Zur Einführung — ein Gespräch mit Thomas Sattelberger. In: ders. (Hrsg.): Das demokratische Unternehmen. Neue Arbeits-und Führungskulturen im Zeitalter digitaler Wirtschaft. Freiburg: Haufe, S. 11-18.

Schiersmann, C./Thiel, H.-U. (2013). Organisationsentwicklung. 4. Aufl., Wiesbaden: Springer VS.

Schmidt, G. (1999): Kein Ende der Arbeitsgesellschaft. Berlin: Edition Sigma.

Schmitt, C. (2008): Gespräch über die Macht und den Zugang zum Machthaber. Stuttgart: Klett-Cotta.

Schmitz, M. (2012): Psychologie der Macht. Kriegen, was wir wollen. Wien: Kremayr & Scheriau.

Scholl, W. (2004): Innovation und Information: wie in Unternehmen neues Wissen produziert wird. Göttingen: Hogrefe.

Scholl, W. (2007): Das Janus-Gesicht der Macht: Persönliche und gesellschaftliche Konsequenzen Rücksicht nehmender versus rücksichtsloser Einwirkung auf andere. In: Simon, B. (Hrsg.): Macht. Zwischen aktiver Gestaltung und Missbrauch. Göttingen: Hogrefe, S. 27-46.

Scholl, W. (2012): Machtausübung oder Einflussnahme: Die zwei Gesichter der Machtnutzung. In: Knoblach, B./Oltmanns, T./Hajnal I./Fink, D. (Hrsg.): Macht im Unternehmen — Der vergessene Faktor. Wiesbaden: Gabler, S. 203-221.

Schulz von Thun, F. (2013): Miteinander reden, Band 3: Das ›Innere Team‹ und situationsgerechte Kommunikation. 24. Aufl., Reinbek: Rowohlt.

Schwarz, G. (2007): Die heilige Ordnung der Männer. 5. Aufl., Wiesbaden: VS.

Seidel, E. (1978): Betriebliche Führungsformen. Stuttgart: Schäffer-Poeschel.

Simon, F. B. (o. J.): Was ist Systemtheorie? Video auf https://www.youtube.com/watch?v=lrHjMOYDtY0. (Stand: 25.04.2016)

Simon, F. B. (2004): Tödliche Konflikte. 2. Aufl., Heidelberg: Carl-Auer.

Simon, F. B. (2015): Einführung in die systemische Organisationstheorie. 5. Aufl., Heidelberg: Carl-Auer.

Skogstad, A./Aasland, M. S./Nielsen, M. B./Hetland, J./Matthiesen, S. B./Einarsen, S. (2014): The relative effects of constructive, laissez-faire, and tyrannical leadership on subordinate job satisfaction: results from two prospective and representative studies. In: Zeitschrift für Psychologie, 222(4), S. 221-232.

Slabu, L./Guinote, A. (2010): Getting what you want: Power increases the accessibility of active goals. In: Journal of Experimental Social Psychology, 46, S. 344-349.

Spinoza, B. de (1907): Abhandlung vom Staate. In: Sämtliche philosophische Werke (Bd. 2). Leipzig: Dürr.

Stanton, S./Schultheiss, O. C. (2011): Testosterone and power. In: Dowding, K.

(Hrsg.): Encyclopedia of Power. Thousand Oaks: Sage, S. 662-664.

Stengel, R. (2008): Mandela: his 8 lessons of leadership. In: TIME Magazine vom 09.07.2008.

Stöber, A. M./Bindig, R./Derschka, P. (1974): Kritisches Führungswissen. Emanzipation und Technologie in wissenschaftssoziologischer Sicht. Stuttgart: Kohlhammer.

Tenbrunsel, A. E./Messick, D. M. (1999): Sanctioning systems, decision frames, and cooperation. In: Administrative Science Quarterly, 44(4), S- 684-707.

Tost, L.P./Gino, F./Larrick, R. P. (2013): When power makes others speechless. Academy of Management Journal, 56(5), S. 1465-1486.

Tucholsky, K. (1961): Gesammelte Werke, Bd. 2. Reinbek: Rowohlt.

Weber, M. (1972): Wirtschaft und Gesellschaft. 5. Aufl., Tübingen: Mohr.

Weber, M. (1922,1988): Die drei reinen Typen der legitimen Herrschaft. In: ders. (1988): Gesammelte Aufsätze zur Wissenschaftslehre, J. Winkelmann (Hrsg.). Tübingen: Mohr, S. 475-488.

Weber, M. (1988): Gesammelte Aufsätze zur Soziologie und Sozialpolitik. Tübingen: Mohr.

Weber, S. (2012): Macht und Gegenmacht. Organisation aus praxistheoretischer Perspektive. In: Gruppendynamik und Organisationsberatung, 43(2), S. 137-152.

Weick, K. E. (1995): Sensemaking in Organizations. Thousand Oaks: Sage.

Weinert, A. (1998): Organisationspsychologie. 4. Aufl., Weinheim: PVU.

Welpe, I./Tumasjan, A./Theurer, C. (2015): Der Blick der Managementforschung. In: Sattelberger, T. (Hrsg.): Das demokratische Unternehmen. Freiburg: Haufe, S. 77-91.

Wimmer, R. (1995): Wozu brauchen wir Berater? — Ein aktueller Orientierungsversuch aus systemischer Sicht. In: Walger, G. (Hrsg.): Formen der Unternehmensberatung. Systemische Organisationsberatung, Organisationsentwicklung, Expertenberatung und gutachterliche Beratungstätigkeit in Theorie und Praxis. Köln: Schmidt, S. 239-283.

Wimmer, R. (2000): Wie lernfähig sind Organisationen? Zur Problematik einer vorausschauenden Selbsterneuerung sozialer Systeme. In: Stahl, H. K./Hejl, P. M. (Hrsg.): Management und Wirklichkeit. Heidelberg: Carl-Auer, S. 256-293.

Wimmer, R. (2009): Kraftakt radikaler Umbau. Change Management zur Krisenbewältigung. In: Organisationsentwicklung, 28(3), S. 4-11.

Wimmer, R. (2011): osb reader 2011. Wien: osb.

Wollnik, M. (1994): Interventionschancen bei autopoietischen Systemen. In: Götz, K. (Hrsg.): Theoretische Zumutungen: Vom Nutzen der systemischen Theorie für die Managementpraxis. Heidelberg: Carl-Auer, S. 118-159.

Wottawa, H. (2012): Anwendung persönlicher Macht: Alltäglich und dennoch ein Tabu. In: Knoblach, B./Oltmanns, T./ Hajnal I./Fink, D. (Hrsg.): Macht im Unternehmen — Der vergessene Faktor. Wiesbaden: Gabler, S. 223-233.

Zech, R. (Hrsg.) (2013): Organisation, Individuum, Beratung. Systemtheoretische Reflexionen. Göttingen: Vandenhoeck & Ruprecht.

Zimmerling, R. (2010): Influence and power: variations on a messy theme. Dordrecht: Springer.

Zwengel, A. (2012): Goffman und die Macht — Chancen zur Thematisierung des Nichtthematisierten. In: Imbusch, P. (Hrsg.): Macht und Herrschaft. Sozialwissenschaftliche Theorien und Konzeptionen. 2. Aufl., Wiesbaden: Springer VS, S. 285-301.

Literatur zu den Gastbeiträgen

Beitrag Ortmann

Giddens, A. (1984): The constitution of society. Outline of the theory of structuration. Berkeley: Univ. of California Press. Deutsch: Die Konstitution der Gesellschaft. Grundzüge einer Theorie der Strukturierung. Frankfurt a. M.: Campus, 1988.

Giddens, A. (1997): Die Konstitution der Gesellschaft. 3. Aufl., Frankfurt am Main: Campus.

Luhmann, N. (1995): Funktionen und Folgen formaler Organisation. 4. Aufl., Berlin: Duncker und Humblot.

Ortmann, G. (2005): Tausend Schleifen. Über Geschlecht, Sprache und Organisation. In: Krell, G. (Hrsg.): Betriebswirtschaftslehre und Gender Studies. Analysen aus Organisation, Personal, Marketing und Controlling. Wiesbaden: Gabler, S. 105-137.

Sutter, M./Bosman, R./Kocher, M./Winden, F. van (2003): The importance of gender pairing for economic decision making. A power-to-take experiment. Unveröffentlichtes Manuskript, Universität Innsbruck.

Beitrag Buer

Buer, F. (2010): Psychodrama und Gesellschaft. Wege zur sozialen Erneuerung von unten. Wiesbaden: VS Verlag für Sozialwissenschaften.

Buer, F. (2011): Funktionslogiken und Handlungsmuster des Organisierens und ihre ethischen Implikationen. Eine dramatologische Perspektive. In: Schmidt-Lellek, C./Schreyögg, A. (Hrsg.): Philosophie, Ethik und Ideologie in Coaching und Supervision. Wiesbaden 2011, S. 87-106.

Buer, F. (2012): Die Kultur der Macht — die Macht der Kultur. Über Machtspiele zwischen Bemächtigung und Ermächtigung in Organisationen — eine dramatologische Perspektive für Berater. In: Knoblach, B./Oltmanns, T./Hajnal, I./Fink, D. (Hrsg.): Macht in Unternehmen — Der vergessene Faktor. Wiesbaden: Gabler, S. 147-163.

Buer, F. (2014): Morenos Beitrag zu Organisationsberatung, Supervision und Coaching. In: Ameln, F. v./Wieser, M. (Hrsg.): Jacob Levy Moreno revisited — ein schöpferisches Leben. Wiesbaden: Springer VS, S. 241-255.

Buer, F./Schmidt-Lellek, C. (2008): Life-Coaching. Über Sinn, Glück und Verantwortung in der Arbeit. Göttingen: Vandenhoeck & Ruprecht.

Beitrag Busse

Busse, S. (2009): Das 'Kollekteam`. In: Supervision. Mensch Arbeit Organisation. Heft 3, S. 8-17.

Ortmann, G. (2012): Macht in Organisationen und die Bürde des Entscheidens. Zehn theoretische Einsichten für die Praxis. In: Gruppendynamik und Organisationsberatung 43(2), S. 121-136.

Weber, M. (1972): Wirtschaft und Gesellschaft. 5. Aufl., Tübingen: Mohr.

Weber, M. (1999): Wirtschaft und Gesellschaft. Die Wirtschaft und die gesellschaftlichen Ordnungen und Mächte. Tübingen: Mohr (Siebeck).

Zimmermann, P./Iwanski, A. (2013): Bindung und Autonomie im Jugendalter. In: Brisch, K.-H. (Hrsg.): Bindung und Jugend. Stuttgart: Klett-Cotta, S. 12-35.

Beitrag Krainz

Eliade, M. (1949): Die Religionen und das Heilige. Frankfurt/M: Insel 1986.

Ferguson, N. (2011): Der Westen und der Rest der Welt. Die Geschichte vom Wettstreit der Kulturen. Berlin: Ullstein.

Geertz, C. (1987): Dichte Beschreibung. Beiträge zum Verstehen kultureller Systeme. Frankfurt/M: Suhrkamp.

Gehlen, A. (1975): Urmensch und Sätkultur. Frankfur/M: Klostermann.

Granet, M. (1934): Das chinesische Denken. Frankfurt/M: Suhrkamp 1985.

Kristeva, J. (2015): Dieses unglaubliche Bedürfnis zu glauben. Gießen: Psychosozial-Verlag.

Lukács, G. (1920): Die Theorie des Romans. Bielefeld: Aisthesis Verlag 2009.

Oesterdiekhoff (2012): Die geistige Entwicklung der Menschheit. Weilerswist: Velbrück.

Beitrag Simon

Erikson, E. H. (1957): Kindheit und Gesellschaft. 14. Aufl., Stuttgart: Klett-Cotta).

Jacobson, E. (1964): Das Selbst und die Welt der Objekte. Frankfurt: Suhrkamp.

Kohut, H. (1971): Narzissmus. Frankfurt: Suhrkamp.

Luhmann, N. (2000): Organisation und Entscheidung. Frankfurt am Main: Suhrkamp.

Mahler, M. S./Pine, F./Bergmann, A. (1975): Die psychische Geburt des Menschen. Symbiose und Individuation. Frankfurt: Fischer.

Ornstein, P. H. (1989): Die Entwicklung der Selbstpsychologie. Ein historischer Überblick. In: Kutter, P. (Hrsg.): Selbstpsychologie. Weiterentwicklungen nach Heinz Kohut. 2. Aufl., Stuttgart: Klett-Cotta, S. 27–42.

Simon, F. B. (2007): Einführung in die systemische Organisationstheorie. Heidelberg: Carl-Auer

Watzlawick, P./J. H. Beavin, D./Jackson, D. (1967): Menschliche Kommunikation. Bern: Huber.

Beitrag Wimmer

Ameln, F./Wimmer, R., (2016): Neue Arbeitswelt, Führung und Organisationaler Wandel. In: Gruppe. Interaktion. Organisation. (GIO), 47(1), S. 11-21.

Luhmann, N. (2012): Macht. München: UTB.

Rüegg-Stürm, J./Grand, S. (2015): Das St. Galler Managementmodell. 2. überarb. Aufl., Bern: Haupt.

Wimmer, R. (2012): Die neuere Systemtheorie und ihre Implikationen für das Verständnis von Organisation, Führung und Management. In: Rüegg-Stürm, J./ Bieger, T. (Hrsg.): Unternehmerisches Management. Herausforderungen und Perspektiven. Bern: Haupt, S. 7-65.

Wimmer, R. (2016): Der wissenschaftliche Blick auf Führung: Traditionen, Entwicklungen, Erkenntnisse. In: Zeitschrift für Supervision, 2016(2), S. 12-23.

Beitrag Zech

Deleuze, G. (2010): Postskriptum über die Kontrollgesellschaft. In: Menke, C./ Rebentisch, J. (Hrsg.): Kreation und Depression. Freiheit im gegenwärtigen Kapitalismus. Berlin: Kadmos, S. 11-17.

Ehrenberg, A. (2004): Das erschöpfte Selbst: Depression und Gesellschaft in der Gegenwart. Frankfurt am Main: Suhrkamp.

Foucault, M. (1977): Überwachen und Strafen. Die Geburt des Gefängnisses. Frankfurt am Main: Suhrkamp.

Foucault, M. (1986): Der Wille zum Wissen. Sexualität und Wahrheit. Erster Band, Frankfurt am Main: Suhrkamp.

Han, B.-C. (2014): Psychopolitik. Neoliberalismus und die neuen Machttechniken. Frankfurt am Main: Fischer.

Marx, K. (1975): Einleitung [zur Kritik der Politischen Ökonomie]. In: MEW Bd. 13, Berlin, S. 615-642.

Weber, M. (2006): Religion und Gesellschaft. Frankfurt am Main: Zweitausendeins.

Beitrag Schmid

Schmid, B./Hipp, J. (1998): Macht und Ohnmacht in Dilemmasituationen (Studienschrift des Instituts für systemische Beratung). Wiesloch.

Schmid, B./Messmer, A. (2005): Systemische Personal-, Organisations- und Kulturentwicklung — Konzepte und Perspektiven. Köln: EHP Edition Humanistische Psychologie.

Stichwortverzeichnis

Die Autoren

Falko von Ameln, Priv.-Doz. Dr., Dipl.-Psych., Organisationsberater mit Schwerpunkten Veränderungsmanagement, Führungskräfteentwicklung und Ausbildung von Beraterinnen und Beratern. Habilitation im Fach Beratungswissenschaft. Lehraufträge u. a. an der European Business School Schloss Reichartshausen (Master-Studiengang Management, Vertiefungsfach Consulting & Organizational Change), TU Kaiserslautern (Studiengänge Systemische Beratung und Organisationsentwicklung) und Hochschule Fresenius (Master Human Resources Management). Editor-in-Chief der Zeitschrift »Gruppe.Interaktion.Organisation.(GIO).«. Zahlreiche Publikationen zu Theorie und Methodik der Organisationsberatung sowie zu Führung.

Univ.-Prof. Dr. Peter Heintel, Dr. phil., Professor für Philosophie und Gruppendynamik am Institut für Philosophie der Alpen-Adria-Universität Klagenfurt; von 1974 bis 1977 Rektor der Universität Klagenfurt; Lehrbeauftragter an der Universität Graz; Gastprofessor an der Universität Hamburg; Vortragender und Seminarleiter an der Bundesverwaltungsakademie Bad Godesberg, der österr. Bundesverwaltungsakademie Wien und des EPA Bern; Mitglied der wissenschaftlichen Fakultät des Gottlieb Duttweiler Institutes Zürich und des Hernstein International Management Institutes Wien; Tätigkeit als Organisationsberater in zahlreichen in- und ausländischen Institutionen, Organisationen, Unternehmungen; von 2003 bis 2005 Vorsitzender des Senats der Universität Klagenfurt; seit 2001 Mitglied des Institutes für Organisationsentwicklung, Gruppendynamik und Interventionsforschung.
Seit 1.10.2009 emeritiert.

Ferdinand Buer, Prof. Dr., war als Hochschullehrer in Erziehungswissenschaft bzw. Soziologie an den Universitäten Göttingen bzw. Münster tätig. Er arbeitete als Psychodramatiker in der Beratung von Fach- und Führungskräften in eigener Praxis und leitete zahlreiche Ausbildungen in Psychodrama, Supervision und Coaching im eigenen Psychodrama-Zentrum Münster und in weiteren Instituten und Hochschulen in Deutschland und Österreich. Darüber hinaus ist er Autor zahlreicher Fachpublikationen.

Stefan Busse, Dr. rer. nat. habil., Dipl. Psychologe, lehrt als Professor an der Fakultät Soziale Arbeit der Hochschule Mittweida und ist Studiengangsleiter der Zertifikatsstudiengänge »Supervision und Coaching« sowie »Training für Kommunikation und Lernen in Gruppen« an der Hochschule Mittweida, Direktor des Institutes für »Kompetenz, Kommunikation und Sport« (IKKS), Ausbildungsleitung bei Basta Fortbildungsinstitut für Supervision und Coaching e. V.

Erhard Juritsch, Mag. Dr., Univ.-Prof., Studium der Volkswirtschaftslehre in Graz und Philosophie in Klagenfurt. 1993 Eintritt in den Kärntner Wirtschaftsförderungs Fonds (KWF)und dort Vorstand von 1997 bis 2012. Von 2004 bis 2015 zudem Geschäftsführer des Lakeside Science & Technology Parks Klagenfurt, aktuell dort im Aufsichtsrat. Seit 2011 Universitätsprofessor an der Karl-Franzens-Universität Graz am Zentrum für Entrepreneurship und angewandte BWL. Im April 2014 Rückkehr in den Vorstand des KWF.

Ao. Univ.-Prof. Dr. Ewald E. Krainz, Professor für Gruppendynamik und Organisationsentwicklung an der Universität Klagenfurt; Fokus auf Fragen der theoretischen und angewandten Sozialwissenschaften mit einem Breitband-Spektrum von der Individualpsychologie über Gruppen- und Organisationsdynamik bis zur Sozial- und Kulturanthropologie.

Stefan Kühl, Prof. Dr., Organisationsberater bei der Strategie- und Organisationsberatungsfirma Metaplan Quickborn/Versailles/Princeton und Professor für Soziologie an der Universität Bielefeld.

Henriette Mark, Studium an der Universität Klagenfurt, Abschluss als Master of Advanced Studies Mediation und Konfliktmanagement. Bei der Deutschen Bank seit 1979 In verschiedenen Bereichen tätig mit den Schwerpunkten Wealth Management, Führungstrainings, Nachwuchsgruppen. Seit Mitte der 1990er-Jahre freigestellte Betriebsrätin, Vorsitzende des Betriebsrats München und Südbayern, Mitglied des Gesamtbetriebsrats und des Konzernbetriebsrats der Deutschen Bank, bis 2014 Vorsitzende des Europäischen Betriebsrats der Deutschen Bank. Seit 2003 im Aufsichtsrat, seit 2008 im Prüfungsausschuss des Aufsichtsrats des Deutsche Bank Konzerns.

Günther Ortmann ist Organisationstheoretiker und Professor für Allgemeine Betriebswirtschaftslehre an der Helmut-Schmidt-Universität Hamburg. Forschungsschwerpunkte sind: Organisation, Theorie der Unternehmung, und Strategisches Management. Buchveröffentlichungen u. a.: *Regel und Ausnahme. Paradoxien sozialer Ordnung* 2003; *Als Ob. Fiktionen und Organisationen* 2004; *Organisation und Moral. Die dunkle Seite* 2010; *Kunst des Entscheidens* 2011.

Thomas Sattelberger, Diplom-Betriebswirt. Ab 1975 Tätigkeit in der Direktion Zentrale Bildung von Daimler-Benz, ab 1989 Leiter Education & Management Development der damaligen Daimler-Benz Aerospace AG (DASA). 1994–1999 Leiter Konzern-Führungskräfte und Personalentwicklung bei der Deutschen Lufthansa, Gründung der Lufthansa School of Business. 1999 Berufung in den Vorstand, 2003 Personalvorstand und Arbeitsdirektor bei Continental, 2007–2012 in gleicher Funktion bei der Deutschen Telekom. Vizepräsident der European Foundation for Management Development (EFMD). Seit 2008 Vorstandsvorsitzender der BDA-/BDI-Initiative *MINT Zukunft schaffen*, seit 2012 Themenbotschafter der Initiative Neue Qualität der Arbeit und Vorstandsvorsitzender der ZU-Stiftung (Trägerin der Zeppelin Universität).

Bernd Schmid, Dr. phil., Studium der Wirtschaftswissenschaften, Erziehungswissenschaften und Psychologie, ist Leitfigur der ISB-GmbH, Wiesloch und des isb-Professionellen-Netzwerkes. Er ist tätig als internationaler Referent, Lern- und Professionskulturentwickler, Unternehmer und Gründer von Initiativen und Verbänden sowie Mentor und Konzeptentwickler für das Feld Organisation im Rahmen der Schmid-Stiftung. Bernd Schmid ist u. a. Ehrenmitglied der Systemischen Gesellschaft, Ehrenvorsitzender im Präsidium des Deutschen Bundesverbands Coaching,

Preisträger des Eric Berne Memorial Award 2007 der Internationalen TA-Gesellschaft ITAA und des Wissenschaftspreises 1988 der Europäischen TA-Gesellschaft EATA sowie Träger des Life Achievement Award 2014 der Petersberger Trainertage.

Thomas Schnelle, Dr., Geschäftsführender Partner der Strategie- und Organisationsberatungsfirma Metaplan Quickborn/Versailles/Princeton.

Gerhard Schwarz, Univ Doz. Dr., ist Privatdozent und habilitiert für die Fächer Philosophie (Wien) und Gruppendynamik (Klagenfurt). Er arbeitet seit den 1960er-Jahren freiberuflich besonders als Konfliktmanager. Das Buch *Konfliktmanagement* ist schon in der 9. Auflage erschienen. Von den insgesamt 14 Büchern erreichten sieben mehrere Auflagen, sechs davon sind auch in andere Sprachen übersetzt. Das Buch *Führen mit Humor* stand 2008 auf der Shortlist der zehn wichtigsten Wirtschaftsbücher für den Wirtschaftsbuchpreis der Frankfurter Buchmesse.

Fritz B. Simon, Prof. Dr. med., Studium der Medizin und Soziologie. Psychiater, Psychoanalytiker, systemischer Familientherapeut und Organisationsberater. (Gründungs-)Professor für Führung und Organisation des Instituts für Familienunternehmen der Universität Witten/Herdecke. Jetziger Arbeitsschwerpunkt: Organisationsforschung und -beratung. Autor und Herausgeber zahlreicher Fachartikel und Bücher, die in diverse Sprachen übersetzt sind. Geschäftsführender Gesellschafter des Carl-Auer-Verlags sowie der Simon, Weber & Friends Systemische Organisationsberatung GmbH, Heidelberg.

Marc Stoffel ist CEO der Haufe-umantis AG. Seine Mitarbeiter haben ihn 2013 erstmals in diese Rolle gewählt; im Januar 2015 hat er seine dritte Amtszeit begonnen. Unter seiner Leitung stieg die Kundenanzahl von Haufe-umantis von 300 auf 1.000, wodurch das Unternehmen zu einem der weltweit führenden Anbieter für Talent Management Software wurde.

Rudolf Wimmer, Prof. Dr., ist Professor für Führung und Organisation am Institut für Familienunternehmen der Universität Witten/Herdecke. Seit Anfang 2013 ist er auch Vizepräsident dieser Universität. Er ist zudem Gründer und Partner der osb international AG sowie Mitglied in Aufsichtsräten unterschiedlicher, familiengeführter Unternehmen.

Rainer Zech, Prof. Dr., ist Sozialwissenschaftler und Geschäftsführer der ArtSet® Forschung Bildung Beratung GmbH (www.artset.de).